“十四五”高等职业教育新形态一体化教材

3ds Max 三维动画设计与制作

崔建伟◎主　编
田　博　刘永来　白永新◎副主编

中国铁道出版社有限公司
CHINA RAILWAY PUBLISHING HOUSE CO., LTD.

内 容 简 介

本书根据高等职业院校数字媒体技术应用、影视动画等专业的三维动画设计要求、学生的学习特点，结合目前动画技术的发展和动画岗位人才的实际需求，以项目任务为导向编写而成，重点强调实践操作能力的培养。全书共分 12 个项目，内容包括课程介绍与初识软件、进入三维虚拟世界、基础建模训练、复杂建模训练、材质和贴图训练、灯光和摄像机训练、添加环境与效果、基础动画训练、高级动画训练、粒子与动力学、渲染训练、综合项目训练。在讲解 3ds Max 软件各种功能时，使用了很多实用的精彩案例，可激发学生学习的兴趣和积极性，从而提高学习效率。

本书适合作为高等职业院校数字媒体技术应用、影视动画、游戏创意设计及其他艺术设计类相关专业的教材，也可作为相关培训机构的培训教材，还可作为动画相关行业人员的参考书。

图书在版编目（CIP）数据

3ds Max三维动画设计与制作 / 崔建伟主编. -- 北京 : 中国铁道出版社有限公司, 2025. 7. --（“十四五”高等职业教育新形态一体化教材）. -- ISBN 978-7-113-32019-5

Ⅰ. TP391. 414

中国国家版本馆CIP数据核字第2025Z5G661号

书　　名：3ds Max 三维动画设计与制作
作　　者：崔建伟

策　　划：谢世博　　　　编辑部电话：（010）51873135
责任编辑：谢世博　彭立辉
封面设计：刘　颖
责任校对：苗　丹
责任印制：赵星辰

出版发行：中国铁道出版社有限公司（100054，北京市西城区右安门西街 8 号）
网　　址：https://www.tdpress.com/51eds
印　　刷：河北京平诚乾印刷有限公司
版　　次：2025 年 7 月第 1 版　2025 年 7 月第 1 次印刷
开　　本：787 mm×1 092 mm　1/16　印张：18.25　字数：454 千
书　　号：ISBN 978-7-113-32019-5
定　　价：60.00 元

前　言

随着计算机图形图像技术和硬件处理能力的提高，计算机已经成为进行艺术创作或辅助设计的重要工具，三维动画则是其中最高端的表现形式。三维动画技术发展到今天已有三十多年的历史，不仅日趋成熟，其技术进步更是日新月异，运用范围不断扩大，同时被大量应用在艺术设计行业当中。为了适应行业人才需求，各高等院校和职业院校竞相开设动画专业、数字艺术专业、广告设计与制作专业和影视制作等专业，三维动画课程在专业教育领域越来越受到重视。

Autodesk 公司的 3ds Max 是目前国内使用最广泛的三维动画软件之一。3ds Max 操作便捷易懂、功能强大，受到广大设计行业从业者的欢迎，3ds Max 软件的三维制作技术也成为各院校艺术设计及相关专业的必修课程。本书基于 3ds Max 2024 版本进行讲解。

本书内容丰富，从实用角度出发，结合三维动画类岗位职业能力要求，以项目任务为导向，重点强调实践操作能力的培养。本书在讲解 3ds Max 软件各种功能时，使用了很多实用的精彩案例，避免了过多对软件命令参数的讲解，可使学生从项目训练中逐渐掌握工作流程，激发学生学习的兴趣和积极性，从而提高学习效率。本书配备完整的教学资源文件，包括实例素材、源文件、教学微课视频、课件、教案等，可从中国铁道出版社教育资源数字化平台 https://www.tdpress.com/51eds 下载。

通过本书的学习，学生可以熟练掌握三维动画设计方法和三维动画制作基本流程，并运用三维动画制作基本知识，利用 3ds Max 软件完成难度较高的三维动画制作任务。

本书由辽宁机电职业技术学院与校企合作企业丹东市创图广告设计有限公司共同开发完成，由辽宁机电职业技术学院崔建伟任主编，辽宁机电职业技术学院田博、刘永来、白永新任副主编。其中：崔建伟负责项目一、二、三、四、六、七、十二的编写，田博负责项目五、十的编写，刘永来负责项目八、九的编写，白永新负责项目十一的编写，辽宁机电职业技术学院马克思主义学院刘丽果担任课程思政内容的咨询专家。同时感谢丹东市创图广告设计有限公司提供了很多宝贵资料和建议。在本书编写过程中得到了中国铁道出版社有限公司的大力支持与帮助，在此致以最诚挚的感谢！

由于编者水平有限，本书中难免存在疏漏与不妥之处，恳请广大读者不吝指正。

编　者

2024 年 11 月

【授课建议】

教 学 内 容	教 学 手 段	建议学时安排
课程介绍与初识软件	PPT 与软件操作	2 学时
进入三维虚拟世界	PPT 演示和软件操作讲解	4 学时（讲练结合）
	学生操作与指导	
基础建模训练	PPT 讲解和软件操作讲解	4 学时（讲练结合）
	学生操作与指导	
复杂建模训练	PPT 讲解和软件操作讲解	12 学时（讲练结合）
	学生操作与指导	
材质和贴图训练	PPT 讲解和软件操作讲解	8 学时（讲练结合）
	学生操作与指导	
灯光和摄像机训练	PPT 讲解和软件操作讲解	4 学时（讲练结合）
	学生操作与指导	
添加环境与效果	PPT 讲解和软件操作讲解	4 学时（讲练结合）
	学生操作与指导	
基础动画训练	PPT 讲解和软件操作讲解	8 学时（讲练结合）
	学生操作与指导	
高级动画训练	PPT 讲解和软件操作讲解	8 学时（讲练结合）
	学生操作与指导	
粒子与动力学	PPT 讲解和软件操作讲解	8 学时（讲练结合）
	学生操作与指导	
渲染训练	PPT 讲解和软件操作讲解	2 学时（讲练结合）
	学生操作与指导	
综合项目训练	PPT 讲解和软件操作讲解	16 学时（讲练结合）
	学生操作与指导	

目录

项目一

课程介绍与初识软件

项目描述

三维动画制作技术是数字媒体艺术、数字媒体技术和动漫制作技术等专业重要的职业技能。本项目通过课程介绍、三维动画应用领域和三维动画软件安装实操等内容的学习，使读者对三维动画制作有初步的了解和认识。

学习目标

【知识目标】

◎ 了解 Autodesk 3ds Max 发展史。

◎ 了解 Autodesk 3ds Max 软件的特点。

◎ 了解 Autodesk 3ds Max 软件在行业中的应用。

【能力目标】

◎ 了解三维动画设计与制作相关课程的学习内容。

◎ 了解本门课程在专业中的地位。

◎ 具备 Autodesk 3ds Max 软件安装等基本能力。

【素质目标】

◎ 了解国产优秀动画的重要意义。

◎ 了解三维动画在传统文化方面的应用。

◎ 培养学生的社会责任感和民族自豪感。

相关知识

一、课程介绍

随着计算机技术的飞速发展，三维动画制作技术在国内的发展已趋于成熟，应用范围不断扩大，大量应用于影视制作、建筑装饰、游戏娱乐、多媒体开发等行业当中。目前，国内三维动画制作水平在不断提高，大量的优秀制作人和优秀作品不断涌现。这些作品多取材于我国传统文化素材和元素，用动画讲述中国的故事，如《哪吒》《姜子牙》《新神榜：

杨戬》等，这些作品弘扬了中国文化的同时给人们带来了前所未有的视觉盛宴，由此可见，中国三维动画行业未来发展空间巨大。

本课程是一门学习广告三维效果表现和三维动画设计规律的重要专业课程。通过 Autodesk 3ds Max 软件的学习可使学生掌握三维动画制作基本知识，通过大量的训练可使学生利用软件完成高级三维广告动画的制作任务。

这门课程在整个专业人才培养方案中占有重要的地位，是专业的核心课程，同时也是"建筑装饰表现"（或"室内设计"）、"影视广告制作"（或"游戏动漫制作"）等重要专业课程的技能基础。在学习时，要求学生已具有一定的美术基础，一定的计算机操作和软件应用知识。图 1-1 所示为 3ds Max 课程在职业技能中的地位示意图。

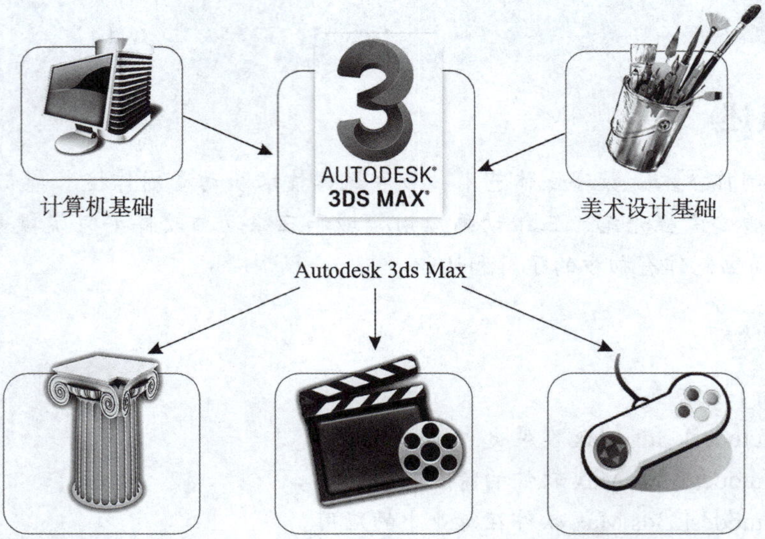

图 1-1　3ds Max 课程在职业技能中的地位

二、Autodesk 3ds Max 软件介绍

随着计算机硬件的发展，计算机图形图像技术迅速发展。目前，Autodesk 公司的 3ds Max 软件是行业中应用最为广泛的三维动画制作软件之一，在国内成为广大设计师所必备的重要设计工具。在高等院校数字艺术类专业中，3ds Max 软件的学习课程已成为核心课程。图 1-2 所示为 3ds Max 软件启动界面。

图 1-2　Autodesk 3ds Max 软件启动界面

（一）Autodesk 3ds Max 软件的特点及应用

目前，计算机图形图像行业中三维动画软件众多，3ds Max 之所以成为世界最流行的三维制作软件之一，是因为与其他三维动画软件相比具有以下明显特点和优势：

1. 性价比高

3ds Max 有非常好的性能价格比，它所提供的强大功能远远超过了其自身低廉的价格，一般的制作公司就可以承受得起。它不但可以使作品的制作成本大幅降低，而且对硬件系统的要求相对也很低，一般普通的配置就可以满足学习的需要，这也是每个软件使用者所关心的问题。

2. 上手容易

3ds Max 的制作流程十分简洁高效，只要用户操作思路清晰，上手是非常容易的。

3. 使用者多，便于交流

3ds Max 在国内外拥有最多的使用者，便于交流，教程也很多。随着互联网的普及，以 3ds Max 为主的三维动画网站及论坛在国内也越来越多，这为广大 CG 爱好者对于 3ds Max 的软件操作知识和三维设计技巧的交流提供了良好的平台。目前比较著名的有终极 CG、CG 资讯网等。

在应用范围方面，拥有强大功能的 3ds Max 被广泛应用于以数字传媒为主的众多领域：

（1）电视广告方面，包括广告片头动画和频道栏目包装制作等；如图 1-3 所示。就业岗位主要分布于影视广告公司、电视台等单位。

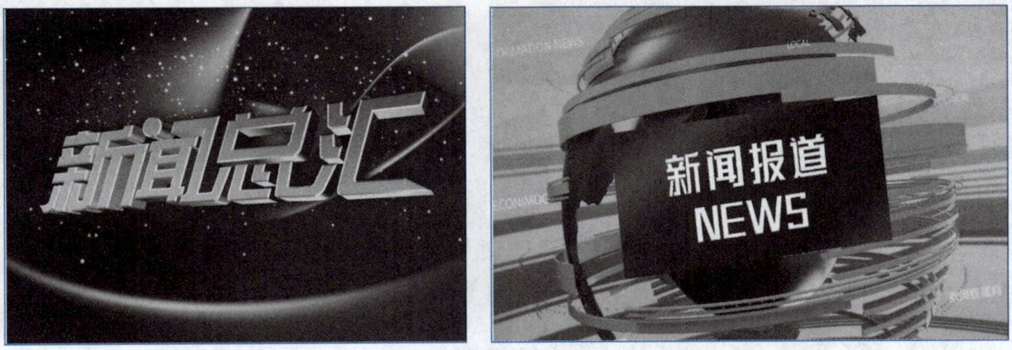

图 1-3　广告片头动画和频道栏目包装

（2）建筑可视化表现方面，包括建筑装饰装修效果图和建筑环游动画制作等，如图 1-4 所示。就业岗位主要分布于建筑装饰公司、广告装饰公司等单位。

图 1-4　建筑装饰装修效果图和建筑环游动画

（3）游戏娱乐行业方面，包括游戏的动画、角色、场景制作等，如图 1-5 所示。就业岗位主要分布于网络游戏公司、游戏开发公司等单位。

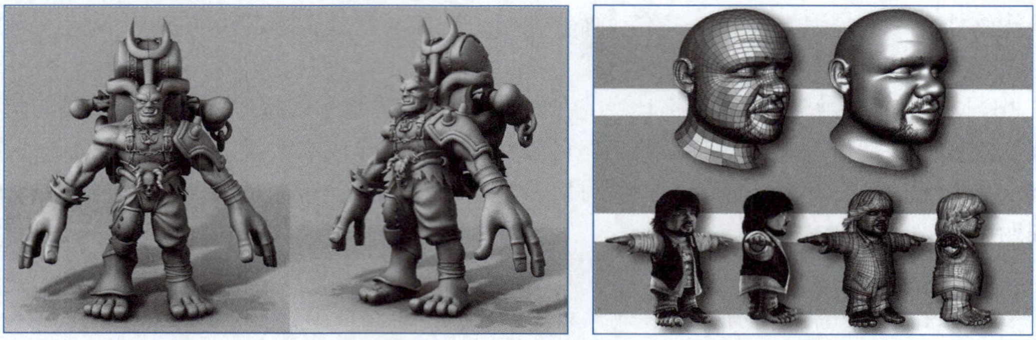

图 1-5　游戏角色设计

（4）影视特效方面，包括三维影视角色、特技和特效制作等，如图 1-6 所示。就业岗位主要是分布于影视广告公司、电影制作公司等单位。

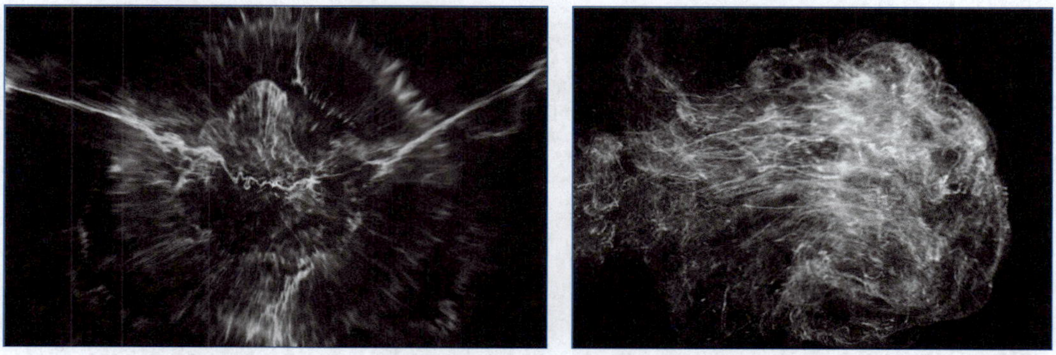

图 1-6　影视特效和动画制作

（5）多媒体与虚拟现实方面，包括多媒体交互演示制作、虚拟现实环境制作等。就业岗位主要分布于数字传媒公司、大型广告制作公司等单位。

（二）Autodesk 3ds Max 软件发展史

3ds Max 在三维动画软件领域有着很悠久的历史，从诞生发展到目前的版本，经历了近 40 年的时间。现在数字图像行业中的各种三维软件非常多，但在 1990 年以前，只有少数几种可以在 PC 上运行的三维软件，3ds Max 的前身 3D Studio 就是其中非常重要的一个。以现在的角度来看，当时的这些软件功能都非常简单，但是价格却相当昂贵。3D Studio 的出现带来了相对便宜的价格，而且其强大的功能还能在 PC 上实现，这些亮点使用户在 PC 平台上完成高质高效的三维创作成为可能。

1. 3ds Max 软件在 DOS 平台的发展历程

1990 年万圣节前夕，3ds DOS R1 发布。

1992 年 4 月，3ds DOS R2 发布。

1993 年 10 月，3ds DOS R3 发布。

1994 年 9 月，3ds DOS R4 发布。

进入 20 世纪 90 年代后，随着个人计算机软硬件技术的高速发展，操作系统从 16 位的 DOS 平台升级为 32 位的 Windows 平台。3D Studio 由 DOS 平台向 Windows 平台移植比较困难，因此，3D Studio Max 的开发几乎从零开始。

2. 3ds Max 软件在 Windows 平台的发展历程

1994 年 9 月，3D Studio Max 开发启动。

1995 年，在 SIGGRAPH 上，3D Studio Max 于洛杉矶会展中心首次亮相。

1996 年 4 月，3D Studio Max 刚发布，这是 3D Studio 系列的第一个 Windows 版本。

1997 年 8 月 4 日，3D Studio Max R2 在加利福尼亚洛杉矶 SIGGRAPH 9 大会上正式发布。

1998 年，推出偏重于建筑设计的 3D Studio VIZ 版本。该版本实际是在 3ds Max 的基础上增加一些与建筑有关的模块，删去一些动画功能。3D Studio VIZ 这个面向设计可视化的版本后来更名为 3ds Max Design。

1999 年，Autodesk 收购 3ds Max 所属公司——Discreet 公司，成为 Autodesk 的分公司。同年，3D Studio Max 3.0 在加利福尼亚圣何塞游戏开发者会议上正式发布。其新的渲染器的建立以及对奔腾Ⅲ处理器的支持，使 3D Studio Max 进入高端 PC 领域。

2001 年，3D Studio Max 4.0 发布，名称也精简为 3ds Max。软件中并入了著名的两足动画插件 Character Studio，使 3D Studio Max 的功能在角色动画制作方面有了很大提高。这些实用功能逐步奠定了 3ds Max 在游戏制作中的地位。

2002 年 6 月 26—27 日，3ds Max 5.0 发布，加入了令人期待的动力学插件 Reactor，并增加了光度学灯光 Photometric，使得 3ds Max 的世界更加真实。

2003 年 7 月，Discreet 发布了著名的 3D 软件 3ds Max 的新版本 3ds Max 6 版本，其最大变化是加入了 Particle Flow 这个功能强大的粒子系统，并集成了业界知名的 Mental Ray 渲染器，使 3ds Max 的建模和渲染性能提升至一个新的水平。

2004 年 8 月 3 日，3ds Max 7 发布。这个版本是基于 3ds Max 6 的核心进化的，正式支持法线贴图技术。

2005 年 10 月 11 日，Autodesk 宣布 3ds Max 8 正式发售。3ds Max 8.0 加入了 3ds Max 以前版本中紧缺的布料（cloth）和毛发（hair）插件。

2006 年 7 月，Autodesk 在 SIGGRAPH 2006 User Group 大会上正式公布 3ds Max 9 的 32 位和 64 位版本，3ds Max 开始支持 64 位操作系统。大数据量场景的计算能力，支持直接进行曲线编辑的角色动画、Mental Ray 3.5 和丰富的预设材质类型等新特性，对整个软件工作性能和流程效率的提升非常显著。

2007 年 10 月 17 日，3ds Max 2008 在加利福尼亚圣地亚哥 SIGGRAPH 2007 上发布，该版本正式支持 Windows Vista 操作系统。这是 Vista 32 位和 64 位操作系统以及 Microsoft DirectX 10 平台正式兼容的第一个完整版本。

2008 年 2 月 12 日，Autodesk 在旧金山每年一度的 World Press 上正式宣布推出 3ds Max 2009。3ds Max 2009 包含两个版本：一个是面向游戏开发、影视特效的 3ds Max 2009；另一个是面向设计师及可视化专业人士的 3ds Max 2009 Design 版本。

2014 年以后，一直到 2024 版本，3ds Max 的功能不断增强，增加了包括人群功能、角色动画工具 CAT、液体、Arnold 渲染器、4K 高分辨率显示的支持等功能。

三、其他三维动画软件介绍

1. Autodesk Maya

Maya 是美国 Autodesk 公司出品的另一款世界顶级的大型三维动画软件，应用对象是专业的影视广告、角色动画、电影特技等。Maya 功能完善，工作灵活，制作效率极高，渲染真实感极强，是电影级别的高端制作软件。图 1-7 所示为 Autodesk Maya 2024 的启动界面。

图 1-7　Autodesk Maya 2024 启动界面

Maya 是 Alias|Wavefront 公司于 1998 年推出的三维制作软件，广泛用于电影、电视、广告、计算机游戏和电视游戏等的数字特效创作，曾获奥斯卡科学技术贡献奖等殊荣。2005 年 10 月 4 日，生产 3D Studio Max 的 Autodesk（欧特克）软件公司宣布正式以 1.82 亿美元收购生产 Maya 的 Alias。因此，Maya 现在也是 Autodesk 的软件产品。

2. CINEMA 4D

CINEMA 4D 启动界面如图 1-8 所示。

图 1-8　CINEMA 4D 启动界面

CINEMA 4D 是由德国 Maxon Computer 开发的三维动画制作软件，字面意思是 4D 电影，不过其本身就是 3D 的表现软件。它以极高的运算速度和强大的渲染插件著称，很多模块的功能在同类软件中代表科技进步的成果，并且在用其描绘的各类电影中表现突出，其越来越成熟的技术受到越来越多的电影公司的重视。

Cinema 4D 应用广泛，在广告、电影、工业设计等方面都有出色的表现，已成为许多优秀艺术家和电影公司的首选。

Cinema 4D 软件是 Maxon 公司引以为豪的代表作，是一款功能异常强大且操作极为简易的软件。该软件自 2004 年 R9 版本推出后，其功能更加完善，已引起业界的极大关注及无数赞誉，被誉为“新一代的三维动画制作软件”，并开始大量应用于各类大片中。2006 年推出 R10 版本，被广大用户誉为“革命性的升级”，无论是在拍摄电影、电视，这是在游戏开发、医学成像、工业、建筑设计、印刷设计或网络制图，Cinema4D 都以其丰富的工具包为用户带来更多的帮助和更高的效率。

新版 CINEMA 4D 2025 可让用户获得更加逼真的渲染效果，对编辑的控制增强。利用新的着色器来模拟木纹，创建天气效果或法向映射。利用 Multiple Importance Sampling 和光能传递贴图来享受更加快速、更加准确的 GI（global illumination，全局光照）计算，甚至可以利用图片浏览器中的颜色等级加强对渲染的控制。作为后期效应，可以利用位置路径优化编辑工作流。

四、Autodesk 3ds Max 使用注意事项

（一）硬件需求

Autodesk 3ds Max 2024 64 位软件最低需要以下配置：

（1）Windows 10 64 位以上操作系统。

（2）2 GB 内存（推荐 4 GB 以上）。

（3）8 GB 硬盘空间。

（4）1 GB 交换空间（推荐 2 GB 以上）。

（5）Direct3D 11、Direct3D 9 或 OpenGL 功能的显卡，最低带 512 MB 显存。

（6）三键鼠标和鼠标驱动程序软件。

（二）选择显示驱动程序

Autodesk 3ds Max 有多种显示驱动程序，可以选择“开始”→“所有应用”→“Autodesk”→“Autodesk 3ds Max 2024”→“更改图形模式（Change Graphics Mode）”命令，在打开的对话框中进行选择，如图 1-9 所示。

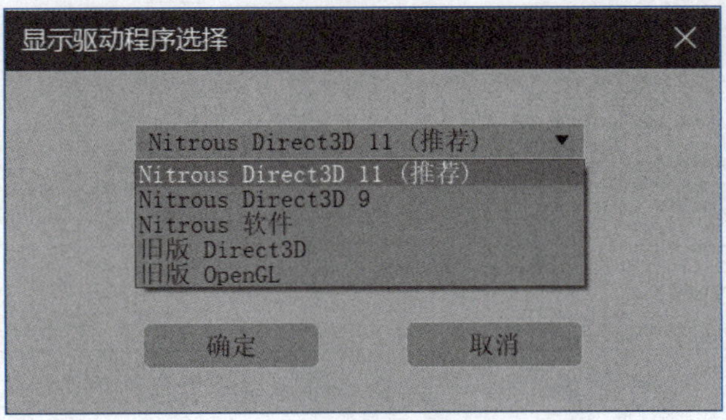

图 1-9　选择驱动程序

OpenGL 发展得比较早，由 SGI 主导，是为了专业的 3D 绘图软件而开发。

Dierct3D 发展得比较晚，由 Microsoft 研发内建在自家的操作系统之中，主要是为了加强游戏的开发、效率等。

早期厂商多是用 OpenGL，但是现在因为 Direct3D 越来越完善，而且使用的厂商越来越多，Direct3D 的显示效率已经超过了 OpenGL。如果学习 3ds Max 时使用早期的显卡，OpenGL 反而会更稳定些，如果发现 3ds Max 经常不能正常退出，可以尝试将 Direct3D 显示方式改为 OpenGL 驱动。

“软件”驱动方式是当硬件不支持 OpenGL 和 Dierct3D 时不得已的选项，它是用软件来模拟硬件，所以在效率上会大打折扣。但这种显示方式在多媒体教室授课时不会受多媒体教学软件的限制，会将教师机动态操作图像很好地传递，而使用 OpenGL 和 Dierct3D 方式可能会受媒体教学软件功能限制，无法将教师机动态操作传递给学生机。

当计算机上装有专业显卡时，因为专业显卡具有绘图软件的专业驱动程序，此时选择此种驱动方式可以最大限度地发挥专业显卡的功能，与普通的游戏显卡相比，显示速度和质量都有很大程度的提高。

项目实施

3ds Max 软件的安装

3ds Max 软件对于初学者来说，对计算机系统的要求并不高，尽量使用 Windows 10 或 Windows 11 等 64 位系统。安装步骤如下：

（1）在安装包中，双击 Setup.exe 安装文件，如图 1-10 所示。

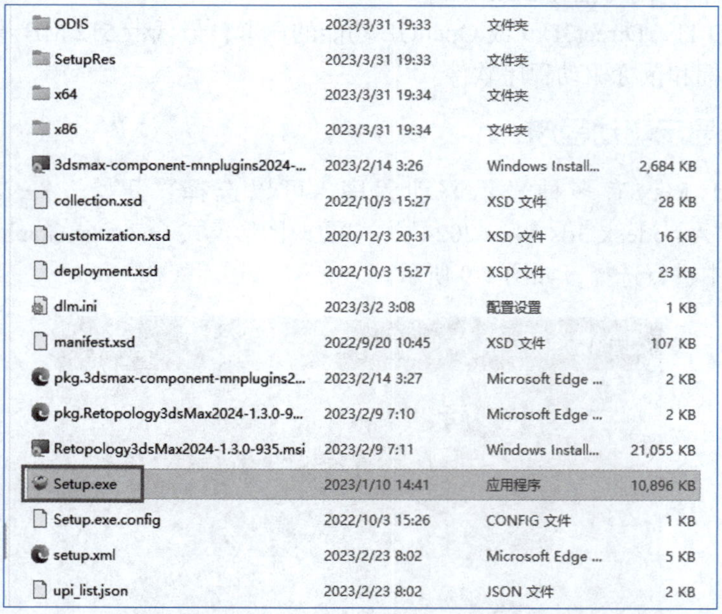

图 1-10　运行 Setup.exe 安装文件

（2）选中“我同意使用条款”复选框，单击“下一步”按钮，如图 1-11 所示。

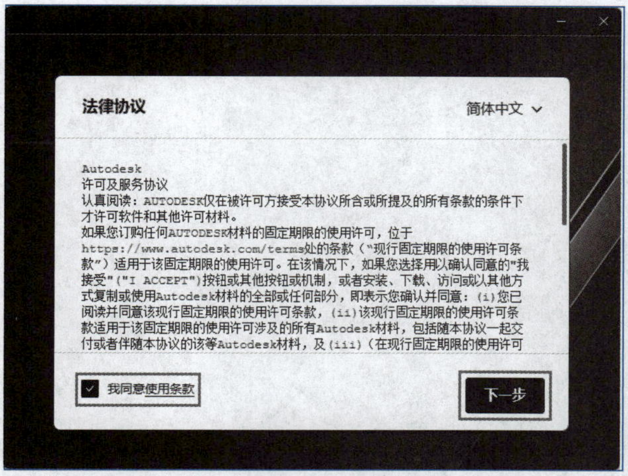

图 1-11　“法律协议”对话框

（3）选择软件安装路径，建议保持默认或者只修改盘符，然后单击“下一步”按钮，如图 1-12 所示。

图 1-12　选择软件安装路径

（4）根据自己的需求选择是否安装其他组件，如果空间允许建议全部选中，然后单击“安装”按钮，如图 1-13 所示。

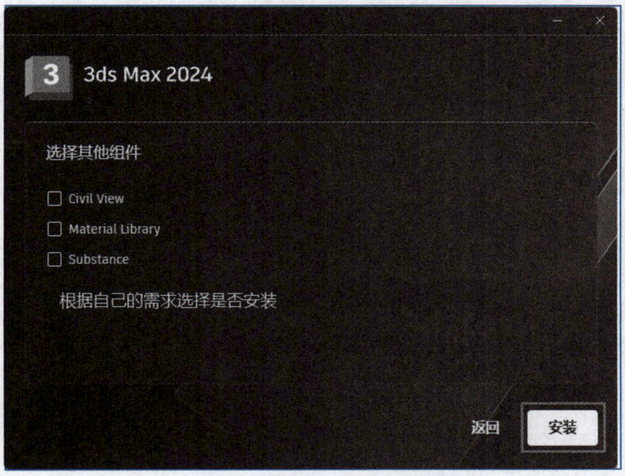

图 1-13　选择安装组件

（5）程序进行安装，安装全部完成后，单击“完成”按钮，如图 1-14 所示。

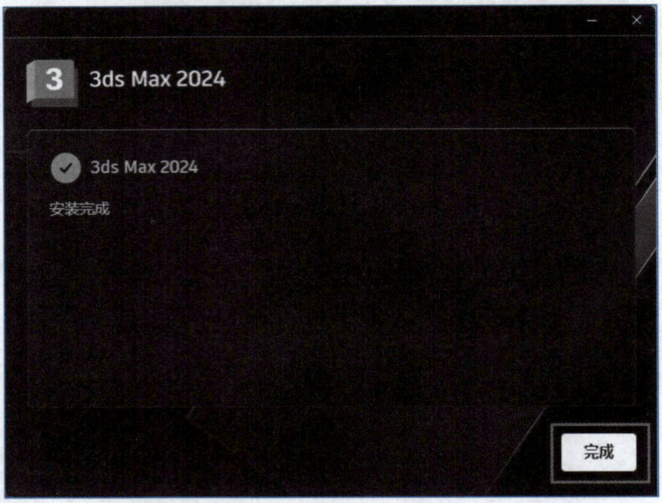

图 1-14　完成安装

（6）默认程序启动后是英文版，可选择“开始”菜单中的 3ds Max 2024 - Simplified Chinese 命令切换成中文版，如图 1-15 所示。

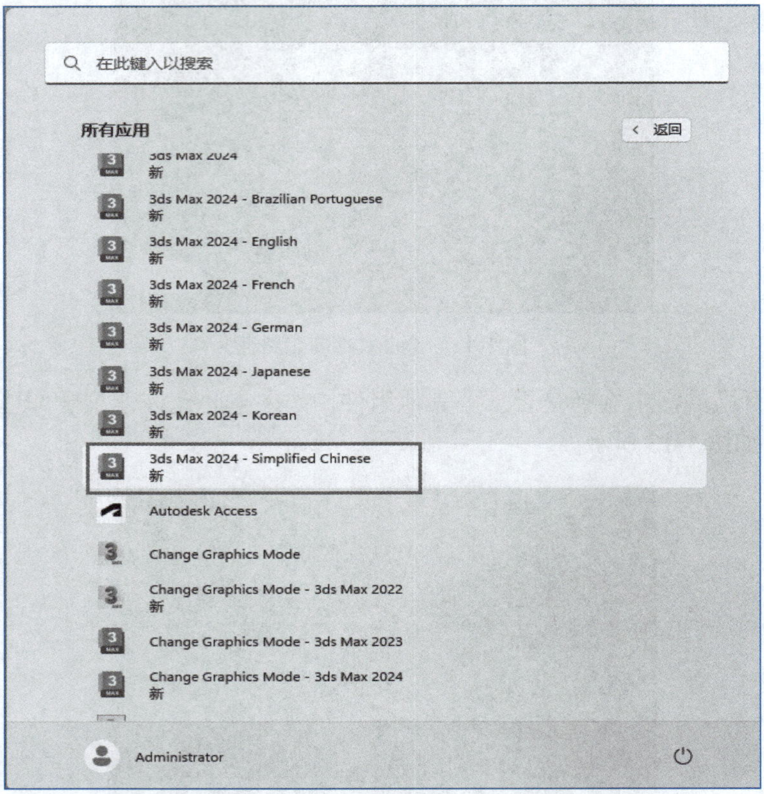

图 1-15　切换为中文版

（7）程序首次运行启动后，出现提示界面，单击“继续”按钮就可以启动软件，如图 1-16 所示。

图 1-16　提示界面

提示：3ds Max 2024 较之前的版本有很大的变化，默认的工作模式是使用 Arnold（阿诺德）渲染器配合物理材质进行工作。由于 Arnold（阿诺德）渲染器的参数比较复杂，参数界面并没有官方汉化，对于初学者来说不太容易掌握。我们可以将工作模式切换成标准的扫描线渲染器配合标准材质的工作模式。切换方法如下：

（1）软件启动后，选择“自定义”→“自定义默认设置切换器”命令，如图 1-17 所示。

（2）在打开的界面左侧选择 Max Legacy，然后单击“设置”按钮，如图 1-18 所示。设置后重新启动软件就可以使设置生效。后续的课程，将会以这种模式进行操作讲解，在渲染器训练中也将学习关于 Arnold（阿诺德）渲染器的具体应用。

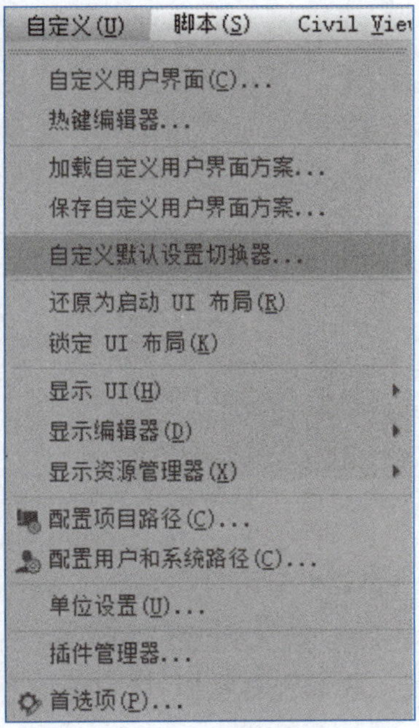

图 1-17　自定义

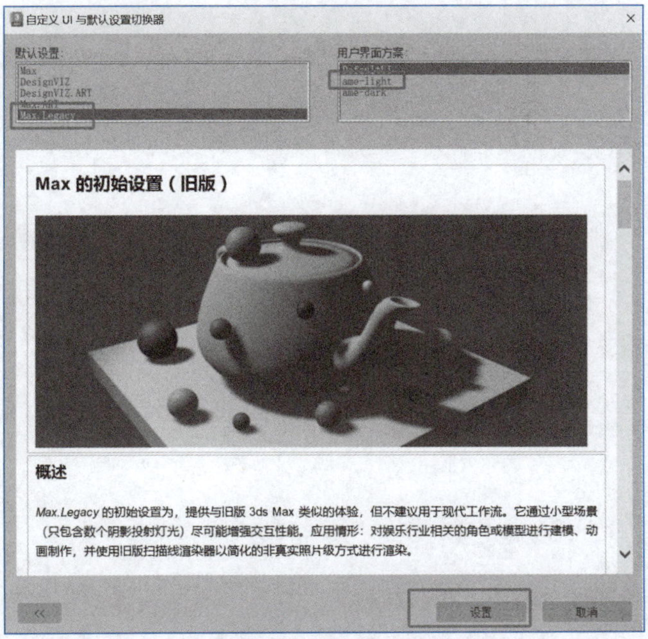

图 1-18　自定义默认设置切换器

项目总结

通过本项目的学习学生可对三维动画技术有了一定的了解；通过欣赏优秀三维动画作品对三维动画制作产生深厚的兴趣。工欲善其事，必先利其器。通过对 3ds Max 软件的了解并学习软件的安装，可为后续的三维动画制作做好准备。

项目练习

1. 在自己的计算机上下载并安装 3ds Max 软件，巩固安装操作方法。

2. 利用课余时间收集三维动画作品（包括自己喜欢的图片和视频），并在课堂上展示自己收集的作品，提高大家的学习兴趣。

项目二

进入三维虚拟世界

项目描述

3ds Max 对于设计者来说就是一种设计工具，就像使用其他现实的设计工具一样先要了解其使用特点，然后才能更加深入地应用。作为高职学生需要面对操作实践的生产一线，所以必须能够熟练操作各种工具（包括软件工具）。

为了培养学生对 3ds Max 的基础操作能力，本项目将从认识工作界面、视图操作、选择操作、变换操作、工作流程等几方面进行训练。

学习目标

【知识目标】

◎ 掌握简单几何体的创建方法。

◎ 了解各视图的表现含义、视图操作工具及快捷键。

◎ 掌握选择类工具的使用、常用选择方式的切换。

◎ 掌握移动、旋转、缩放变换工具的使用。

◎ 熟悉三维动画工作流程：建模→材质→灯光→动画→渲染。

【能力目标】

◎ 具备视图操作能力。

◎ 具备简单选择操作能力。

◎ 具备变换操作能力。

◎ 具备三维空间感建立能力。

【素质目标】

◎ 能够按照三维动画制作一般工作流程进行职业能力训练。

◎ 具备自主学习新知识、新技术的能力。

◎ 具备独立分析问题、解决问题的能力。

视频

软件操作基础

相关知识

一、Autodesk 3ds Max 工作界面

Autodesk 3ds Max 2024 的默认工作界面如图 2-1 所示，采用以黑色调为主的颜色搭配。

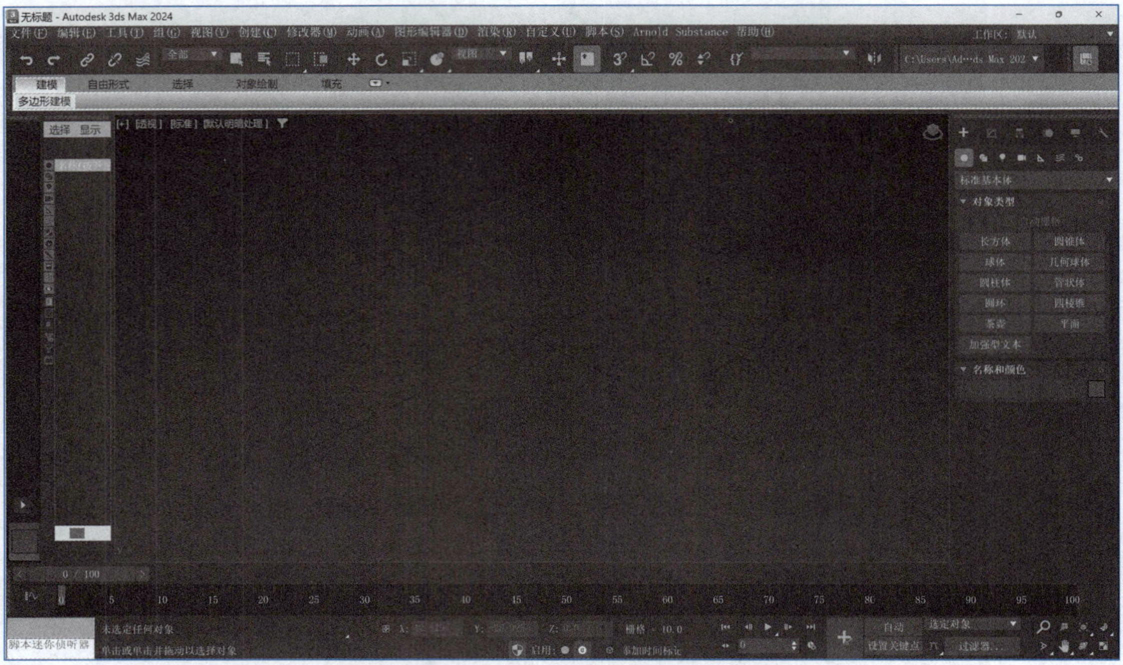

图 2-1　Autodesk 3ds Max 默认工作界面

当然，用户也可以根据自己的喜好更改界面方案的风格。具体操作步骤如下：

（1）在菜单栏中选择“自定义”→“加载自定义用户界面方案”命令，如图 2-2 所示。

（2）在打开的“加载自定义用户界面方案”对话框中，在 C:\Program Files\Autodesk\3ds Max 2024\zh-CN\UI 路径下，选择 ame-light.ui 界面方案文件，然后单击“打开”按钮，如图 2-3 所示。这时 3ds Max 的工作界面会变为浅色风格，如图 2-4 所示。本书将以此界面方案进行讲解。

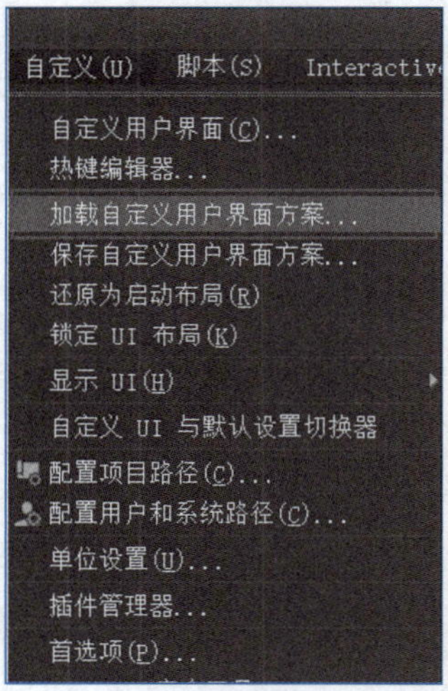

图 2-2　“自定义”菜单

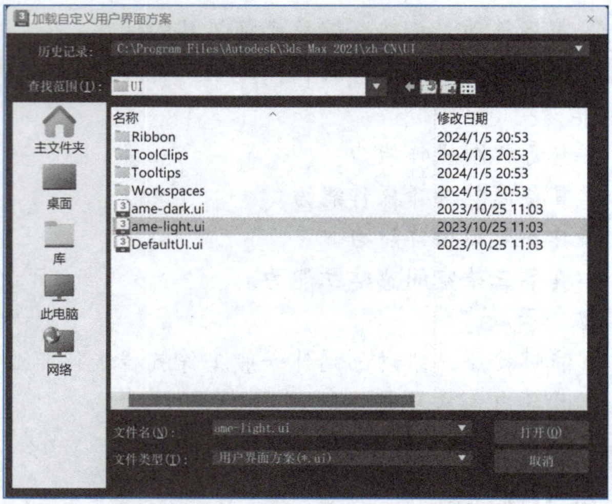

图 2-3　选择界面方案文件

3ds Max 的工作界面与其他大型三维软件相比较为简洁，并容易上手进行操作，主要由菜单栏、工具栏、视口、命令面板、状态栏及各种控制区组成，如图 2-4 所示。

图 2-4　界面布局

（一）界面组成

1. 菜单栏

在界面的最上方是菜单栏，与 Windows 操作系统下的多数程序一样，菜单栏中包含了程序中绝大多数命令。

2. 工具栏

在工具栏以图标的方式包含了软件主要的常用工具。

提示：工具栏中的工具很多，显示器的分辨率 1 920×1 080 像素以上才能完全显示。如果分辨较低可以将鼠标指针放在工具栏空白处，出现手形后可将工具栏左右拖动显示出更多的工具。

3. 视口

视口是 3ds Max 的主要工作区，在视口中将当前场景空间以不同的观看角度和描画方式显示出来，用户就可以对场景中的对象进行各种变换和其他操作。

4. 命令面板

命令面板默认放置在界面的最右侧，由很多子面板组成，包含了多数 3ds Max 软件主要的命令和工具。

5. 状态栏及各控制区

在界面的下方，布置了轨迹栏、MaxScript 侦听器、状态栏、提示行、动画控制及时间控件、视口控制工具等多个面板。

3ds Max 界面元素很多，将在后面的学习中逐渐讲解。

视频

视图操作

二、视图操作

3ds Max 中创建的三维虚拟空间是通过视口显示出来的，在默认设置下，视口按观看的角度分为：顶视图、前视图、左视图、透视图 4 个视图，每个视口都可以在需要时切换为其他的视图，还可以是右视图、后视图等。对场景中物体的编辑都是在视口中完成的，为了更方便地对物体进行编辑，在操作过程中经常要对各个视图进行控制（包括平移视图、缩放视图、旋转视图）。为了练习对视图的控制，需要先学会创建简单的三维几何体。

（一）创建物体

创建物体的步骤如下：

（1）在界面右侧命令面板中，单击创建按钮，再单击几何体按钮，就可以看到 3ds Max 提供的 11 种标准原始几何体（默认状态下）。

（2）选择其中的“长方体”命令，然后在顶视图开始创建。长方体的创建过程是先用左键拖出长方体的长宽，然后松开鼠标，移动鼠标得到长方体的高，最后单击左键完成创建。

（3）试着创建多个其他几何体，有的一步操作即可创建，如球、几何球、茶壶、平面；有的需要三步操作，如圆锥体、管状物。

（二）了解视图空间关系

现在场景中有了物体，了解一下各个视图的作用和空间关系。

（1）顶视图：即在当前空间从上往下看得到的正视画面，如图 2-5 所示。

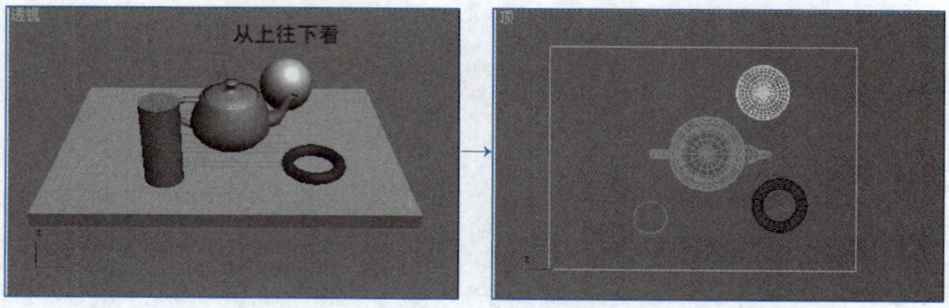

图 2-5　顶视图

（2）前视图：即在当前空间从前往后看得到的正视画面，如图 2-6 所示。

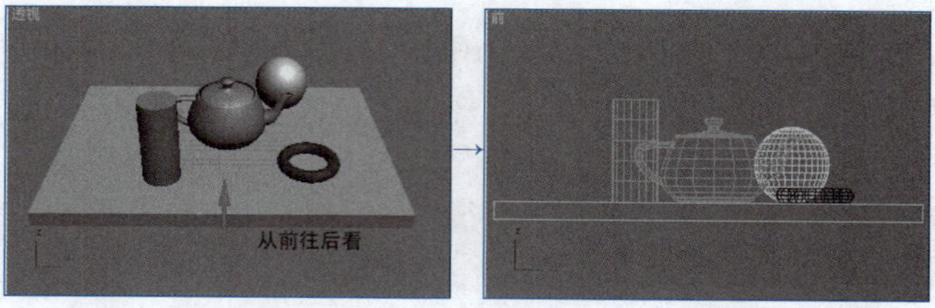

图 2-6　前视图

（3）左视图：即在当前空间从左往右看得到的正视画面，如图 2-7 所示。

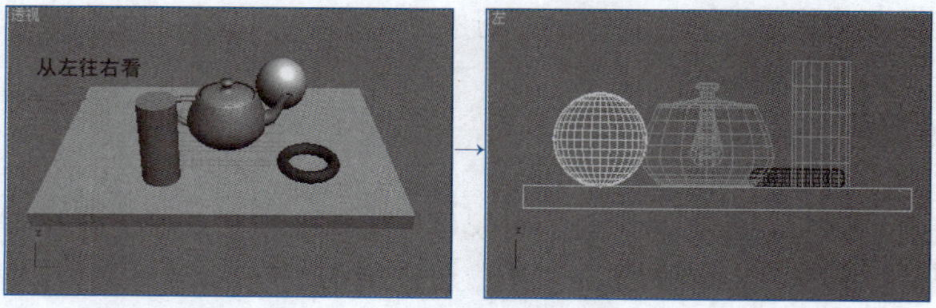

图 2-7　左视图

（4）透视图：即在当前空间从任意角度观看物体得到的透视画面，如图 2-8 所示。

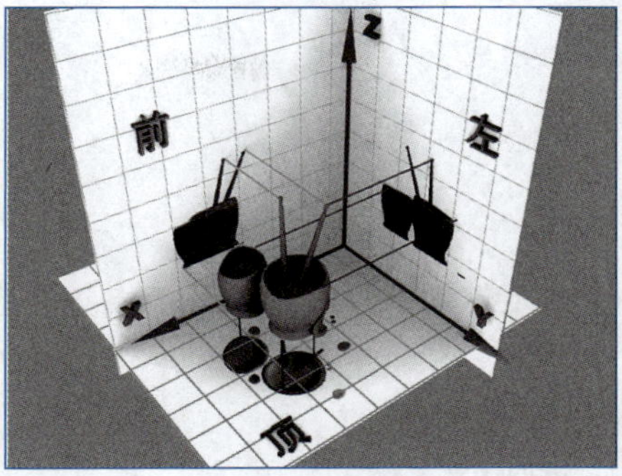

图 2-8　透视图

前 3 种视图是正视图，无透视效果，即没有近大远小的透视关系；透视图是模拟人眼通过摄像机捕捉画面的效果，即有近大远小的透视关系，如图 2-9 所示。

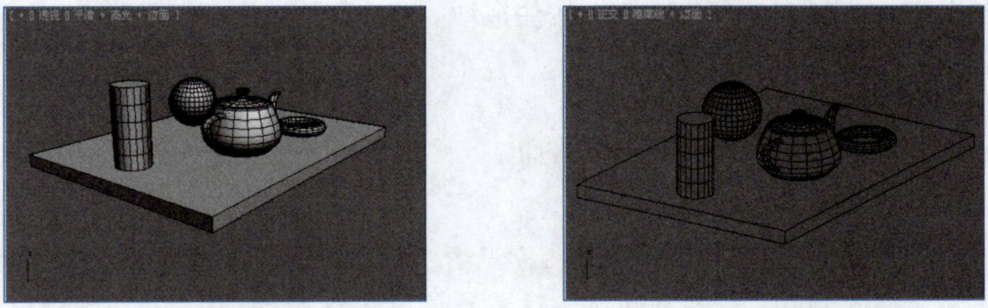

（a）有透视效果　　（b）无透视效果

图 2-9　透视图与正交视图

在不同的视口中可以更改其视图类型，具体方法如下：

（1）在视图名称上点击，在弹出的菜单中选择相应视图类型，如图 2-10 所示。

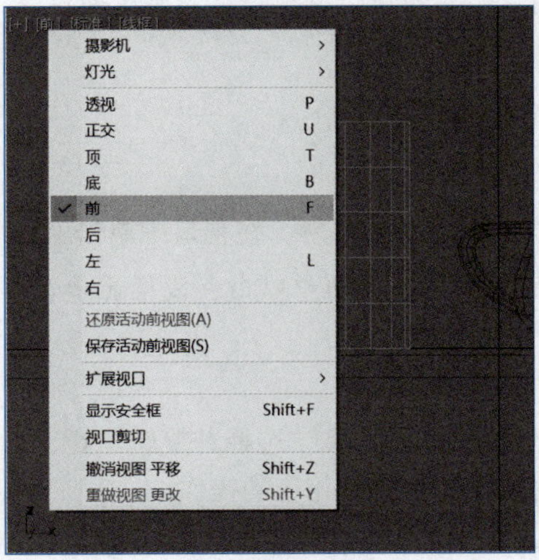

图 2-10　切换视图类型

（2）通过快捷键更改视图类型：

- 透视图（perspective）：P。

- 顶视图（top）：T。
- 底视图（bottom）：B。
- 前视图（front）：F。
- 左视图（left）：L。

（三）学会控制视图

提示： 为了提高软件操作速度和工作效率，视图操作要求尽量使用快捷键。

1. 平移视图操作

快捷键操作：按住鼠标中键，拖动。

命令工具：界面右下角的按钮。

2. 粗略（有级）缩放视图操作

快捷键操作：鼠标中键滚动。

3. 精细（无级）缩放视图操作

快捷键操作：Ctrl+Alt+ 鼠标中键，按住拖动。

命令工具：界面右下角的按钮。

4. 旋转视图操作

快捷键操作：Alt+ 鼠标中键，按住拖动。

命令工具：界面右下角的按钮。

提示： 初学者旋转视图操作尽量要在透视图中进行，如果在其他 3 个正视图中操作会使其变为一种“正交视图”，要想切换回原来的视图状态可按“（二）了解视图空间关系”中操作。

视 频

选择操作

三、选择操作

在 3ds Max 中对一个对象进行编辑时首先要选择对象，如何快速准确地选择复杂场景中的物体是本节的重点。

（一）选择单个物体

1. 使用选择工具选择

在主工具栏中单击“选择对象”工具，在视口中单击就可以选中物体。

提示： 场景中被选中的对象在正视图中以白色线框显示（默认设置情况下），在透视图中对象周围显示白线边框。

2. 使用具有选择功能的工具选择

在主工具栏中使用“选择并移动”、“选择并旋转”、“选择并缩放”、“选择并链接”工具都可以先选择对象然后再进行相应的操作。

（二）选择多个物体

（1）使用选择工具或具有选择功能的工具，按住 Ctrl 键可以追加选择，按住 Alt 键可以减少选择。

（2）使用选择工具或具有选择功能的工具，用区域选择的方式进行选择，如图 2-11 所示。区域选择的区域形状默认是方形的，也可以根据不同情况切换不同的区域形状，如图 2-12 所示。

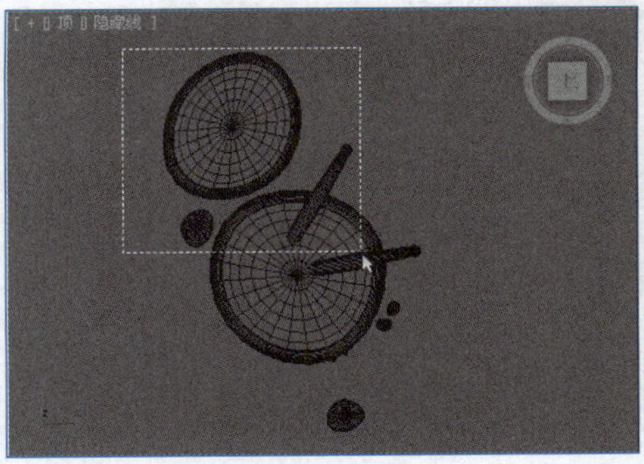

图 2-11　框选多个对象

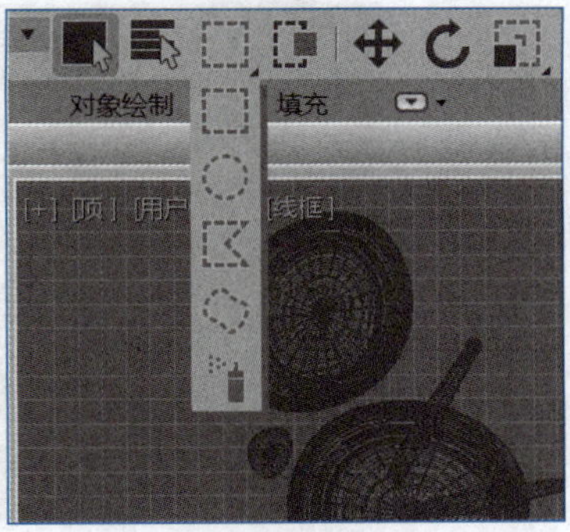

图 2-12　框选区域形状

提示：在使用区域选择对角时，要注意“窗口 / 交叉”选择方式的切换。

为“交叉”选择方式：单击此按钮后，可以在场景中的对象周围或穿越对象绘制选择区域。位于区域边界内或与其相交的对象都会被选定，如图 2-13 所示。

为“窗口”选择方式：单击此按钮后，可以在场景中任何对象的周围绘制选择区域。只有完全位于区域边界内部的对象才会被选定，如图 2-14 所示。

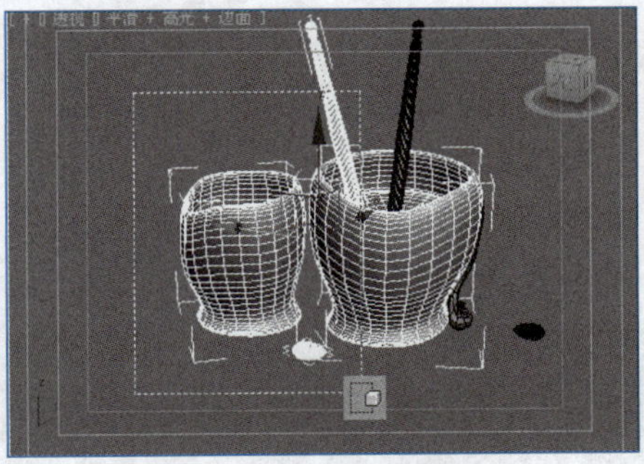

图 2-13　“交叉”选择方式

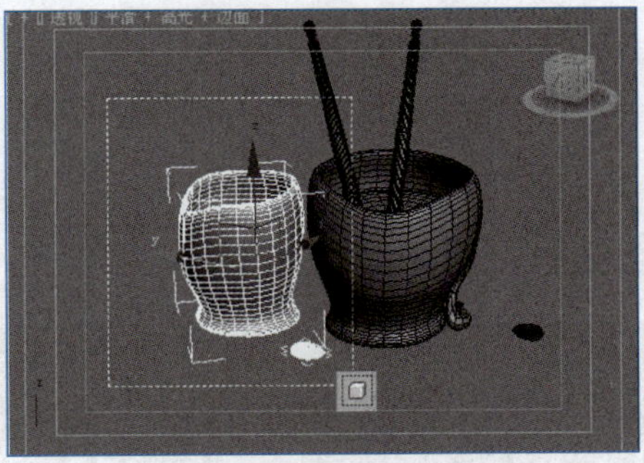

图 2-14　“窗口”选择方式

（3）使用“按名称选择”工具。单击此工具后，将弹出按名称选择对话框，如图 2-15 所示。这里列出了场景中对象的名称，此方法适用于在复杂场景中精确选择对象。

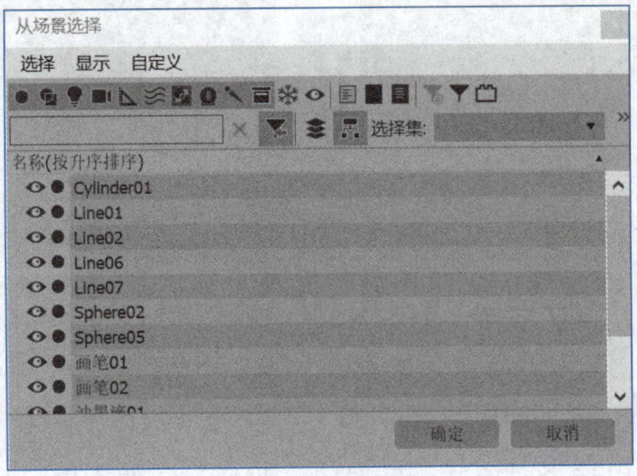

图 2-15　按名称选择

提示：在场景中修改对象的名称时，首先选择对象，然后在命令面板中进行修改，如图 2-16 所示。

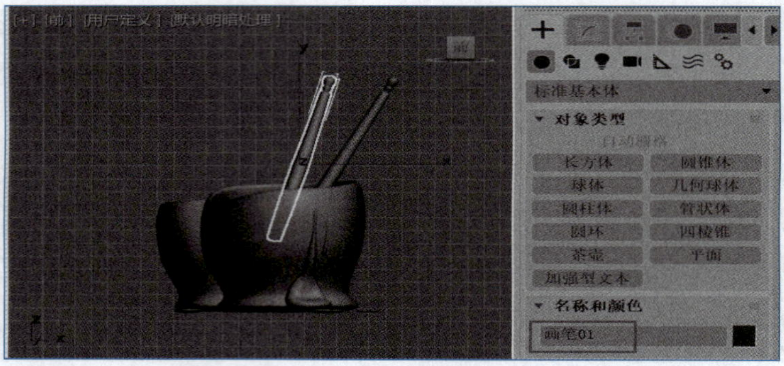

图 2-16　修改对象名称

视频

变换操作

四、变换操作

变换操作是相对于对象当前所在三维空间中，对对象的位置、方向或比例进行调整的操作。也就是通过移动、旋转对象和改变对象大小来进行调整，如图 2-17 所示。

图 2-17　变换操作

（一）选择并移动

选择并移动：可以选择对象并移动对象，改变对象的位置，如图 2-18 所示。

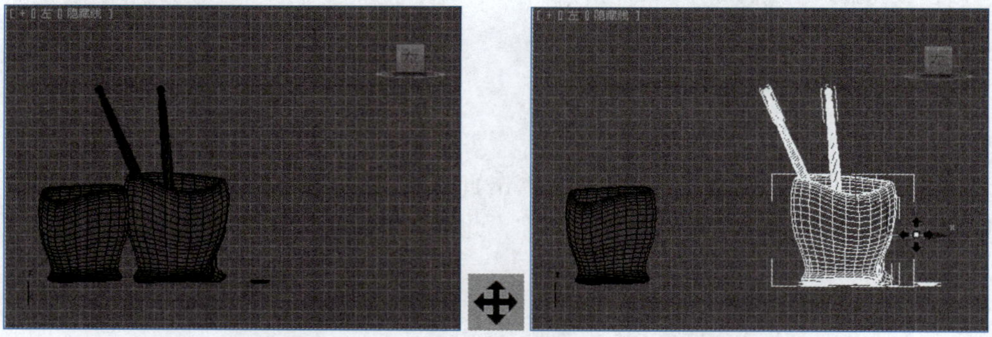

图 2-18　选择并移动对象

提示：在移动变换操作时，要将鼠标指针放在物体上显示的坐标轴上进行操作，鼠标指针放在某一轴上，该轴将激活，以黄色显示，移动操作也只能在该方向上进行；如果鼠标放在 X、Y 轴之间的方形区域，两轴将同时被激活，移动操作则可以在 X、Y 轴所确定的平面内进行。

（二）选择并旋转

选择并旋转：可以选择对象并旋转对象，改变对象的方向，如图 2-19 所示。

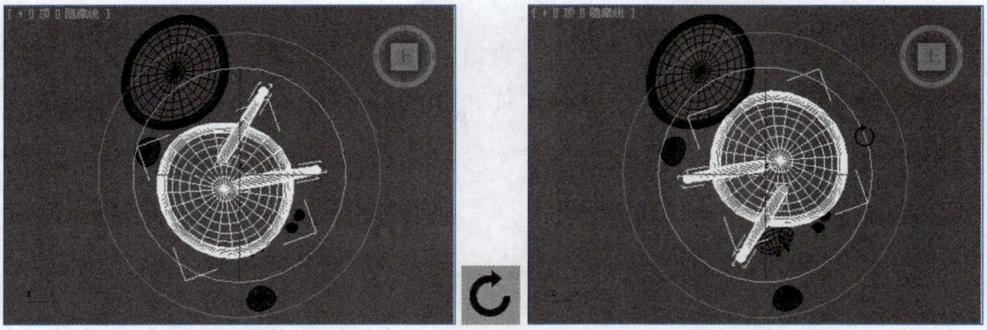

图 2-19　选择并旋转对象

提示：在旋转变换操作时，鼠标指针放在某一轴环上，该轴将被激活，以黄色显示，旋转操作也只能在该方向上进行；如果鼠标指针放在各轴环之间的区域，可以对物体进行自由旋转，方向将不确定；如果鼠标指针放在最外侧的大圆环上操作，旋转操作将绕垂直于屏幕的方向进行。

（三）选择并缩放

选择并缩放：可以选择对象并缩放对象，改变对象的大小，如图 2-20 所示。

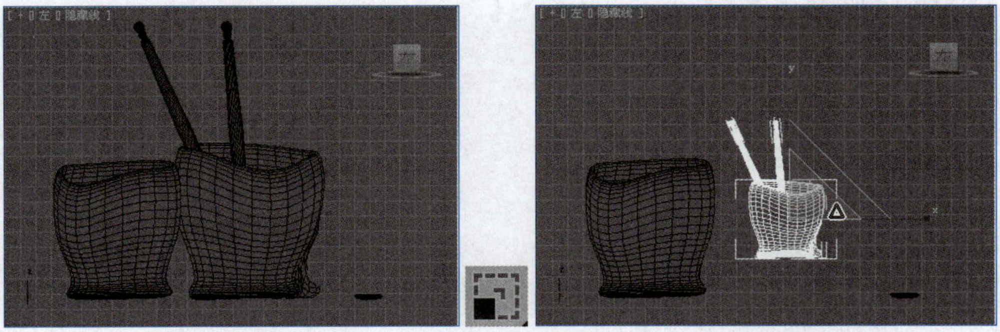

图 2-20　选择并缩放对象

提示：在缩放变换操作时，如果鼠标指针放在某一轴上，该轴将激活，以黄色显示，缩放操作也只能在该方向上进行，此时为非均匀缩放；如果鼠标指针放在 X、Y 轴之间的三角区域，两轴将同时被激活，此时为均匀缩放；如果鼠标指针放在 X、Y 轴之间的梯形区域，两轴将同时被激活，此时为挤压操作。

五、复杂操作

（一）坐标系统

在对物体进行变换操作时，都要沿某个方向进行，这是由坐标来确定的，所以不同坐标系统（见图 2-21）对变换操作产生不同的影响。下面介绍几种常用的坐标系统，如图 2-21 所示。

图 2-21　坐标系统

1. 视图坐标系

在默认的“视图”坐标系中，所有正交视口中的 X、Y 和 Z 轴都相同，但透视图依然是世界坐标。使用该坐标系移动对象时，会相对于视口空间移动对象，如图 2-22 所示。

（1）X 轴始终朝右。

（2）Y 轴始终朝上。

（3）Z 轴始终垂直于屏幕。

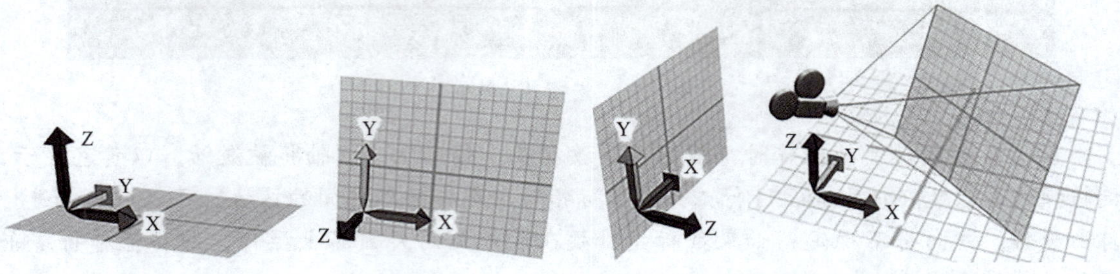

（a）顶视口　（b）前视口　（c）左视口　（d）透视视口

图 2-22　视图坐标系统

2. 屏幕坐标系

将活动视口屏幕用作坐标系，包括透视图。

（1）X 轴为水平方向，正向朝右。

（2）Y 轴为垂直方向，正向朝上。

（3）Z 轴为深度方向，正向指向用户。

3. 世界坐标系

使用世界坐标系，从正面看：

（1）X 轴正向朝右。

（2）Z 轴正向朝上。

（3）Y 轴正向指向背离用户的方向。

与每个视口的左下角的坐标提示一致。世界坐标轴的 X 轴为红色，Y 轴为绿色，Z 轴为蓝色。

（二）轴心位置

变换中心将影响缩放和旋转变换的效果（但不影响位置变换），在需要时，可以调整变换中心。

1. 单个对象的轴心位置调整

单击命令面板中的“层次”→“轴”→ 仅影响轴 按钮，这时场景中坐标轴变为图 2-23 所示。这时就可能通过移动工具进行调整。

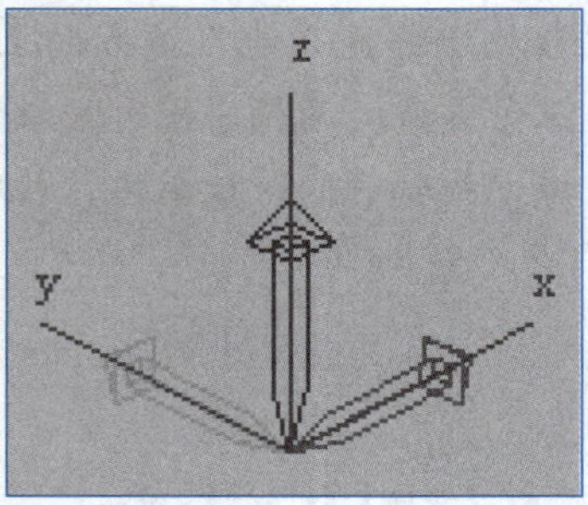

图 2-23　视图坐标系统

2. 多个对象的轴心位置选择

在场景中选择多个对象，单击主工具栏中的“使用轴点中心”按钮。

“使用轴点中心”：操作时以各自的轴心为变换中心，如图 2-24 所示。

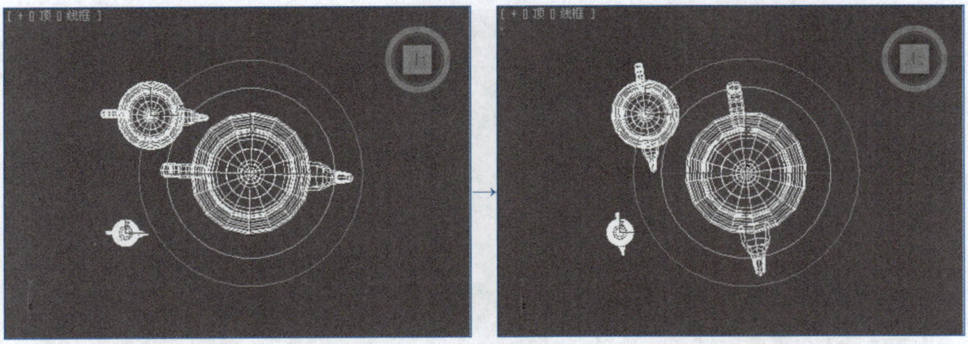

图 2-24　使用轴点中心

“使用选择中心”：操作时以选择的对象组为一个整体，以整个对象组的轴心为变换中心，如图 2-25 所示。

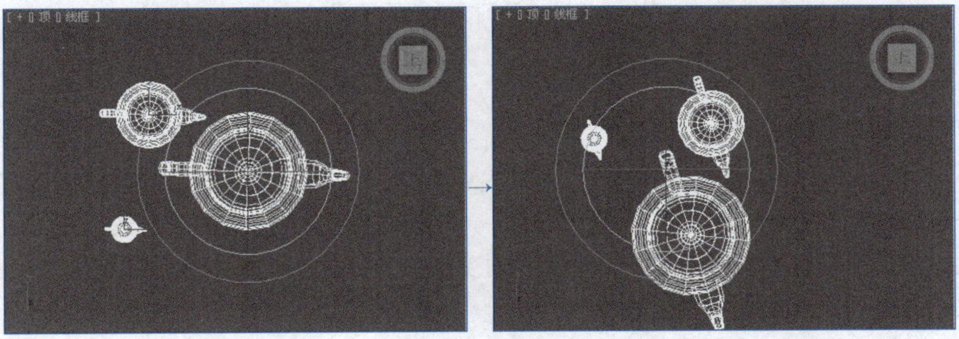

图 2-25　使用选择中心

“使用变换坐标中心”：如果场景中对象的坐标通过使用“拾取坐标系统”而改变，这时可采用“使用变换坐标中心”的方式进行变换。

（三）镜像操作

镜像工具可以使一个对象相对于某个轴进行翻转操作。镜像工具使用一个对话框来创建选定对象的镜像克隆或在不创建克隆的情况下镜像对象的方向。在提交到操作之前，可以预览设置的效果。镜像操作设置界面如图 2-26 所示。

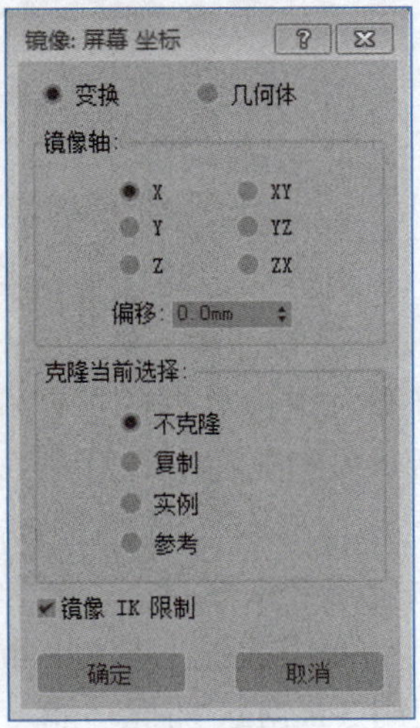

图 2-26　镜像操作设置界面

（四）阵列操作

“阵列”是专门用于克隆、精确变换和定位很多组对象的一个或多个空间维度的工具。对于 3 种变换（移动、旋转和缩放）的每一种，可以为每个阵列中的对象指定参数或将该阵列作为整体为其指定参数。使用“阵列”可以获得的很多效果是使用“Shift + 克隆”技术无法获得的。阵列操作设置界面如图 2-27 所示。

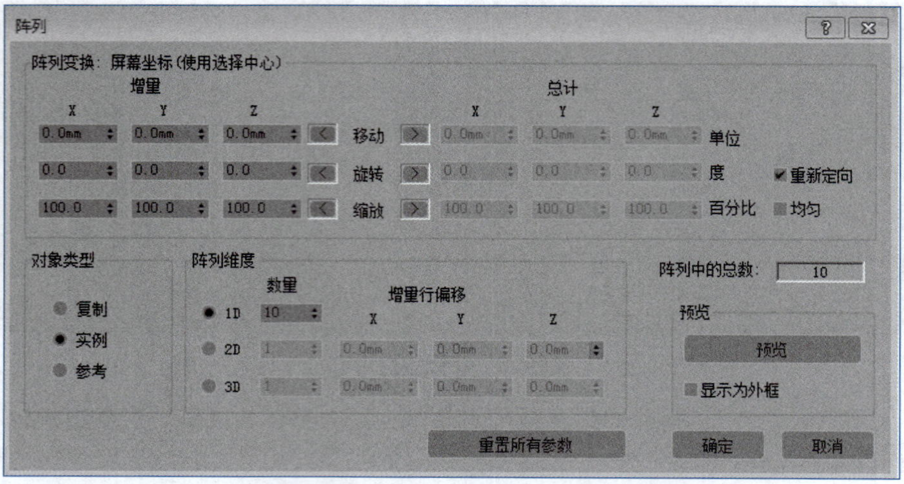

图 2-27　阵列操作设置界面

（五）精确变换

1. 变换输入

在主工具栏中右击“选择并移动”、“选择并旋转”或者“选择并缩放”按钮中的一个可以使用状态栏上的“变换输入”框，可在该框中输入适当的值，然后按 Enter 键应用变换。单击变换框左侧的“绝对 / 相对变换输入”按钮，可以在输入绝对变换值或偏移值之间进行切换，如图 2-28 所示。

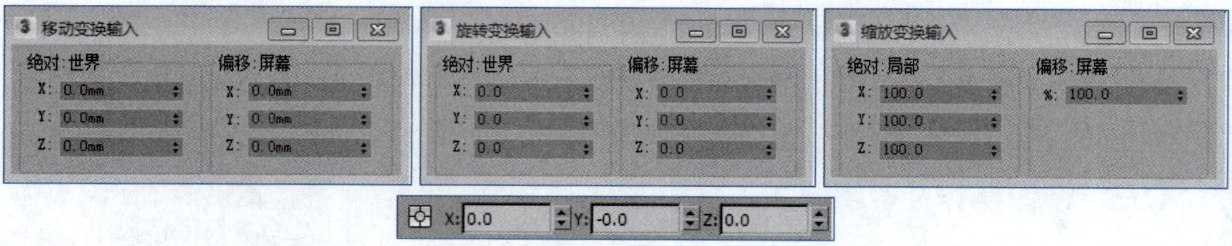

图 2-28　变换输入

2. 对齐工具

对齐可以将当前选择与目标选择进行对齐。选择要对齐的对象后，单击主工具栏中的“对齐”按钮，然后选择要与第一个对象对齐的其他对象。这样可以打开“对齐”对话框，将源对象边界框的位置和方向与目标对象的边界框对齐；也可以将源对象的几何中心和目标对象的几何中心对齐；还可以将源对象轴心点位置与目标对象轴心点位置对齐，如图 2-29 所示。

3. 捕捉工具

使用捕捉工具可以精确控制创建、移动、旋转和缩放对象。通过主工具栏上的按钮可使用 3ds Max 捕捉功能。

“2D 捕捉、2.5D 捕捉、3D 捕捉”：在移动对象时可以捕捉到设置的捕捉对象。捕捉对象类型如图 2-30 所示。

“角度捕捉切换”：确定多数功能的增量旋转。

“百分比捕捉切换”：通过指定的百分比增加对象的缩放。

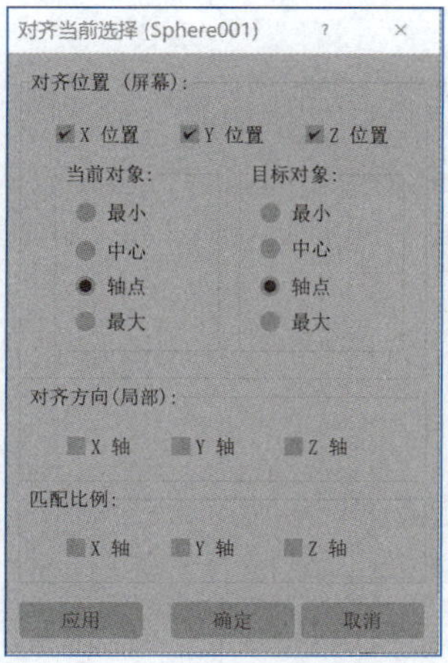

图 2-29　对齐操作

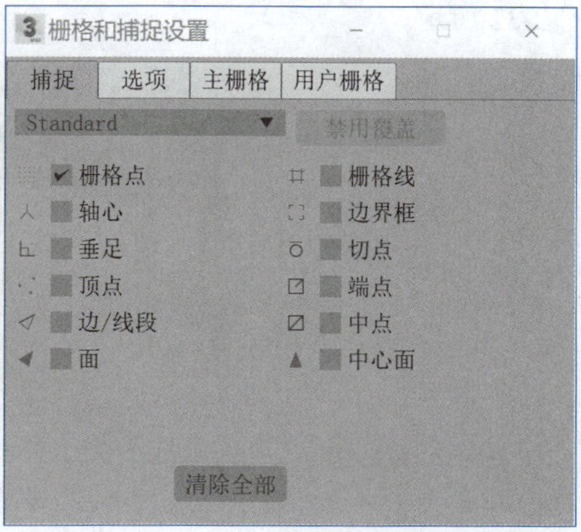

图 2-30　栅格和捕捉设置

六、了解三维动画一般工作流程

下面对变换操作进行训练，在训练过程中要完成一个相对完整的例子。整个过程要按照三维动画的基本流程进行。三维动画的基本流程为：建模→材质→灯光→动画→渲染，如图 2-31 所示。

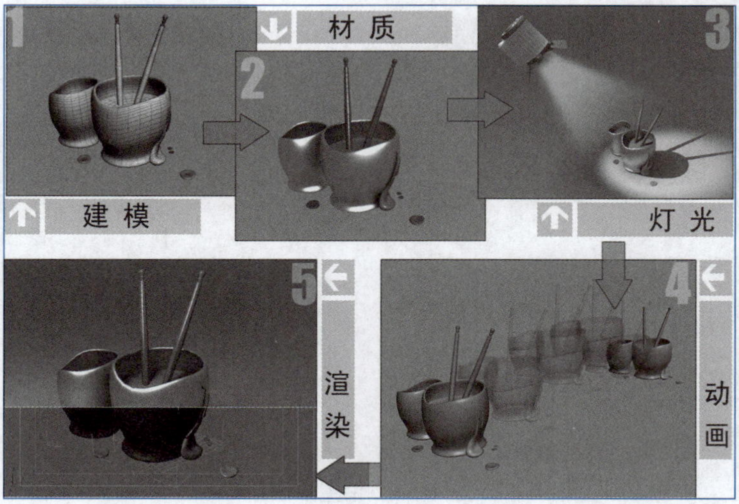

图 2-31　三维动画的基本流程

项目实施

创建课桌椅场景项目

本项目将设计一个实例场景——“课桌椅”，来对变换操作进行训练，同时用三维动画的一般流程将本实例制作完整。在训练过程中可能会使用一些后面章节的知识，这部分操作只要求按步骤操作，能够了解三维动画的制作一般流程即可，目前不需要熟练掌握。效果图如图 2-32 所示。

图 2-32　课桌椅效果

（一）建模阶段

1. 设置单位

启动 3ds Max 软件，新建场景。选择菜单栏中的“自定义”→“单位设置”命令，在打开的对话框中将显示单位和系统单位都设置成公制的“毫米”，如图 2-33 所示。然后保存场景，命名为“我的教室”。

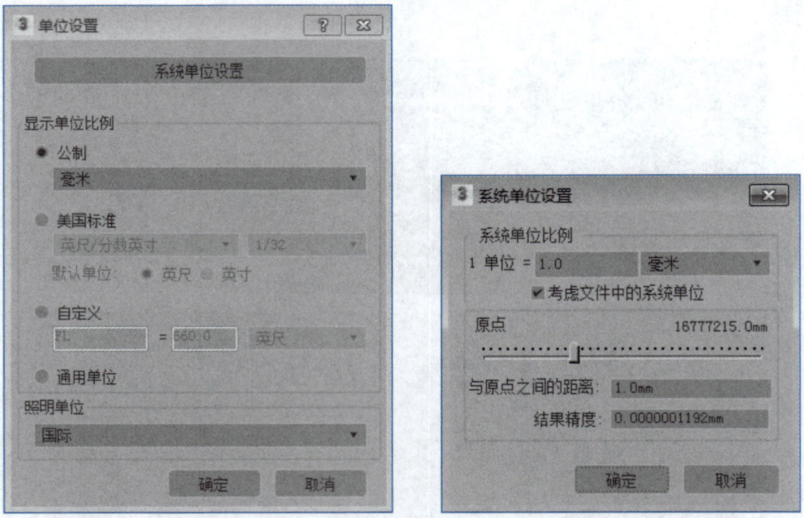

图 2-33　设置单位

提示： 3ds Max 软件的默认单位为“通用单位”，实际上是以英寸为单位的，在我国常用的单位为公制，设置单位后，在场景中创建物体时的大小可以和现实中的物体用尺寸相比较，尽量制作得合理。这样不仅模型尺寸精确，而且可为将来使用物理渲染器进行渲染时提供方便。

2. 制作课桌

（1）单击 +（创建）→ ●（几何体）→ 长方体 按钮，在顶视图中创建长方体，参数为：长 500 mm，宽 800 mm，高 15 mm，作为桌面，如图 2-34 所示。

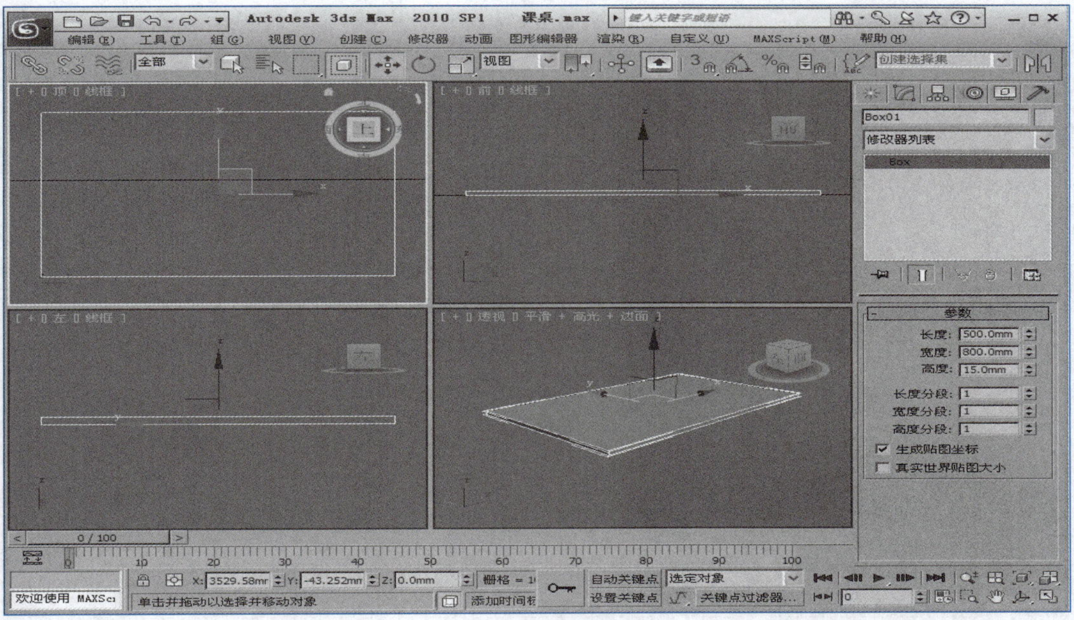

图 2-34　创建课桌面

（2）单击（创建）→（几何体）→ 长方体 按钮，继续在顶视图中创建 3 个长方体，制作桌箱侧板，参数分别为：左侧板，长 360 mm，宽 15 mm，高 -200 mm；后侧板，长 15 mm，宽 700 mm，高 -200 mm；右侧板，长 360 mm，宽 15 mm，高 -200 mm。使用移动工具将它们放置在一起，位置如图 2-35 所示。

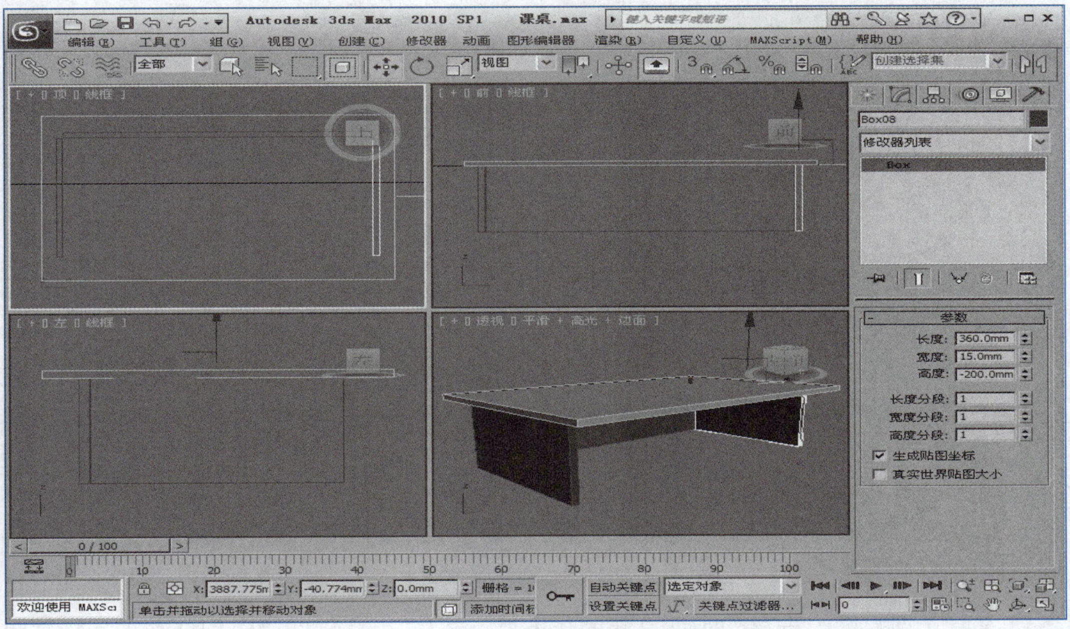

图 2-35　创建桌箱侧板

（3）单击（创建）→（几何体）→ 长方体 按钮，在顶视图中创建一个长方体，参数为：长 400 mm，宽 700 mm，高 15 mm，制作桌箱底板，如图 2-36 所示。

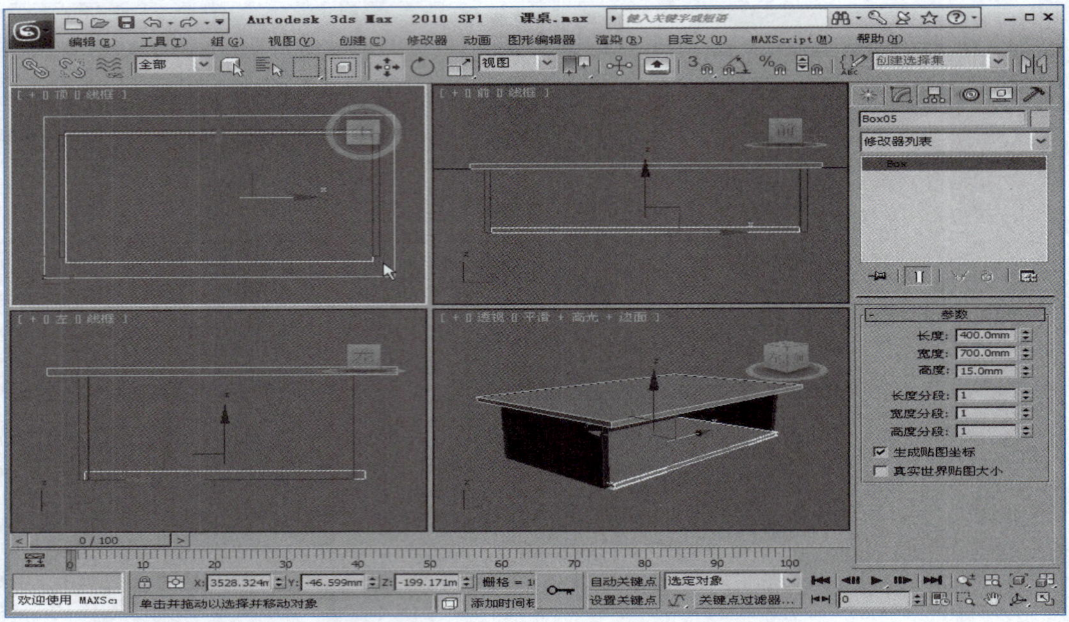

图 2-36 创建桌箱底板

（4）单击 ＋（创建）→ ●（几何体）→ 长方体 按钮，继续在顶视图中创建细长的长方体，参数为：长 50 mm，宽 50 mm，高 -700 mm，作为课桌腿，如图 2-37 所示。

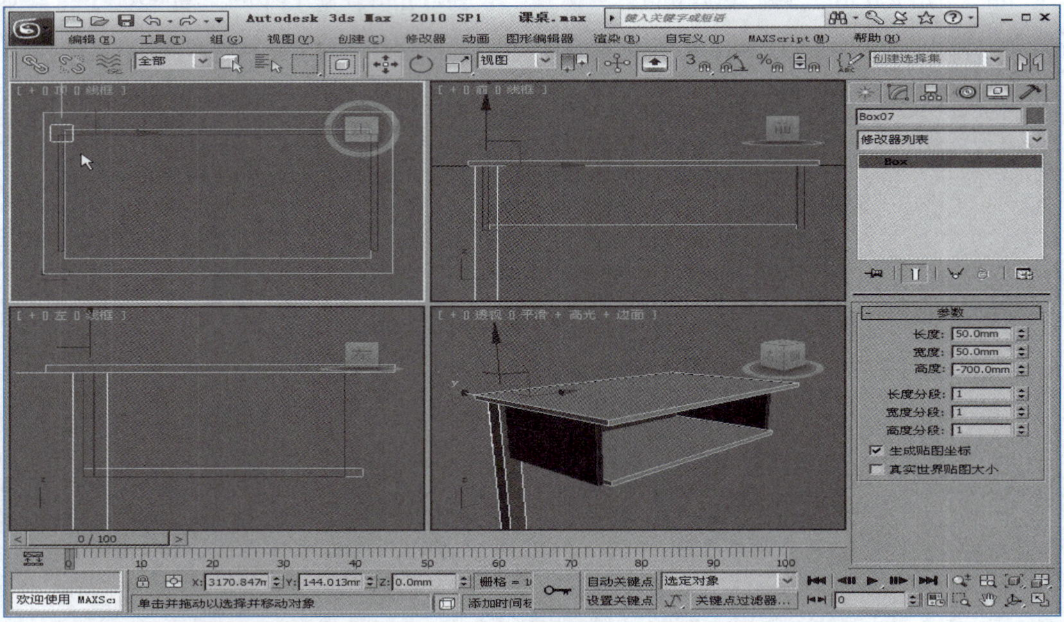

图 2-37 创建课桌腿

（5）复制课桌腿。选择作为课桌腿的长方体，按住 Shift 键的同时用移动工具将其向另外一侧移动，这样就会产生复制体，并打开“克隆选项”对话框。在对话框中选择“实例”方式进行复制，如图 2-38 所示。

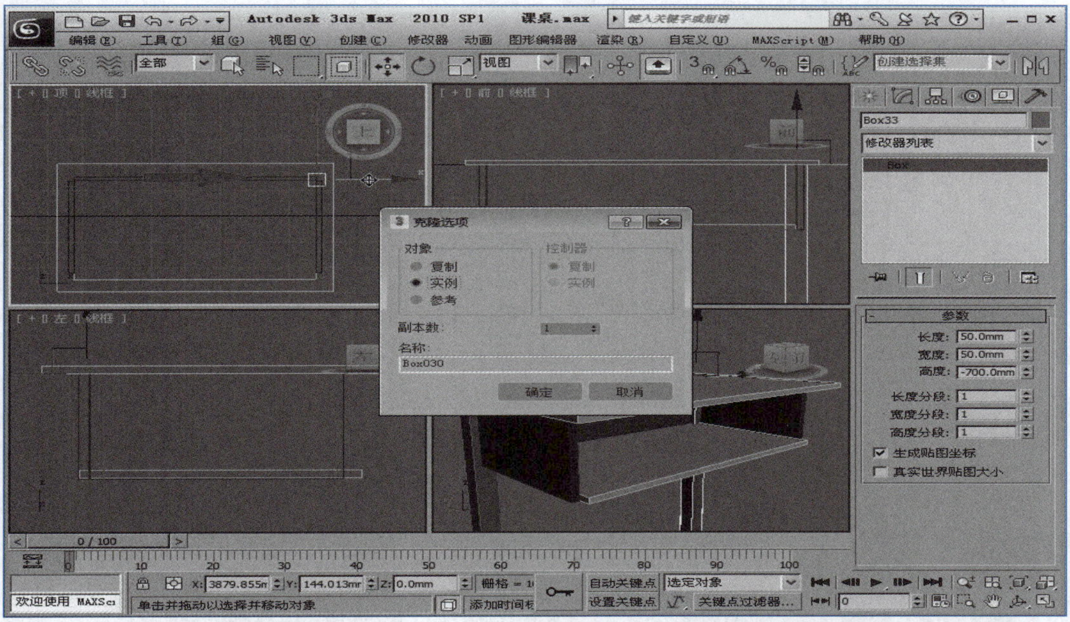

图 2-38　复制课桌腿

提示：3ds Max 软件中按住 Shift 键的同时用移动、旋转、缩放工具对物体进行操作都会产生复制。在复制对象时可以选择以下 3 种方式，产生不同的复制影响效果。

- 复制：创建一个与原始对象完全无关的克隆对象。修改一个对象时，不会对另外一个对象产生影响。
- 实例：创建原始对象的完全可交互克隆对象。修改实例对象与修改原对象的效果完全相同。
- 参考：克隆对象时，创建与原始对象有关的克隆对象。这类复制对象具有单向关联属性，即改变原始对象应用的修改器的参数时，将会更改这两个对象。但是，参考对象修改器参数变化不会影响原始对象。

这里课桌腿采用“实例”方式进行复制主要考虑在后面的制作过程中，如果对课桌腿尺寸不满意，在修改时，只需更改其中一个即可。

（6）用实例方式复制另外两条课桌腿，并在同侧桌腿间加上横梁，完成课桌，如图 2-39 所示。

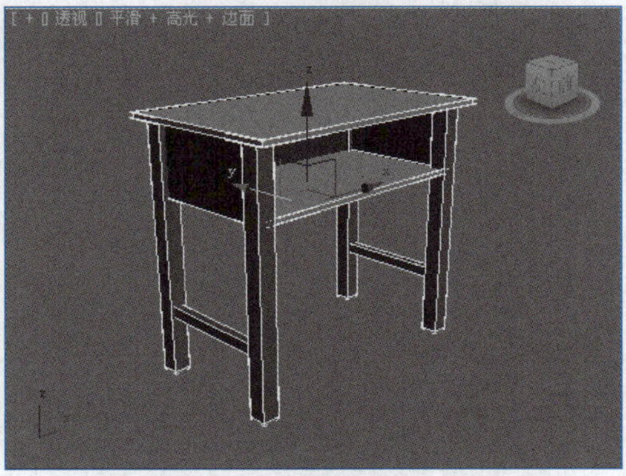

图 2-39　完成课桌

3. 制作椅子

用制作课桌的方法，再用“长方体”搭建出椅子。

结构可以根据个人的理解进行一定的调整，在制作时要注意训练学生利用 4 个视图，将各对象移到正确位置，建立初步三维空间感。最后的效果如图 2-40 所示。

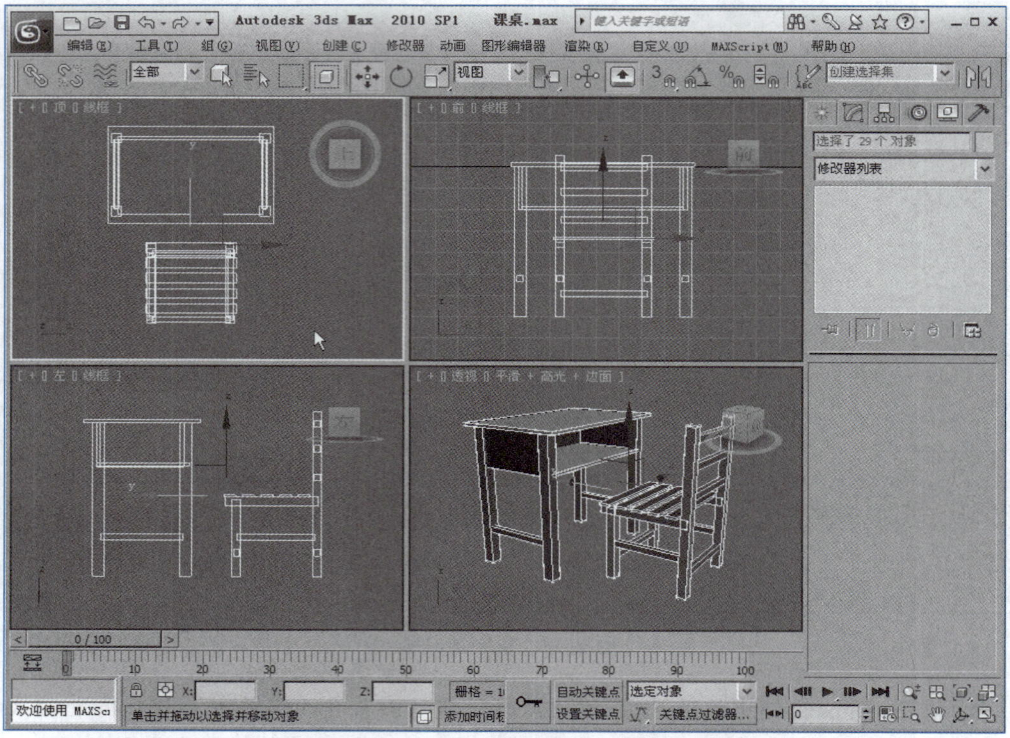

图 2-40　完成课桌及椅子

4. 制作地面

单击 +（创建）→ ●（几何体）→ 平面 按钮，在顶视图中创建一大平面，参数为：长 30 000 mm，宽 35 000 mm，作为地面，将其放置在课桌椅下面，如图 2-41 所示。

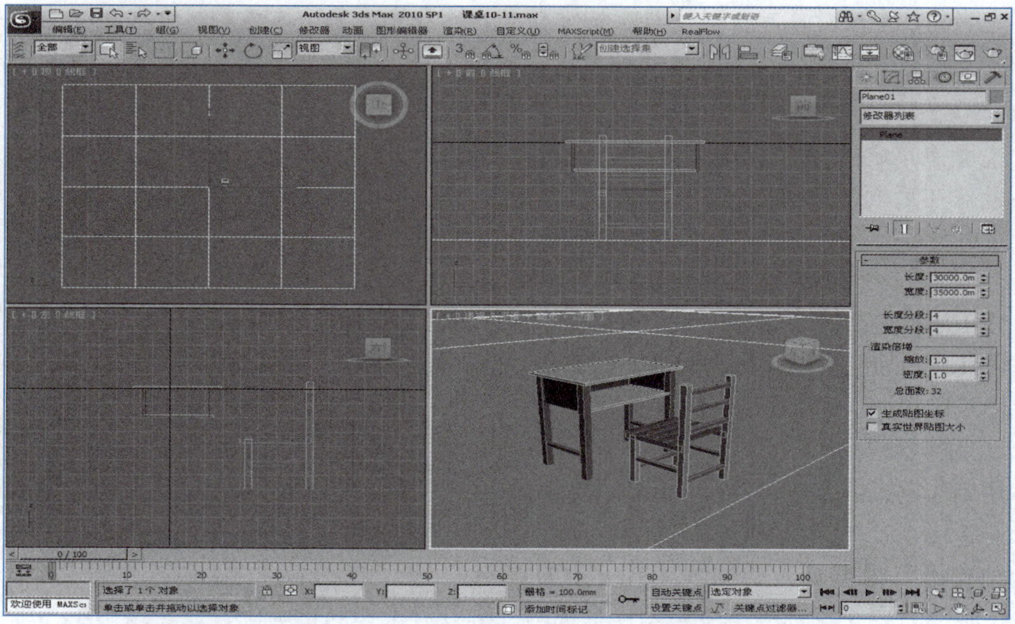

图 2-41　制作地面

提示：在建模阶段，重点训练学生对视图的理解，初步建立三维空间感。在学生最初操作过程中可能无法将课桌椅各部分准确地放置在一起，此时可以让学生从一个正视图开始，认真分析对象的位置，例如先将顶视图完成放置操作，然后再对前视图操作，依此类推，这样就可以慢慢地使学生建立三维空间感。

（二）材质阶段

在现实空间中不同材质物体的表面呈现出不同的质感，在 3ds Max 软件初步建模的物体没有任何的质感变化，必须根据模型本身特点为它们制作材质，从而产生真实的质感和纹理的变化效果，这就是材质制作阶段。

1. 认识材质编辑器

启动 3ds Max 软件，单击主工具栏中的“材质编辑器”按钮，打开材质编辑器窗口，如图 2-42 所示。默认的 Slate 材质编辑器的编辑形式类似于一种图表的编辑形式，不太适合初学者学习，在“模式”菜单中选择“精简材质编辑器”命令，在这里我们切换到另一种“精简材质编辑器”模式。这时材质编辑器切换为图 2-43 所示模式。精简材质编辑器模式也可以直接在主工具栏上按住“材质编辑器”按钮，在弹出的按钮组中选择第二个按钮进入。后面的训练中都直接使用按钮直接进入“精简材质编辑器”。

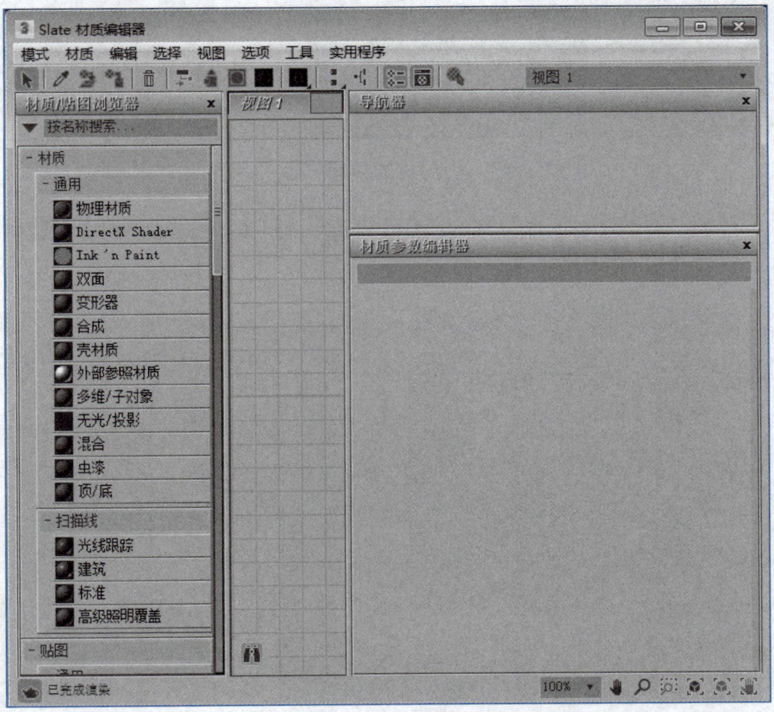

图 2-42　材质编辑器图

2. 获取材质器

使用材质编辑器制作材质的方法将会在后面的章节详细学习，在本例中将使用材质库中已经制作好的材质分配给课桌椅场景模型。

（1）打开前面制作好的场景文件。

（2）单击材质编辑器”按钮，打开材质编辑器窗口。单击第一个示例窗，将其激活。单击“材质编辑器”工具栏中的“获取材质”按钮，打开“材质 / 贴图浏览器”对话框。

单击左上方的下拉按钮，选择“打开材质库”，如图 2-43 所示。

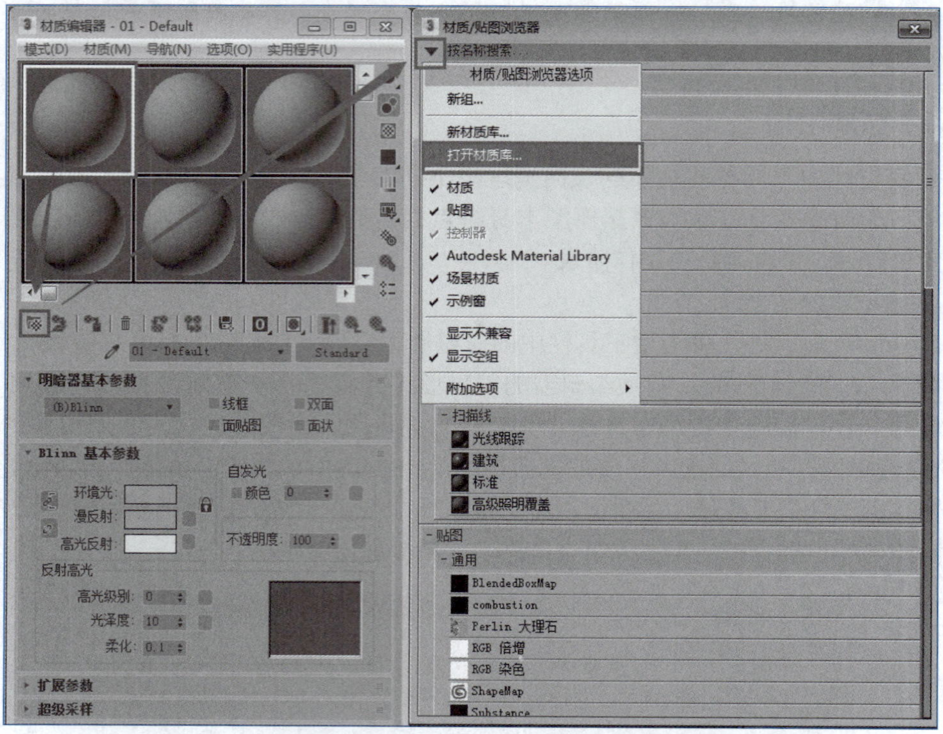

图 2-43　使用材质编辑器获取材质

（3）双击“材质 / 贴图浏览器”对话框的“木”材质（见图 2-44），这样在第一个示例窗中就获取了一个制作好的木纹材质。

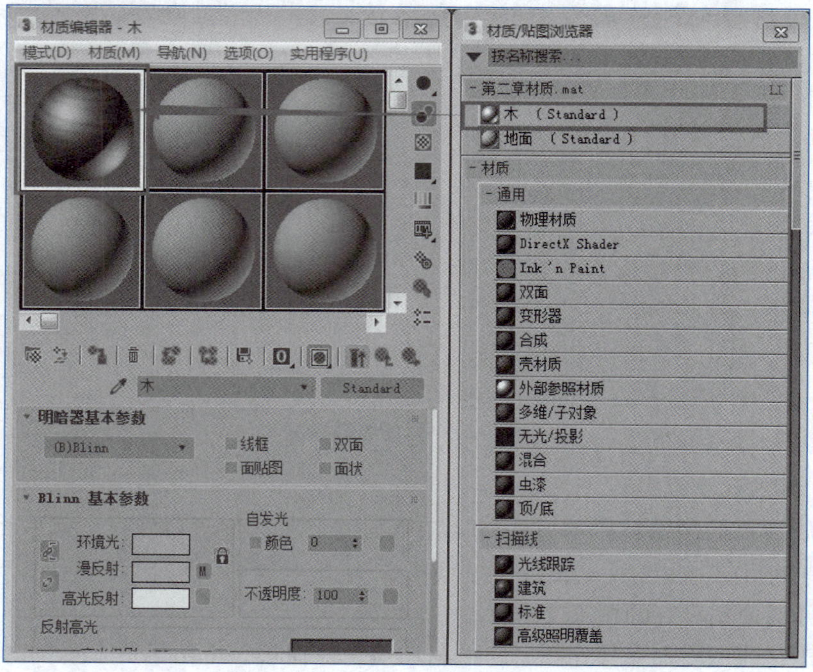

图 2-44　获取木纹材质

（4）在场景中选择课桌椅对象，单击“将材质指定给选定对象”按钮，将“木”材质分配给它们。

（5）选择材质编辑器中的第二个示例窗，重复刚才的操作，获取“地面”材质，将其分配给场景中作为地面的平面对象。

（6）渲染透视图。激活透视图，单击主工具栏中的“渲染产品”按钮，渲染效果如图 2-45 所示。

图 2-45　渲染透视图

（三）灯光阶段

在现实空间中如果没有光，世界将不会存在。在 3ds Max 软件中也是这样，设置灯光非常重要，从刚才渲染出来的效果也能看出来，物体虽然有了材质，但还觉得光影明暗效果不够真实，需要加入灯光照明场景，这就是灯光阶段。

1. 创建泛光灯

在 3ds Max 软件中，有很多种灯光类型，将在后面的章节中详细学习。本例中将创建一种简单的“泛光灯”照明场景。

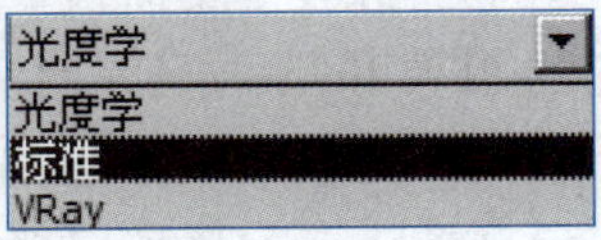

图 2-46　选择“标准”灯光类型

（1）单击 + （创建）→ （灯光）按钮，在下拉列表中选择“标准”，如图 2-46 所示。

（2）单击 泛光 按钮，在顶视图中创建一盏泛光灯，作为主灯，放置位置在课桌椅右后上方。泛光灯参数：在“阴影”栏中选中“启用”复选框，类型设为“阴影贴图”；“倍增”设为 0.2，如图 2-47 所示。

2. 创建天光

单击 天光 按钮，在顶视图中创建一盏天光灯，用来模拟室外天空照明效果，位置任意。天光参数默认，效果如图 2-48 所示。

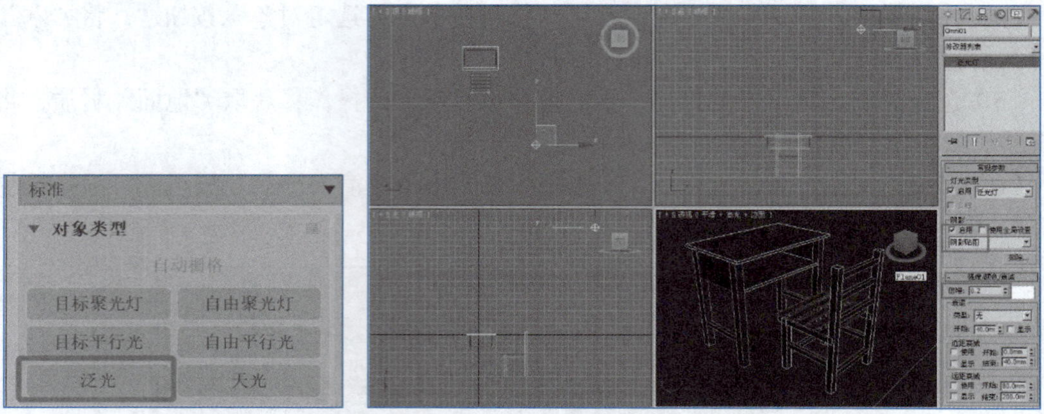

图 2-47　创建泛光灯

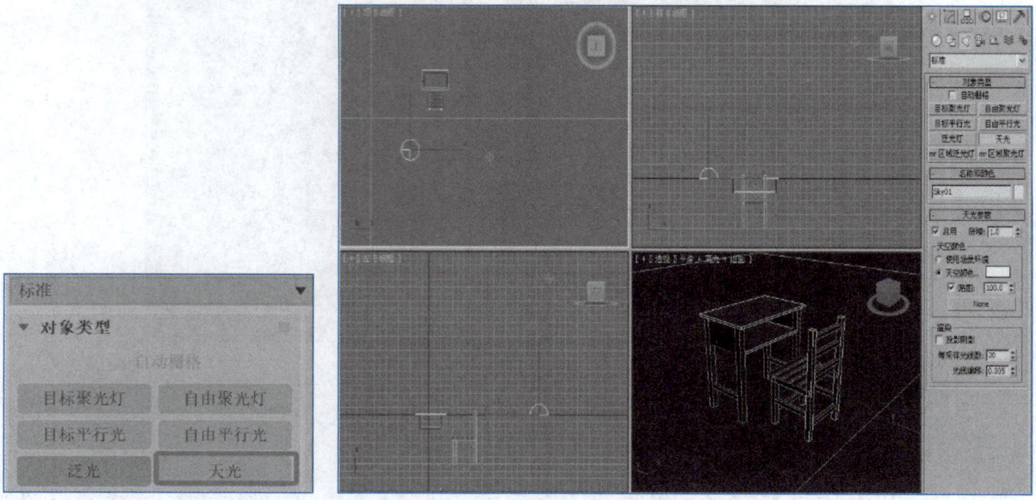

图 2-48　创建天光

（四）渲染阶段

下面进入渲染阶段（动画阶段略过，将在后面的章节中详细学习）。在软件视图中看到的图像和动画只是计算机通过硬件产生的预览效果，要得到最终效果，必须根据场景所设置的灯光、所应用的材质及环境设置（如背景和大气）进行计算，为场景的几何体着色，这个过程称为“渲染”。使用“渲染设置”对话框，可以渲染图像和动画并将它们保存到文件中。

1. 普通渲染

激活透视图，单击主工具栏中的“渲染产品”按钮，渲染效果如图 2-49 所示。

图 2-49　普通渲染

2. 高级照明渲染

本例中使用的天光在普通渲染中可以看到效果并不是很好，光影的对比不够。天光需要与“光跟踪器”的高级照明配合使用，才能得到良好的效果。

（1）激活透视图，单击主工具栏中的“渲染设置”按钮，打开渲染设置对话框。

（2）在渲染设置对话框中单击“高级照明”选项卡，然后在“选择高级照明”下拉列表中选择“光跟踪器”，如图 2-50 所示。

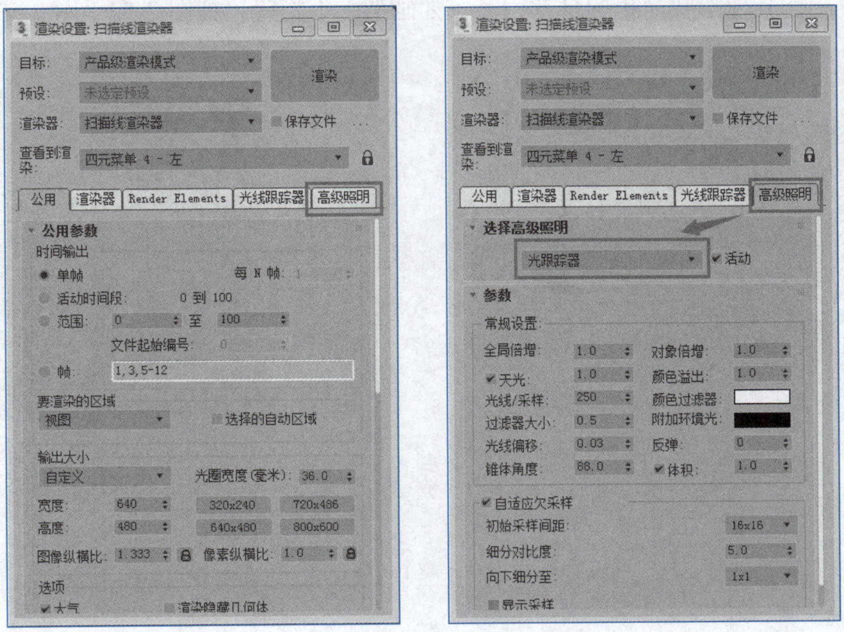

图 2-50　选择高级照明 - 光跟踪器

（3）单击“渲染”按钮，渲染透视图。渲染效果如图 2-51 所示。

图 2-51　高级照明渲染效果

项目总结

通过本项目的学习，要求学生可以利用 4 个视图并使用变换操作工具，将基本几何体拼搭出简单的模型；基本了解 3ds Max 软件的一般工作流程，即“建模→材质→灯光→动画→渲染”，当然流程中的各个步骤的顺序是可以根据实际项目情况进行调整的。

项目练习

1. 进一步应用视图快捷键，能够较熟练地控制视图。
2. 进一步应用变换工具快捷键，能够较熟练地切换移动、旋转、缩放工具。
3. 练习制作其他形状简单的日常用品，如画架、书柜等，如图 2-52、图 2-53 所示。

图 2-52　画架

图 2-53　书柜

项目三

基础建模训练

项目描述

在初步学习了 3ds Max 的工作界面、视图操作、选择操作、变换操作、工作流程等几方面内容以后，我们已经可以把简单的几何体通过旋转、缩放和移动堆砌起来，从而建成简单美观的模型。本项目将学习标准几何体建模、扩展几何体建模、二维图形的编辑，以及常用模型修改器的使用等内容。

学习目标

视频 基础建模训练

【知识目标】

◎ 掌握标准几何体建模方法。
◎ 掌握扩展几何体建模方法。
◎ 掌握二维图形的编辑方法。
◎ 掌握常用模型修改器的使用方法。

【能力目标】

◎ 具备简单几何体建模的操作能力。
◎ 具备二维图形编辑的操作能力。
◎ 具备简单选择操作能力。
◎ 具备利用模型修改器编辑简单模型的操作能力。

【素质目标】

◎ 具备自主学习新知识、新技术的能力。
◎ 培养学生爱党爱国情怀。
◎ 热爱中国传统文化，具有文化传承精神。
◎ 具有爱岗敬业、精益求精、勇于创新的工匠精神。

视频 几何体建模

相关知识

一、标准几何体建模

在 3ds Max 中有大量的标准几何体用于建模，使用它们建模方便快捷、易学易用，一般只需要改变几个简单的参数，并通过旋转、缩放和移动把它们堆砌起来就能建成简单美观的模型，这对于初学者来说无疑是最好的建模方法。

如图 3-1 所示，当在创建面板的三维物体创建下拉列表中选择“标准基本体”创建时，3ds Max 提供 11 个标准基本体供用户选择。本节主介绍这些标准基本体创建的方法以及一些基本的修改命令。

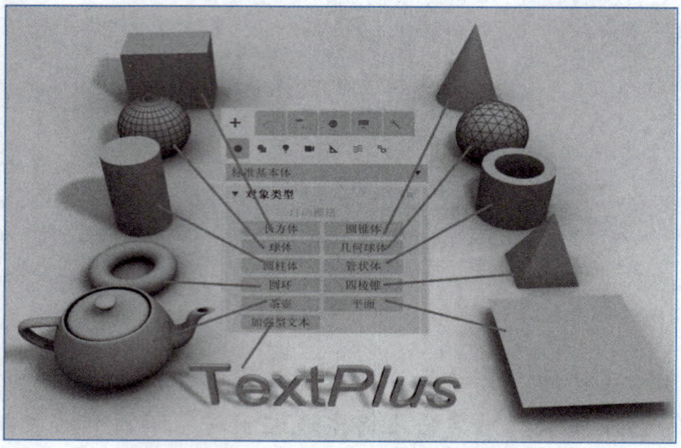

图 3-1　选择标准基本体对象类型

提示：在开始创建物体前，再次提醒保存和单位设置的重要性，同时建议在一开始就养成良好的建模习惯。尽量准确建模，对建好的模型及时修改名称。

（一）长方体

在“创建”面板中单击“长方体”按钮，它将显示为浅蓝色。这时在视图任意位置按下并拖动鼠标，拉出一个矩形框，松开鼠标就完成了矩形底部的定义，然后上下移动鼠标可以定义长方体的高度，在适当的位置再次单击就完成了一个长方体的制作。可以在左侧“参数”卷展栏中设置长、宽、高和各方向上的分段数，如图 3-2 所示。

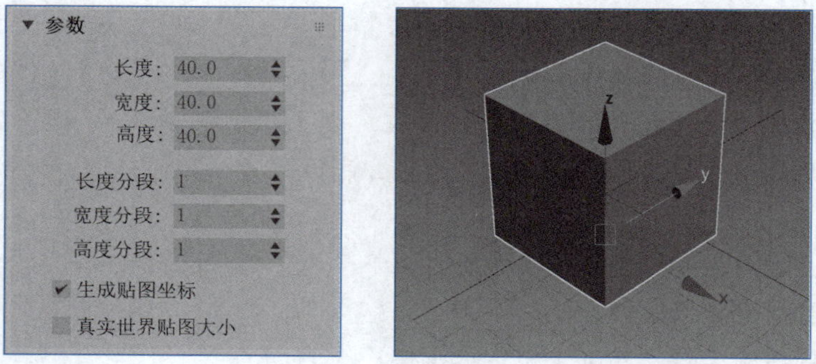

图 3-2　制作设置长方体

在图 3-2 中长度分段数、宽度分段数、高度分段数默认值都是 1，在图 3-3 中操作者已经将长度分段数、宽度分段数、高度分段数设置为 3，与其同步发生变化的是立方体在高度方向产生了 3 个网格，在修改之前网格数是 1。

这里将分段解释为步幅值，可以形象地理解为关节数。在没有其他修改的情况下步幅值除了增加系统的负担外没有什么表现。但是一旦需要进行弯曲、扭曲之类的变化时，关节的作用就体现出来。

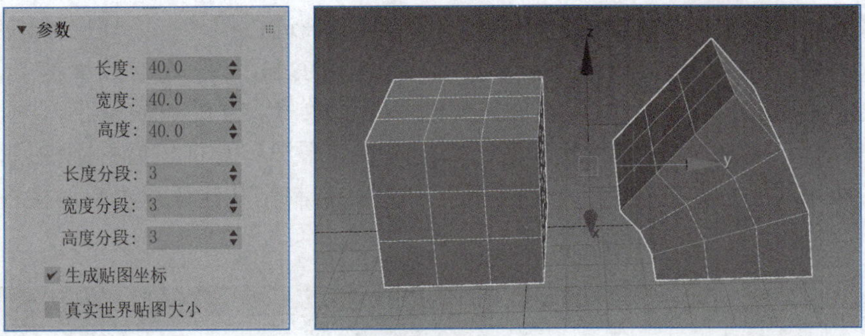

图 3-3　修改分段参数

（二）球体

球体命令可以生成完整的球体、半球体或球的某一部分，还可以围绕着垂直轴进行切片。

在“创建”面板中单击“球体”按钮，它将显示为黄色。这时在视图任意位置按下并拖动鼠标定义半径，在适当的位置释放鼠标左键就完成了一个球体的制作。

调节“半球”值就可以从底部切断球体来创建部分球体，如图 3-4 所示。

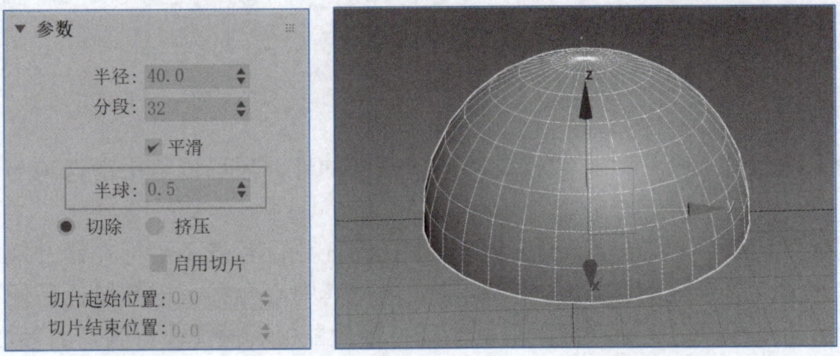

图 3-4　创建部分球体

当选中“切除”复选框时，可通过半球将球体中的顶点数和面数切除来减少它们的数量。为了保持原始球体中的顶点数和面数，将几何体向着球体顶部“挤压”就可以得到越来越小的面积。“切片启用”功能可以根据调节“切片从”和“切片到”的值来产生一个扇形半球。“轴心在底部”是将球体沿着其局部 z 轴向上移动，以便轴心位于其底部，如图 3-5 所示。

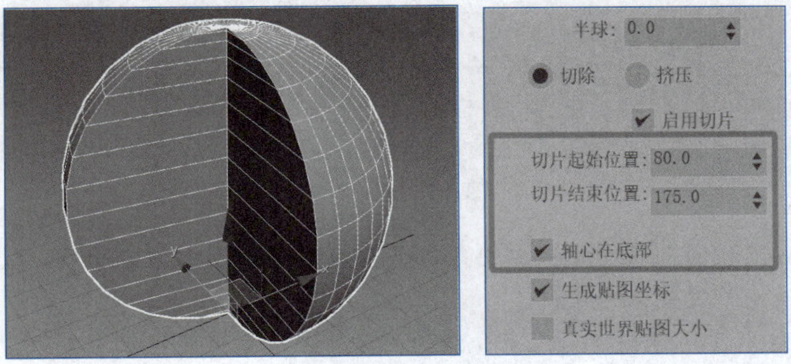

图 3-5　轴心在底部

（三）圆柱体

圆柱体命令用于生成圆柱形物体，可以围绕其主轴进行切片，原理同球体切片。创建方法如同长方体，这里不再进行过多介绍。值得一提的是，小平面的数量越多，曲面就越平滑。在这里边数的意义就是组成圆柱曲面的小平面数量。显然边数越小，圆柱就越接近于棱柱。“平滑”选项的作用是尽量平滑，取消选中“平滑”复选框后的圆柱就彻底变成了一根棱柱，利用“平滑”选择与否，其实可以用圆柱来制作其他任意边数的棱柱，如图 3-6 所示。

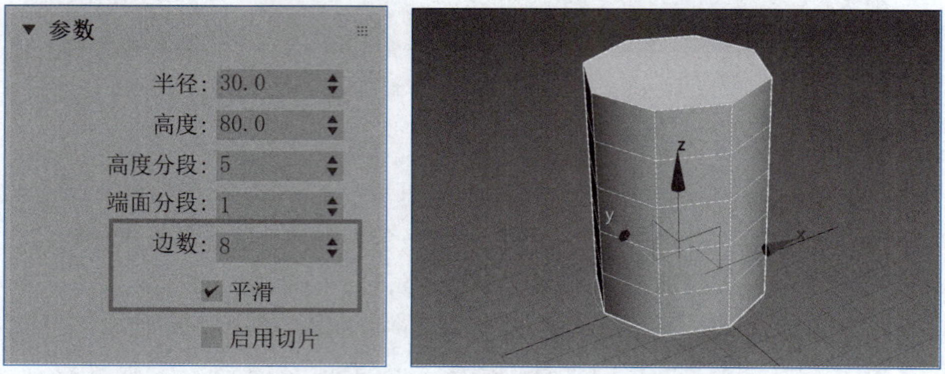

图 3-6　制作圆柱体

（四）圆环

圆环命令可以生成一个环形或具有圆形横截面的环，还可以将平滑选项与旋转和扭曲设置组合使用，以创建复杂的变体。

在“创建”面板中单击“圆环”按钮，在视图任意位置按下鼠标左键并拖动鼠标，拉出一个实体环形，继续拖动鼠标环形将在轴点上与其中心合并，松开鼠标后便可设置圆环半径，然后移动鼠标以定义横截面圆形的半径，释放鼠标后便可设置圆环的参数，如图 3-7 所示。

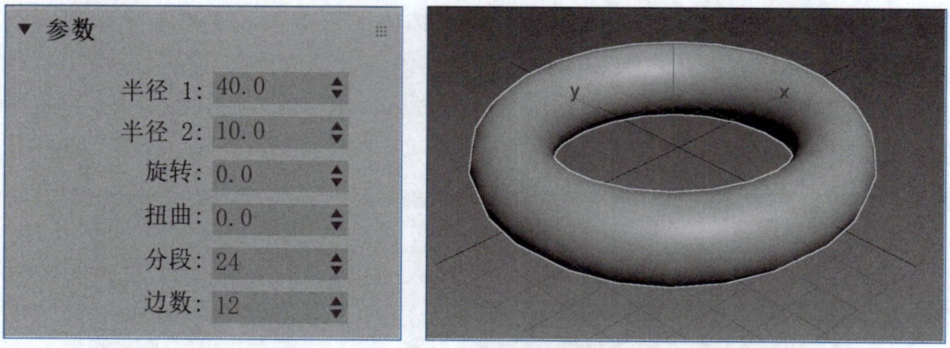

图 3-7　制作圆环

提示： Tab 键和向上移动键可以用来在若干数字对话框中循环切换，从而避免每修改一个数字就要使用一次鼠标的麻烦。

以下几种基本几何体创建与以上介绍的立方体、球体、圆柱基本类似，读者可以自己尝试练习，本书不再详细讲解。

（五）茶壶

在“创建”面板中单击“茶壶”按钮，在视图任意位置按下鼠标左键，然后拖动鼠标可定义茶壶底部半径，在适当位置释放鼠标左键便完成了茶壶的制作。

（六）圆锥体

在“创建”面板中单击“圆锥体”按钮，在视图的任意位置按下鼠标左键，拖动到适当位置定义圆锥体底部半径后释放鼠标左键，然后上下移动鼠标定义圆锥体中轴高度。继续拖动鼠标定义另一端半径，单击即可设置第二个半径，释放鼠标左键便可设置圆锥体参数。

“参数”卷展栏中的“边数”用来设置圆锥体的边数。选中“平滑”复选框是为了混合圆锥体的面，从而在渲染视图中产生平滑的外观。“切片启用”“切片从”“切片到”的用法与球体、圆柱体一样。

（七）几何球体

使用几何球体命令可以基于三类规则多面体制作球体和半球。与标准球体相比，几何球体能够生成更规则的曲面。在指定相同面数的情况下可以使用比标准球体更平滑的剖面进行渲染。与标准球体不同，几何球体没有极点，这对于应用某些修改器（如自由形式变形 FFD 修改器）非常有用。

在“创建”面板中单击“几何球体”按钮，在视图的任意位置按下鼠标左键并拖动鼠标定义半径，在适当位置释放鼠标左键，就完成了几何球体的创建。

“参数”卷展栏中“基点面类型”提供了 3 种分布方式，分别是“四面体”“八面体”“二十面体”。

（八）管状体

管状体命令可以生成圆形和棱柱通道，管状体类似于中空的圆柱体。

在“创建”面板中单击“管状体”按钮，在视图任意位置按下鼠标左键并拖动鼠标，定义管状体底部的第一半径，既可以是外半径，又可以是内半径。继续定义管状体底部的第二半径，然后上下移动鼠标定义高度，释放鼠标左键便完成了管状体的创建。

（九）四棱锥

四棱锥命令生成具有方形或矩形底部和三角形侧面的几何体。

在“创建”面板中单击“四棱锥”按钮，在视图任意位置按下鼠标左键并拖动鼠标定义四棱锥底部形状大小，然后上下移动鼠标定义四棱锥高度，释放鼠标左键便完成了四棱锥的创建。“宽度”“深度”“高度”可调节四棱锥对应面的高度。

（十）平面

面是特殊类型的平面多边形网格，可在渲染时无限放大，可以指定放大分段大小或数量的因子。使用平面对象创建大型的地面并不会妨碍在视图中工作。可以将任何类型的修改器应用于平面对象。

在创建面板单击“平面”按钮，在视图任意位置按下鼠标左键并拖动鼠标建立平面，在适当位置释放鼠标左键便完成了平面的创建。

在“渲染倍增”中，“缩放”是指定长度和宽度在渲染时的增加倍数。“密度”是指定长度和宽度分段数在渲染时的增加倍数。

（十一）加强型文本

“加强型文本”可以直接在场景中创建出立体的文字模型，同时还可以通过参数关联使其文字内容跟随某个参数的变化而变化。

使用“加强型文本”可显示和更新数字数据（如对象变换、参数或时间信息）。使用“加强型文本”将值设置为文本，文本可用来显示对象的值（如半径），或者可从脚本或表达式返回的任何值。在“几何体”卷展栏中可以将文本设置为立体的样式，如挤出厚度、应用倒角等。

二、扩展基本体建模

扩展基本体是 3ds Max 复杂基本体的集合。在三维对象创建面板的下拉列表中包括若干创建对象，如标准基本体、扩展基本体等。上一节研究的是标准基本体。扩展几何体中包括异面体、环形结、切角长方体、切角圆柱体、油罐、胶囊、纺锤等物体，如图 3-8 所示。

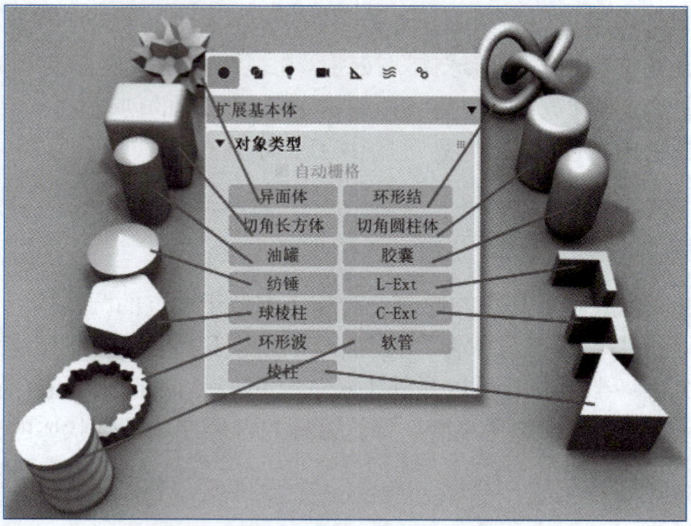

图 3-8　扩展基本体对象类型

本节只对扩展基本体中的切角长方体进行研究，其他的扩展基本体可根据提示进行创建。

（一）切角长方体

切角长方体比正常的立方体多一个圆角参数设置，如图 3-9 所示。

（1）圆角：用于定义倒角的宽度。如果该数值为 0，则当前倒角立方体与普通立方体无异。

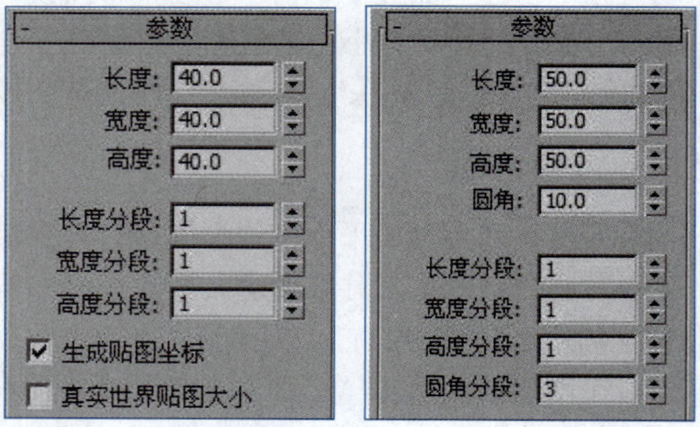

图 3-9　长方体参数设置

（2）圆角分段：圆角步幅值，定义倒角部分的步幅值。该数值越大，倒角越柔和，接近于圆形。其作用类似旋转体的“边数”。如果数值为1，则成为机械上常用的45° 斜切倒角状态。

平滑：意义与选择体的平滑相同。

（二）其他扩展基本体

1. 异面体

这是一个造型极多的模型集合，内置了四面体、立方体/八面体、十二面体/二十面体、星形，系列参数P、Q值的微小变化，会带来较大的物体形变，这2个参数可以认为是顶点和面。

2. 油罐

顶部带有球状凸起，注意混合、限幅器参数。

3. 纺锤体

顶、底带有圆锥尖顶的柱体，注意同油罐的参数。

4. 球棱柱

球棱柱的棱具有倒角效果。

5. 环形波

这是一个不规则边缘的特殊圆环，外环、内环可以产生波纹，其波纹的数量和幅度通过参数调整，且无须进行动画设置，本身就具有动画，可以自行调节成长、内外波纹幅度。

6. 三棱锥

调节各边参数制作等边或不等边三棱锥。

7. 环形结

可建立缠绕的多种模型，可控制的参数较多，分为节和圆。这里的参数需要很耐心地调节，可以做出数不清的模型。

8. 切角圆柱

创建具有圆角的柱体。

9. 胶囊

两端有半球的圆柱体。

10. L形墙 L-Ext

制作L形状的盒子，注意先看到厚度，该厚度只是暂时显示结果，在创建时，先是盒子形，接着是高度，最后才是厚度。

11. C形墙 C-Ext

同L形墙，其造型为C形。

12. 软管

自由软管和可绑定到物体轴心的软管，注意可绑定软管要借助其他两个物体，分为顶部和底部绑定。

视频

二维图形创建

三、二维图形创建

学好二维图形的创建及其修改对模型建立非常重要。二维图形本身可成为可渲染的几何造型物体；可以提供物体运动、间距复制的方向即路径；可以建立三维几何体，这里有很多种方法，当然制作的结果也不尽相同，如旋转、挤压、交叉、山形、放样等，其中放样的功能较强大。所有的三维物体都可以由二维物体经过变化而模拟。而实际效果制作的过程中大多数物体也确实需要用二维物体来变化模拟。

当在创建面板的二维物体创建下拉列表中选择“样条线”创建时，3ds Max 提供 11 个曲线图形供用户使用。这 11 个曲线图形经过简单的修改可以变化出各种图形，如图 3-10 所示。

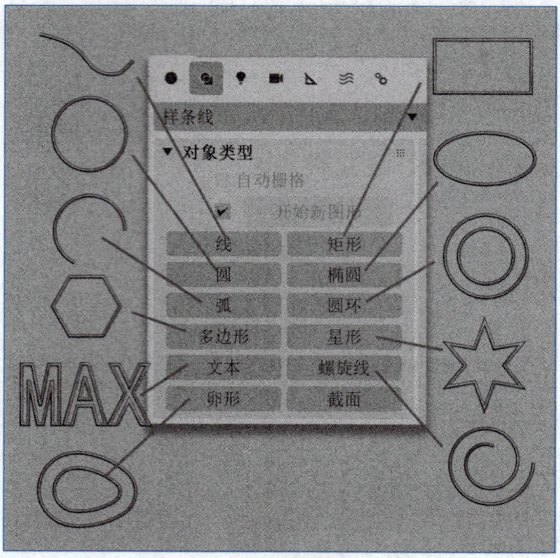

图 3-10　二维物体样条线

（一）线

在工具面板中找到“创建”面板，在“图形”创建面板中单击“线”按钮。在视图区合适的位置单击确定线的第一点，松开鼠标后拖动，达到合适的位置再次单击确定第二点；依此类推；单击最后一点后，右击结束。确定第一点后如果不松开鼠标就进行拖动，可以用以绘制曲线。

创建二维图形时，渲染参数卷帘下，选中“在渲染中启用”选项，则线是可以被渲染出来的，调节厚度参数，能决定线渲染出来的粗细。如果勾选“显示渲染网格”，则在光滑显示的视图中即时显示出粗细结果，该粗细可为圆形，也可为多边形。这是二维图形直接成为物体模型的方法，其线条粗细始终均匀相同，当作为三维建模的二维图形时，其可渲染性自动取消。插补设置，其步幅参数用于调整线的光滑程度，可以勾选“自动适配”。

二维线条的显示与渲染主要影响参数：

（1）渲染：是否可渲染，是否在视图区可见，有无贴图等设置，如图 3-11 所示。

（2）在渲染中启用：仅勾选“在渲染中启用”，则二维线条虽然在视图中无粗细，但在渲染图中可见粗细。

（3）在视图中启用：仅勾选“在视图中启用”，则二维线条在视图中可见粗细，但在渲染图中不可见粗细。

（4）生成贴图坐标：二维线条也可以赋予指定材质，和一般物体没有什么不同。所指定的材质如果包含贴图，则这个选项会自动勾选。

（5）径向：控制线条呈圆线条状，可以控制粗细、边数、角度。

（6）矩形：勾选此选项可变为矩形线条形状。

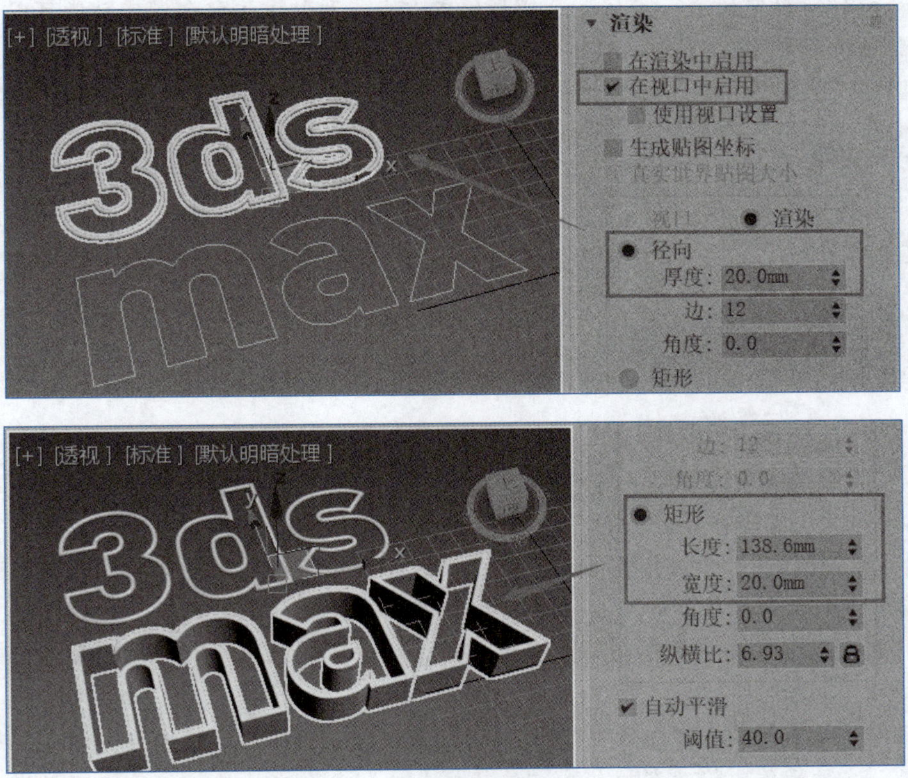

图 3-11　设置渲染参数

提示：

- 最后一点如果非常靠近第一点，会提示是否闭合曲线。如果选择“是”则闭合，反之不闭合。
- 鼠标创建一般情况下会配合锁定功能使用，用来根据已建立模型的特征点创建线条。
- 在默认情况下，鼠标创建的线的每一关键点的 z 坐标都是一样的，也就是说，它们在同一平面上。但使用锁定功能后，关键点可能会因为所依附的点的坐标而变得不在同一平面。
- 按住 Shift 键进行线条创建可以得到水平或垂直的直线段。
- 直线，其本身就是样条线，因此，进入修改器即能见到次级物体。在操作时，线的端点有其类型，直线角点、贝兹点、光滑点、贝兹与直线点，调节点改线的造型。

（二）矩形

在视图区预计的位置按下鼠标左键（确定第一角点）不放，向其他方向拖动（给出长宽），到达预计位置松开鼠标（确定第二角点）。

鼠标创建一般情况下会配合锁定功能使用，用来根据已建立模型的特征点创建矩形。

提示：

- 矩形创建方式有两种。其调整方式在“创建方法”区域内的“边”和“中心”。“边”模式是默认模式，即鼠标操作所确定的第一点位置是矩形的角点。“中心”模式即鼠标操作所确定的第一点位置是矩形的中心点。两种方法配合锁定功能可以发挥不同的效果。
- 圆以及椭圆、多边形等二维图形的创建基本类似于矩形，这里不再展开介绍。

（三）文字

在二维物体创建面板中单击 Text 按钮，通过“参数”按钮调整文字内容、大小、水平字距、垂直字距。

视频

二维图形编辑

四、二维图形编辑

（一）编辑样条线

可编辑样条线，提供对点、线段、样条曲线 3 个次对象级别的编辑修改。

创建可编辑样条对象的方法：

（1）创建或选择一个图形对象。单击“修改”面板→堆栈中的修改器，在修改堆栈中选择“编辑样条线”。

（2）创建或选择一个图形对象。右击对象，选择“四元菜单”→“转换为—可编辑样条曲线”。

提示： 与命令作用相类似。“转换为—可编辑样条曲线”命令其意义是将矩形转换成可编辑曲线。这种操作比修改器堆栈中“编辑样条线”命令更快捷，但属于不可逆操作。所转换后的二维图形再也无法以整体参数进行修改，而“编辑样条线”命令则可以保留其完整属性。

■顶点：特征点。例如矩形，由 4 个特征点组成。进入节点级次对象层次。节点是样条曲线次对象的最低一级，因此修改节点是编辑样条对象的最灵活的方法。

■分段：例如矩形由 4 根线段组成。进入线段级次对象层次。分段是中间级别的样条次对象，针对线段的编辑修改功能最少。

■样条线：有一些二维物体是由多根线条组成的，如同心圆，这就可以分解为若干条线。进入样条曲线次对象层次。样条曲线是样条次对象的最高级别。

（二）常用编辑命令

在右键菜单中可以看到点有 4 种状态：

（1）Bezier 角点：该状态称为“贝兹转角”状态。该状态下的点有两个相互独立的锚点。操作者可以通过这两个锚点的移动调整相应方向线段的弯曲状态。

（2）Bezier：该状态称为“贝兹”状态。该状态下的点有两个相互影响的锚点，操作者可以通过这 2 个锚点的移动调整相应方向线段的弯曲状态。Bezier 角点和 Bezier 类似于平面绘图软件中的钢笔绘制路径工具。

（3）角点：“折角”状态。在该状态下，被选择的特征点两端线段都保持直线状态。

（4）平滑：在该状态下，被选择的特征点两端线段尽量圆滑，如图 3-12 所示。

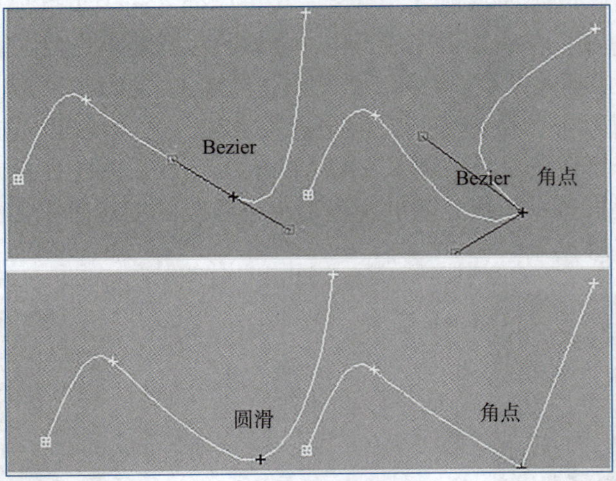

图 3-12　平滑线段

■“顶点”子对象状态下的常用命令：

（1）断开：该按钮在除 Spline（样条）级以外的次对象层都有效。在 Vertex（点）级次对象层选择一个节点，然后单击 Break 按钮，被选取的节点分裂成两个不连续的节点，从而将线段断开。在 Segment（线段）级次对象层，单击该按钮并将鼠标指针移动到样条曲线上，鼠标将改变形状，单击即可在样条曲线的任何位置插入两个不相连的节点，从而将样条曲线断开。

注意：按下 Break（断开）按钮后不会看到效果，但是当移动断点处时，将会发现它们已经分离。

（2）附加：按下此按钮，在视图中单击其他的样条曲线，可以将其合并到当前曲线中。如果选中了 Reorient（重定向）复选框，新加入的曲线将会移动并旋转，以便与原样条曲线的轴心点和局部坐标的位置和方向相匹配。

（3）附加多个：单击该按钮，将弹出附加多个对话框，它与标准的名称对话框基本相似，用户可在对话框中选择多个样条曲线合并到当前曲线中。

（4）焊接：该按钮仅在 Vertex（点）级次对象层有效。使用焊接命令可以将两个节点合并为一个节点。首先选取要合并的节点，然后在焊接后的数值框中输入一个数值，这个数值用来决定能够执行合并的距离。单击“焊接”按钮后，将所选取的节点拖向另一个节点，此时两个节点将合并为一个节点，合并后的节点位于选择的两个节点的中间位置。

提示：焊接节点时，只能在一个样条曲线上的节点间进行焊接操作；只能在端点间进行焊接；不能够越过节点进行焊接。

（5）连接：该按钮仅在 Vertex（点）级次对象层有效，可用来连接两个断开的点，即从一个不封闭样条曲线的一个端点按下鼠标并拖动到另一个端点，两个端点将连接在一起。

（6）插入：在选择点处按下鼠标，将会引出新的点，不断按左键可以不断加入新点，按右键停止插入。

■“分段”子对象状态下的常用命令：

（1）插入：插入一个或多个顶点，以创建其他线段。单击线段中的任意某处，可以插入顶点并将鼠标附加到样条线，然后可以选择性地移动鼠标，并单击以放置新顶点。继续移动鼠标，然后单击，以添加新顶点。单击一次可以插入一个角点顶点，而拖动则可以创建一个 Bezier(平滑)顶点。右击以完成操作并释放鼠标按键，此时，仍处于“插入”模式，可以开始在其他线段中插入顶点。否则，再次右击或单击“插入”，将退出“插入”模式。

（2）拆分：通过添加由微调器指定的顶点数来细分所选线段。选择一个或多个线段，设置“拆分”微调器（在按钮的右侧），然后单击“拆分”。每个所选线段将被“拆分”微调器中指定的顶点数拆分。顶点之间的距离取决于线段的相对曲率，曲率越高的区域得到越多的顶点，如图 3-13 所示。

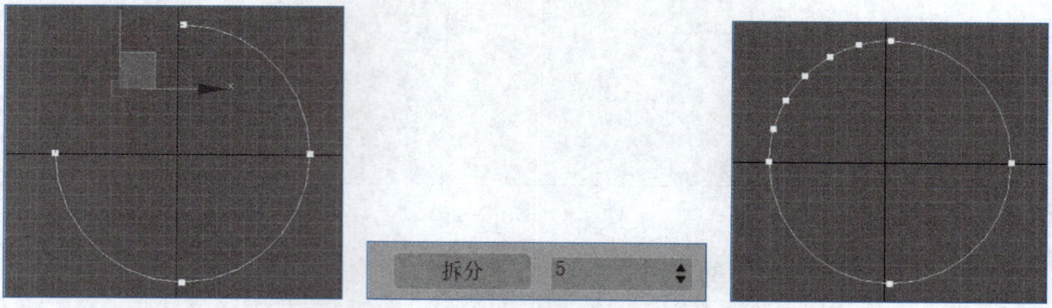

图 3-13　拆分顶点

（3）分离：允许选择不同样条线中的几个线段，然后拆分（或复制），以构成一个新图形。有以下 3 个可用选项：同一图形（相同图形）启用后，将禁用“重定向”，并且“分离”操作将使分离的线段保留为形状的一部分（而不是生成一个新形状）。如果还启用了“复制”，则可以结束在同一位置进行的线段的分离副本。重定向分离的线段复制源对象的创建局部坐标系的位置和方向。此时，将会移动和旋转新的分离对象，以便对局部坐标系进行定位，并使其与当前活动栅格的原点对齐。复制分离线段，而不是移动它，如图 3-14 所示。

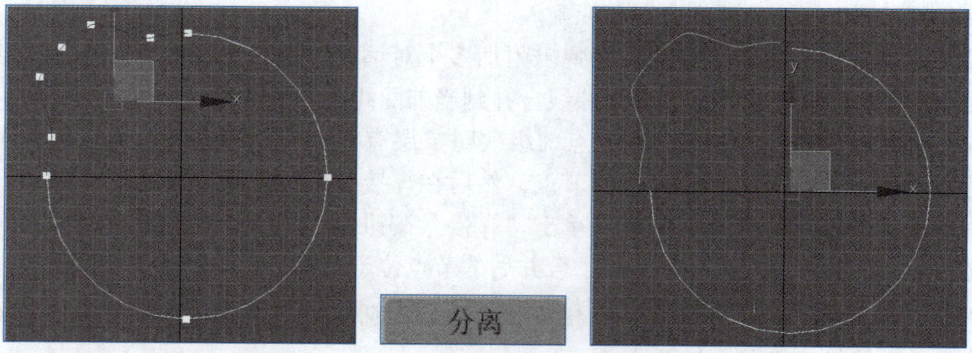

分离前　　　　分离后

图 3-14　复制分离线段

“样条线”子对象状态下的常用命令：

（1）轮廓：制作样条线的副本，所有侧边上的距离偏移量由“轮廓宽度”微调器（在“轮廓”按钮的右侧）指定。选择一个或多个样条线，然后使用微调器动态地调整轮廓位置，或单击“轮廓”然后拖动样条线。如果样条线是开口的，生成的样条线及其轮廓将变成一个闭合的样条线，如图 3-15 所示。

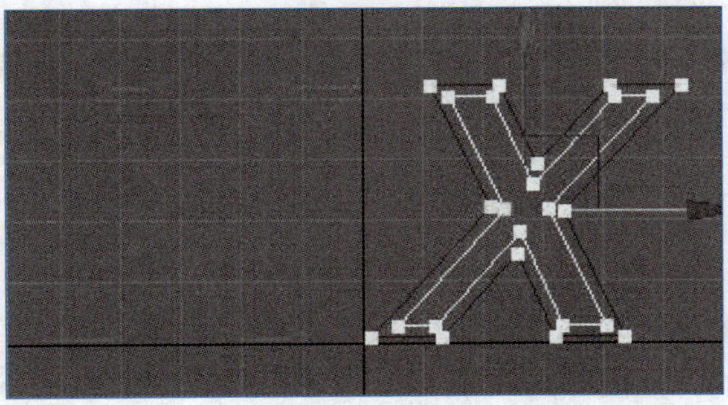

图 3-15　样条线和轮廓

（2）布尔：通过执行更改选择的第一个样条线并删除第二个样条线的 2D 布尔操作，将两个闭合多边形组合在一起。选择第一个样条线，单击“布尔”按钮和需要的操作，然后选择第二个样条线。

有 3 种布尔操作：

- 并集：将两个重叠样条线组合成一个样条线，在该样条线中，重叠的部分被删除，保留两个样条线不重叠的部分，构成一个样条线。
- 差集：从第一个样条线中减去与第二个样条线重叠的部分，并删除第二个样条线中剩余的部分。
- 交集：仅保留两个样条线的重叠部分，删除两者的不重叠部分，如图 3-16 所示。

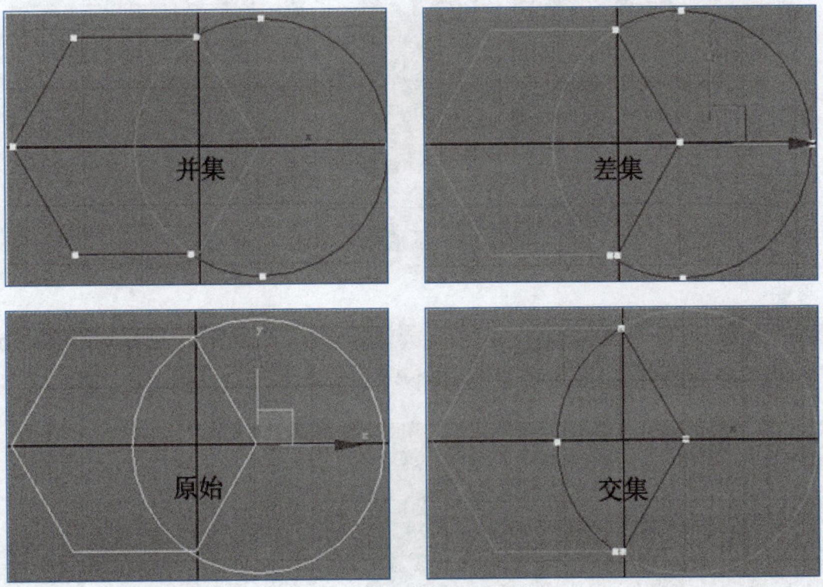

图 3-16　布尔操作

视频

常用模型修改器

五、常用模型修改器

（一）挤出

给二维物体以高度，使之成为三维物体，如图 3-17 所示。

使用文字工具建立“3D MAX”文字，选择文字，单击“修改”面板→“修改器列表”→“挤出”。在“数量”中填入高度值 40，得到一个立体的“3D MAX”字样。

取消勾选封口末端选项，得到的立体“3D MAX”，反之字样就没有下封口。选择文字“3D MAX”，在修改面板的“挤出”命令参数的“分段”选项中填入 16，立体的“3D MAX”字样就具备了高度方向步幅值，就可以进行弯曲类编辑。

图 3-17　二维、三维物体

（二）弯曲

“弯曲”修改器可将所选中的物体按指定方向弯曲一定角度，在对象几何体中产生均匀弯曲。可以在任意 3 个轴上控制弯曲的角度和方向，也可以对几何体的一段限制弯曲。

1. 正常弯曲

选择三维文字“3D MAX”，在修改堆栈中添加“弯曲”命令，在“角度”中填入数值 110，“方向”中填入 100，弯曲轴向选择 z 轴，即完成对模型的弯曲修改，如图 3-18 所示。

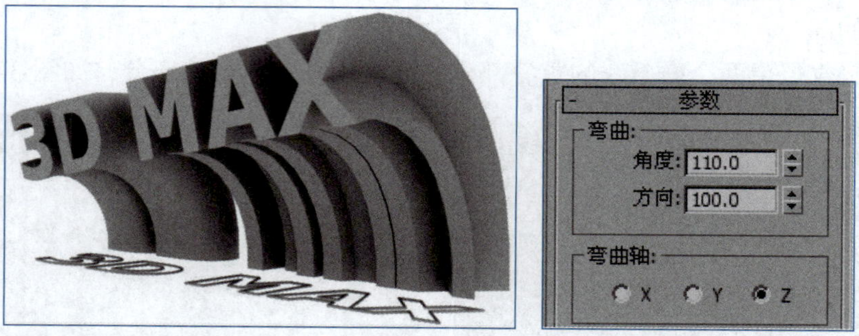

图 3-18　设置正常弯曲

2. 限制弯曲

在限制对话区域中勾选使用该功能的单选框，并在“上限”后填写 45 mm。其意义为从 0 高度处弯曲到 45 mm 处，其余高度范围不弯曲，如图 3-19 所示。

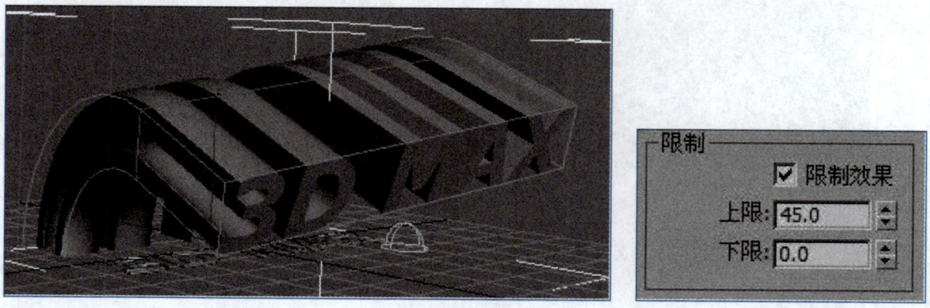

图 3-19　设置限制弯曲

3. 修改弯曲中心 Center

在修改堆栈中单击“弯曲”选项前的“+”号，Bend 展开其子选项为 Gizmo（范围框）

和中心。选择“中心”，通过移动中心可以修改弯曲点。注意：此时选择并旋转和选择并缩放按钮为灰色无效状态。

4. 修改弯曲范围框 Gizmo

在修改堆栈中单击“弯曲”选项前的“+”号，选择 Gizmo，可以通过移动、旋转、缩放修改弯曲状态。注意：此时选择并旋转和选择并缩放按钮为有效状态，如图 3-20 所示。

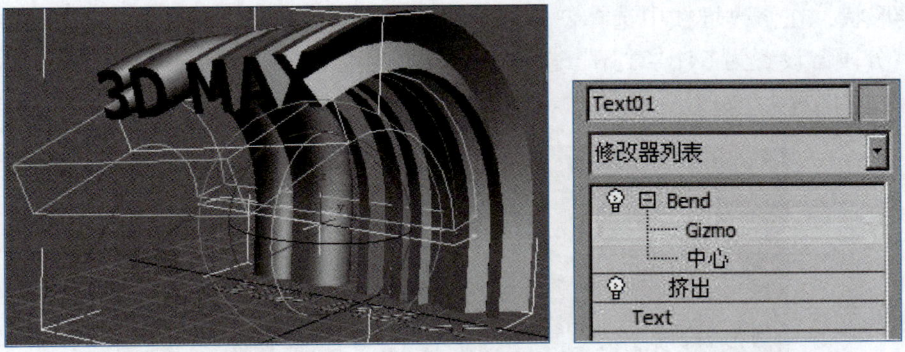

图 3-20　修改弯曲范围框

（三）扭曲

将所选中的物体在指定轴线方向扭曲一定角度。

在场景中创建长方体物体，设置高度分段数为 20；在修改器面板中为其添加“扭曲”修改命令。在扭曲角度设置数字栏填入 150，偏移值为 40，并选择扭曲轴向为 *z* 轴。参数如图 3-21 所示，最后形成扭曲的立体效果。

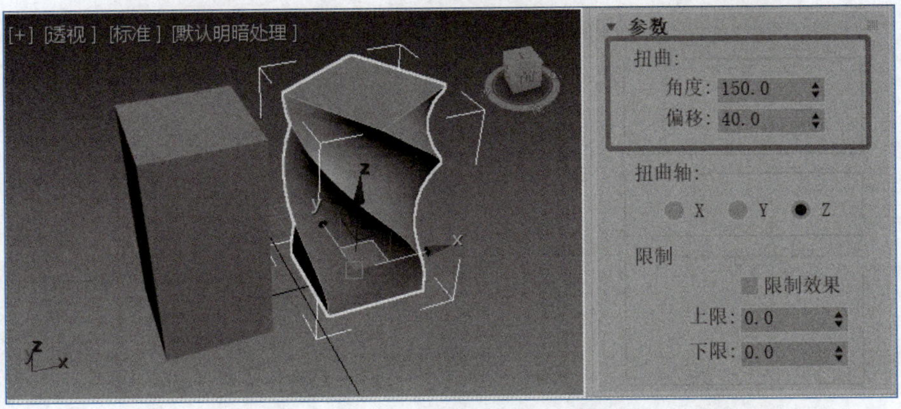

图 3-21　设置扭曲参数

提示：

- 需要说明的是，需要扭曲的物体本身一定要具备一定的扭曲方向步幅值。没有分段的物体是不可以扭曲的，分段数量越多扭曲就越平滑。本例所使用的长方体物体高度分段数为 20，保证了在 Z 轴方向可以很平滑地扭曲。
- 前面在讲解弯曲修改命令时，讲到了限制弯曲。扭曲修改同样有限制设置，原理相同这里就不重复讲解。

（四）车削

车削通过曲线绕轴旋转来创建三维对象物体。选择图形，单击“修改”面板→“修改器列表”→“车削”。

在前视图中绘制剖面图形，单击（创建）→（图形）→线画线按钮，在前视图中绘制线条曲线，单击（修改）按钮，进入修改状态，在“顶点”子对象状态下，调整曲线形状，在修改堆栈中选择“车削”选项，设置“度数”为 360；选中“焊接内核”复选框；“分段”设置为 64；“对齐”选择“最小”（然后尝试选择“最大”“中心”选项会有不同车削效果出现），如图 3-22 所示。

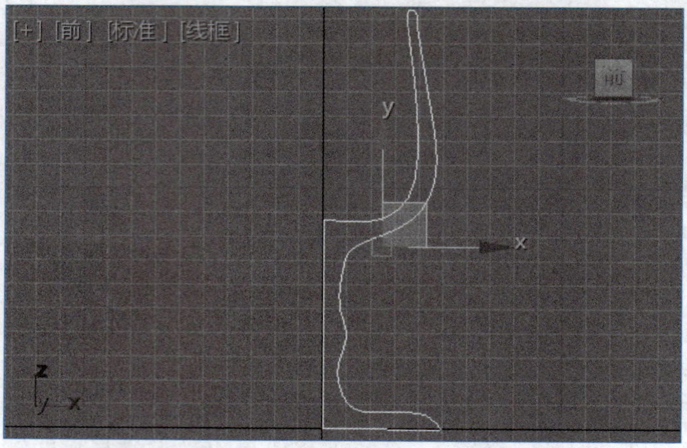

剖面图形

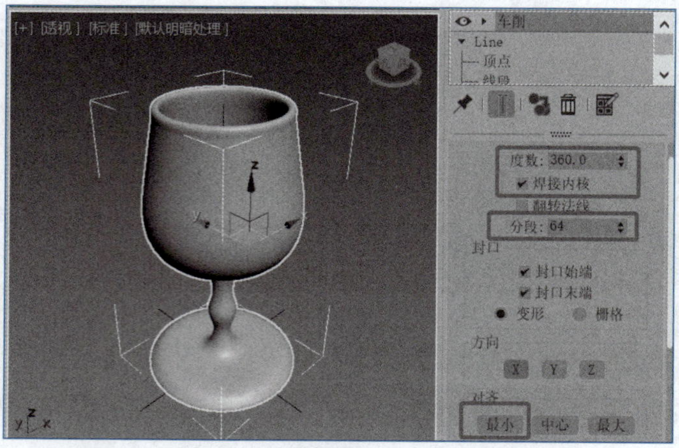

图 3-22　绘制剖面图形并设置车削参数

项目实施

视频

制作中式宫灯

制作中式宫灯

小知识： 宫灯，又称宫廷花灯，是中国传统文化的瑰宝，具有悠久的历史和独特的艺术价值。宫灯最早可以追溯到东汉时期，当时的光武帝刘秀在洛阳建都并统一天下后，举国欢庆，宫廷内外张灯结彩，宫灯的美丽光彩首次展现于世。因此，宫灯一词由此而来。这些华贵的灯具曾经为宫廷所钟爱，不仅是照明工具，更是富贵和奢华的象征。宫灯是中国传统文化的瑰宝，它承载了丰富的历史和文化内涵。虽然现代灯饰已经崭露头角，但宫灯仍然在我们的文化中保留着特殊的地位，它的美丽和寓意将永远闪耀着。让我们珍惜这一传统工艺，传承下去，让宫灯的光芒继续照耀我们的生活。

首先观察模型制作参考图，把主体灯架分解成三部分，分别制作模型，最终重新组合而成，如图 3-23 所示。

图 3-23　宫灯主体模型

（一）设置单位

打开 3ds Max 软件，设置单位为毫米，如图 3-24 所示。

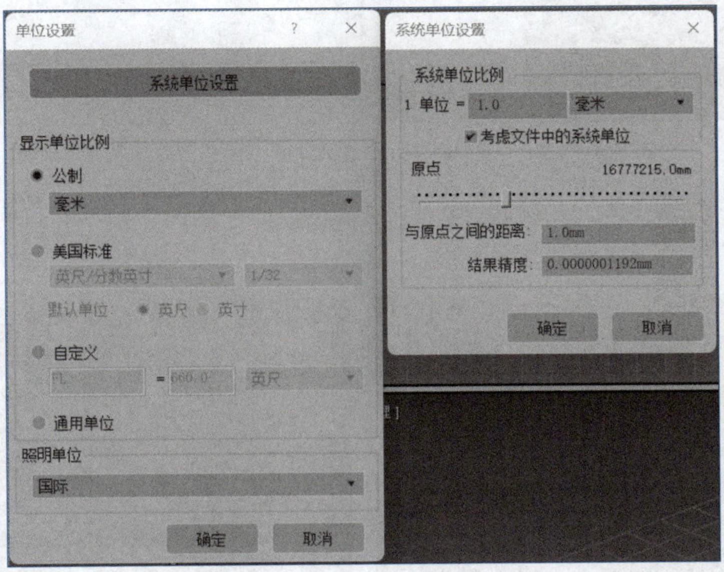

图 3-24　设置单位

（二）完成第一部分灯座和吊链的制作

单击 +（创建）→ ●（几何体）→“扩展基本体”→“切角圆柱体”命令，在顶视图中创建一个切角圆柱体作为灯座，参数设置如图 3-25 所示。

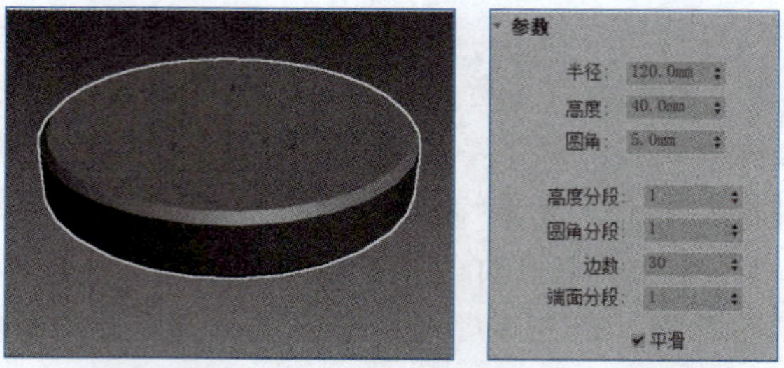

图 3-25　创建切角圆柱体

（三）完成吊链的模型制作

（1）单击（创建）→（几何体）→“标准基本体”“圆环”命令，在前视图中创建一个圆环体，设置参数，并横向缩小一些，然后使用“对齐”命令使其与吊灯座左右中心对齐，如图 3-26 所示。

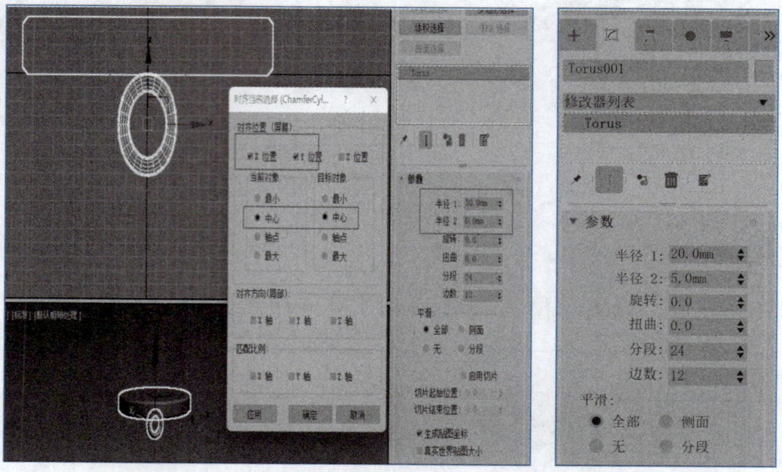

图 3-26　吊链制作

向下复制一个圆环体，并旋转 90°，然后同时选中这两个圆环，再向下复制出多个，如图 3-27 所示。

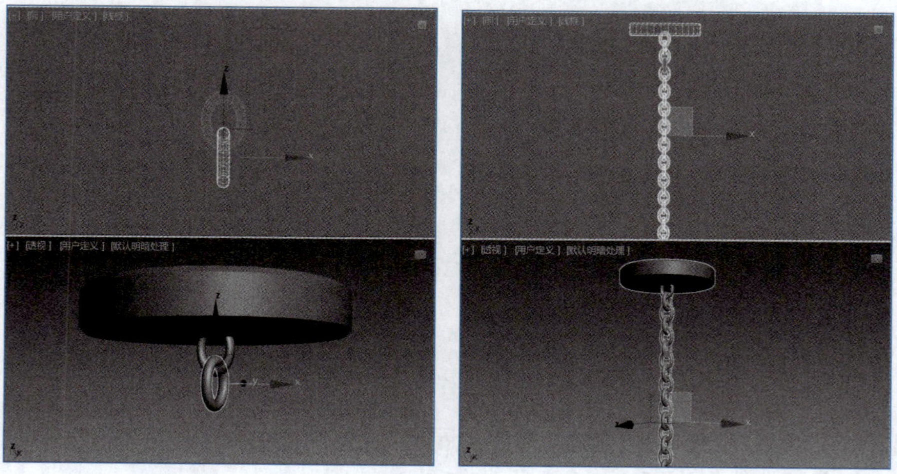

图 3-27　制作吊链

（2）将所有圆环成组，然后旋转 30°（打开角度捕捉![]），调整位置如图 3-28 所示。

在顶视图中选择吊链组，进入命令面板→层次面板→仅影响轴，然后通过“对齐”下拉按钮选择要对齐的底座，设置对齐参数，将其轴心对齐到底座中心上，如图 3-29 所示。

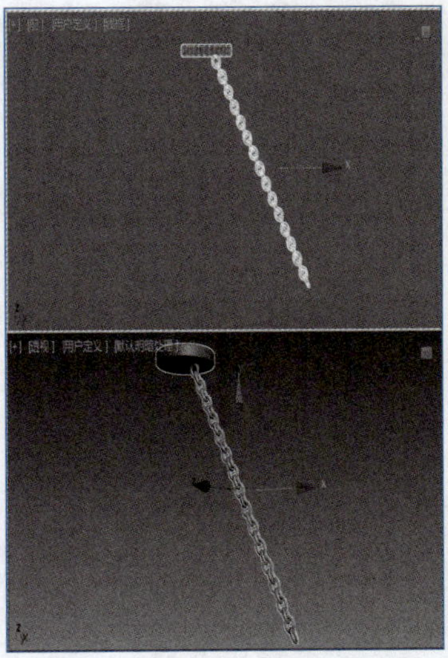

图 3-28　调整吊链

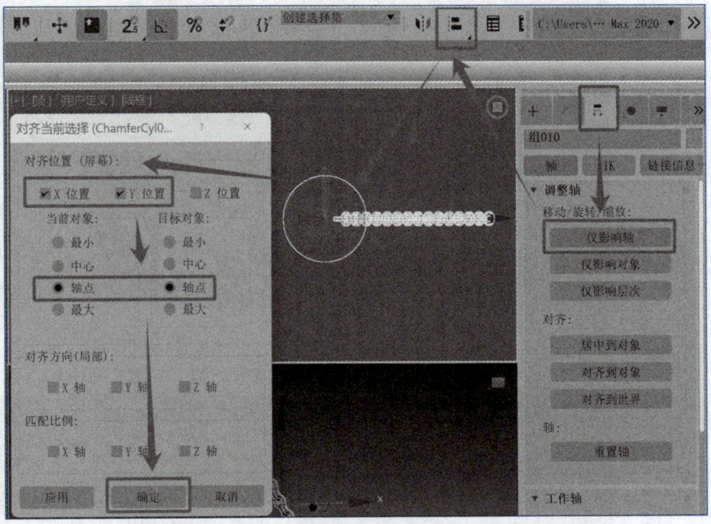

图 3-29　吊链轴心调整

（3）在顶视图中选择吊链组，选择菜单栏中的“工具”→“阵列”命令，在弹出的阵列面板中设置参数。单击“预览”按钮，确定复制效果正确后，单击“确定”按钮，完成精确复制，如图 3-30 所示。

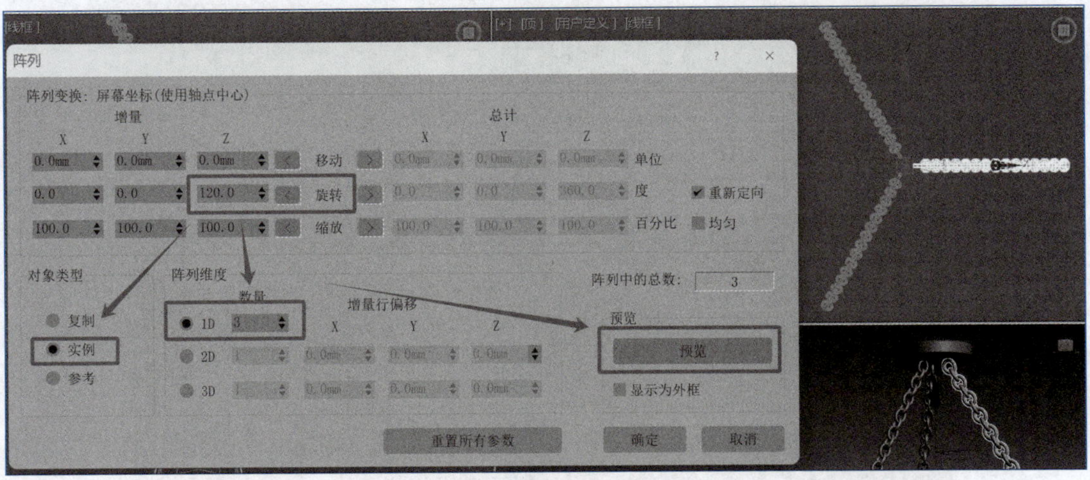

图 3-30　吊链阵列复制

（四）完成第 2 部分上层吊灯体部分的制作

（1）在顶视图中创建“多边形”线条，调整参数，边数设置为 6，如图 3-31 所示。

（2）添加“编辑样条线”修改器，在“样条线”子物体下，单击“轮廓”按钮，在顶视图中将线条拖出新的轮廓线条，如图 3-32 所示。

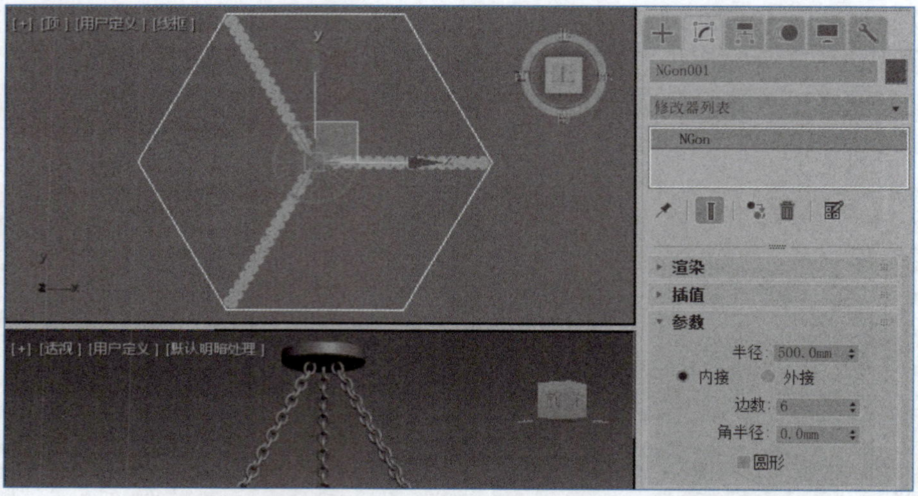

图 3-31 创建 6 边形线条

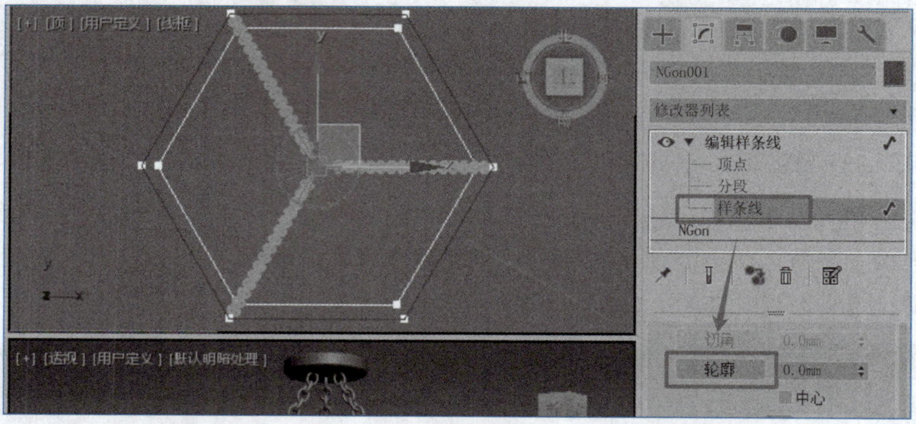

图 3-32 创建边形线轮廓

（3）添加“挤出”修改器，设置合适的挤出数量，如图 3-33 所示。

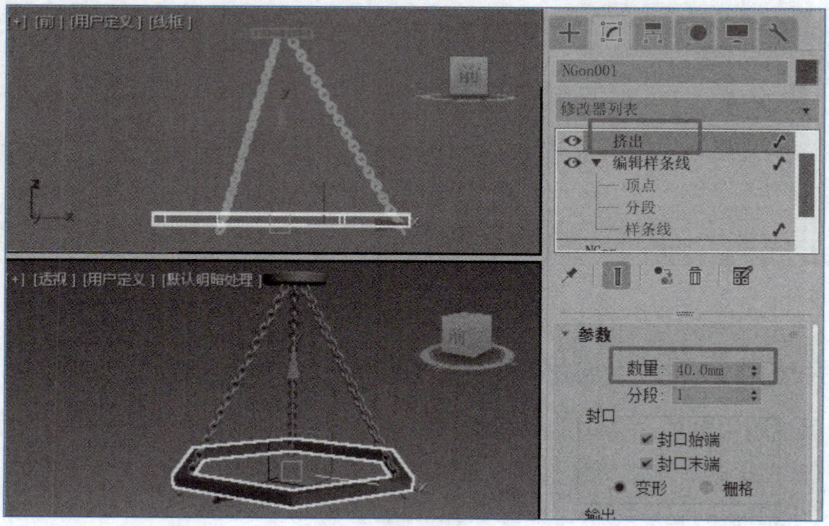

图 3-33 挤出实体

（4）将挤出的六边形边框向下复制出一个，然后再创建一个六边形线条，大小与六边形边框内侧大小相同，并挤出合适高度，作为上部灯罩部分，如图 3-34 所示。

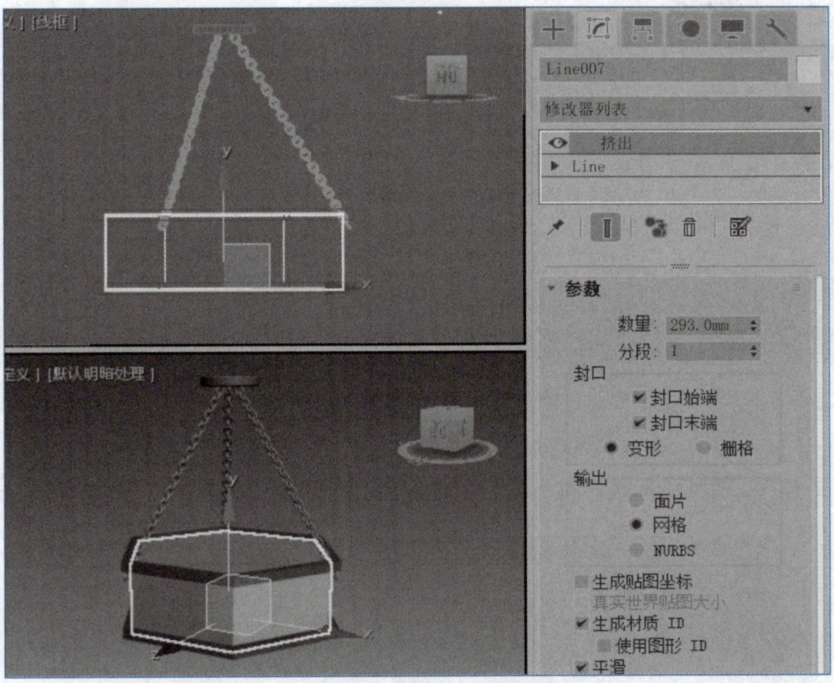

图 3-34　挤出上部灯罩部分

（5）单击＋（创建）→ （图形）→ 线 按钮，在顶视图绘制支柱截面形状，单击 （修改）按钮，在修改器列表中选择“挤出”选项，设置合适的挤出数量，如图 3-35 所示。

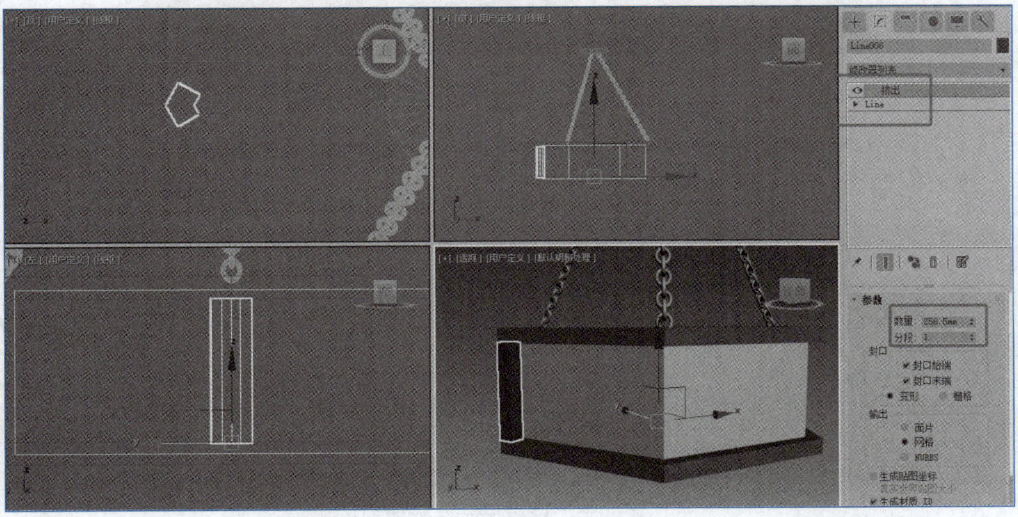

图 3-35　绘制挤出上部支柱

（6）用复制吊链的方法复制支柱。在顶视图中选择支柱，进入命令面板→层次面板，单击“仅影响轴”按钮，然后通过对齐下拉按钮 选择要对齐的底座，设置对齐参数，将其轴心对齐到底座中心。选择菜单栏中的“工具”→“阵列”命令，在弹出的“阵列”面板中设置参数。单击“预览”按钮，确定复制效果正确后，单击“确定”按钮，完成精确复制，如图 3-36 所示。

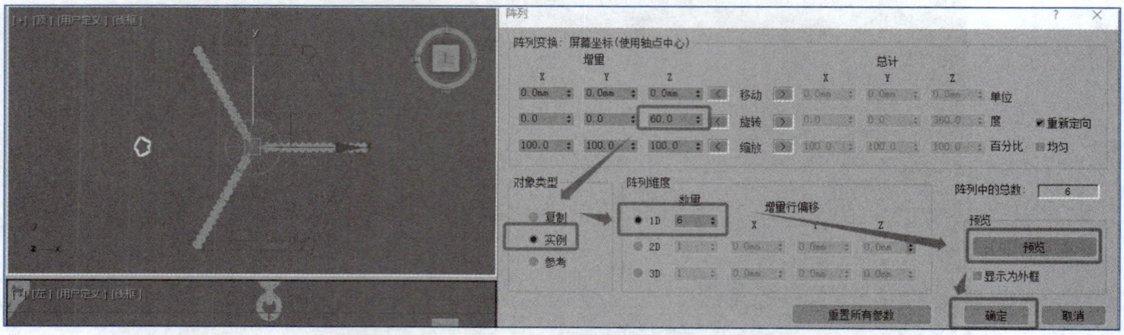

图 3-36　阵列复制上部支柱

（7）制作龙纹装饰造型。选择“文件”→“导入”命令，导入教材提供的“花纹龙 02.ai”文件（导入过程中选择“合并对象到当前场景”“单个对象”），如图 3-37 所示。

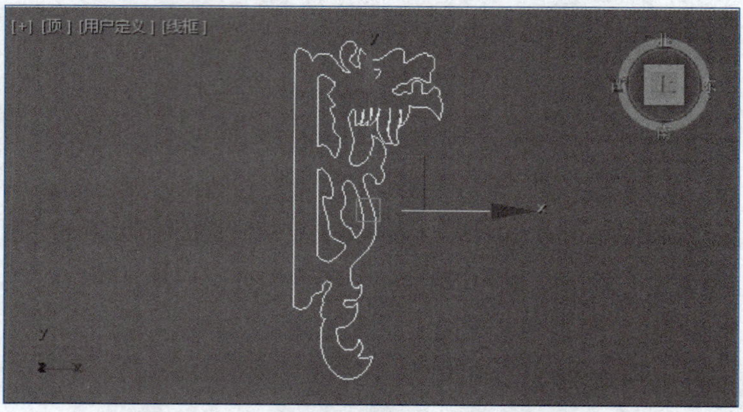

图 3-37　导入龙纹装饰线

（8）为龙纹装饰线添加“挤出”修改器，设置合适的挤出数量，然后将其竖立起来，调整大小放在侧面位置，如图 3-38 所示。

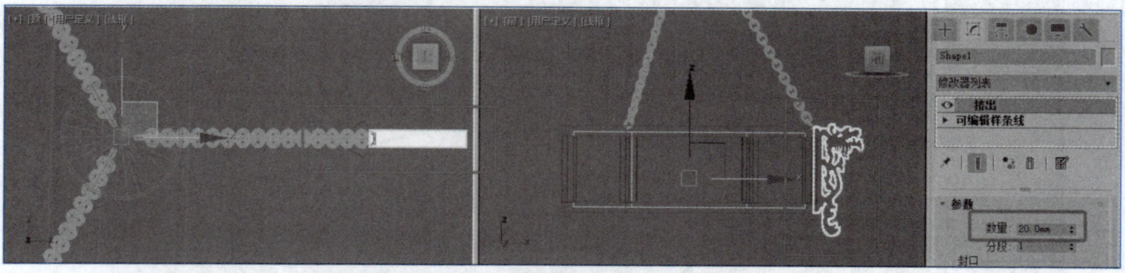

图 3-38　挤出龙纹装饰造型

（9）用前面阵列复制的方法复制龙纹装饰造型（先调整轴心点位置到底座中心，再阵列复制，旋转 60°，数量为 6），如图 3-39 所示。

图 3-39　复制龙纹装饰造型

（10）制作灯面花纹装饰造型。选择“文件”→“导入”命令，导入教材提供的“花纹01.ai”文件（导入过程中选择“合并对象到当前场景”“单个对象”），如图 3-40 所示。

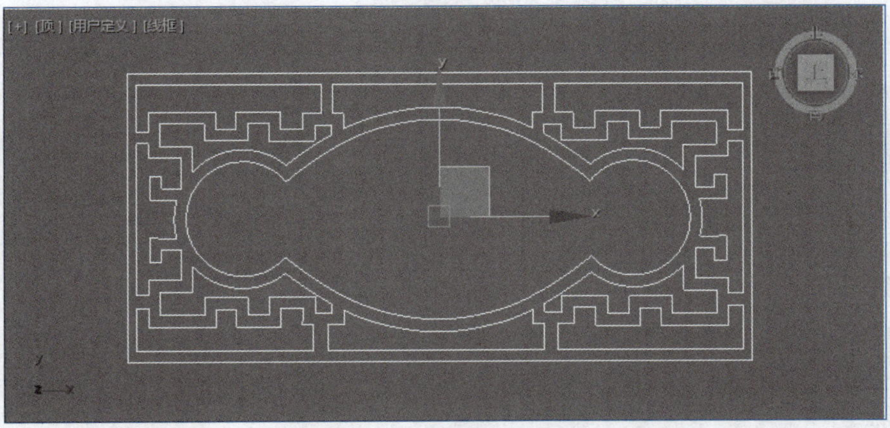

图 3-40　导入灯面花纹装饰线

（11）为花纹装饰线添加“挤出”修改器，设置合适挤出数量，然后将其竖立起来，调整大小放在侧面位置；为了方便地调整花纹大小与灯面相适应，可以为花纹添加 FFD2×2×2 修改器，进入其“控制点”子物体，在场景中框选择 4 个角上的控制点调整花纹大小，如图 3-41 所示。

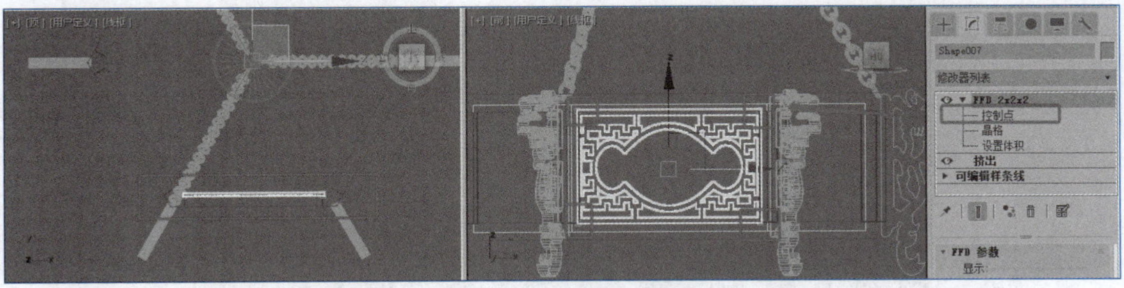

图 3-41　调整灯面花纹装饰线

（12）用阵列复制出其余 5 个表面上的花纹，如图 3-42 所示。

图 3-42　复制灯面花纹装饰线

（五）完成第 3 部分下层吊灯体部分的制作

（1）用制作上层框架的方法，制作下层灯体框架，调整大小及位置，如图 3-43 所示。

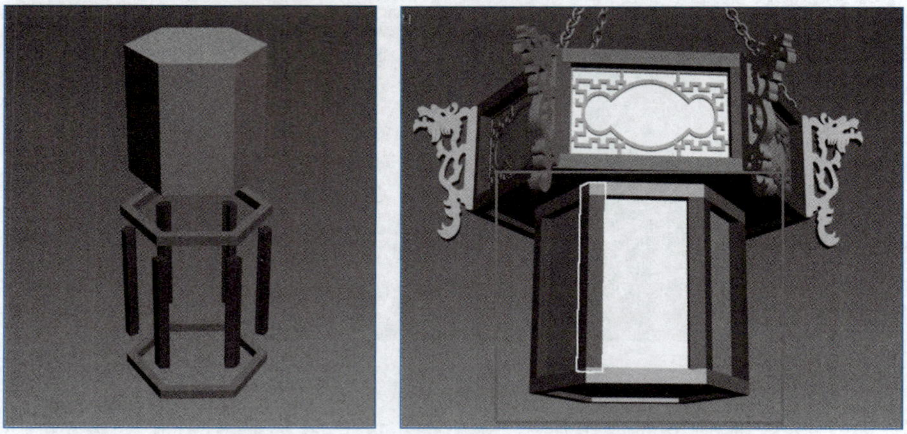

图 3-43　制作下层灯体框架

（2）制作下层灯面花纹装饰造型。选择“文件”→“导入”命令，导入教材提供的“花纹 03.ai”文件（导入过程中选择“合并对象到当前场景”“单个对象”），如图 3-44 所示。

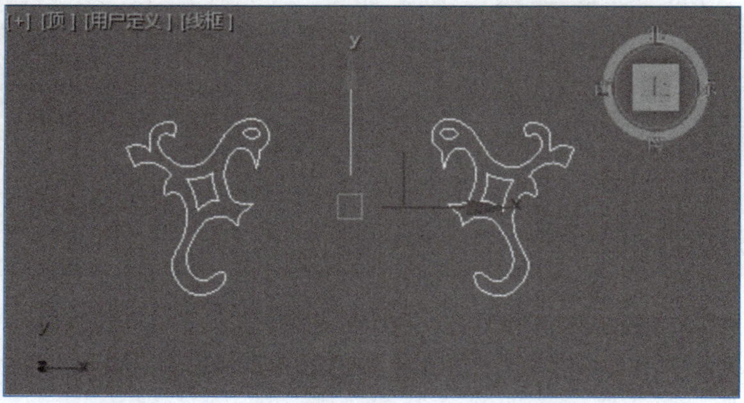

图 3-44　导入下层灯面花纹装饰线

（3）为花纹装饰线添加“挤出”修改器，设置合适的挤出数量，然后将其竖立起来，向下镜像复制一组，调整大小放在侧面位置，如图 3-45 所示。

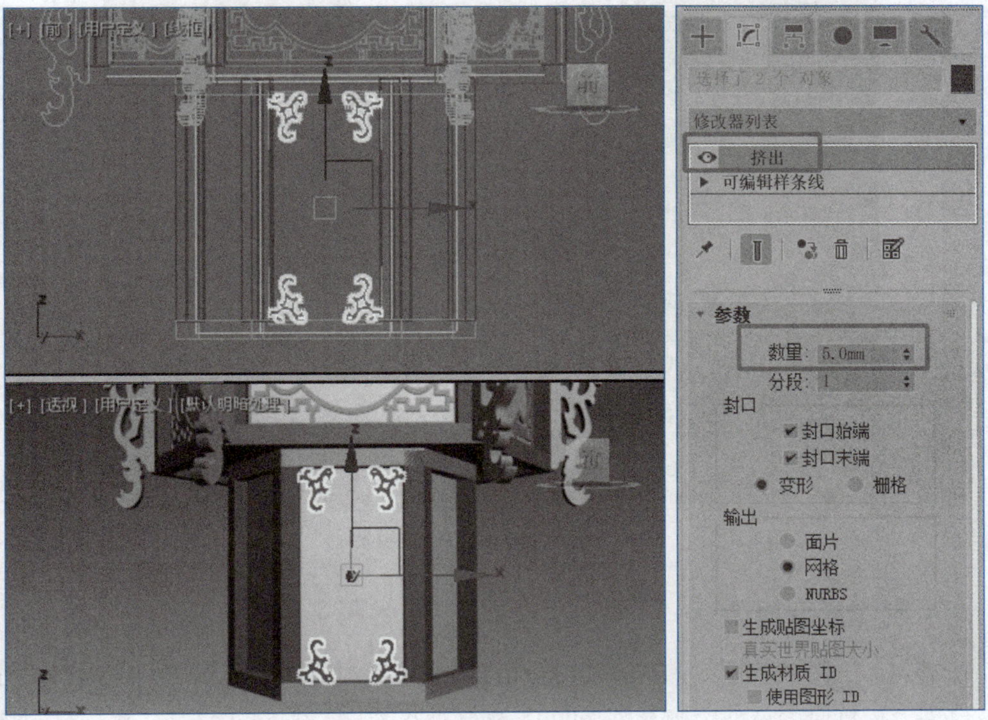

图 3-45　制作下层灯面花纹装饰线

（4）用阵列复制出其余 5 个表面上的花纹，如图 3-46 所示。

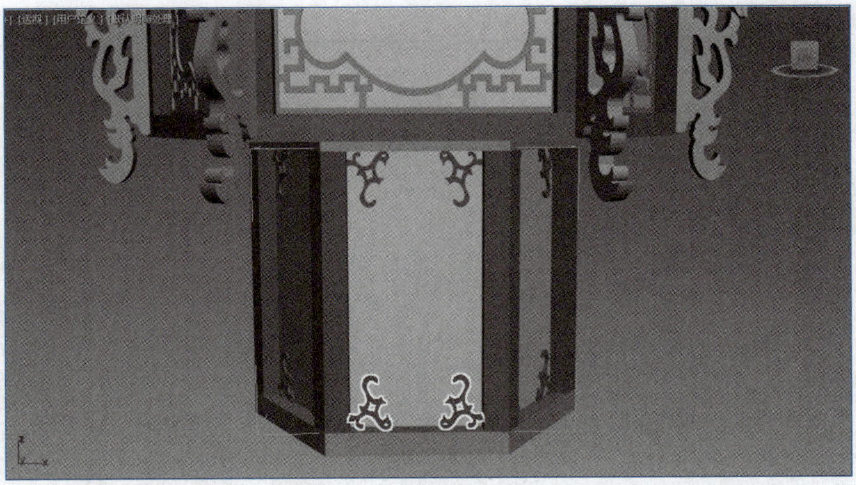

图 3-46　制作下层灯面花纹装饰线

（5）制作底部花纹装饰造型。选择“文件”→“导入”命令，导入教材提供的“花纹 04.ai”文件，为花纹装饰线添加“挤出”修改器，设置合适挤出数量，调整大小放在底部位置，同样用阵列复制出其余 5 个方向上的花纹，如图 3-47 所示。

图 3-47　制作底部花纹装饰线

（六）制作模型材质

（1）单击“材质编辑器”按钮，打开材质编辑器窗口。单击第一个示例窗，将其命名为“金属”。材质参数：明暗器为 Blinn；调整漫反射颜色和高光级别；在场景中选择底座和灯链对象，单击“将材质指定给选定对象”按钮，将“金属”材质分配给它们，效果如图 3-48 所示。

图 3-48　制作底座和吊链金属材质

（2）单击第二个示例窗，将其命名为“木纹”。材质参数：明暗器设置为 Blinn；调整高光级别和光泽度；在漫反射贴图通道上添加“位图”贴图，然后选择“木纹 .jpg”图片，在场景中选择所有边框和花纹对象，单击“将材质指定给选定对象”按钮，将“木纹”材质分配给它们；这时场景中并不能正确显示贴图效果，需要为这些模型同时添加“UVW 贴图”修改器，并设置贴图模型为“长方体”，适应设置贴图大小，效果如图 3-49 所示。

图 3-49　制作木纹材质

（3）单击第三个示例窗，将其命名为“灯体”。材质参数：明暗器为 Blinn，自发光 40，不透明度 95，在漫反射贴图通道上添加“位图”贴图，然后选择“灯体 .jpg”图片，在场景中选择上下两层灯体对象，单击“将材质指定给选定对象”按钮，将“灯体”材质分配给它们；这时场景中并不能正确显示贴图效果，需要为这些模型同时添加“UVW 贴图”修改器，并设置贴图模型为“长方体”，适应设置贴图大小，效果如图 3-50 所示。

图 3-50　制作灯体材质

（4）单击工具栏中的“快速渲染”按钮，渲染效果如图 3-51 所示。

图 3-51　最终渲染效果

项目总结

在本项目中使用标准和扩展几何体进行建模，建模方便快捷、易学易用，一般只需要改变几个简单的参数，并通过旋转、缩放和移动把它们堆砌起来就能建成简单美观的模型。但是，有些稍微复杂的物体就需要配合修改器来进行建模，需要根据实际的工作场景进行选择。

项目练习

1. 复习本项目所学的基本命令，完成课堂实例练习。
2. 尝试选择生活中常见的用品临摹，加强建模练习。

项目四

复杂建模训练

项目描述

项目三学习了3ds Max内置几何体和二维图形结合修改器进行组合进行建模的方法，读者可以制作出日常生活中的简单物体。但是，在现实生活中的物体是非常复杂的，多数无法通过简单的形体进行拼接，必须使用其他方法创建。本项目中将学习“复合建模”和“可编辑多边形”等高级建模方法，从而创建更加复杂的模型，这也是今后建模的重要基础。

学习目标

【知识目标】

◎ 掌握放样操作和参数设置。

◎ 掌握布尔运算和超级布尔的操作。

◎ 掌握可编辑多边形常用建模命令。

【能力目标】

◎ 具备放样建模能力。

◎ 具备布尔运算建模能力。

◎ 具备可编辑多边形建模能力。

◎ 具备复杂模型建模能力。

【素质目标】

◎ 具备自主学习新知识、新技术的能力。

◎ 培养创意能力、创新意识。

◎ 具备独立分析问题、解决问题的能力。

◎ 具有爱岗敬业、精益求精、勇于创新的工匠精神。

◎ 培养爱国主义精神，弘扬企业家精神。

相关知识

一、复合建模

复合对象通常将2个或多个现有对象组合成单个对象。

单击 +（创建）→ ●（几何体）按钮，从下拉列表中选择“复合对象”，如图 4-1 所示。这里重点学习“放样”和“布尔运算”。

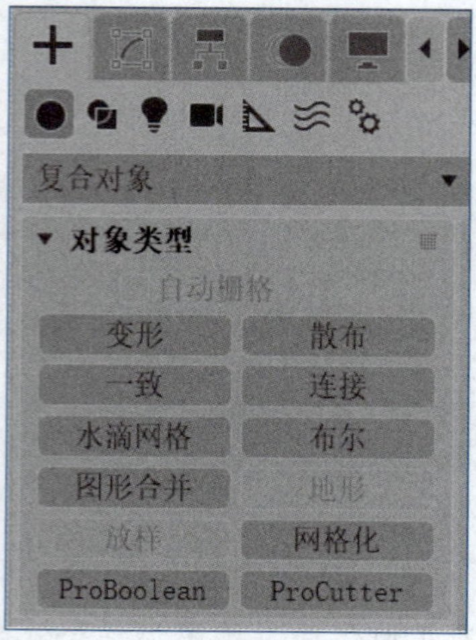

图 4-1　复合对象

视 频

复合对象
01–放样

（一）放样建模

放样是 3ds Max 中一种非常重要的建模方法。这种建模方法简便、变化性强，可以制作出比较复杂的模型。放样源于古代船体制造，通常是指将船肋放入龙骨，以龙骨为路径排列船肋创建船体的过程。在 3ds Max 中，将放样路径比喻为龙骨，将放样截面比喻为船肋，利用放样可以很容易地创建出各种复杂的形体。

Loft（放样）是让一个或几个二维图形（截面图形），沿另一个二维图形生长（放样路径），组成三维模型的工具。其中，当作横截面的二维造型称为 Shape（图形）。一个“放样”对象可以有几个横截面二维图形，但只能有一个路径。

1. 单截面图形放样

下面用单截面图形放样出火车的铁轨模型。

（1）单击 +（创建）→ （图形）→ 线 按钮，在前视图中绘制“工”字形线条，如图 4-2 所示。单击（修改）按钮，进入修改状态，在“顶点”子对象状态下，在下面的参数卷中单击“圆角”按钮，在场景中将各角点调整为圆角，如图 4-2 所示。

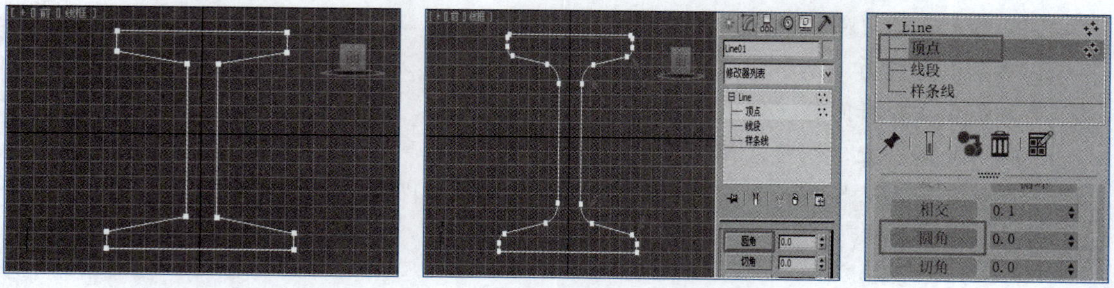

图 4-2　圆角处理

（2）单击 +（创建）→ （图形）/ 线 按钮，在顶视图中绘制一条路径线条，如图 4-3 所示。

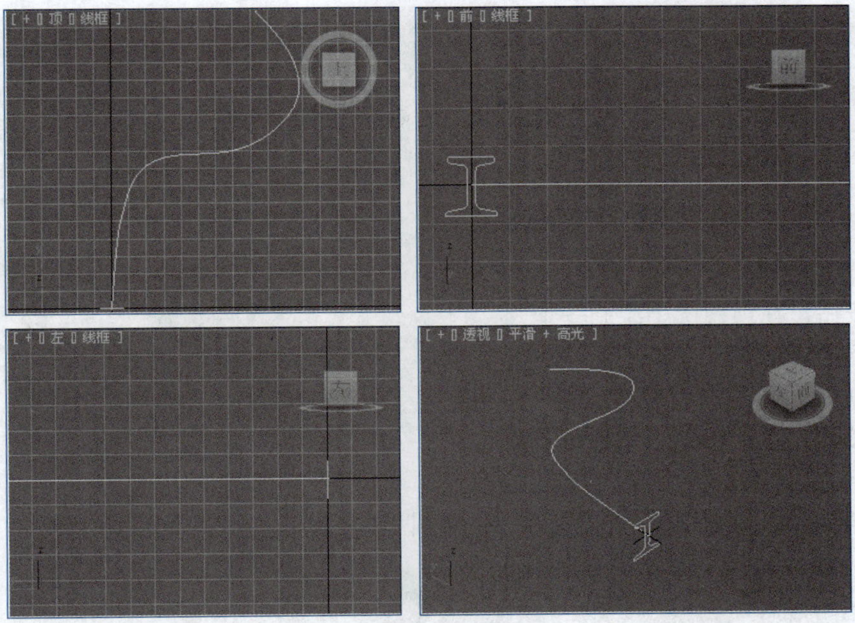

图 4-3　绘制路径

（3）选择这条作为路径的线，单击 + （创建）→ ● （几何体）按钮，从下拉列表中选择“复合对象”，单击 放样 按钮，在“创建方法”参数中单击 获取图形 按钮，然后在场景中拾取“工”字形线条，这样就产生了放样的模型，效果如图 4-4 所示。

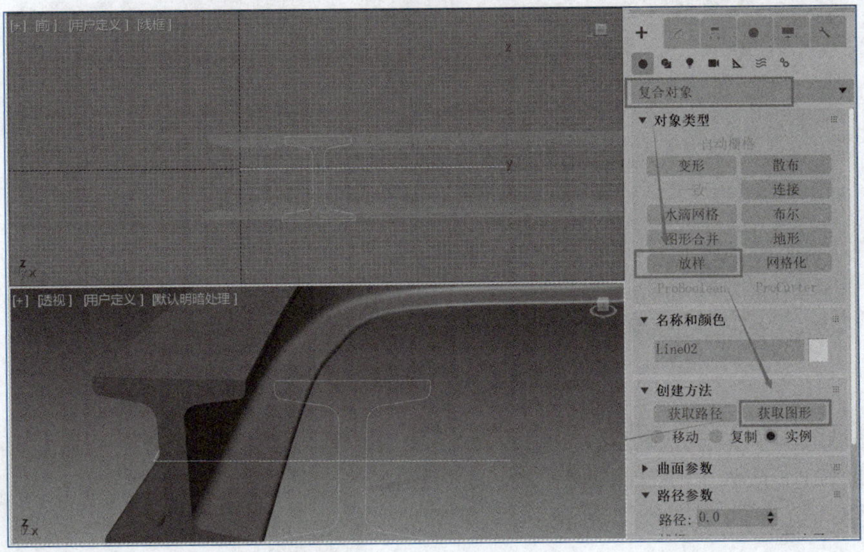

图 4-4　放样模型

提示： 放样操作有两种方法。

- 先选择放样的路径，在放样拾取时只能使用 获取图形 按钮。
- 先选择放样截面，在放样拾取时就需要使用 获取路径 按钮来操作。

2. 多截面图形放样

下面用多截面图形放样出柱子的模型，如图 4-5 所示。

（1）首先创建 3 个放样截面和一条放样路径。

单击 +（创建）→ （图形）→ 矩形 按钮，在顶视图中绘制一个圆角矩形，设置长度为 130，宽度为 130，角半径为 15。

单击 +（创建）→ （图形）→ 圆 按钮，在顶视图中绘制一个圆形，设置半径为 50。

单击 +（创建）→ （图形）→ 星形 按钮，在顶视图中绘制一个星形，设置半径 1 为 35，半径 2 为 50，点为 10，圆角半径 1 为 5，圆角半径 2 为 5，如图 4-6 所示。

图 4-5 柱子效果图

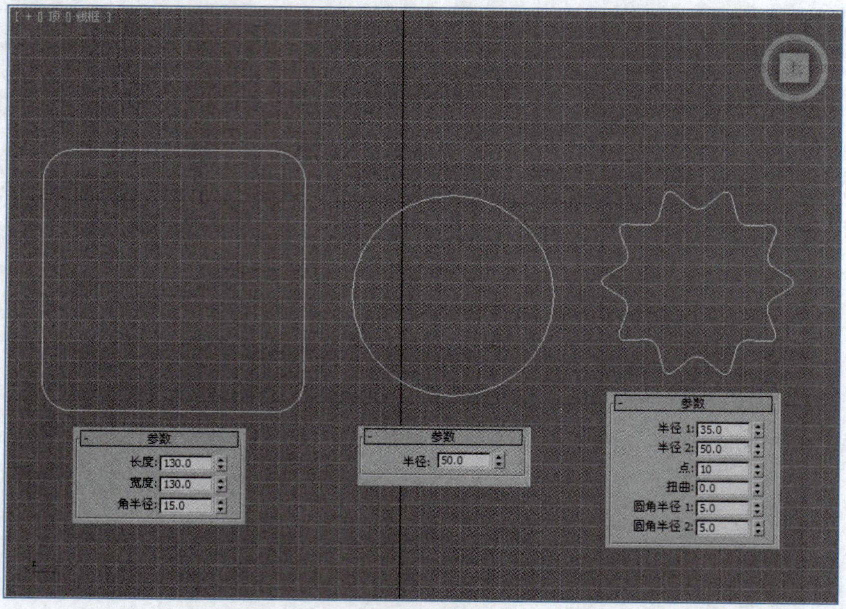

图 4-6 绘制截面图形

单击 +（创建）→ （图形）→ 线 按钮，在前视图中从下至上绘制一条线，作为放样路径，长度约为 650 个单位，如图 4-7 所示。

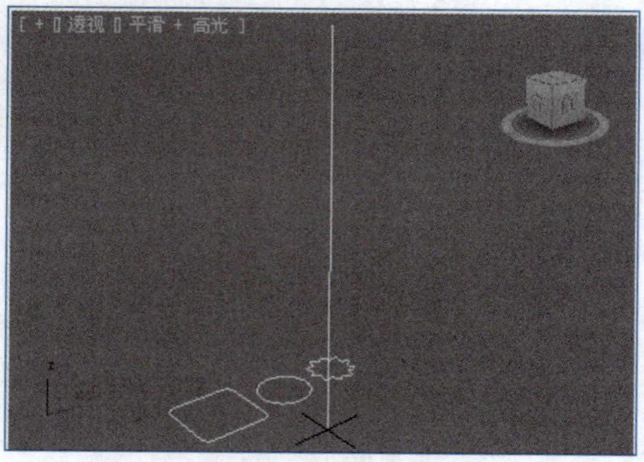

图 4-7 绘制路径

（2）选择直线作为路径的线，单击 +（创建）→ （几何体）按钮，从下拉列表中选择“复合对象”，单击 放样 按钮，在“创建方法”参数中单击 获取图形 按钮，然后在场景中拾取圆角矩形线条，这样就产生了放样的基本模型。

（3）单击（修改）按钮，进入修改状态，在“路径参数”参数中，设置“路径”的值为 10（路径的 10%），单击创建方法中的 获取图形 按钮，在场景中再次拾取圆角矩形，形成柱子底座。

设置“路径”的值为 11，单击创建方法中的 获取图形 按钮，在场景中拾取圆形。

设置“路径”的值为 19，单击创建方法中的 获取图形 按钮，在场景中再次拾取圆形，形成圆形柱子。

设置“路径”的值为 20，单击创建方法中的 获取图形 按钮，在场景中拾取星形。

设置“路径”的值为 80，单击创建方法中的 获取图形 按钮，在场景中再次拾取星形。

设置“路径”的值为 81，单击创建方法中的 获取图形 按钮，在场景中拾取圆形。

设置“路径”的值为 89，单击创建方法中的 获取图形 按钮，在场景中再次拾取圆形。

最后，设置“路径”的值为 90，单击创建方法中的 获取图形 按钮，在场景中拾取圆角矩形。

各截面在路径上的位置和完成柱子模型效果如图 4-8 所示。

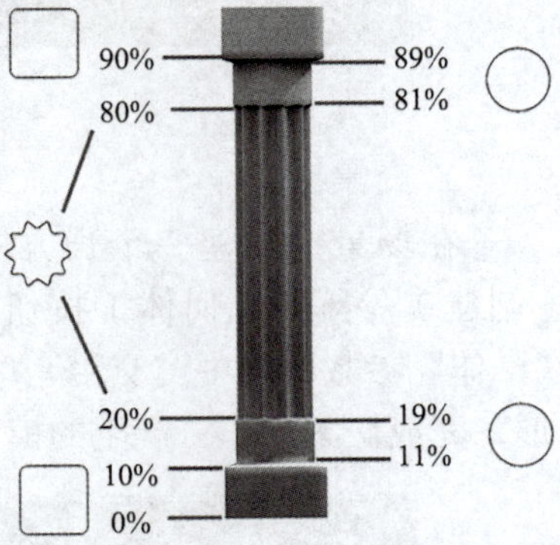

图 4-8　截面在路径上的位置

（二）布尔运算建模

布尔运算（Boolean）建模是通过在两个对象上执行布尔操作将它们组合起来。在 3ds Max 中，布尔对象是通过两个重叠对象生成的。原始的两个对象是操作对象（A 和 B），而布尔对象本身是操作的结果。对于几何体，布尔操作如下有 3 种基本形式：

（1）并集：布尔对象包含两个原始对象的体积，将移除几何体的相交部分或重叠部分。

（2）交集：布尔对象只包含两个原始对象共用的体积（也就是说，重叠的位置）。

（3）差集（或差）：布尔对象包含从中减去相交体积的原始对象的体积。

提示：布尔运算有“布尔”和“超级布尔”（ProBoolean）两种命令，如图 4-9 所示。

“超级布尔”是一种对布尔复合对象进行了改进和更新并且更加全面的实现命令。通常，建议在组合 3D 对象时使用 ProBoolean 而非布尔。布尔操作起来比较简单些，下面以布尔为例进行学习。

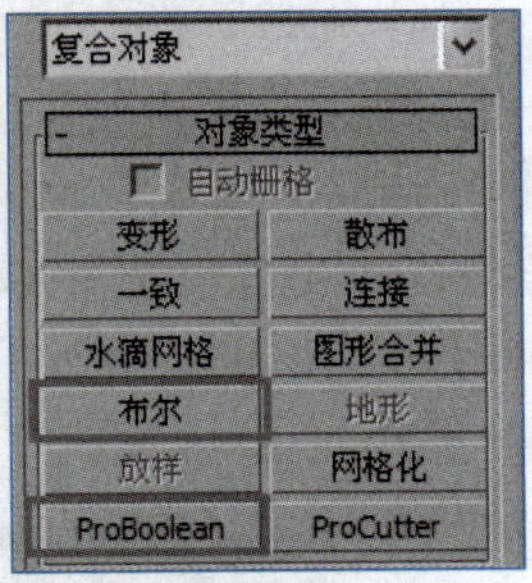

图 4-9　布尔运算

1. 并集操作

（1）单击 +（创建）→ ●（几何体）按钮，在标准基本体中，分别单击 长方体 和 球体 按钮，在场景中创建一个长方体和一个球体，两者要有一定的重合。

（2）选择长方体（先选择的物体作为 A 操作对象，后面拾取进行布尔运算的物体作为 B 操作对象），单击 +（创建）→ ●（几何体）按钮，从下拉列表中选择“复合对象”，单击 布尔 按钮，在“操作”参数中选中“并集”单选按钮，单击上方的“拾取操作对象 B”按钮，然后在场景中拾球形，完成并集操作。这时使用变换对其操作时，发现两个物体合并在了一起，物体颜色也变得一样了，如图 4-10 所示。

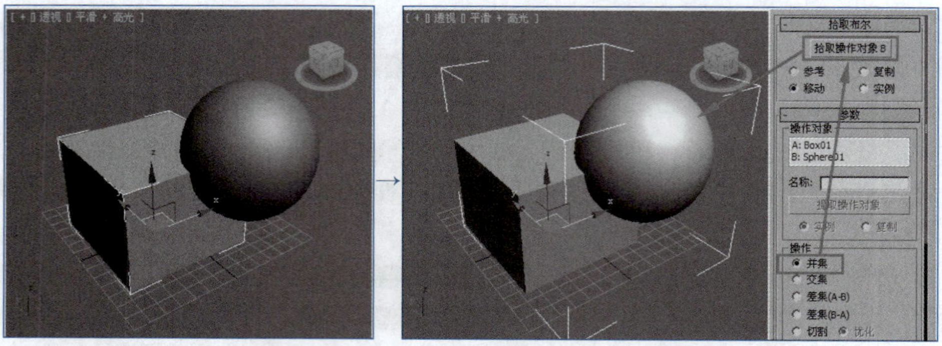

图 4-10　并集操作

2. 交集操作

在场景中创建一个长方体和一个球体，两者要有一定的重合。选择长方体，单击 + （创建）→ ● （几何体）按钮，从下拉列表中选择“复合对象”，单击 布尔 按钮，在“操作”参数中选中“交集”单选按钮，单击上方的“拾取操作对象 B”按钮，然后在场景中拾球形，完成交集操作，产生的模型为两者重合部分，如图 4-11 所示。

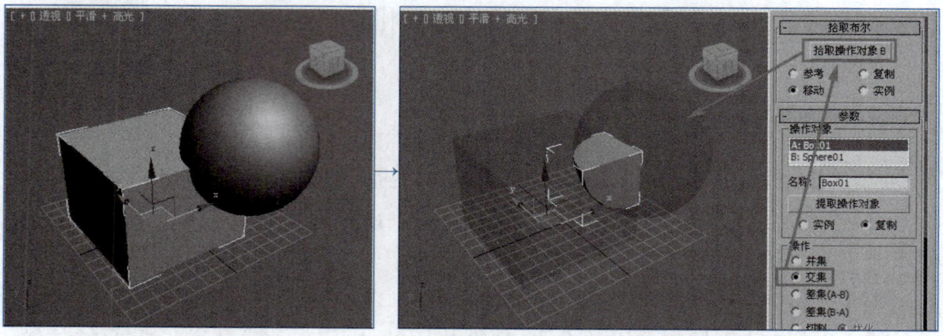

图 4-11　交集操作

3. 差集操作

（1）差集（A-B）：在场景中创建一个长方体和一个球体，两者要有一定的重合。选择长方体（A 操作对象），单击 + （创建）→ ● （几何体）按钮，从下拉列表中选择“复合对象”，单击 布尔 按钮，在“操作”参数中选中“差集（A-B）”单选按钮（这是默认的操作方式，也是最常用的一种操作方式），单击上方的 拾取操作对象 B 按钮，然后在场景中拾球形（B 操作对象），完成并差集操作，产生的模型为长方体将球体减掉后的部分，如图 4-12 所示。

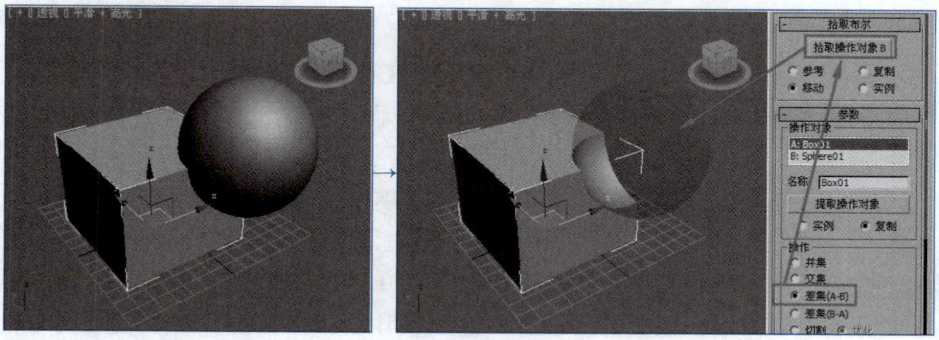

图 4-12　差集（A-B）操作

（2）差集（B-A）：差集（B-A）的操作与差集（A-B）正好相反，完成并差集操作后，产生的模型为球体（B 对象）将长方体（A 对象）减掉后的部分，如图 4-13 所示。

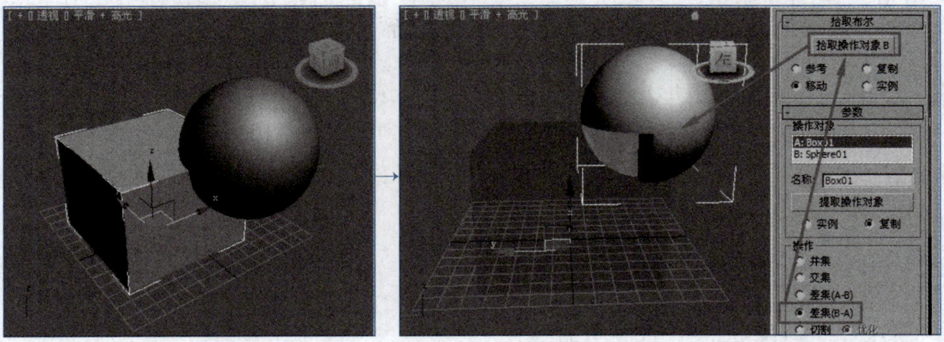

图 4-13　差集（B-A）操作

二、可编辑多边形建模

（一）可编辑多边形对象

通常可以将普通的网格对象转换为可编辑多边形对象，可编辑多边形是一种三维表面形式，它包含下面 5 个子对象层级：顶点、边、边界、多边形和元素。其用法与可编辑网格对象的用法相同。“可编辑多边形”有各种控件，可以在不同的子对象层级将对象作为多边形网格进行操纵，包括挤出、倒角、创建和分割等操作。

创建可编辑对象的方法如下：

（1）创建或选择一个对象。右击对象，选择“四元菜单”→“变换”象限→“转换为”—“转换为可编辑多边形”命令。

（2）创建或选择一个对象。单击“修改”按钮，右击堆栈中的基本对象，选择“转化为”→“可编辑多边形”命令，如图 4-14 所示。

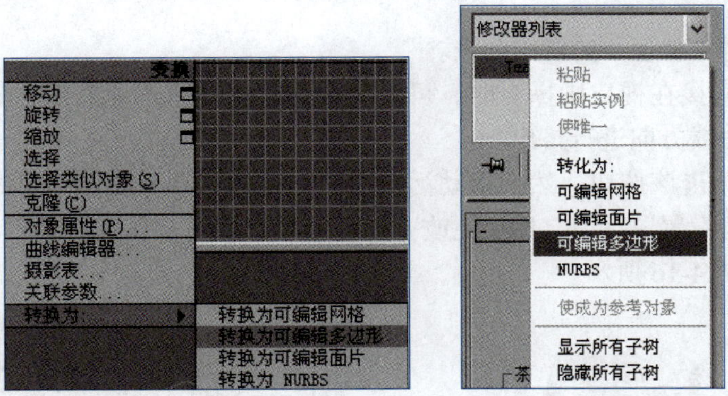

图 4-14　创建可编辑对象

（二）可编辑子对象

顶点：访问“顶点”子对象层级，可以选择当前对象的顶点；区域选择将选择区域中的顶点。

边：访问“边”子对象层级，可以选择当前对象的多边形的边；边是连接两个顶点的直线，可以形成多边形。边不能由两个以上多边形共享。

边界：访问“边界”子对象层级，可以选择当前对象构成网格中孔洞边框的一系列边。边界只由相连的边组成，只有一侧的边上有面，且边界总是构成完整的环形。

多边形：访问“多边形”子对象层级，可以选择当前对象的多边形。多边形是通过曲面连接的三条或多条边的封闭序列。多边形提供了可渲染的可编辑多边形对象曲面。

元素：访问“元素”子对象层级，通过它可以选择当前对象中所有相邻的多边形。区域选择用于选择多个元素。

（三）常用编辑命令

“顶点”子对象状态下的常用命令：

（1）挤出：可以手动挤出顶点，方法是在视口中直接操作。单击此按钮，然后垂直拖动到任何顶点上，就可以挤出此顶点。

（2）焊接：对“焊接”对话框中指定公差范围之内连续的、选中的顶点进行合并。所有边都会与产生的单个顶点连接。

（3）切角：单击此按钮，然后在活动对象中拖动顶点。要用数字切角顶点，请单击“切角设置”按钮，然后使用“切角量”值。

点的编辑如图 4-15 所示。

（a）点的挤出

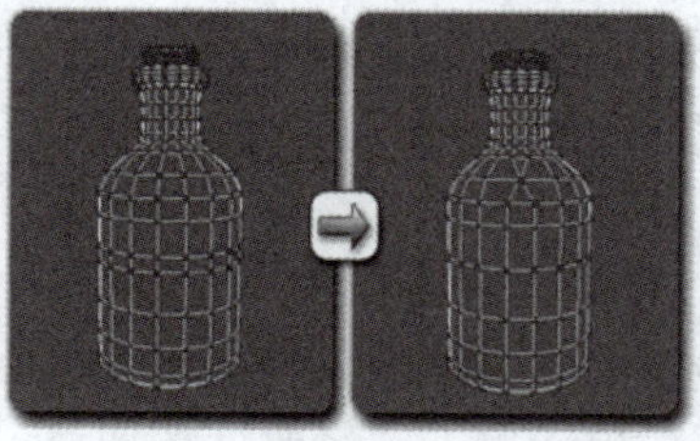

（b）点的焊接

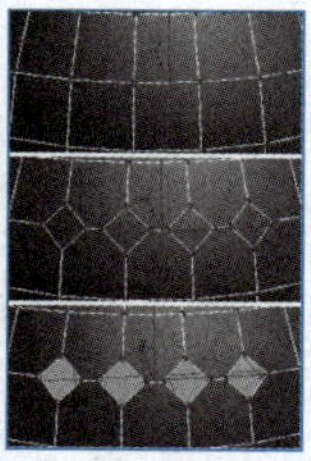

（c）点的切角

图 4-15　点的编辑

“边”子对象状态下的常用命令。

（1）挤出：直接在视口中操纵时，可以手动挤出边。单击此按钮，然后垂直拖动任何边，可以将边沿法线方向进行挤出。

（2）切角：单击该按钮，然后拖动活动对象中的边。要采用数字方式对边进行切角处理，可单击“切角设置”按钮，然后更改“切角量”值。

边的编辑如图 4-16 所示。

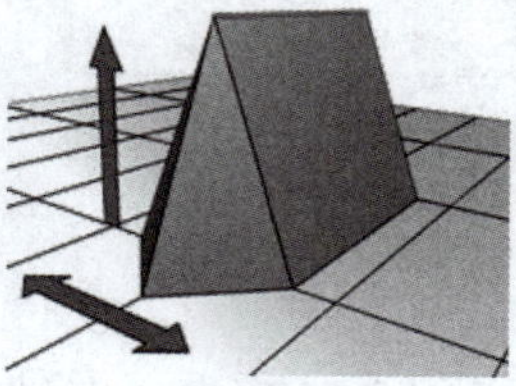

（a）边的挤出

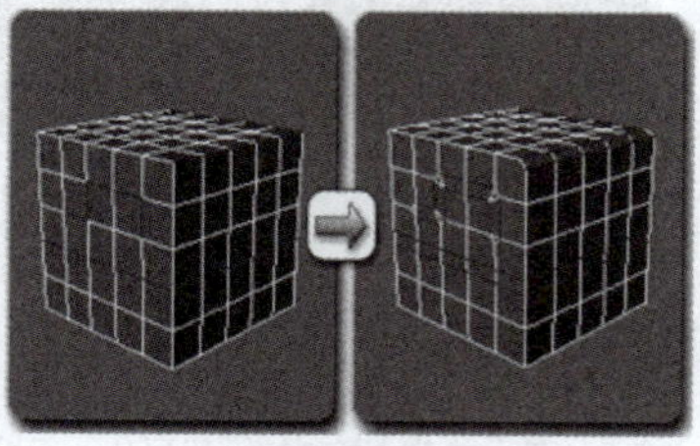

（b）边的切角

图 4-16　边的编辑

■“边界”子对象状态下的常用命令。

（1）封口：使用单个多边形封住整个边界环。选择该边界，然后单击“封口”。

（2）桥：用“桥”多边形连接对象上的边界对。

边界的编辑如图 4-17 所示。

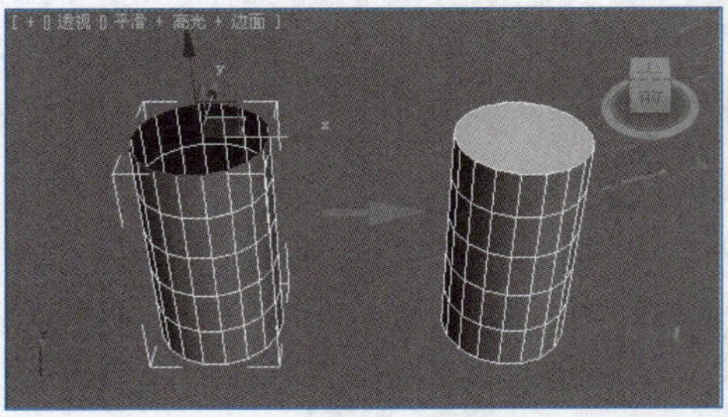

（a）边界的封口

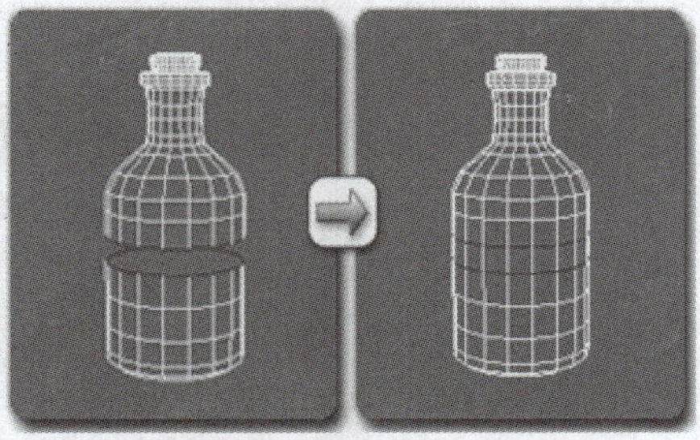

（b）边界的桥

图 4-17　边界的编辑

■“多边形”子对象状态下的常用命令。

（1）挤出：直接在视口中操纵时，可以执行手动挤出操作。单击此按钮，然后垂直拖动任何多边形，以便将其挤出。

（2）倒角：通过直接在视口中操纵执行手动倒角操作。单击此按钮，然后垂直拖动任何多边形，以便将其挤出。释放鼠标按钮，然后垂直移动鼠标光标，以便设置挤出轮廓。

（3）插入：执行没有高度的倒角操作，即在选定多边形的平面内执行该操作。单击此按钮，然后垂直拖动任何多边形，以便将其插入。

（4）桥：使用多边形的“桥”连接对象上的两个多边形或选定多边形。

多边形的编辑如图 4-18 所示。

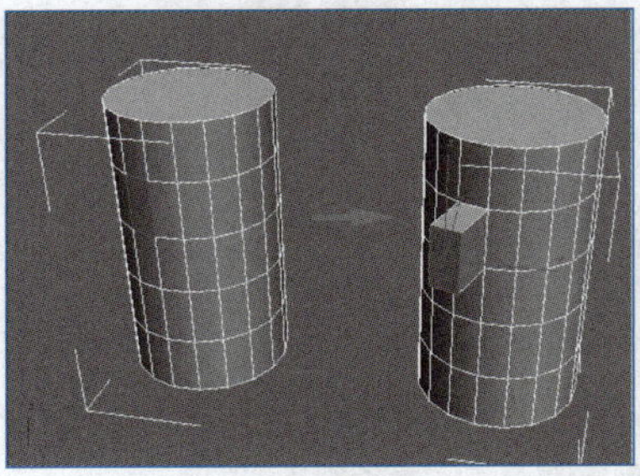

（a）多边形的挤出

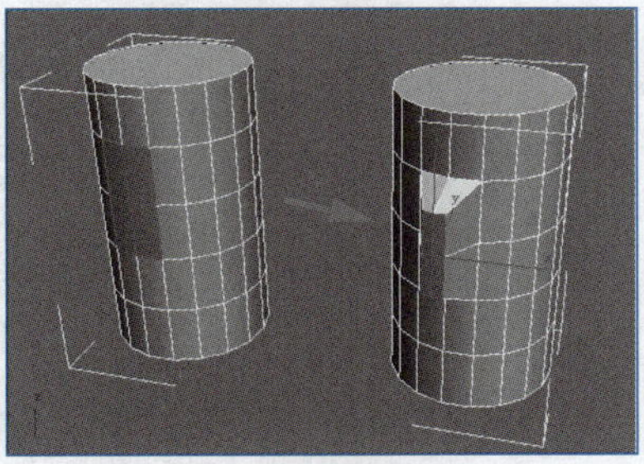

（b）多边形的倒角

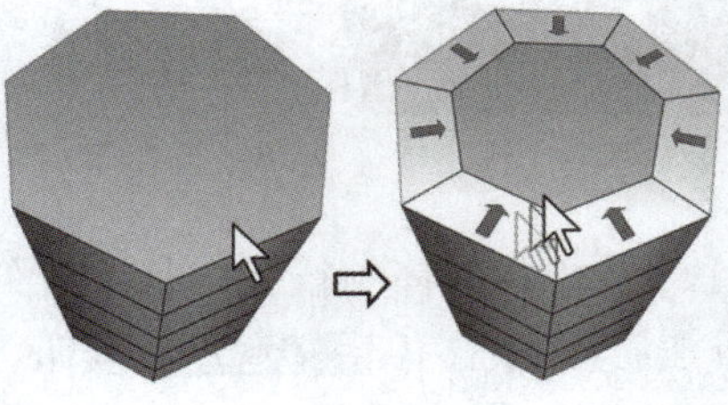

（c）多边形的插入

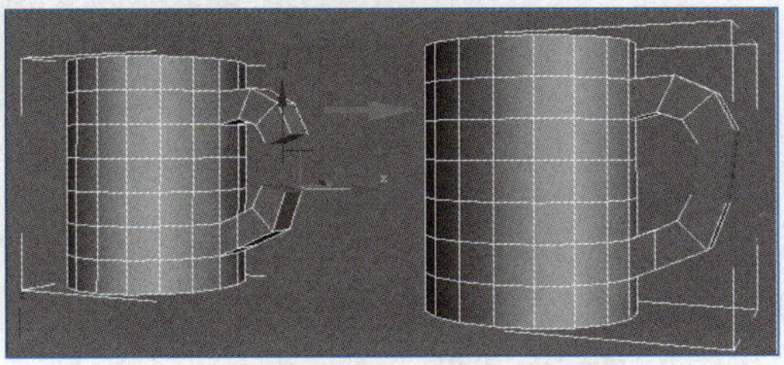

（d）多边形的桥

图 4-18　多边形的编辑

项目实施

一、放样建模训练

为了进一步掌握放样建模的应用，下面进行项目训练，制作水果静物效果，如图 4-19 所示。

图 4-19　水果静物

（一）建模阶段

1. 制作香蕉模型

（1）单击 +（创建）→（图形）→ 线 按钮，在前视图中绘制香蕉截面图形和放样路径线条，如图 4-20 所示。

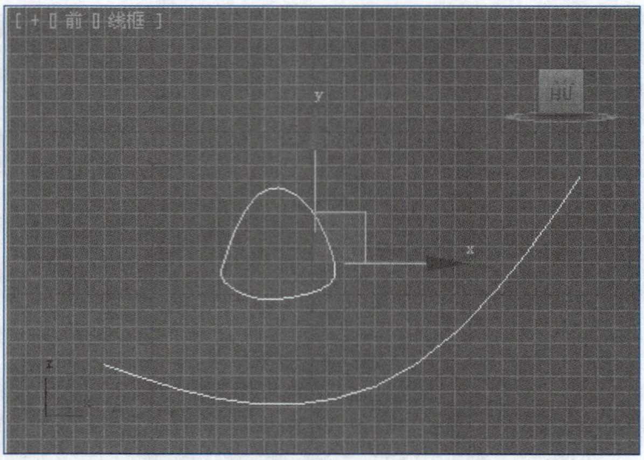

图 4-20　香蕉截面图形和放样路径

（2）选择直线作为路径的曲线，单击 +（创建）→（几何体）按钮，从下拉列表中选择“复合对象”，单击 放样 按钮，在“创建方法”参数中单击 获取图形 按钮，然后在场景中拾取截面图形，创建香蕉基本模型，命名为“香蕉 01”。

（3）单击（修改）按钮，进入修改状态，在“变形”参数中，单击 缩放 按钮，打开“缩放变形”对话框，单击工具栏中的“插入角点”按钮，在下面的红线上添加 3 个点，在前两个点上右击，使点变成可以调整的贝兹平滑曲线，适当调整 3 个点的位置得到香蕉侧面轮廓形状，如图 4-21 所示。在调整时注意观察场景中香蕉模型的变化，形成的香蕉模型效果如图 4-22 所示。

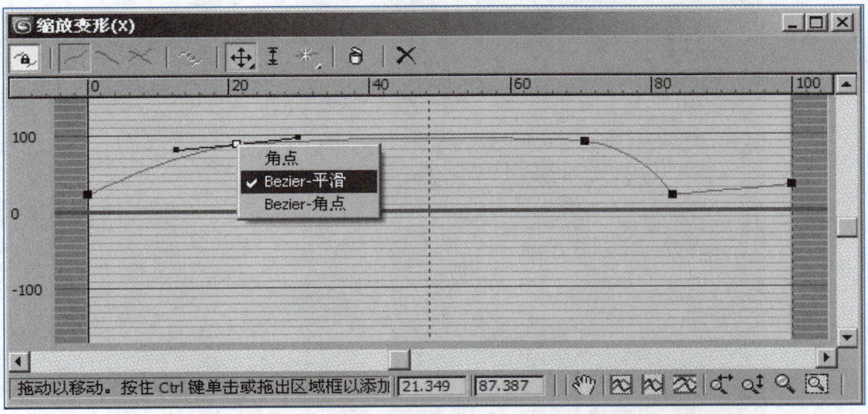

图 4-21　香蕉放样缩放变形操作

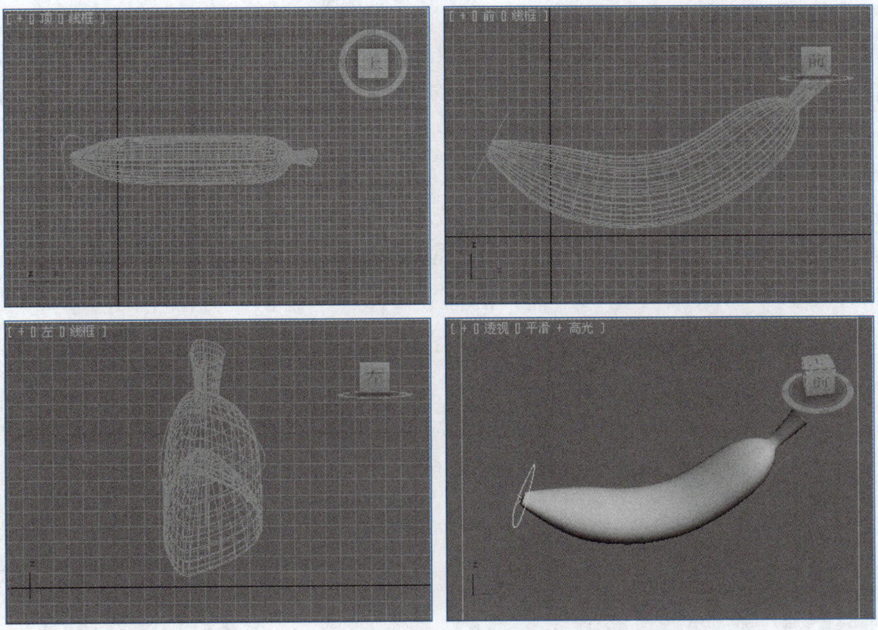

图 4-22　香蕉模型

提示：放样的对象可以进行“变形”，包括“缩放、扭曲、倾斜、倒角、拟合”。“缩放”可以将放样的路径方向上的轮廓进行调整，在“缩放变形”对话框中，默认的红线为一条直线在 100 处，表示轮廓没有变化，如果在线上加点并调整线的形状，放样对象轮廓就做相应的变化。

2. 制作樱桃模型

（1）单击（创建）→（图形）→ 线 按钮，在前视图中绘制樱桃截面图形。单击（修改）按钮，在修改器列表中选择“车削”，设置分段为 50，单击下面“对齐”参数中的“最小”，命名为“樱桃 01”，如图 4-23 所示。

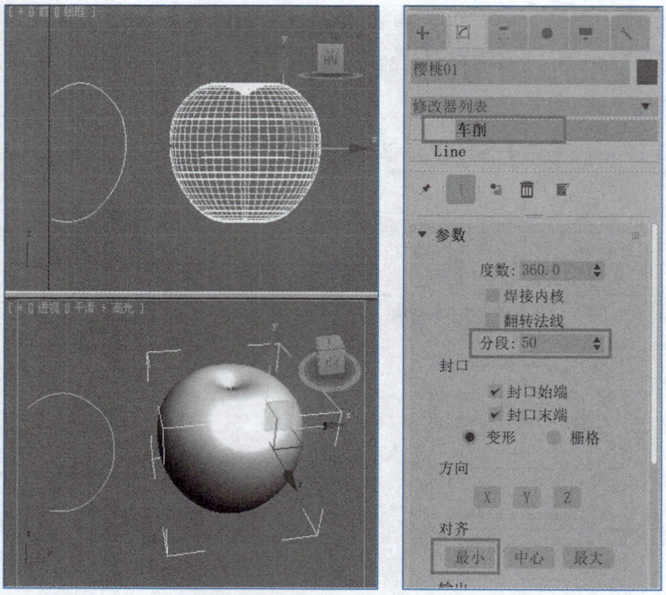

图 4-23　制作樱桃模型

（2）制作樱桃柄的模型。单击（创建）→（图形）→ 线 按钮，在前视图中绘制樱桃柄截面图形。再绘制一个比其小点的圆，再次单击 线 按钮，绘制作樱桃柄路径线条，共 3 条线。

选择最后绘制的长线条作为路径的曲线，单击（创建）→（几何体）按钮，从下拉列表中选择“复合对象”，单击 放样 按钮，在“创建方法”参数中单击 获取图形 按钮，然后在场景中拾取小圆形，创建樱桃柄基本模型。单击（修改）按钮，进入修改状态，在“路径参数”参数中设置“路径”的值为 100，单击创建方法中的 获取图形 按钮，在场景中拾取樱桃柄的另一截面，将樱桃柄的模型命名为“樱桃柄 01”，如图 4-24 所示。

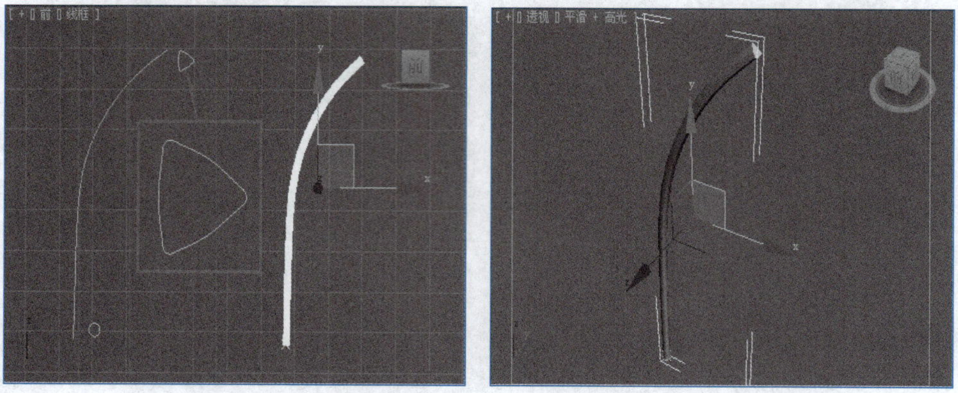

图 4-24　制作樱桃柄模型

（3）为了使樱桃柄模型更加自然，下面使用放样的变形命令进行调整。

单击（修改）按钮，进入修改状态，在下面的“变形”参数中单击 缩放 按钮，打开“缩放变形”对话框，在对话框工具栏中单击“插入角点”按钮，在下面的红线上添加 1 个点，在点上右击，改为贝兹平滑曲线，调整轮廓形状，如图 4-25 所示。

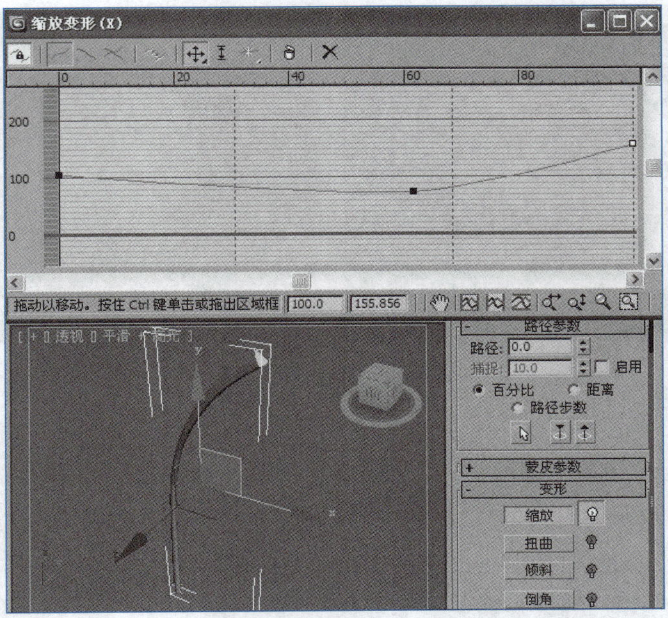

图 4-25　调整樱桃柄模型

继续调整，单击 扭曲 按钮，打开“扭曲变形”对话框，单击工具栏中的“插入角点”按钮，在下面的红线上添加 2 个点，调整轮廓形状，如图 4-26 所示。

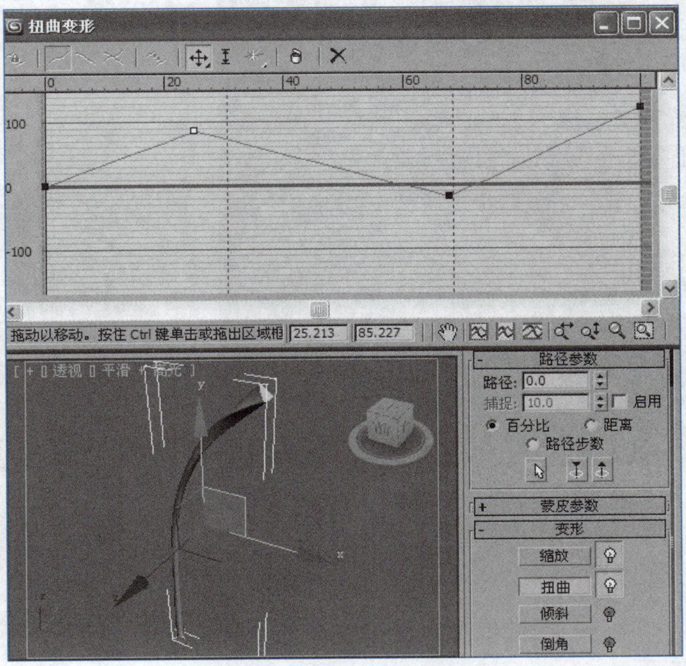

图 4-26　调整樱桃柄模型

3. 制作苹果模型

选择场景中的樱桃和樱桃柄模型，复制一组，用缩放工具放大到合适大小，将樱桃柄适当缩短，将它们分别命名为“苹果”和“苹果柄”。选择“苹果”，进入修改面板，在线的层级将苹果的外形进行适当调整，如图 4-27 所示。

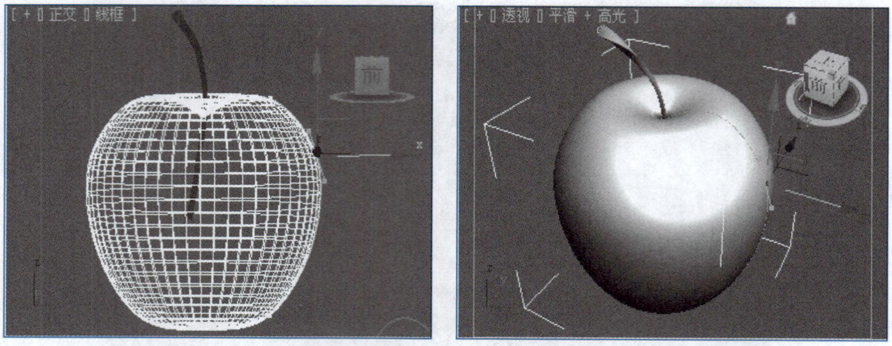

图 4-27　制作苹果模型

4. 制作盘子和桌面模型

单击（创建）→（图形）→ 线 按钮，在前视图中绘制盘子截面图形。单击（修改）按钮，在修改器列表中选择“车削”，设置分段为 60，单击下面“对齐”参数中的“最小”，命名为“盘子”，如图 4-28 所示。

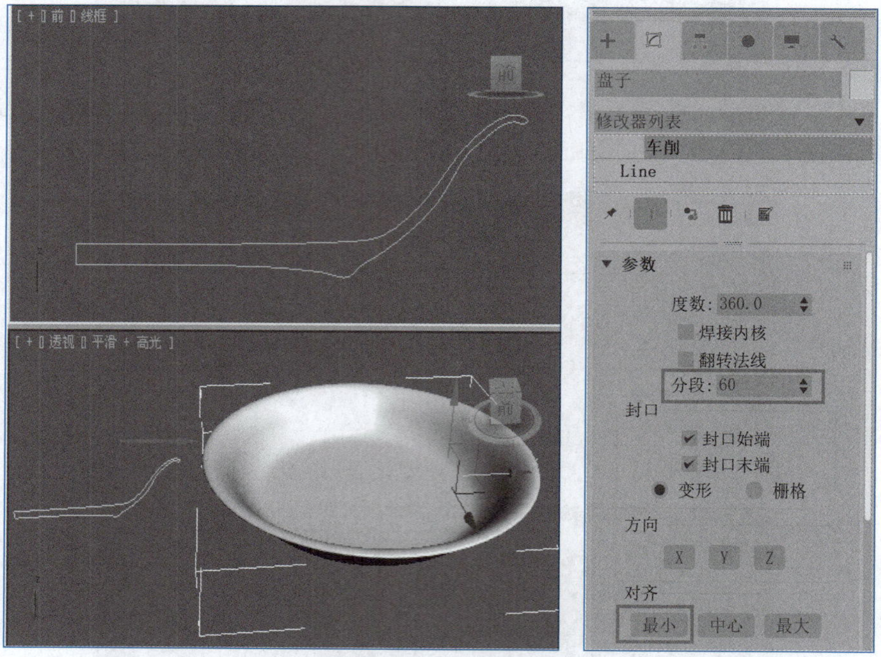

图 4-28　制作苹果模型

单击（创建）→（几何体）按钮，在标准几何中，单击“平面”按钮，创建一个大平面，放在盘子模型下面。

（二）完成模型

选择场景中的樱桃和樱桃柄模型，单击菜单栏中的“组”→“成组”命令将它们成组，命名为“樱桃组 01”；用同样的方法将苹果和苹果柄成组，命名为“苹果组 01”。分别复制樱桃组、苹果组、和香蕉模型，其中樱桃的数量多一些，将这些水果放置在盘子模型里，注意同样的水果大小和方向有所区别，如图 4-29 所示。

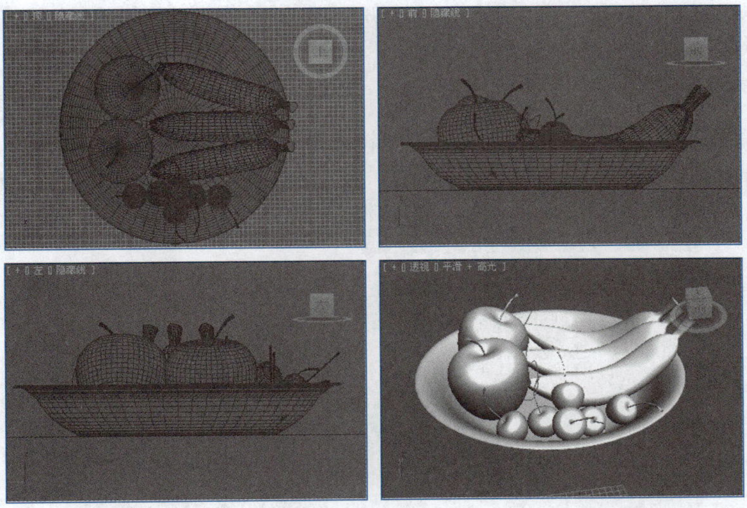

图 4-29　完成模型

（三）材质阶段

1. 制作香蕉材质

单击“材质编辑器”按钮，打开材质编辑器窗口，单击第一个示例窗，将其命名为“香蕉”。材质参数：明暗器设置为 Blinn；调整高光级别和光泽度；在漫反射贴图通道上添加“位图”贴图，然后选择“香蕉 .jpg”图片，在场景中选择香蕉对象，单击“将材质指定给选定对象”按钮，分配“香蕉”材质。单击“渲染产品”按钮，渲染效果如图 4-30 所示。

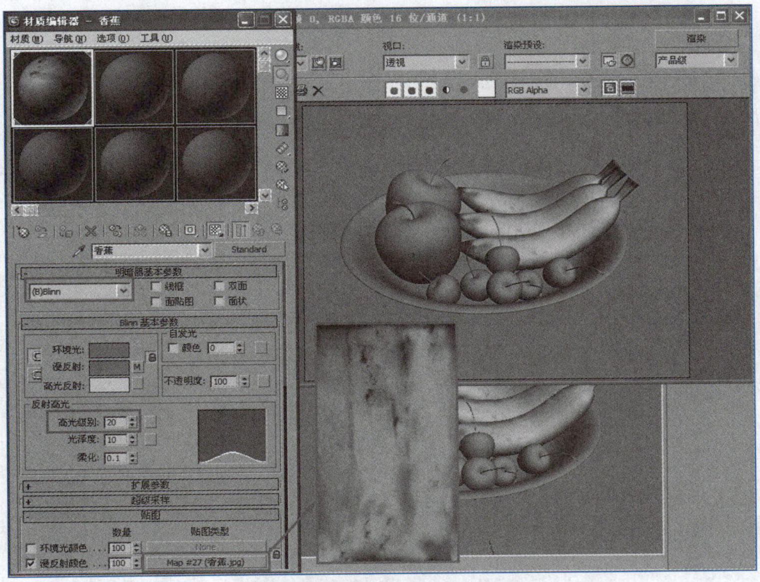

图 4-30　制作香蕉材质

2. 制作樱桃和柄材质

（1）制作樱桃材质。单击“材质编辑器”按钮，打开材质编辑器窗口。单击第二个示例窗，将其命名为“樱桃”。材质参数：明暗器设置为 Blinn；调整高光级别和光泽度；在漫反射贴图通道上添加“位图”贴图，然后选择“樱桃 .jpg”图片；单击材质编辑器窗口中的“转到父对象”按钮，返回材质根层级，设置“光线跟踪”贴图的数量为 12，为反射贴图通道上添加“光线跟踪”贴图。

在场景中选择樱桃组对象，选择菜单栏中的“组”→“打开”命令，暂时将樱桃组打开，选择樱桃模型，单击“将材质指定给选定对象”按钮，分配“樱桃”材质。对所有樱桃组进行同样操作，如图 4-31 所示。

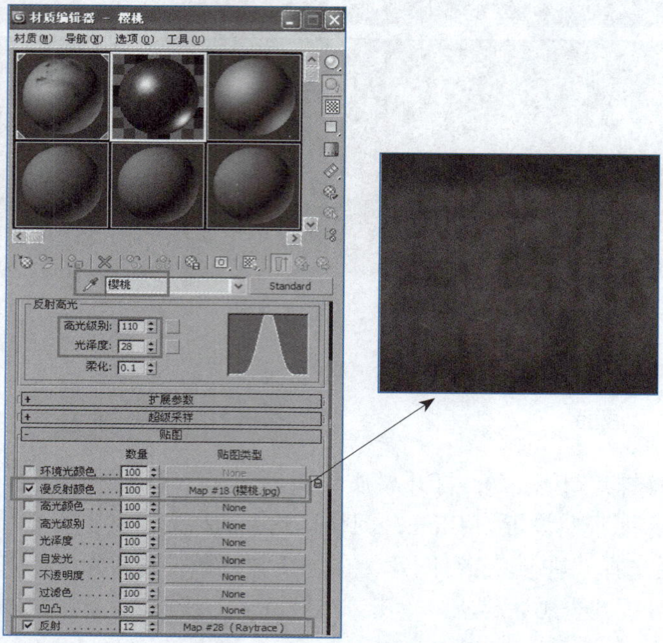

图 4-31　制作樱桃材质

（2）制作樱桃柄材质。在材质编辑器中单击第三个示例窗，将其命名为“樱桃柄”。材质参数：明暗器设置为 Blinn；在漫反射贴图通道上添加“位图”贴图，然后选择“樱桃柄 .jpg”图片。在场景中选择已经打开的樱桃组中的“樱桃柄”对象，单击“将材质指定给选定对象”按钮，分配“樱桃柄”材质。单击“渲染产品”按钮，渲染效果如图 4-32 所示。

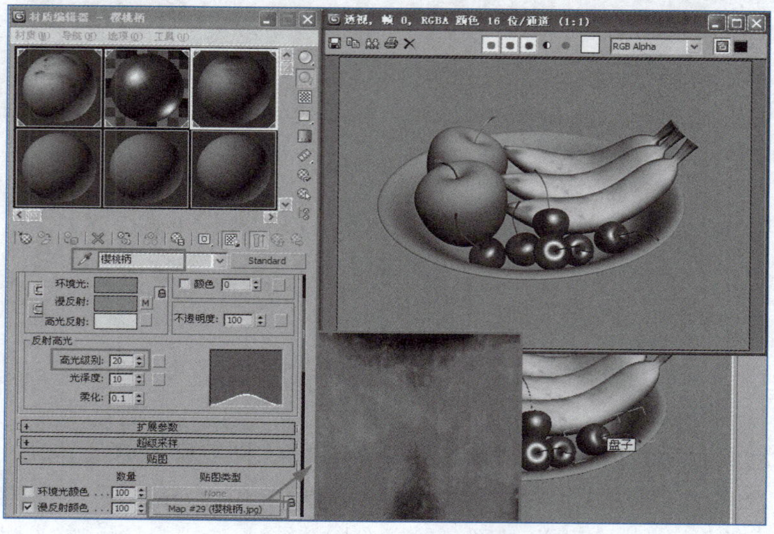

图 4-32　制作樱桃柄材质

3. 制作苹果和柄材质

（1）制作苹果材质。单击“材质编辑器”按钮，打开材质编辑器窗口。单击第四个示例窗，将其命名为“苹果”。材质参数：明暗器设置为 Blinn；调整高光级别和光泽度；在漫反射贴图通道上添加“位图”贴图，然后选择“苹果.jpg”图片，如图 4-33 所示。

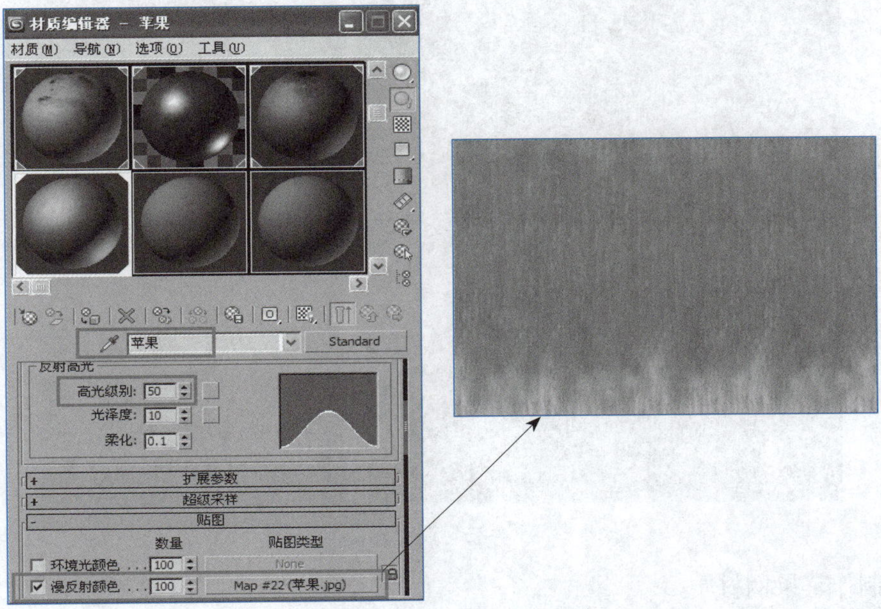

图 4-33　制作苹果材质

在场景中选择苹果组对象，选择菜单栏中的“组”→“打开”命令，暂时将苹果组打开，选择苹果模型，单击“将材质指定给选定对象”按钮，将“苹果”材质分配给它们。

这时单击材质编辑器窗口工具栏中的“在视口中显示标准贴图”按钮，会发现贴图效果有问题，如图 4-34 所示。

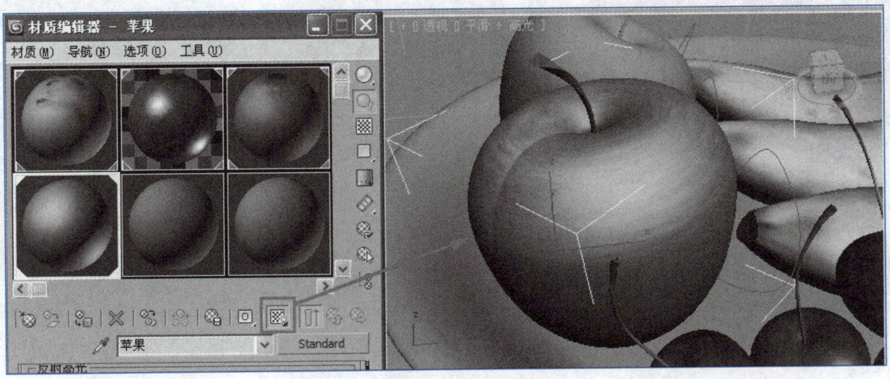

图 4-34　显示贴图

在视图中选择苹果模型，单击（修改）按钮，在修改器列表中选择“UVW 贴图”，设置贴图类型为“柱形”，单击修改器堆栈“UVW 贴图”前面的“+”号，单击 Gizmo，这时在场景中用旋转工具调整“苹果”模型上的黄色圆柱形变换框，使其方向与苹果方向一致，如图 4-25 所示。对两个苹果组进行同样操作。

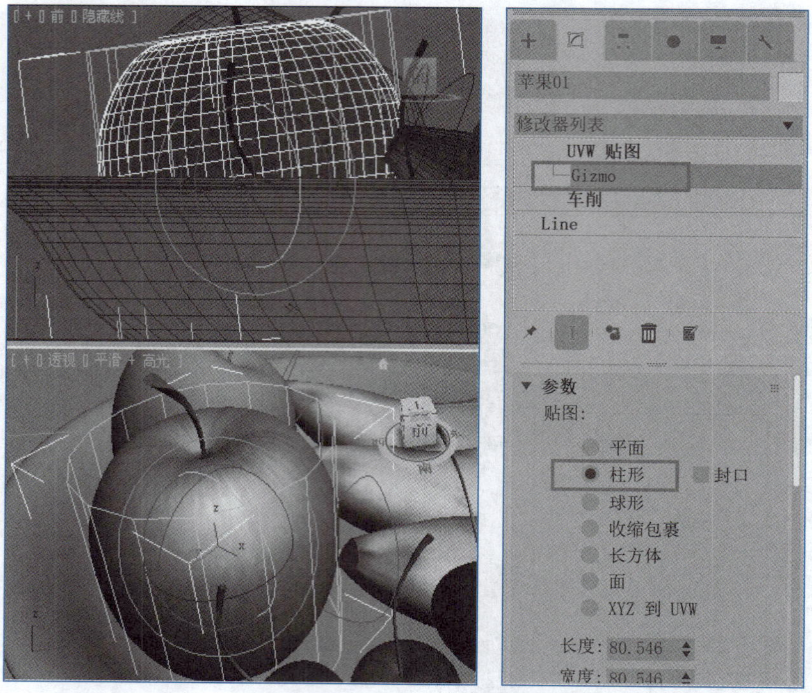

图 4-35　调整贴图

（2）制作苹果柄材质。

在材质编辑器中单击第五个示例窗，将其命名为“苹果柄”。材质参数：明暗器设置为 Blinn；在漫反射贴图通道上添加“位图”贴图，然后选择“苹果柄.jpg”图片。在场景中选择已经打开的苹果组中的“苹果柄”对象，分配“樱桃柄”材质，渲染如图 4-36 所示。

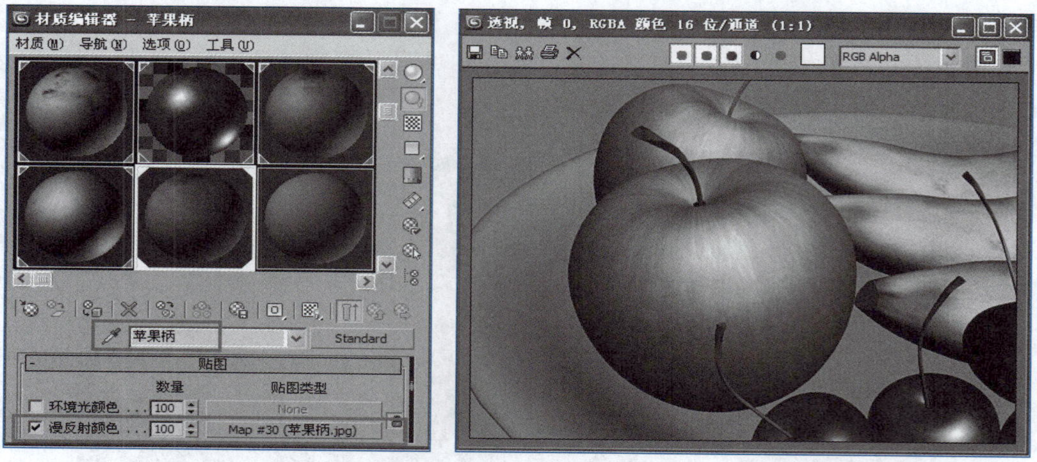

图 4-36　完成苹果材质

4. 制作盘子和桌面材质

（1）制作盘子材质。单击“材质编辑器”按钮，打开材质编辑器窗口。单击第六个示例窗，将其命名为“盘子”。材质参数：明暗器设置为 Phong；漫反射颜色为白色（R255，G255，B255）；调整高光级别和光泽度；在反射贴图通道上添加“光线跟踪”贴图。设置“光线跟踪”贴图的量为 34。在场景中选择盘子对象，分配“盘子”材质，如图 4-37 所示。

（2）制作桌面材质。单击“材质编辑器”按钮，打开材质编辑器窗口。在示例窗中右击，在弹出的快捷菜单中选择“5×3”，这样材质编辑器可以一次性显示 15 个材质球。单击一个空示例窗，将其命名为“桌面”。材质参数：明暗器设置为 Blinn；漫反射颜色设置为深蓝灰色（R255，G255，B255）；调整高光级别和光泽度；在反射贴图通道上添加“光线跟踪”贴图。设置“光线跟踪”贴图的数量为 70。在场景中选择桌面对象，分配“桌面”材质，如图 4-38 所示。

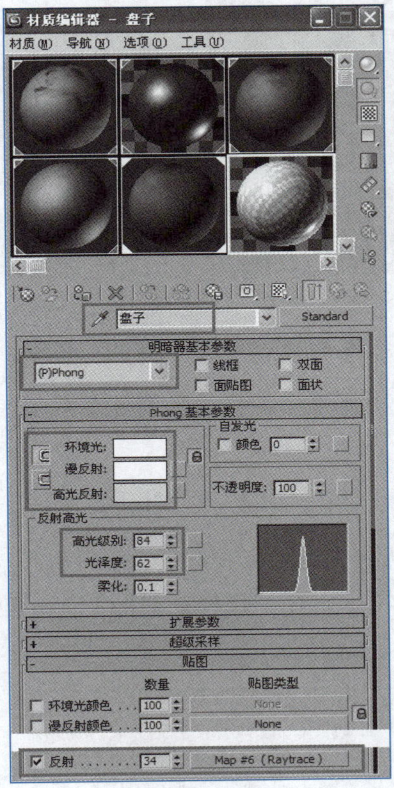

图 4-37　制作盘子材质

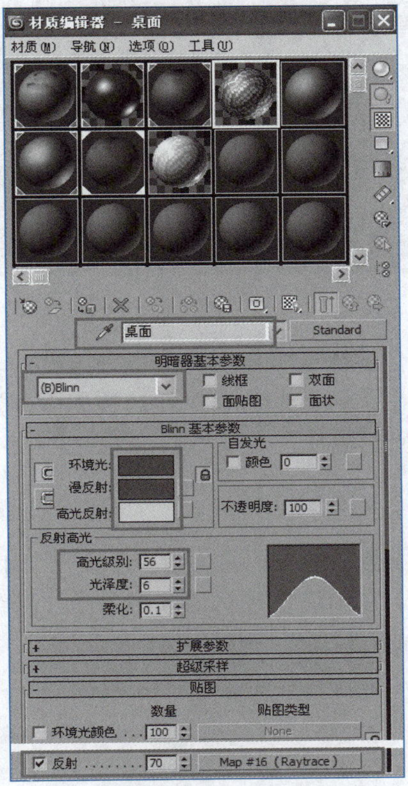

图 4-38　制作桌面材质

（四）灯光阶段

1. 创建泛光灯

（1）单击 +（创建）→（灯光）按钮，在下拉列表中选择“标准”，如图 4-39 所示。

图 4-39　选择“标准”灯光类型

（2）单击 泛光灯 按钮，在顶视图中创建一盏泛光灯，作为主灯，放置位置在水果模型前上方。泛光灯参数：启用“阴影”，类型为阴影贴图；“倍增”设置 0.3，如图 4-40 所示。

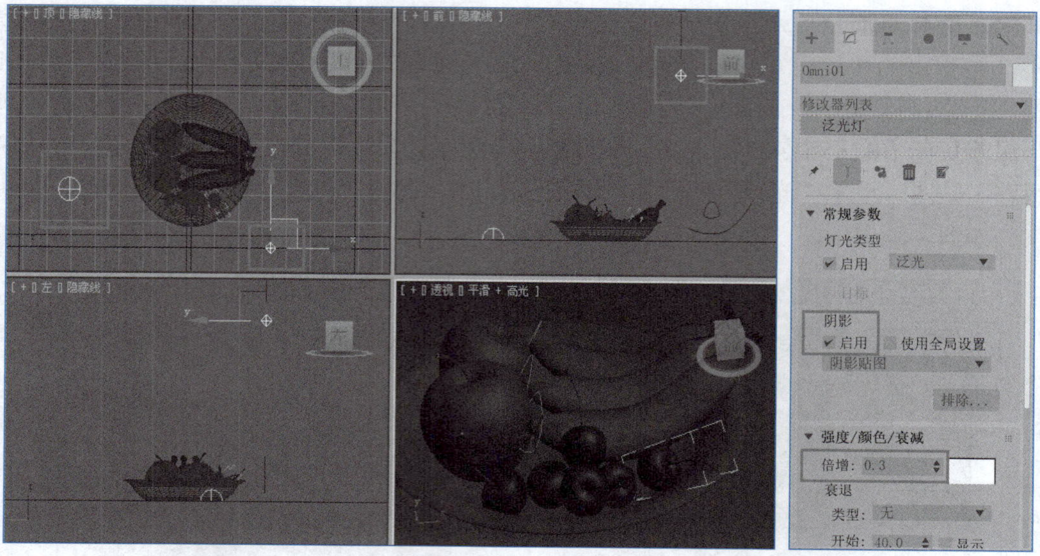

图 4-40　创建灯光

2. 创建天光

单击 天光 按钮，在顶视图中创建一盏天光，用来模拟室外天空照明效果，位置任意。天光参数默认。

（五）渲染阶段

（1）激活透视图，单击主工具栏上中的“渲染设置”按钮，打开渲染设置对话框。

（2）在渲染设置对话框中单击“高级照明”选项卡，在“选择高级照明”下拉列表中选择“光跟踪器”，如图 4-41 所示。

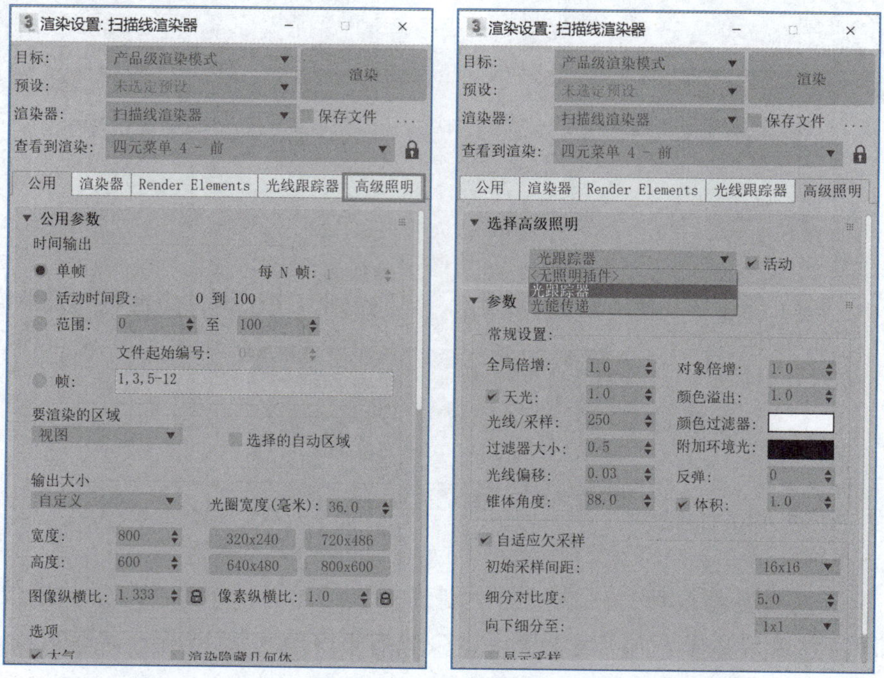

图 4-41　选择高级照明 - 光跟踪器

（3）单击按钮，渲染透视图。渲染效果如图 4-42 所示。

图 4-42　高级照明渲染效果

视 频

复合对象
02–布尔01

二、布尔建模训练

在人们日常生活中有很多物品都可以用布尔运算来创建。为了掌握布尔建模的方法，下面使用超级布尔制作一组“门锁”模型，效果如图 4-43 所示。

图 4-43　门锁效果

（一）建模阶段

1. 制作锁头模型

（1）单击（创建）→（图形）→ 线 按钮，在顶视图中绘制锁身截面图形，截面长约 70 个单位，宽约为 200 个单位。单击（修改）按钮，在修改器列表中选择“挤出”，设置挤出“数量”为 155，如图 4-44 所示。

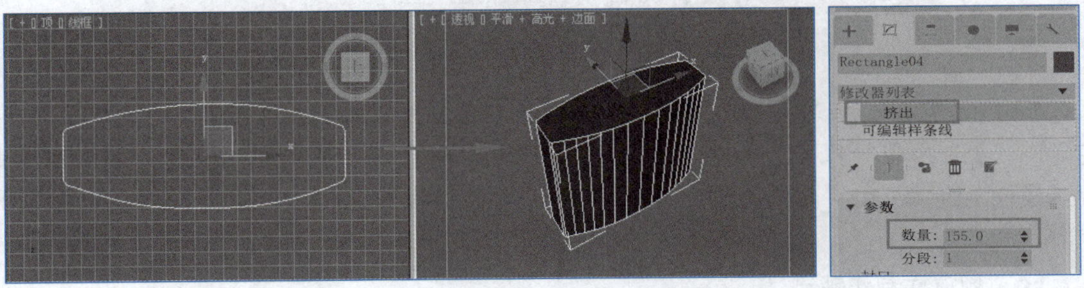

图 4-44　挤出锁身模型

（2）单击（创建）→（几何体）按钮，在顶视图创建一个圆柱形，半径为 15，高为 75；放在锁孔位置，复制一个放在另一侧。继续在顶视图创建一个圆柱形，半径为 25，高为 135；放在锁身下面中间位置，如图 4-45 所示。

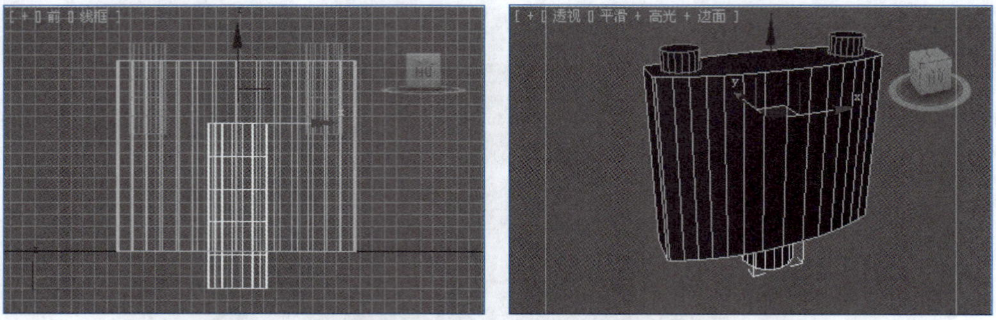

图 4-45　创建圆柱

（3）选择锁身模型，单击+（创建）→●（几何体）按钮，从下拉列表中选择“复合对象”，单击 ProBoolean（超级布尔）按钮，在下面“运算”参数中选择“差集”按钮，单击 开始拾取 按钮，然后在场景中连续拾取 3 个圆柱，完成差集操作，如图 4-46 所示。

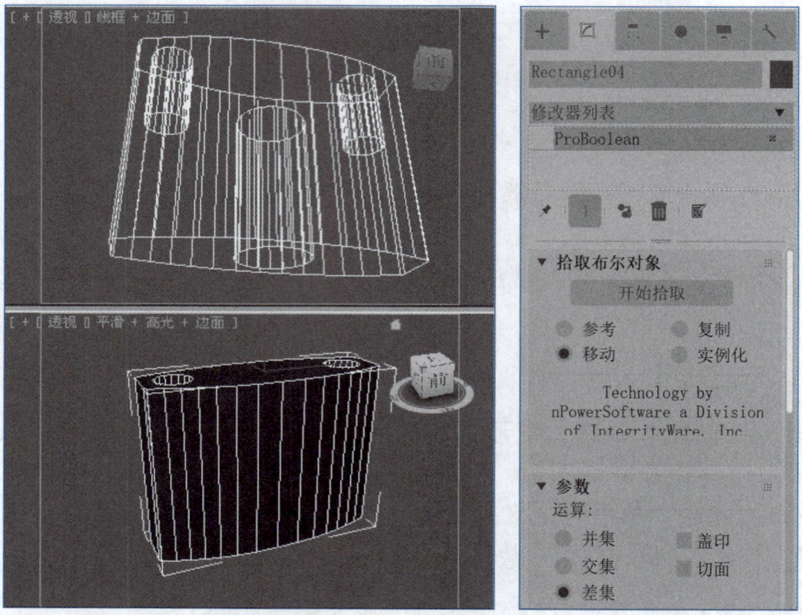

图 4-46　形成锁孔

提示：“布尔”和“超级布尔”（ProBoolean）在 2 个以上多个对象操作时是有区别的。“布尔”命令操作一次后，如果想在此基础上继续对下一个对象进行操作，必须再单击一次 布尔 按钮。“超级布尔”命令则可连续进行拾取操作，一次完成对多个对象的操作。

（4）用放样制作锁钩。

- 用画线命令绘制锁钩放样路径，再绘制一个半径为 12.5 的圆形。选择锁钩放样路径线条，单击+（创建）→●（几何体）按钮，从下拉列表选择“复合对象”，单击 放样 按钮，在“创建方法”参数中单击 获取图形 按钮，然后在场景中拾取圆形，创建锁钩基本模型。单击 ☑（修改）按钮，在“蒙皮参数”中设置“路径步数”为 20，如图 4-47 所示。

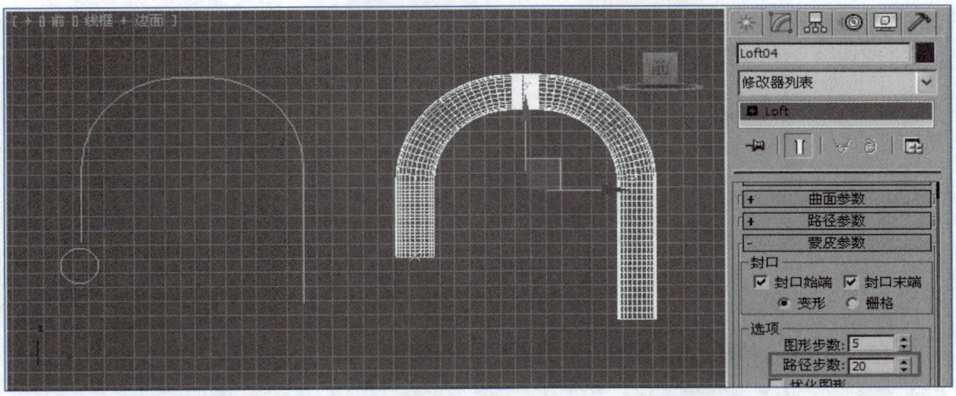

图 4-47　制作锁钩

- 继续编辑，在“变形”参数中，单击 缩放 按钮，打开“缩放变形”对话框，单击工具栏中的“插入角点”，在下面的红线上添加 1 个点，调整轮廓形状，如图 4-48 所示。

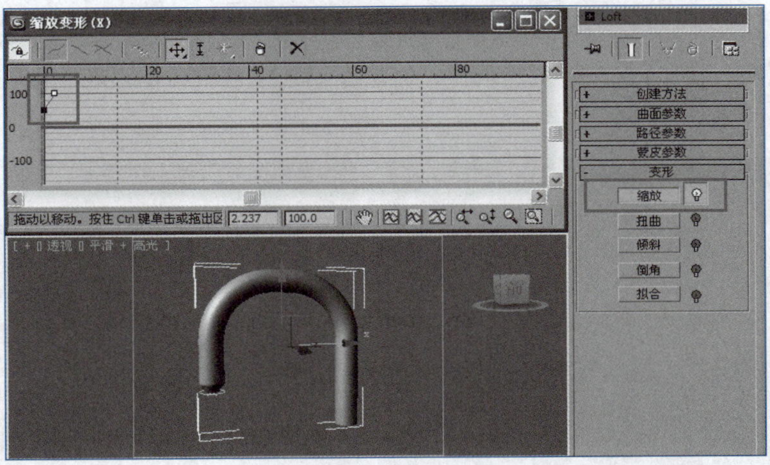

图 4-48　调整锁钩

- 继续编辑，前视图绘制截面，然后添加“挤出”修改器，挤出数量为 155，放在合适的位置。选择锁钩模型，使用“复合对象”中的“超级布尔”命令，选择“差集”方式，单击 开始拾取 按钮，在场景中拾取刚绘制的截面，完成差集操作，如图 4-49 所示。

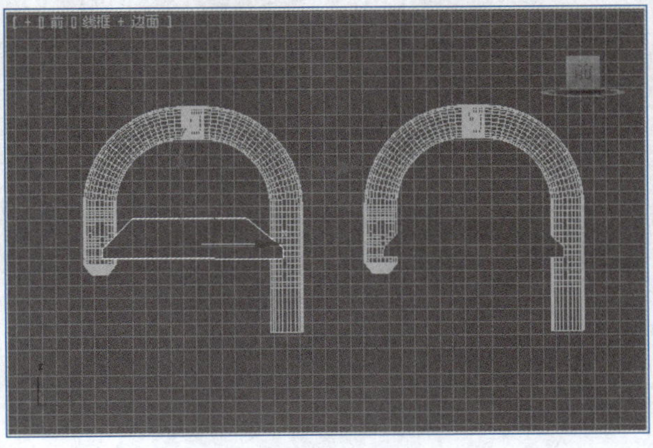

图 4-49　完成锁钩

（5）制作锁芯模型。

- 在顶视图创建一个圆柱形，半径为 24，高为 100。
- 用画线命令绘制钥匙孔截面，然后添加“挤出”修改器，挤出数量为 155，效果如图 4-50 所示。

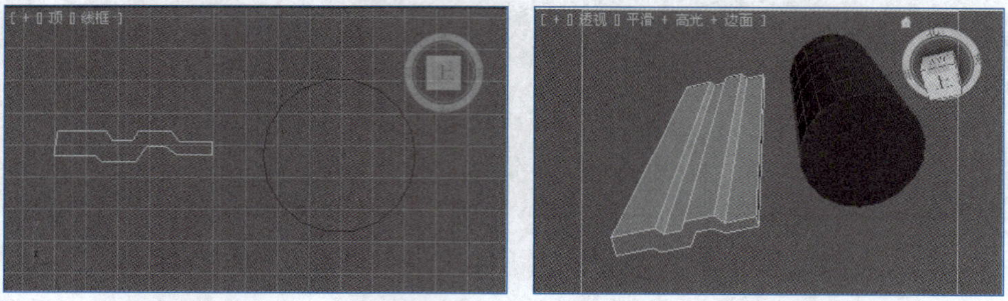

图 4-50　调整锁钩

- 把两个模型放在一起，选择圆柱形，单击 +（创建）→ ●（几何体）按钮，从下拉列表中选择“复合对象”，单击 ProBoolean（超级布尔）按钮，在“运算”参数中选择“差集”按钮，单击 开始拾取 按钮，然后在场景中连续拾取钥匙孔形模型，完成差集操作，效果如图 4-51 所示。

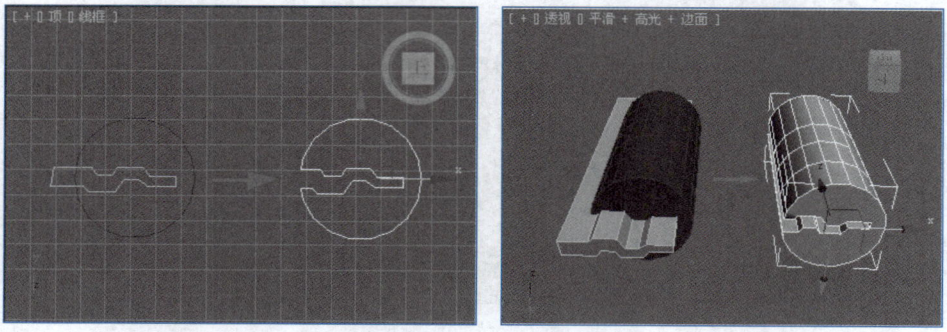

图 4-51　制作锁芯模型

（6）制作锁具标签。这部分使用简单建模方法，读者可以自己独立完成，如图 4-52 所示。

视 频

复合对象 02-布尔02

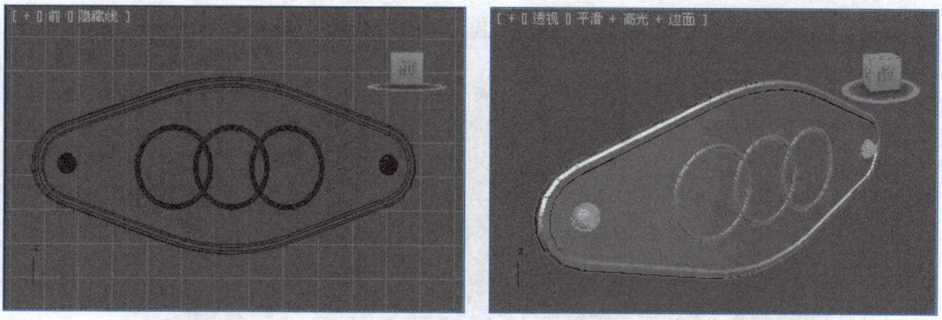

图 4-52　标签模型

将以上“锁身”、“锁钩”、“锁芯”和“标签”组合在一起，完成锁头模型，如图 4-53 所示。

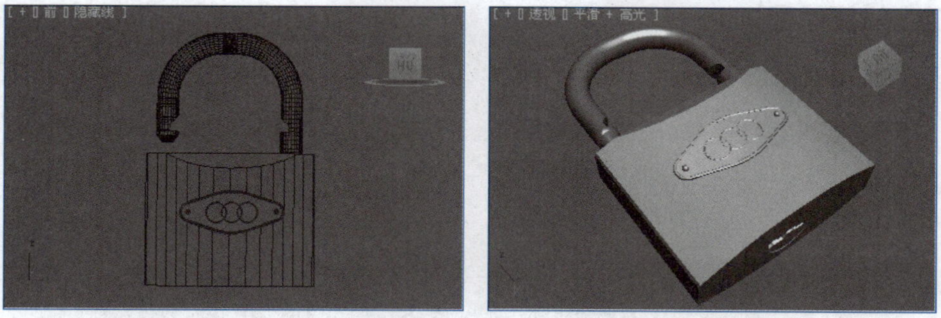

图 4-53　完成锁头模型

2. 制作钥匙模型

钥匙模型的制作方法也是先创建基本模型，然后利用“超级布尔”来完成的。这个过程可以让学生独立完成，下面是步骤提示，如图 4-54 所示。

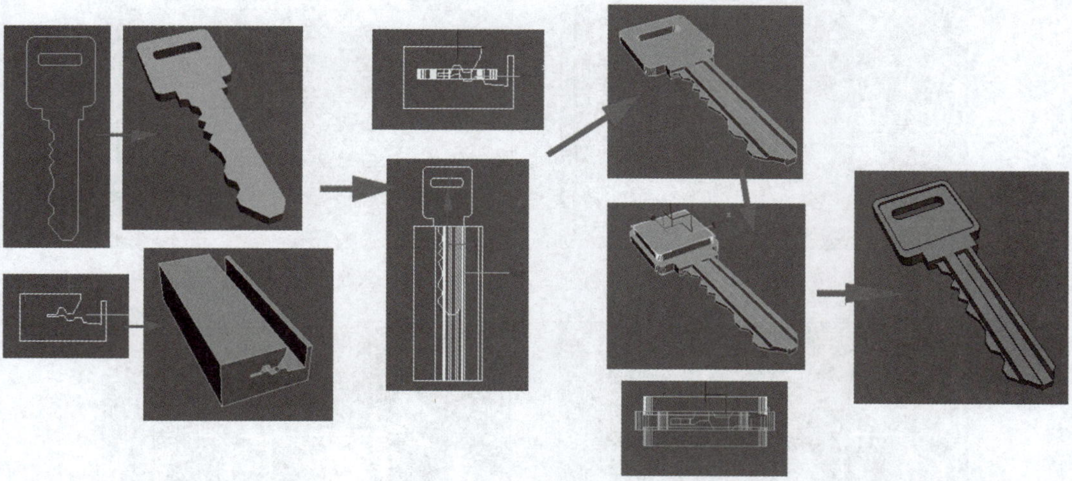

图 4-54　钥匙模型制作过程

组合各个模型，复制一组，并创建地面，完成模型制作，如图 4-55 所示。

图 4-55　完成模型

（二）材质阶段

分别制作“锁钩”、“锁身”、“锁芯”和“钥匙”4 种材质，参数设置如图 4-56 所示。

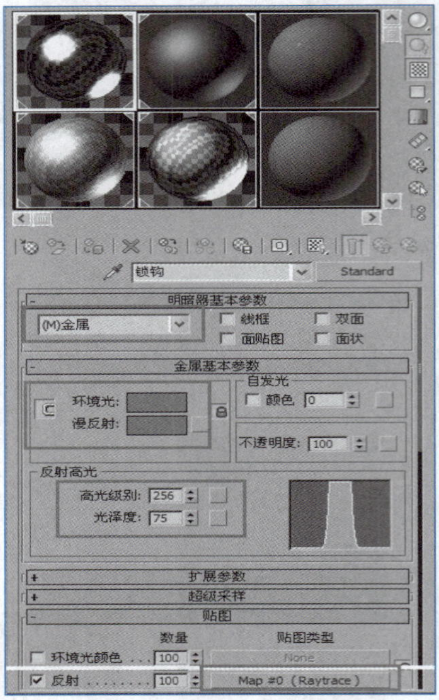

（a）锁钩材质

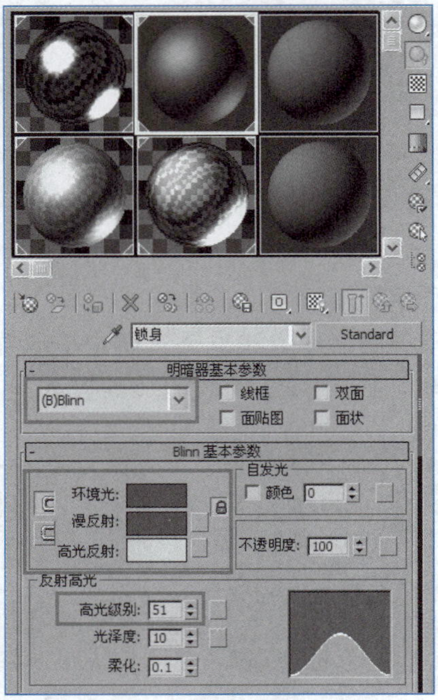

（b）锁身材质

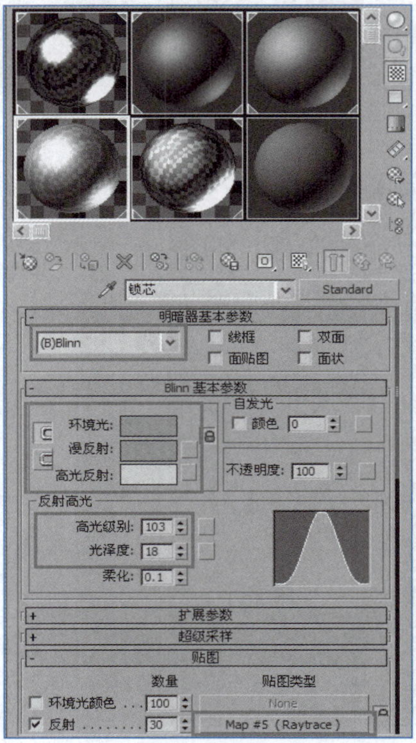

（c）锁芯材质

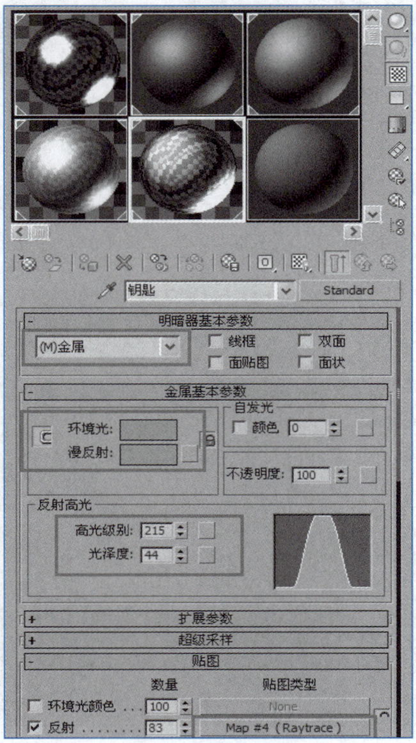

（d）钥匙材质

图 4-56　材质制作

（三）灯光阶段

在顶视图中创建一盏泛光灯作为主灯，放置在模型前上方。泛光灯参数：“阴影”启用，类型设置为“阴影贴图”；“倍增”设置为 0.3。

在顶视图中创建一盏天光，用来模拟室外天空照明效果，位置任意。天光参数采用默认设置，效果如图 4-57 所示。

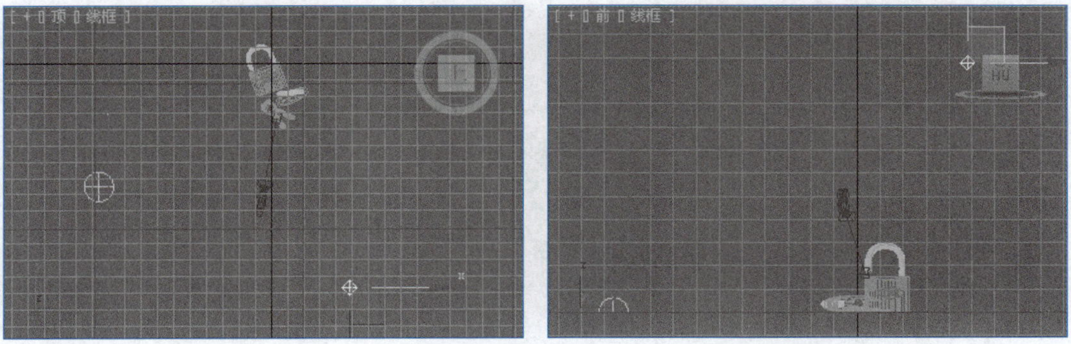

图 4-57　创建灯光

（四）渲染阶段

（1）激活透视图，单击主工具栏中的“渲染设置”按钮，打开渲染设置对话框。

（2）在渲染设置对话框中单击“高级照明”选项卡，然后在“选择高级照明”下拉列表中选择“光跟踪器”。

（3）单击按钮，渲染透视图。渲染效果如图 4-58 所示。

图 4-58　最终渲染效果

三、可编辑多边形训练

为了学习可编辑多边形建模的方法，下面进行项目训练，制作可爱的“卡通熊”模型，如图 4-59 所示。

图 4-59　卡通熊模型

（一）建模阶段

1. 制作身体模型

（1）设置平面作为制作参考图。

- 打开 3ds Max 软件，激活前视图，单击 +（创建）→ ●（几何体）→平面，在前视图中创建一个平面，长度和宽度的分段设置为 1。

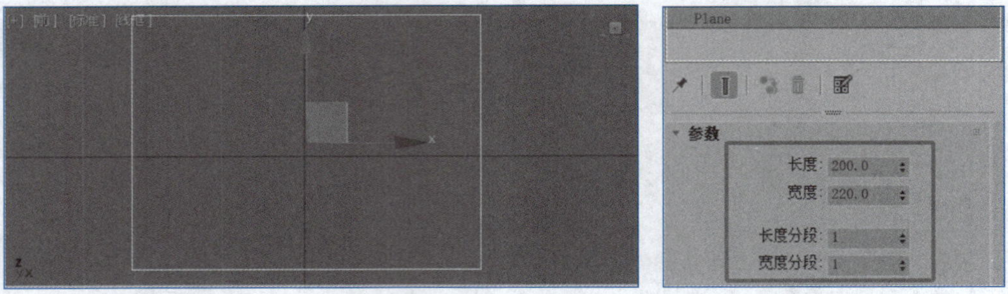

图 4-60　创建平面

- 打开材质编辑器，为平面制作材质，选择素材“正面参考 .jpg”作为漫反射贴图，分配给平面物体，并显示贴图。在前视图中设置视图显示方式为“默认明暗处理器”。这时的贴图显示比例并不是与原图片比例一致的，图像有一点变形。接下来为平面添加“UVW 贴图”修改器，然后单击“位图适配”按钮，在打开的对话框中选择“正面参考 .jpg”图片，这样贴图比例就与原图片一致了，如图 4-61 所示。

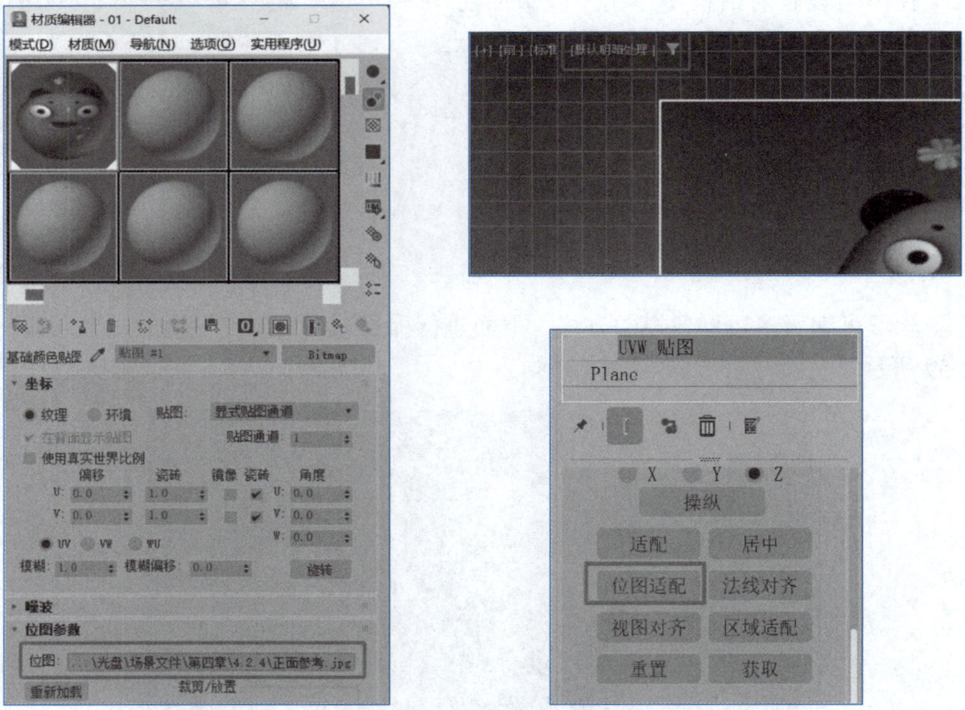

图 4-61　为平面制作贴图

用同样的方法，在左视图中创建平面，制作侧图参考图片，如图 4-62 所示。

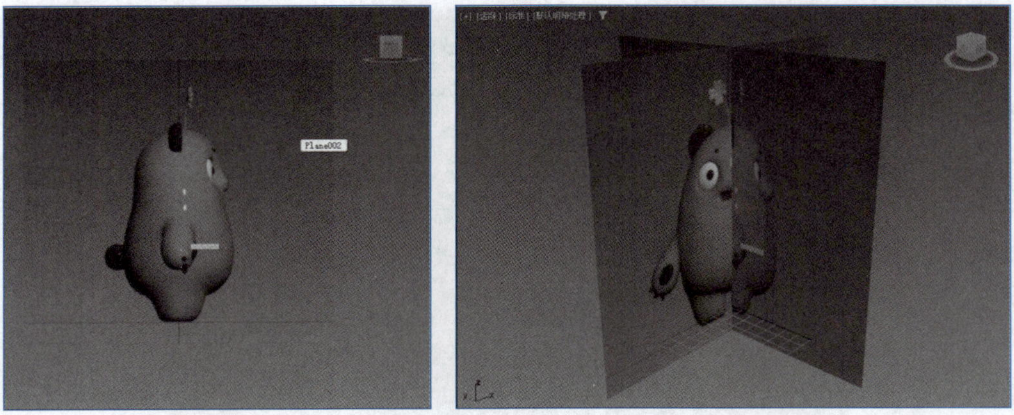

图 4-62　制作侧图参考图

为了在制作模型时保持参考图位置不变，要将其冻结。但在冻结前先要在这两个参考平面上右击，选择“对象属性”命令，设置其显示属性不选中“以灰色显示冻结对象”复选框，然后再在对象上右击，选择“冻结当前选择”命令，这样冻结的物体也能显示贴图，如图 4-63 所示。

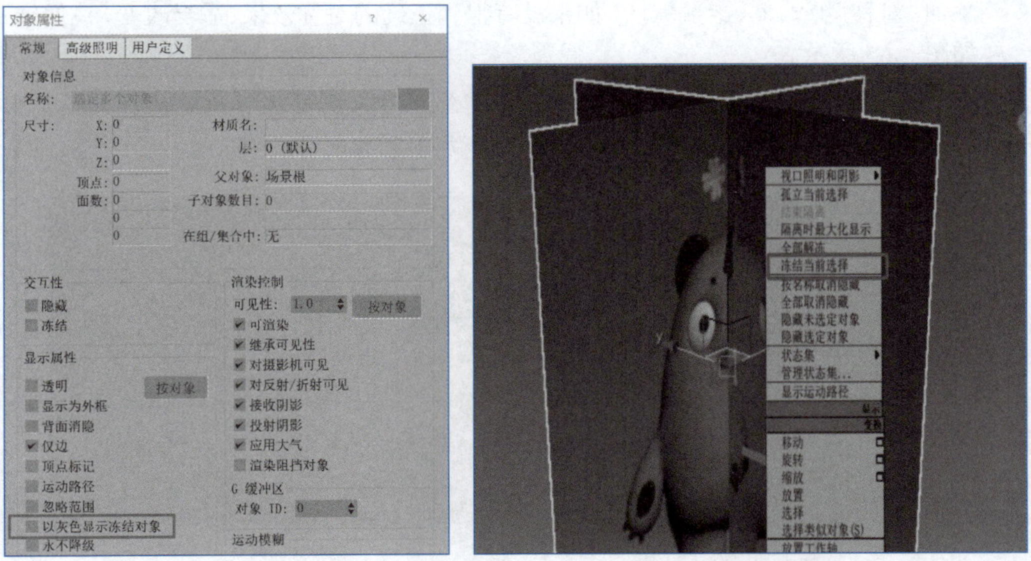

（a）　　　　　　　　（b）

图 4-63　冻结参考图

（2）创建身体基本形状。

- 单击 +（创建）→ ●（几何体）→标准基本体 / 球体 按钮，在顶视图中创建一个球体，半径与熊身体接近，约 80 个单位。也可用缩放工具调整球的大小与熊身体合适。然后分别按快捷键 F4（边面显示）、Alt+X（物体透明显示），结果如图 4-64 所示。
- 单击（修改）面板按钮，为球体添加“编辑多边形”修改器。

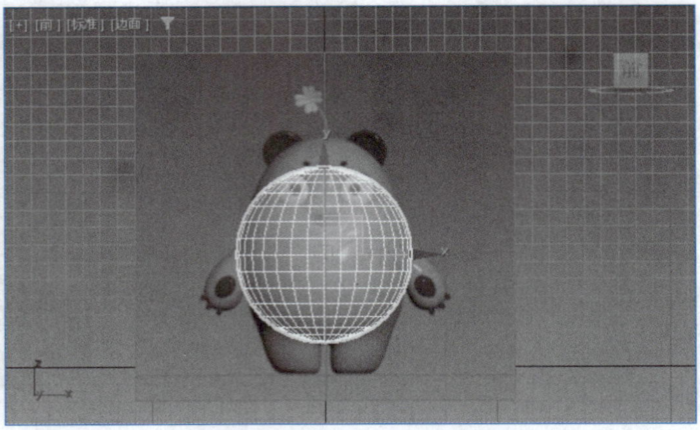

图 4-64　创建球体

- 在修改器堆栈里，单击 按钮进入顶点子对象状态，通过移动和均匀缩放工具，根据参考图片，调整球体上的顶点，得到身体部分的形状。同样在左视图调整侧面的形状,注意这时的缩放一定只对 X 轴进行缩放,否则会影响正面的形状,如图 4-65 所示。
- 单击按钮，进入多边形子对象状态，将球右半边的面选择并删除。单击修改器列表添加“对称”修改器,参数默认(如果没有得到正确的对称效果,适当改变“镜像轴”),如图 4-65 所示。

提示：“对称”修改器多应用于对称的模型，编辑时只需要编辑对称的一侧模型形状，另一边自动变化，可以减少工作量，也可以保证模型的严格对称。

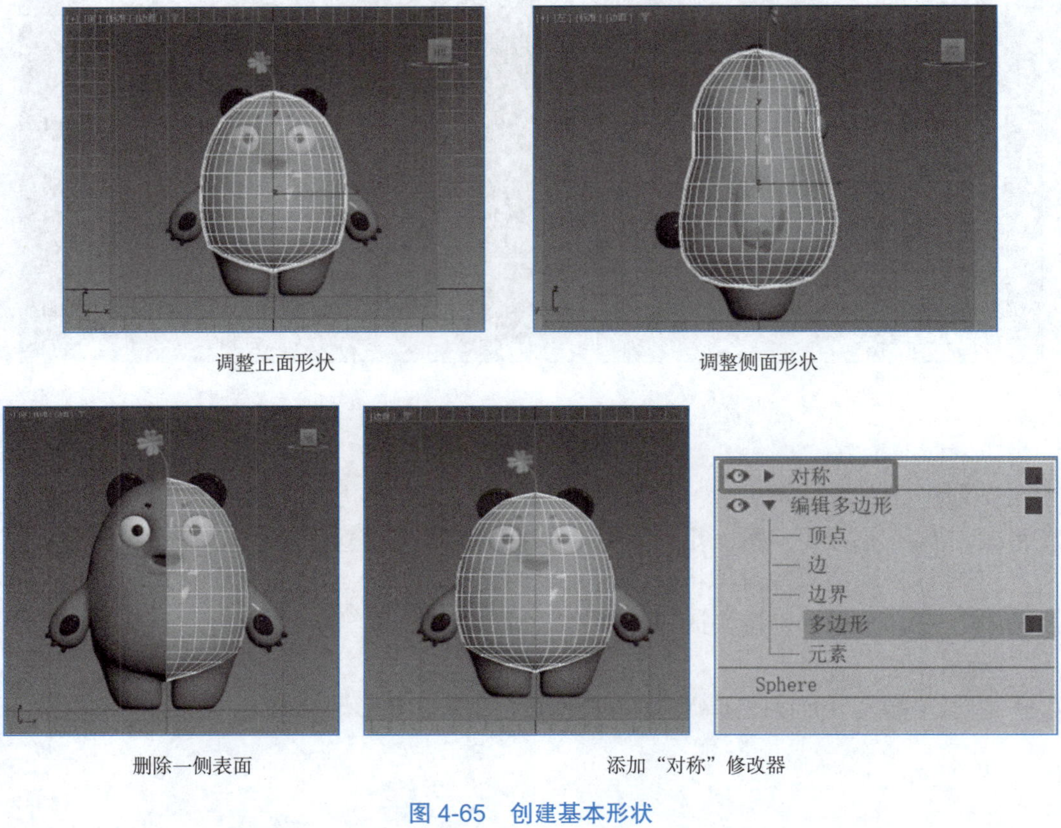

调整正面形状　调整侧面形状

删除一侧表面　添加“对称”修改器

图 4-65　创建基本形状

（3）制作眼部模型。

- 单击“编辑几何体”卷展栏下“切割”按钮，在前视图依照背景图，切割出眼睛轮廓。单击按钮，进入“边”子对象状态，调整点的位置，调整切割线与眼睛轮廓尽量一致，如图 4-66 所示。

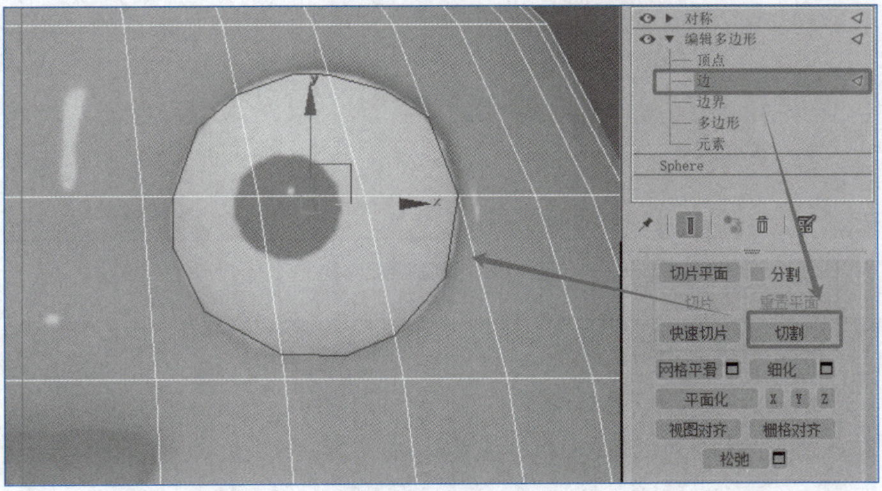

图 4-66　切割眼部形状

- 单击按钮，进入多边形子对象状态，选择眼睛内的面，单击“编辑多边形”卷展栏中的挤出按钮，在透视图中将这些面向里挤出两次，每次挤出后可以配合缩放工具进行调整，得到眼窝结构，如图 4-67 所示。

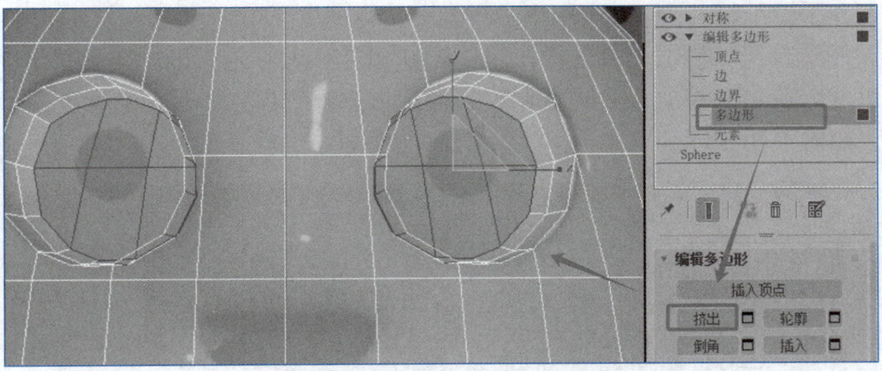

图 4-67　挤出眼部

（4）制作嘴部和鼻子结构。

单击“编辑几何体”卷展栏中的“切割”按钮，在前视图依照背景图，切割出嘴部结构轮廓。单击按钮，进入“顶点”子对象状态，调整点的位置，调整切割线与嘴部结构轮廓尽量一致，如图 4-68 所示。单击按钮，选择嘴部结构内的面，单击挤出按钮，在透视图中向里挤出两次，每次挤出后可以配合缩放工具进行调整，如果有新生成的靠近对称中心的面要删除，得到嘴部基本结构，如图 4-68 所示。

为了得到嘴唇和鼻子的效果，继续用切割工具在嘴的周围加两圈线，然后在顶点和边的状态下从左视图调整侧面的形状，如图 4-69 所示。

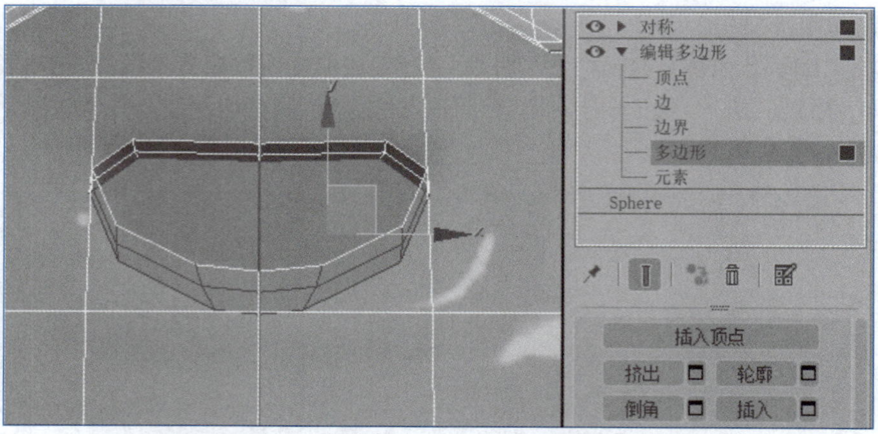

图 4-68 调整嘴部结构

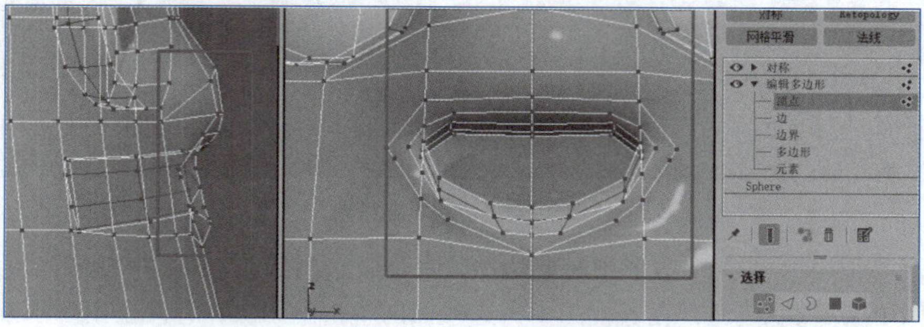

图 4-69 调整嘴唇和鼻子结构

（5）制作手臂结构。

在透视图选择身体侧面的部分面，单击 挤出 按钮，在透视图中向里挤出 4 次，每次挤出后可以配合旋转和缩放工具进行调整，然后再进入“顶点”子对象状态下微调，得到手臂结构，如图 4-70 所示。

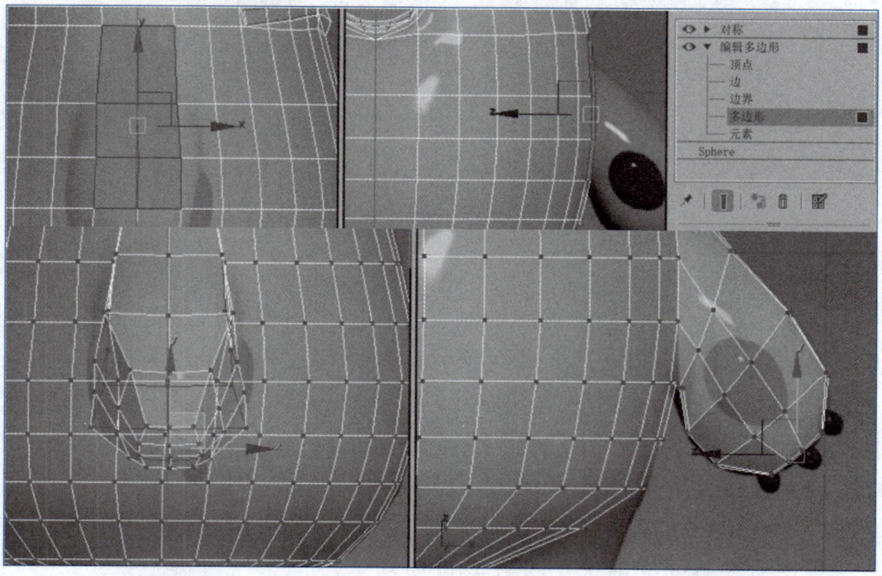

图 4-70 制作手臂结构

（6）用同样的方法制作腿部结构，如图 4-71 所示。

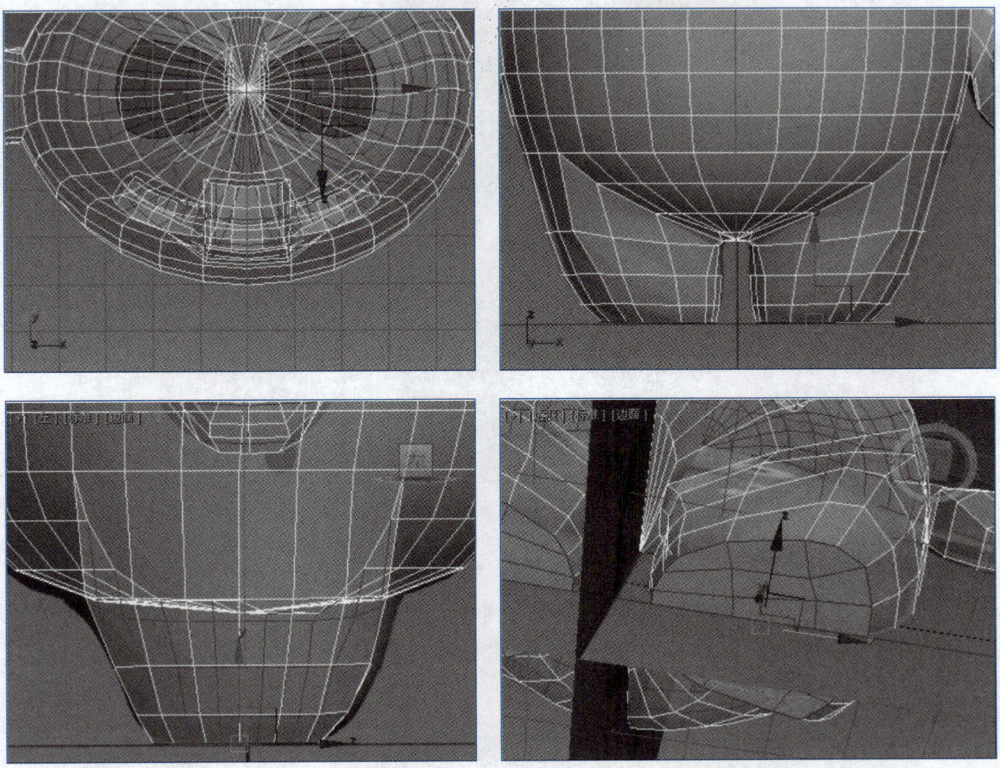

图 4-71　制作腿部结构

（7）平滑处理身体模型。

单击（修改）面板按钮，添加“网格平滑”修改器，如图 4-72 所示。

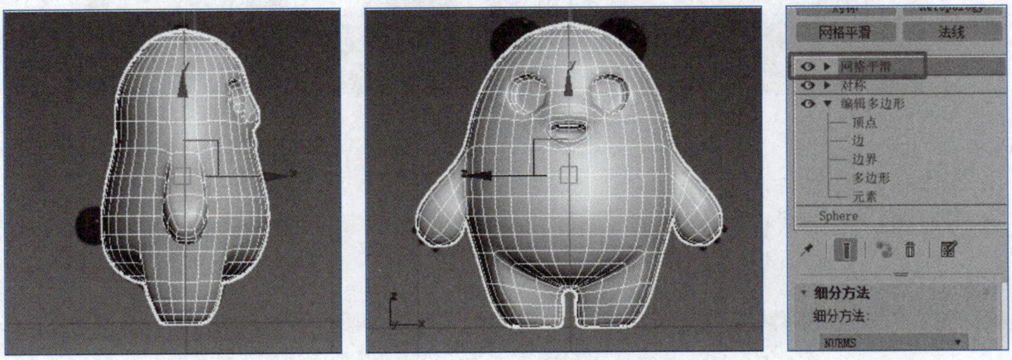

图 4-72　平滑处理

多边形建模时模型表面上的多边形面最好是三边形和四边形。我们在前面切割产生了很多不规则多边形，造成表面布线不合理，对模型平滑和贴图效果都有影响，重新拓扑可以解决这个问题。在修改器堆栈中选择“编辑多边形”修改器命令，然后为添加 Retopology（重新拓扑）修改器，设置 Face Count（面数）为 800 左右，单击 Compute（计算），这样可以把多边形表面的布线进行自动重新拓扑，使布线更加合理，表面更平顺，从而为后期制作贴图或制作动画打好基础，如图 4-73 所示。

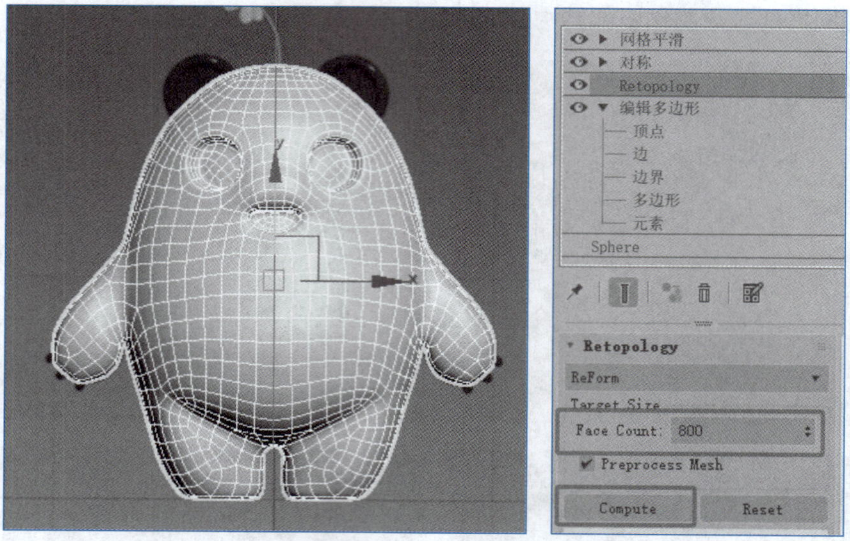

图 4-73　重新拓扑

2. 制作眼睛模型

单击 +（创建）→●（几何体）→标准基本体 / 球体 按钮，在顶视图中创建两个球体，一大一小。用缩放工具调整球的大小形成眼球，镜像复制一组，用移动和旋转工具将眼球放置在如图 4-74 所示位置。

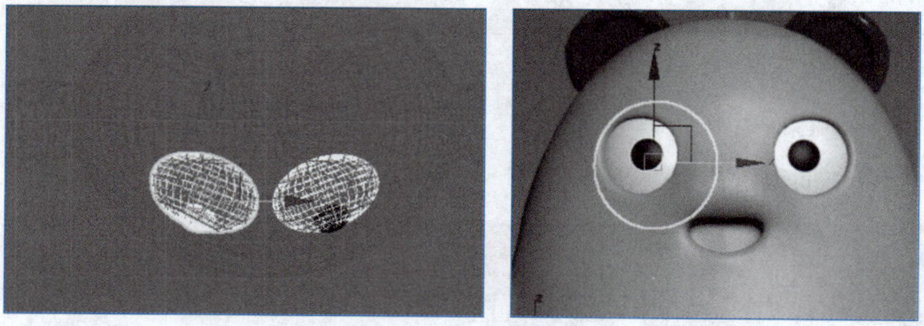

图 4-74　用球制作眼睛

3. 制作眉毛模型

在前视图中用画线命令绘制眉毛的轮廓，然后挤出得到眉毛模型。调整眉毛的位置，如图 4-75 所示，然后再复制一个到另一侧。

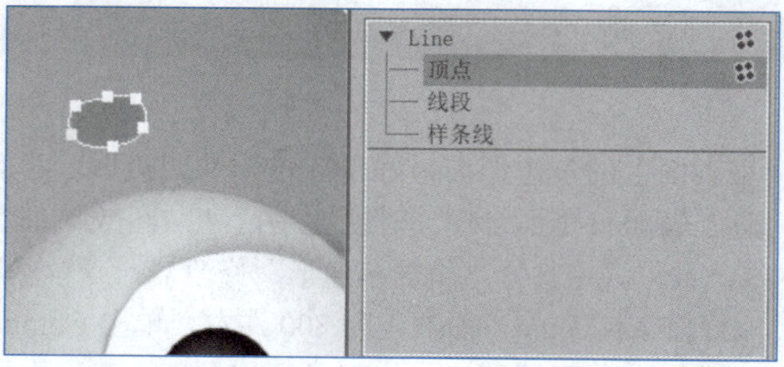

（a）

图 4-75　制作眉毛模型

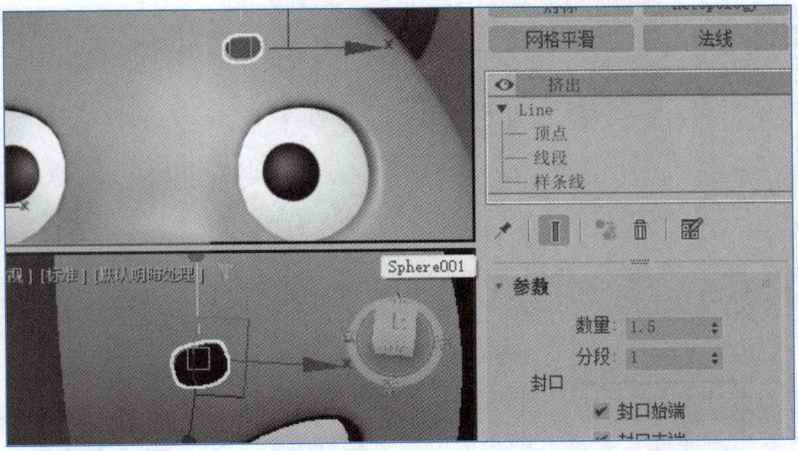

（b）

图 4-75　制作眉毛模型（续）

4. 制作耳朵模型

（1）在前视图中用画线命令绘制耳朵的轮廓，然后挤出得到耳朵模型，如图 4-76 所示。

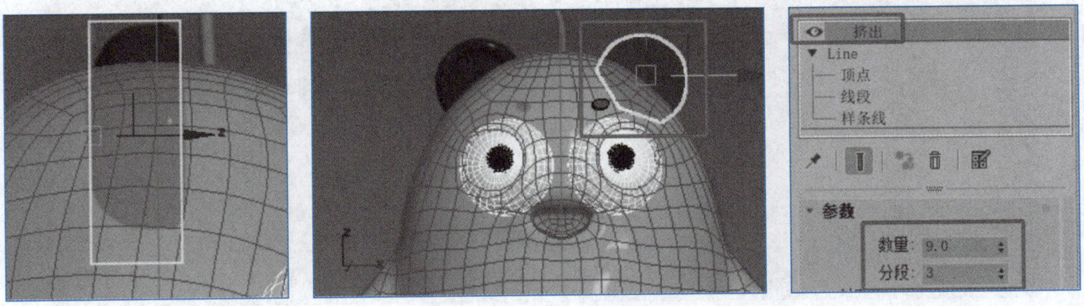

图 4-76　制作耳朵模型

（2）为耳朵模型添加“编辑多边形”修改器。调整耳朵形状，然后在“多边形”子对象状态下，对耳朵前面的面向外挤出，然后再向内挤出，得到耳朵基本形状，如图 4-77 所示。

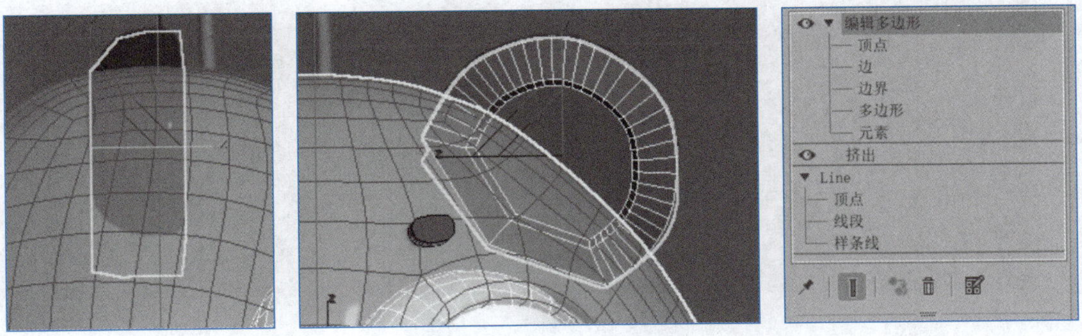

图 4-77　制作耳朵基本形状

（3）为耳朵模型添加 Retopology（重新拓扑）修改器（见图 4-78），然后设置 Face Count（面数）为 200 左右，单击 Compute（计算），最后添加“网格平滑”修改器，然后再复制一只耳朵到另外一侧。

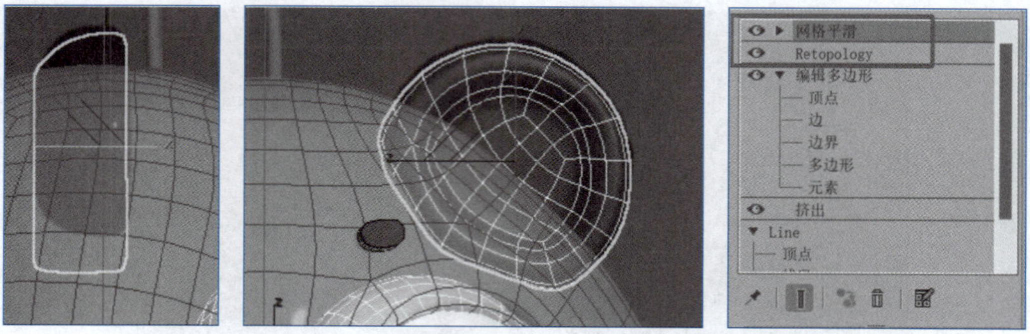

图 4-78 完成耳朵模型

5. 制作尾巴和手部模型

在前视图中创建球体，变形后作为尾巴、手掌和手指模型，如图 4-79 所示。

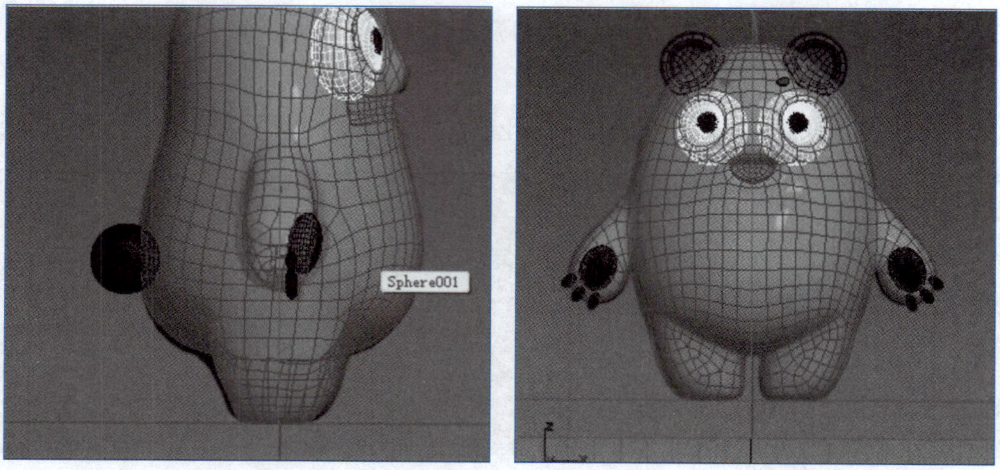

图 4-79 制作尾巴、手掌和手指模型

6. 制作舌头模型

在顶视图中创建球体，用 FFD 对其变形，得到舌头模型，如图 4-80 所示。

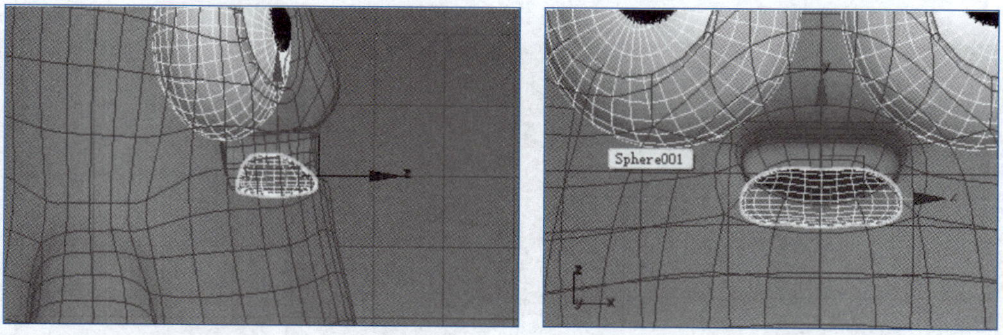

图 4-80 制作舌头模型

7. 制作小花模型

利用之前所学放样等知识，制作头上小花效果，请读者自己完成，如图 4-81 所示。

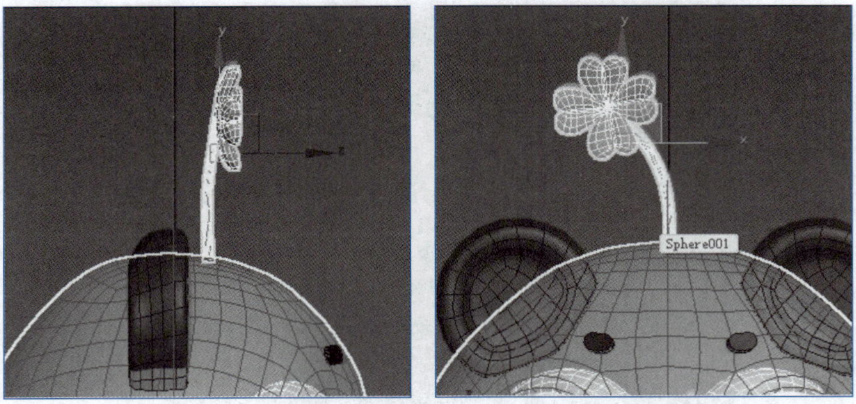

图 4-81　制作小花模型

最后将参考平面删除或隐藏，调整部件放在合适位置，完成建模，如图 4-82 所示。

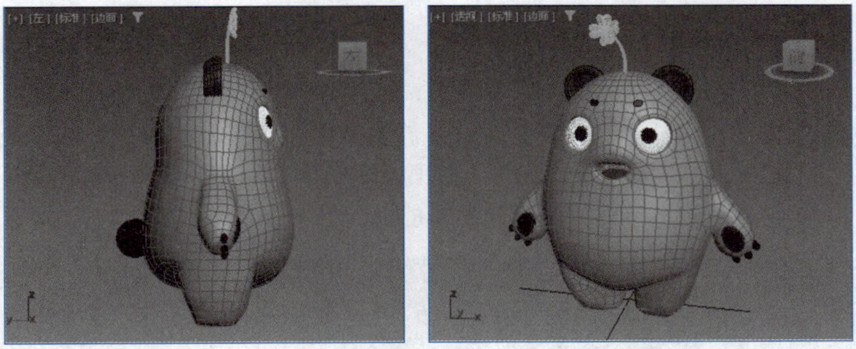

图 4-82　完成模型

（二）材质阶段

（1）制作 5 种材质，分别为“黑色材质”“白色材质”“红色材质”“蓝色材质”“棕色材质”，如图 4-83 所示。颜色可以根据大家自己的喜好去调整。

（2）将 5 种材质进行指定，“黑色材质”分配给耳朵、黑眼珠、尾巴、手掌和手指，“白色材质”分配给白眼球，“红色材质”分配给舌头，“蓝色材质”分配给小花，“棕色材质”分配给身体和花柄，如图 4-84 所示。

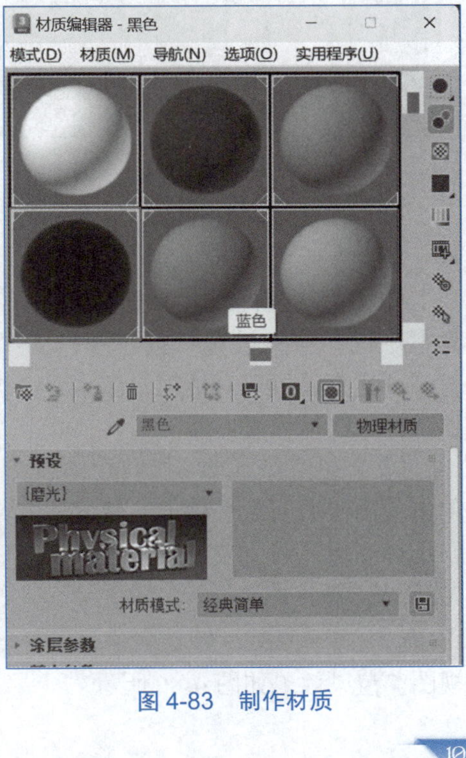

图 4-83　制作材质

图 4-84　材质渲染效果

（三）灯光阶段

在顶视图中创建一盏泛光灯，作为主灯，放置位置在模型前上方。泛光灯参数：“阴影”启用，类型为阴影贴图；“倍增”0.3。继续在顶视图中创建一盏天光灯，用来模拟室外天空照明效果，位置任意。天光参数默认，如图 4-85 所示。

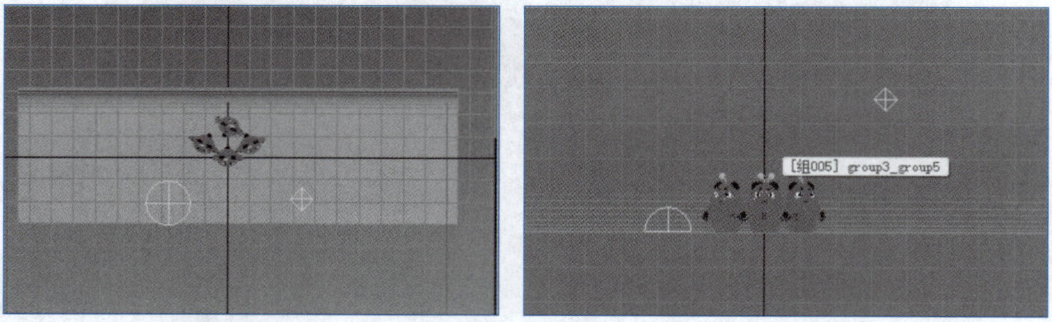

图 4-85　创建灯光

（四）渲染阶段

（1）激活透视图，单击主工具栏中的“渲染设置”按钮，打开“渲染设置”对话框，渲染器选择“扫描线渲染器”。

（2）在渲染设置对话框中单击“高级照明”选项卡，然后在选择高级照明下拉列表中选择“光跟踪器”。

（3）单击按钮，渲染透视图。渲染效果如图 4-86 所示。

图 4-86　最终渲染效果

到此，就完成了可爱的卡通熊三维效果的制作，在后面的项目中还可以为它们加上动画。

项目总结

在本项目中学习了放样建模、布尔运算建模、可编辑多边形建模能力等复杂模型建模方法，通过这些方法可以塑造出现实世界中绝大多数有实体形状的物体（云、雪、雨、雾、火等还不行），读者要根据实际情况，选择不同的建模方法来实现。

项目练习

1. 进一步应用放样复合建模方法制作日常用品，如牙膏等。
2. 进一步应用布尔复合建模方法制作日常用品，如手机等，如图 4-87 所示。

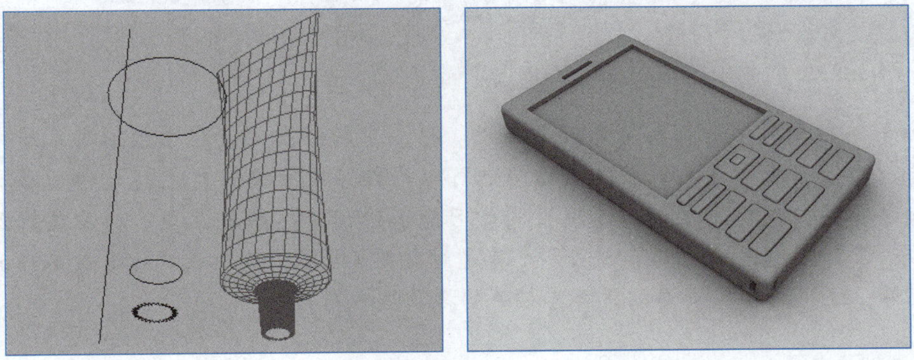

图 4-87　制作日常用品

3. 练习制作其他形状比较复杂的日常用品或卡通形象，如电吹风、卡通形象等，如图 4-88 所示。

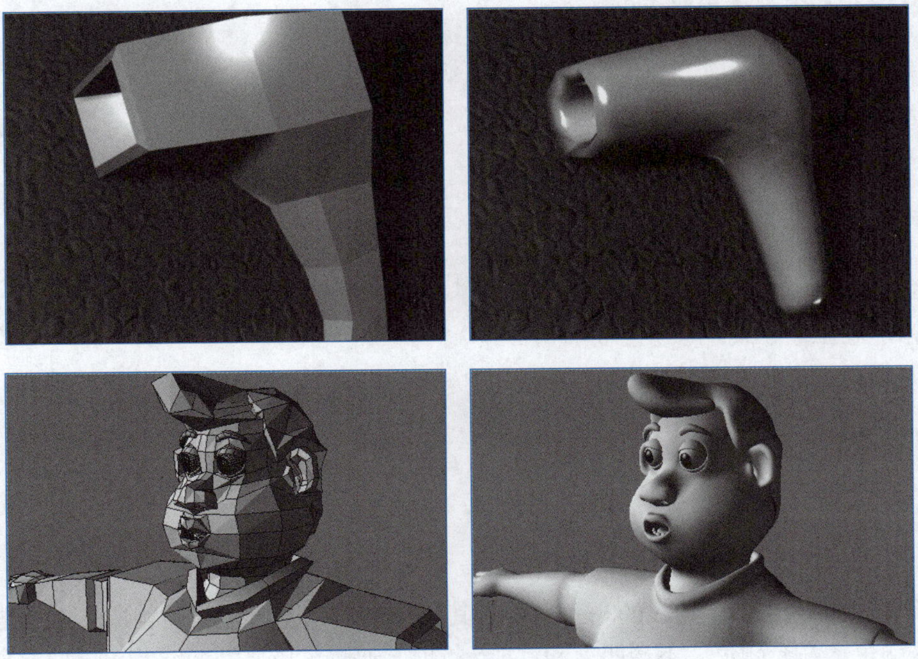

图 4-88　制作复杂的日常用品或卡通形象

项目五

材质和贴图训练

项目描述

材质用于描述对象如何反射或透射灯光。材质中的贴图主要用于模拟对象质地、提供纹理图案、反射、折射等其他效果（贴图也可以用作环境和投射灯光）。“材质编辑器”提供创建和编辑材质及贴图功能。本项目的学习能够使读者熟悉与掌握“材质编辑器”的布局和操作，了解常用材质的调节方法，尤其是对材质 / 贴图浏览器及其他参数选项的操作与设置。此外，还将配合实例详细讲解其相关的操作流程与技巧。

学习目标

【知识目标】

◎ 掌握材质编辑器的使用方法。

◎ 掌握不同材质类型的使用方法。

◎ 掌握材质贴图的使用方法。

【能力目标】

◎ 掌握材质编辑器的布局和操作。

◎ 具备制作基础材质的能力。

◎ 具备制作高级材质的能力。

【素质目标】

◎ 通过材质质感和表面纹理的分析，培养学生的观察分析能力。

◎ 培养学生敢于发现、勇于创新的品质。

◎ 中国传统文化在材质制作中的体现。

相关知识

一、材质基础

材质用于描述对象与光线的相互作用，其属性也与灯光属性相辅相成，最主要的属性为漫反射颜色、高光颜色、不透明度和反射 / 折射。通过材质属性的调节可以使对象看起来更真实，如图 5-1 所示。图 5-2 所示为高光、漫反射和环境色的关系。

图 5-1　不同材质的效果

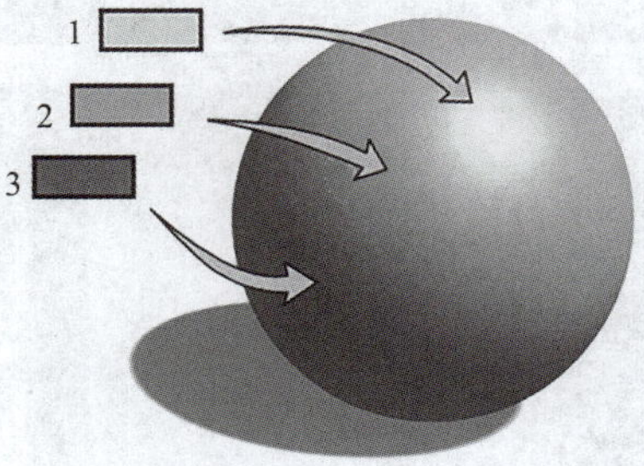

图 5-2　高光、漫反射和环境色的关系

1—高光颜色；2—漫反射颜色；3—环境光颜色

（一）认识材质编辑器

“材质编辑器”提供创建和编辑材质及贴图的功能。它可以提供各种类型的材质和贴图，通过“材质编辑器”可以将材质应用到 3ds Max 的场景对象中。单击主工具栏中的“材质编辑器”按钮或按 M 键，将打开如图 5-3 所示的“材质编辑器”对话框。

视 频

使用材质编辑器

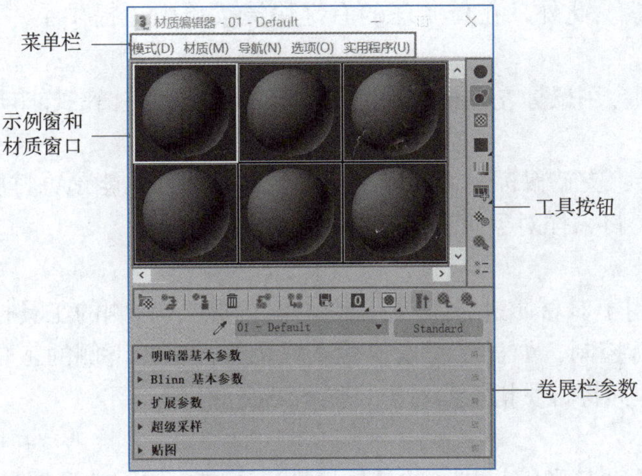

图 5-3　“材质编辑器”对话框

3ds Max 的“材质编辑器”主要由菜单栏、示例窗和材质窗口、工具按钮、卷展栏参数组成。

1. 菜单栏

菜单栏位于材质编辑器的顶端，可以从中调用各种材质编辑工具。

2. 示例窗和材质窗口

示例窗和材质窗口用来显示材质的调节效果，默认为 6 个示例球，每当调节参数时，其效果会立刻反映到示例球上。读者可以根据示例球近似判断材质的效果，示例窗中共有 24 个示例球；示例窗可以变小或变大，其内容不仅可以是球体，还可以是其他几何体，包括自己指定的模型。

在其中的任意一个样本材质球上右击会弹出一个快捷菜单，在其中可以选择 3×2 示例窗、5×3 示例窗、6×4 示例窗模式，这样就可以改变样材质球在窗口中的显示数量，如图 5-4 所示。

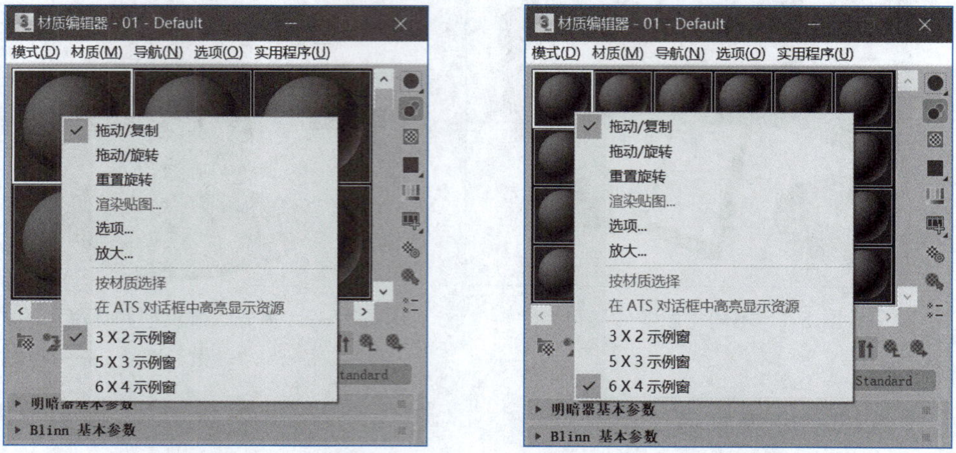

（a）3×2 示例窗　　（b）6×4 示例窗

图 5-4　设置材质球在窗口中的显示数量

双击任意一个样本球可以打开一个单独的材质渲染窗口，并可以放大或缩小，以方便人们更好地进行观察。此外，在材质球的右键快捷菜单中还提供了一些便捷的操作命令，例如：

（1）拖动 / 复制：用鼠标左键把想要复制的样本球拖到空白的样本球上放开，材质将进行复制。

（2）拖动 / 旋转：支持鼠标左键在样本球上推动，这样就能预览材质的不同角度。

（3）重置旋转：将采样对象重置为它的默认方向。

3. 工具按钮

工具按钮主要用于对材质进行各种控制操作。其中，右侧的工具栏主要用于对示例窗中的样本材质球进行控制，如显示背景或检查颜色等；位于下侧的工具主要用于材质与场景对象的交互操作，如将材质指定给对象、显示贴图应用等。

4. 卷展栏参数

卷展栏参数用于调节和编辑材质的具体属性，不同的材质类型具有不同的参数卷展栏，在各种贴图层级中，也会出现相应的卷展栏，这些卷展栏可以调整顺序。

（二）基本材质设置

3ds Max 共提供了多种材质类型，每一种材质都具有相应的功能，如默认的“标准”材质可以表现大多数真实世界中的材质，或适合表现金属和玻璃的“光线跟踪”材质等。

在“材质编辑器”中单击 Standard（标准材质）按钮会打开“材质 / 贴图浏览器”，可以从中选择不同的材质类型，以用于表现不同的材质效果，如图 5-5 所示。

Standard（标准材质）是默认的材质类型，其拥有大量的参数，适合于表面单一颜色的材质，下面将讲解常用的参数命令。

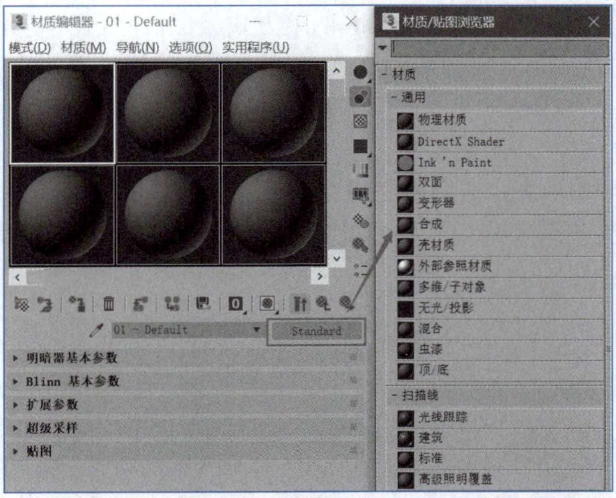

图 5-5　选择不同的材质

1. 明暗器

对于标准材质，明暗器是一种算法，它告知 3ds Max 如何计算表面渲染。每种明暗器都有一组用于特定目的的特性。某些明暗器是按其执行的功能命名的，如金属明暗器。其他明暗器是以开发人员的名字命名的，如 Blinn 明暗器和 Strauss 明暗器。3ds Max 中的默认明暗器为 Blinn 明暗器。图 5-6 所示为这几种明暗器的效果。

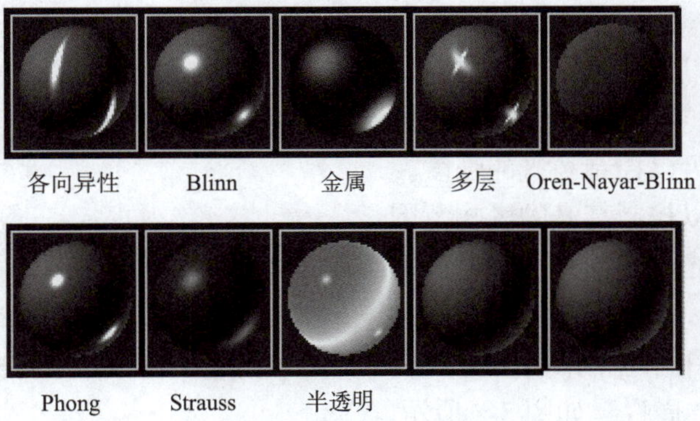

图 5-6　几种明暗器的效果

（1）各向异性：用于产生磨砂金属或头发的效果，可创建拉伸并成角的高光，而不是标准的圆形高光。

（2）Blinn：与 Phong 明暗器具有相同的功能，但它在数学上更精确。这是“标准”材质的默认明暗器。

（3）金属：用于生成金属。

（4）多层：成为一体的两个各向异性明暗器，用于生成两个具有独立控制的不同高光，可模拟材质（如覆盖了发亮蜡膜的金属）。

（5）Oren-Nayar-Blinn：Blinn 明暗器的改编版，可为对象提供多孔而非塑料的外观，适用于像皮肤一样的表面。

（6）Phong：一种经典的明暗方式，它是第一种实现反射高光的方式，适用于塑胶表面。

（7）Strauss：适用于金属，可用于控制材质呈现金属特性的程度。

（8）半透明：半透明明暗方式与 Blinn 明暗方式类似，但它还可用于指定半透明。半透明对象允许光线穿过，并在对象内部使光线散射。可以使用半透明来模拟被霜覆盖的和被侵蚀的玻璃。

2. 基本参数

在基本参数卷展栏中提供了设置材质颜色、反光强度、自发光以及不透明度等参数，下面以 Blinn 明暗器为例将经常用到的参数进行简单介绍。图 5-7 所示为 Blinn 明暗器的基本参数面板。

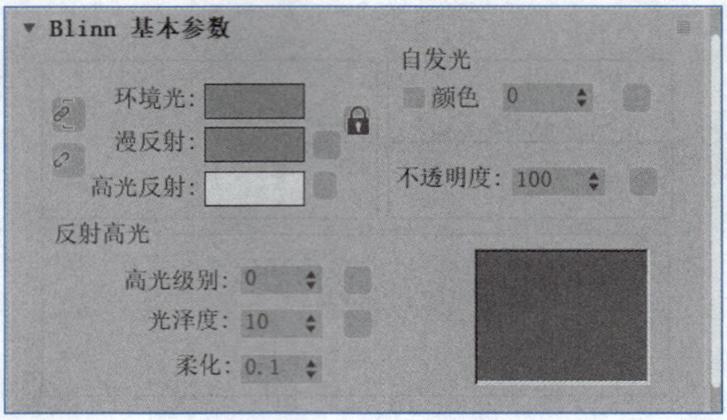

图 5-7 Blinn 基本参数面板

（1）环境光：控制环境光颜色。环境光颜色是位于阴影中的颜色（间接灯光）。

（2）漫反射：控制漫反射颜色。漫反射颜色是位于直射光中的颜色。

（3）高光反射：控制高光反射颜色。高光反射颜色是发光物体高亮显示的颜色。

（4）自发光：可以使材质从自身发光。

（5）不透明度：控制材质是不透明还是透明。

（6）高光级别：可以控制高光的强度。

（7）光泽度：可以控制高光的影响范围。

（8）柔化：对高光区的反光作柔化处理，使其变得模糊、柔和。

3. 扩展参数

扩展参数主要应用于控制高级透明效果和反射暗淡效果。无论何种明暗生成器，都可以看到“扩展参数”卷展栏，如图 5-8 所示。

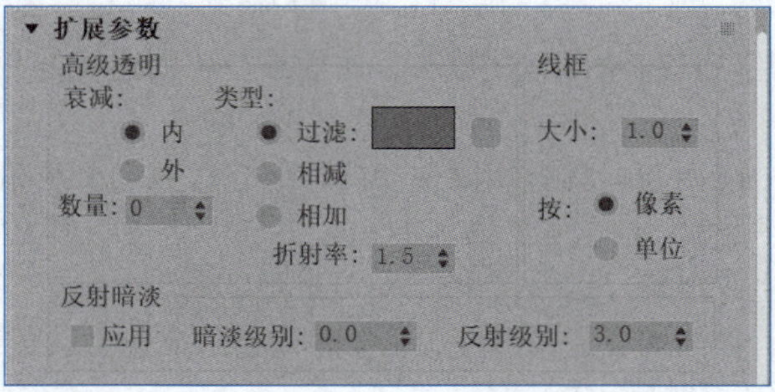

图 5-8 “扩展参数”卷展栏

（1）高级透明：影响透明材质的不透明度衰减。

（2）反射暗淡：使阴影中的反射贴图显得暗淡。

（3）线框：控制线框的单位和大小。

4. 贴图

材质的“贴图”卷展栏是人们经常用到的重要功能区，在“材质编辑器”中展开“贴图”卷展栏，就可以看到相应的贴图通道，如图 5-9 所示。

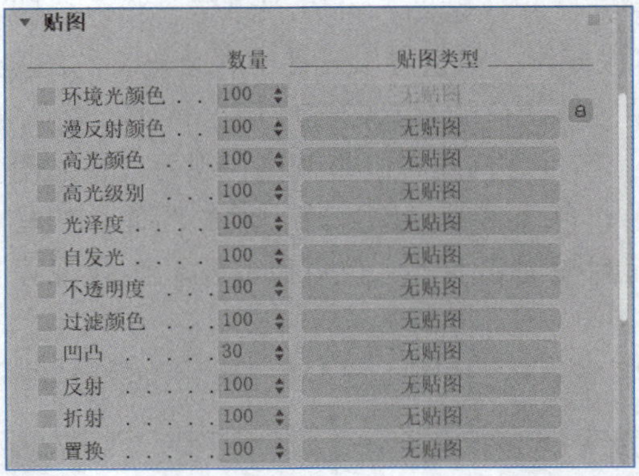

图 5-9　“贴图”卷展栏

其中常用的几种贴图通道介绍如下：

（1）漫反射颜色：利用贴图来决定物体的纹理。

（2）不透明度：通过贴图的黑白数值控制物体表面的透明度。

（3）凹凸：通过贴图的黑白数值控制物体表面的凹凸程度。

（4）反射：通过贴图方式模拟物体的反射。

（5）折射：通过贴图方式模拟物体的折射。

（三）基本贴图

贴图可以模拟纹理、反射、折射及其他特殊效果，可以在不增加材质复杂度的前提下，为材质添加细节，有效地改善材质的真实感。

3ds Max 的贴图包括 2D 贴图、3D 贴图、合成贴图等多种类型，不同的贴图能产生不同的效果并且控制方式不同。一般 2D 贴图是二维图像，一般将其粘贴在几何体对象的表面，或者和环境贴图一样用于创建场景的背景。

1.2D 贴图

3ds Max 提供的常用 2D 贴图主要包括位图、渐变、棋盘格、平铺等多种贴图类型，如图 5-10 所示。

由于篇幅原因下面仅介绍使用频率最高的贴图类型。

（1）渐变：从一种颜色到另一种颜色进行明暗处理。为渐变指定 2 种或 3 种颜色；3ds Max 将插补中间值。

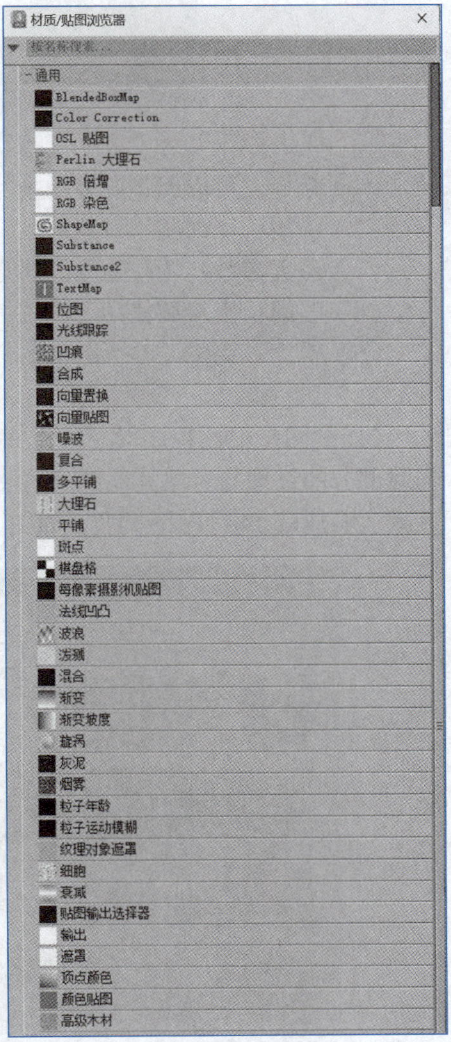

图 5-10　贴图类型

（2）渐变坡度：“渐变坡度”是与“渐变”贴图相似的 2D 贴图。它从一种颜色到另一种颜色进行着色。在这个贴图中，可以为渐变指定任何数量的颜色或贴图。它有许多用于高度自定义渐变的控件，几乎任何“渐变坡度”参数都可以设置动画。

（3）平铺：使用“平铺”程序贴图，可以创建砖、彩色瓷砖或材质贴图。通常，有很多定义的建筑砖块图案可以使用，但也可以设计一些自定义的图案。

（4）棋盘格：方格贴图将两色的棋盘图案应用于材质。默认方格贴图是黑白方块图案。方格贴图是 2D 程序贴图。组件方格既可以是颜色，也可以是贴图。

（5）位图：位图是由彩色像素的固定矩阵生成的图像，如马赛克。位图可以用来创建多种材质，从木纹和墙面到蒙皮和羽毛，也可以使用动画或视频文件替代位图来创建动画材质。

2D 贴图以位图使用频率最高，位图主要参数卷展栏如图 5-11 所示。

图 5-11　位图主要参数卷展栏

（1）坐标：可以调整图像的坐标和位置。

（2）噪波：可以制作自然的贴图。

（3）位置参数：调整贴图的通道及剪切等。

（4）时间：用于调整动态贴图的应用时间和循环方式。

（5）输出：用于调整原图像的信息。

2. 3D 贴图

3D 贴图是根据程序以三维方式生成的图案，如果将指定纹理的对象切除一部分，那么切除部分的纹理与对象其他部分的纹理相一致。3ds Max 提供的常用 3D 贴图主要包括木材、衰减、噪波等 14 种贴图类型，如图 5-12 所示。

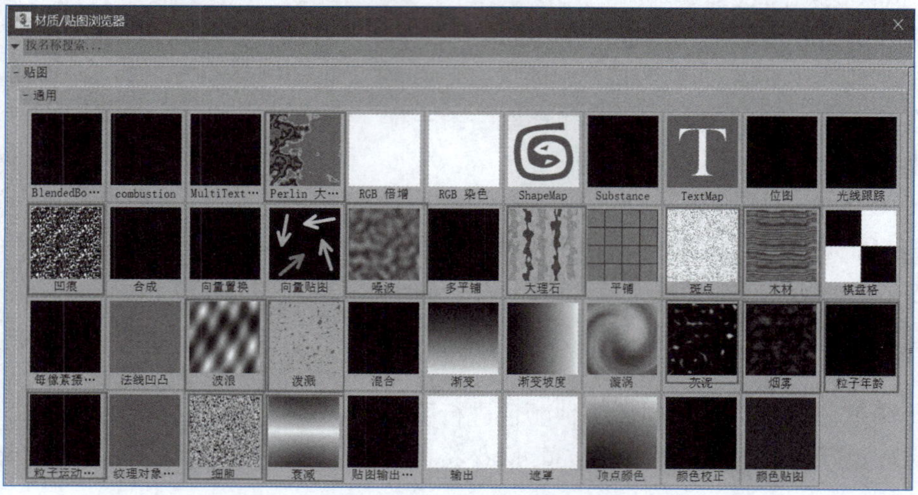

图 5-12　贴图类型

（1）木材：此贴图将整个对象体积渲染成波浪纹图案，可以控制纹理的方向、粗细等。

（2）衰减：“衰减”贴图基于几何体曲面上法线的角度衰减来生成从白到黑的值。

（3）噪波：噪波贴图基于两种颜色或材质的交互创建曲面的随机扰动。

3. 合成器贴图

合成器贴图时将两个或多个图像叠加以将其组合，3ds Max 提供的合成器贴图包括 RGB 相乘、合成、混合、遮罩。

（1）RGB 相乘：此贴图通过将 RGB 值相乘组合两个贴图。对于每个像素，一个贴图的红色相乘将使第二个贴图的红色加倍，同样相乘蓝色使蓝色加倍，相乘绿色使绿色加倍。

（2）合成：合成贴图类型由其他贴图组成，并且可使用 Alpha 通道和其他方法将某层置于其他层之上。对于此类贴图，可使用已含 Alpha 通道的叠加图像，或使用内置遮罩工具仅叠加贴图中的某些部分。

（3）混合：通过“混合贴图”可以将两种颜色或材质合成在曲面的一侧，也可以将“混合数量”参数设为动画，然后画出使用变形功能曲线的贴图，来控制两个贴图随时间混合的方式。

（4）遮罩：使用遮罩贴图，可以在曲面上通过一种材质查看另一种材质。遮罩控制应用到曲面的第二个贴图的位置。

二、高级材质

本书中把通过 3ds Max 材质实现的复杂材质效果称为高级材质，它需要读者理解程序贴图的算法，以制作出更加逼真的材质效果。

（一）反射效果

现实世界中的物体在光线的影响下都会具有反射属性，反射有镜面反射和漫反射两种方式。人们所看见的任何物体都具有这两种反射方式的属性。不考虑物体对光线的吸收，光线照射在物体上时，如果物体向镜面一样反射了 60% 的光线，另外 40% 的光线就是漫反射。

反射是体现三维物体质感的一个关键因素，合理地使用反光板、环境贴图等可以增强渲染效果的可信度。

在 3ds Max 中，物体的反射贴图设置在“贴图”卷展栏的“反射”项上。反射强度为 0 ~ 100，玻璃或金属这样的反射材质通常都用“光线跟踪”贴图来实现。

（二）双面材质

使用双面材质可以向对象的前面和后面指定两个不同的材质，并可以控制它们的透明程度。图 5-13 所示为只应用了一种材质的垃圾桶和应用了双面材质的垃圾桶。

在双面材质的相关参数卷展栏中，只包括半透明、正面材质和背面材质 3 个参数，如图 5-14 所示。

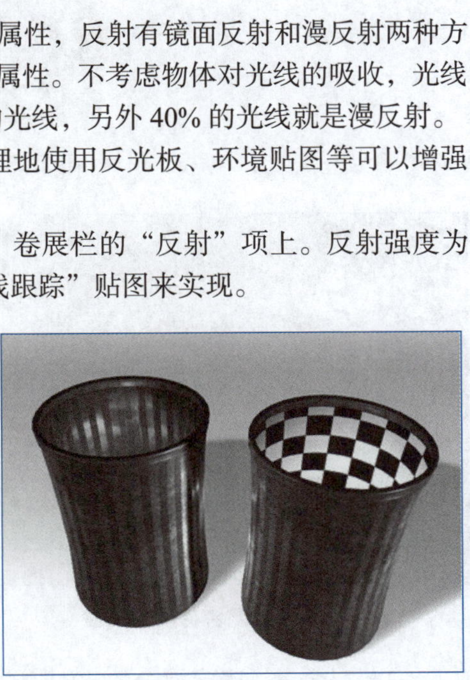

图 5-13　垃圾桶效果

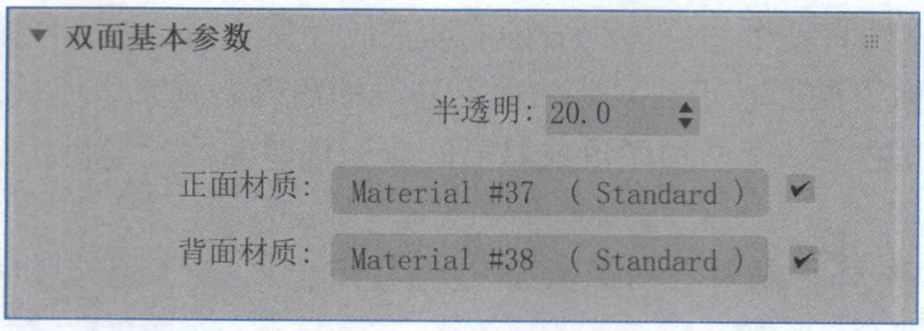

图 5-14　双面材质基本参数

（1）半透明：设置正面和反面材质的显示百分比。

（2）正面材质：可以设置正面的材质。

（3）背面材质：可以设置背面的材质。

（三）混合材质

混合材质可以在曲面的单个面上将两种材质进行混合，并且可以使用混合量设置两种材质所占的比例。图 5-15 所示为混合材质贴图的应用效果。

图 5-15　混合材质组合砖和灰泥

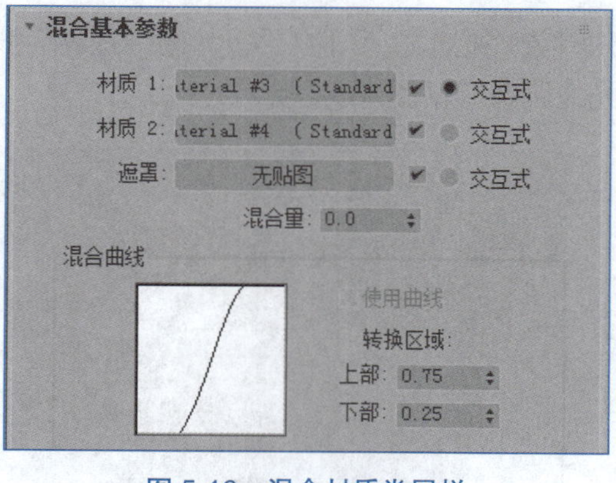

图 5-16　混合材质卷展栏

在混合材质的相关参数卷展栏中，包括材质 1、材质 2、遮罩、混合量、混合曲线等参数，如图 5-16 所示。

（1）材质 1、材质 2：设置两个用以混合的材质，使用复选框启用和禁用材质。

（2）遮罩：设置用作遮罩的贴图。两种材质之间的混合度取决于遮罩贴图的强度。遮罩的明亮（较白的）区域显示的主要为“材质 1”，而遮罩的黑暗（较黑的）区域显示的主要为“材质 2”。使用复选框可启用或禁用该遮罩贴图。

（3）混合量：确定混合的比例（百分比）。0 表示只有“材质 1”在曲面上可见；100 表示只有“材质 2”在曲面上可见。如果已指定遮罩贴图，并且启用遮罩的复选框，则不可用。

（4）使用曲线：确定“混合曲线”是否影响混合。只有指定并激活遮罩，该控件才可用。

（5）转换区域：其值调整“上限”和“下限”的级别。如果这两个值相同，则 2 个材质会在一个确定的边上接合。较大的范围能产生从一个子材质到另一个子材质更为平缓的混合。混合曲线显示更改这些值的效果。

（四）多维 / 子对象材质

使用“多维 / 子对象”材质可以采用几何体的子对象级别分配不同的材质。创建多维材质，将其指定给对象并使用网格选择修改器选中面，然后选择多维材质中的子材质指定给选中的面。图 5-17 所示为使用多维材质的案例。

图 5-17　使用多维材质案例

在“多维 / 子对象”材质的相关参数卷展栏中，只包括设置数量、添加、删除等参数，如图 5-18 所示。

（1）设置数量：设置构成材质的子材质的数量。

（2）添加：可将新子材质添加到列表中。

（3）删除：可从列表中移除当前选中的子材质。

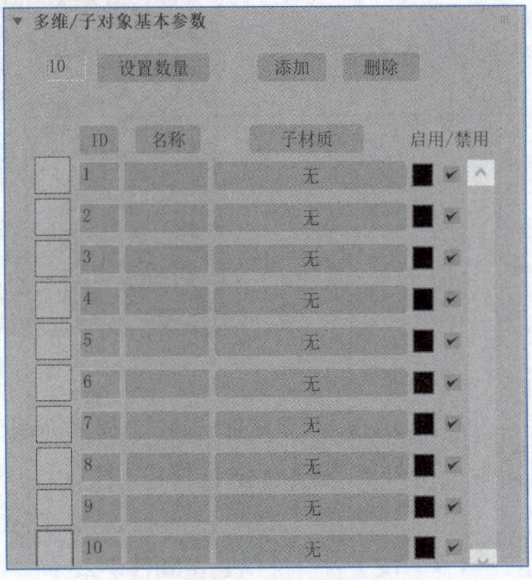

图 5-18　“多维 / 子对象”材质卷展栏

项目实施

一、基础材质训练

设计一实例场景——“杯具”，对“基础材质”进行训练。

（1）打开提供的场景文件“杯具 .max”，场景中已经创建了灯光并且已经开启了阴影，如图 5-19 所示。

图 5-19　杯具场景

（2）单击工具栏中的“渲染产品”按钮，可以得到如图 5-20 所示的渲染结果。可以观察到场景中已经有了一定的灯光效果，但物体都是灰色。

图 5-20　渲染结果（一）

（3）单击主工具栏中的“材质编辑器”按钮或按 M 键，打开“材质编辑器”，选择其中一个样本球进行设置将它指定给茶杯，如图 5-21 所示。

（4）设置盘子材质，如图 5-22 所示。

（5）设置小勺材质，如图 5-23 所示。

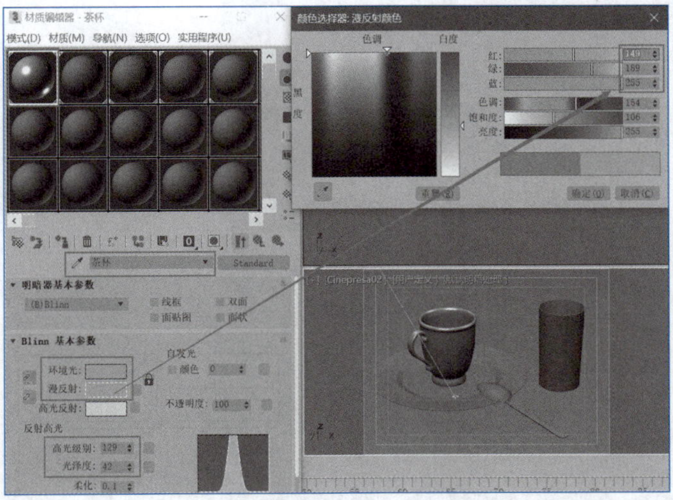

图 5-21　设置样本球

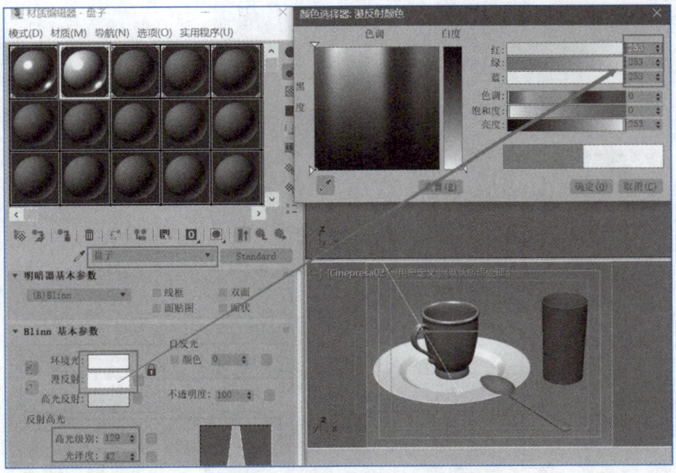

图 5-22　设置盘子材质

图 5-23　设置小勺材质

（6）设置水杯材质，如图 5-24 所示。

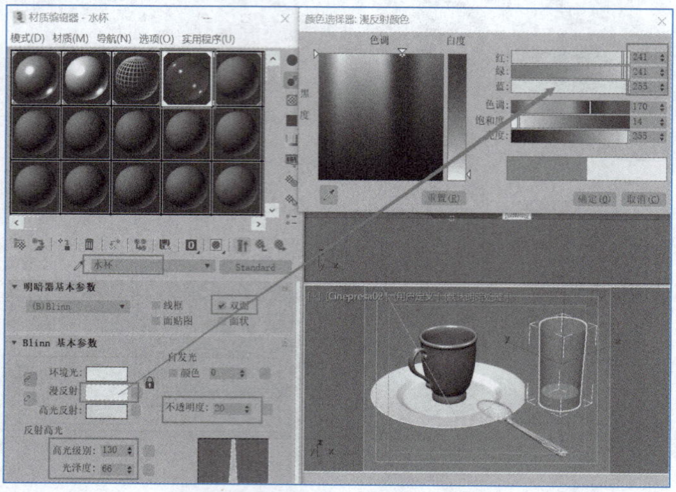

图 5-24　设置水杯材质

（7）设置桌面材质，如图 5-25 所示。

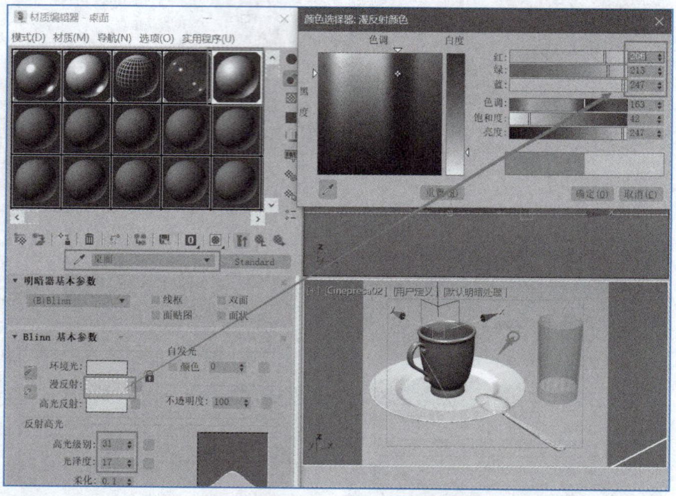

图 5-25　设置桌面材质

（8）单击工具栏中的“渲染产品”按钮，得到如图 5-26 所示的渲染结果。可以观察到场景中的材质已经有了一定的效果，但多数非常不真实，尤其是“小勺”和“水杯”，在下面的学习中将使它们变得更加真实。

图 5-26　渲染结果（二）

二、使用贴图训练

设计一个实例场景“杯具贴图”，对“贴图”进行训练。

（1）打开提供的场景文件“杯具贴图 .max”，用贴图制作材质，场景中已经指定了基本的色彩和高光，设置茶杯材质，如图 5-27 所示。

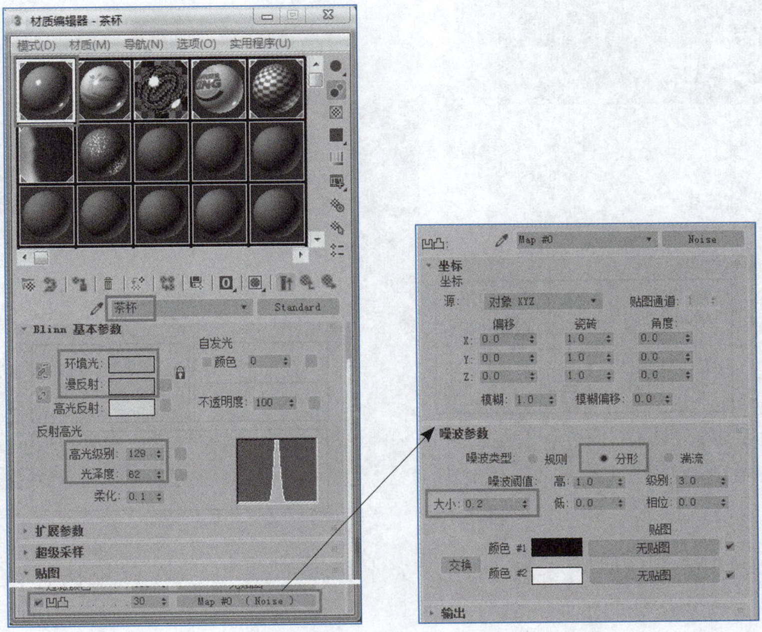

图 5-27　设置茶杯材质

（2）设置盘子材质，如图 5-28、图 5-29 所示。

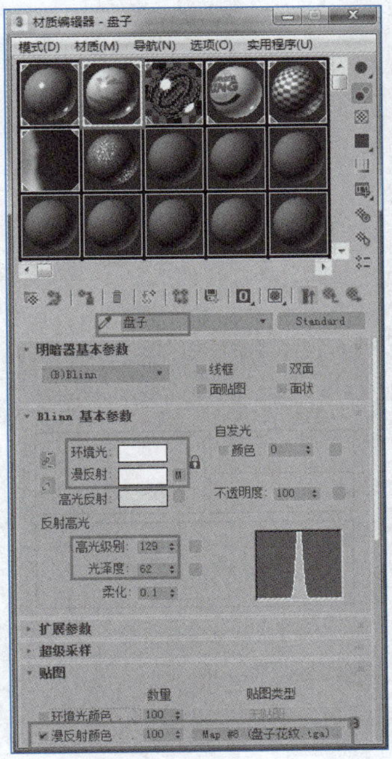

图 5-28　设置盘子材质（一）

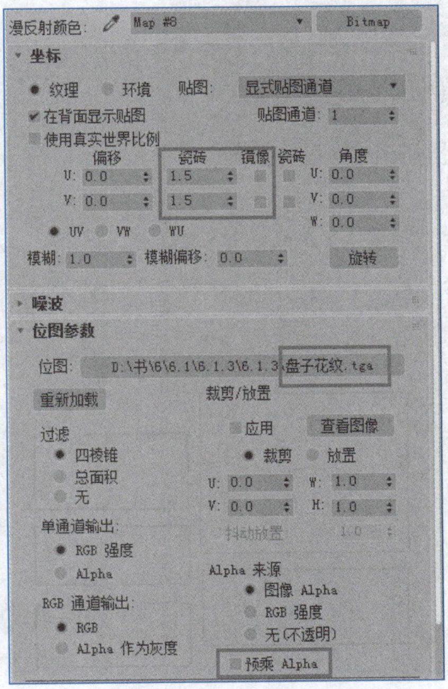

图 5-29　设置盘子材质（二）

（3）设置小勺材质，如图 5-30 所示。

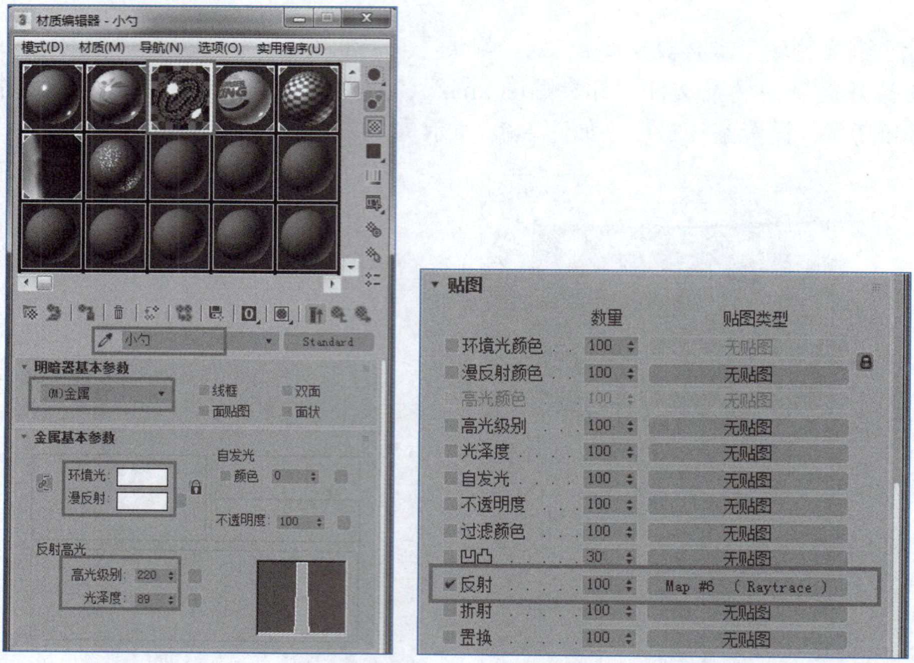

图 5-30 设置小勺材质

（4）设置水杯材质，如图 5-31 所示。为水杯模型添加“UVW 贴图修改器”设置，如图 5-32 所示。

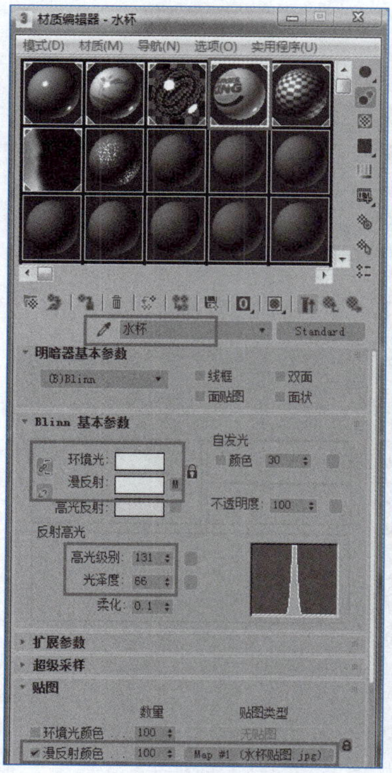

图 5-31 设置水杯材质

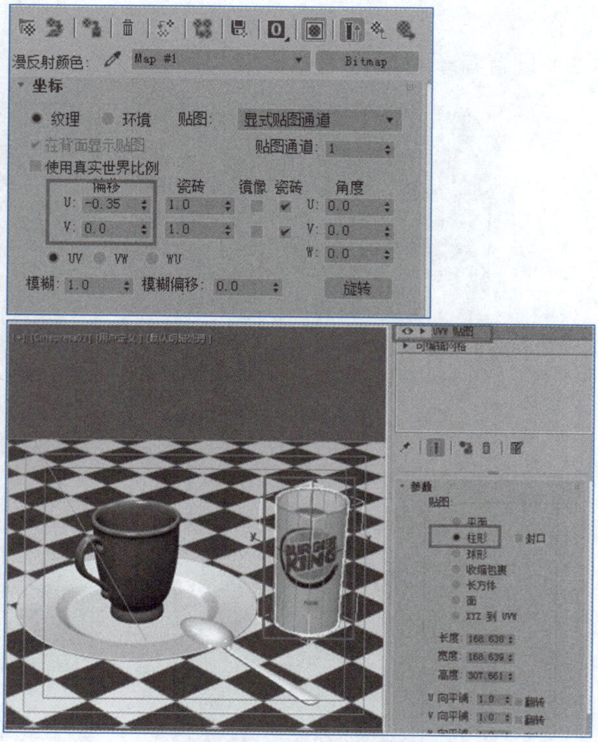

图 5-32 添加“UVW 贴图修改器”设置

（5）设置桌面材质，如图 5-33 所示。

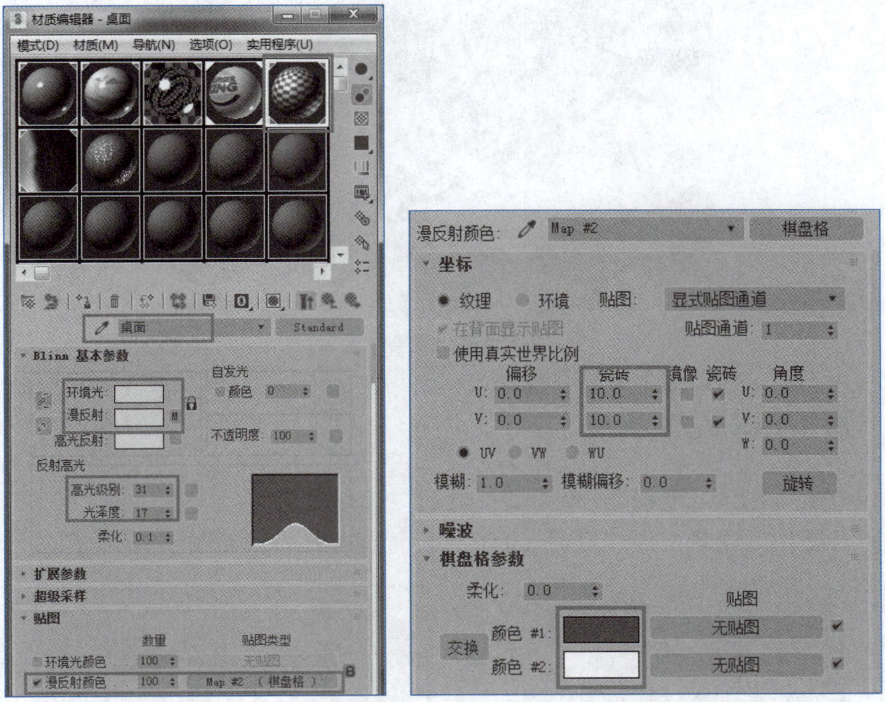

图 5-33　设置桌面材质

（6）在“渲染”主菜单中选择“环境”或按键盘上的“8”快捷键，弹出环境和效果面板，选择“环境贴图”下的“无”，打开“材质 / 贴图浏览器”，选择“位图”，选取“环境 .hdr”文件。将环境文件拖到“材质编辑器”的一个空白材质球上作为实例，设置如图 5-34 所示。

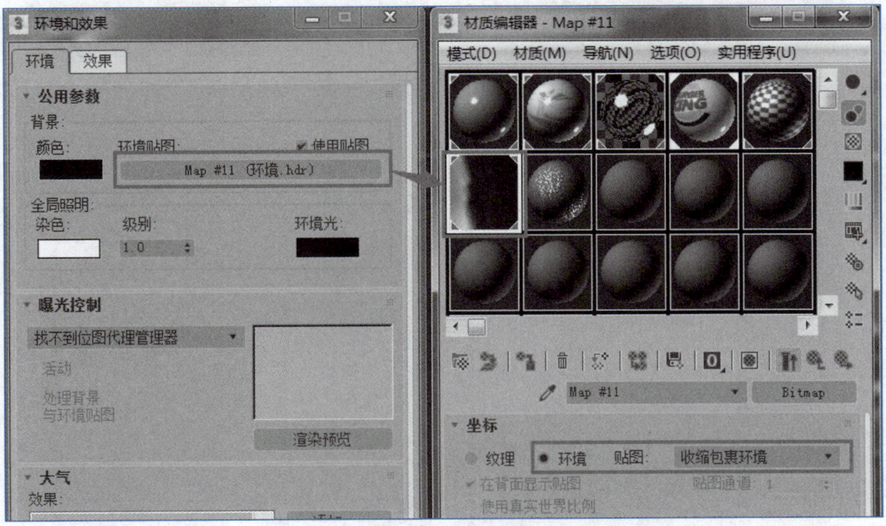

图 5-34　设置环境文件

（7）单击工具栏中的“渲染产品”按钮，可以得到如图 5-35 所示的渲染结果。现在本练习就全部完成了，“杯具贴图材质完成 .max”文件为本练习完成后的文件。

图 5-35　渲染结果

三、使用反射贴图

设计一个实例场景“反射”，对“反射贴图”进行训练。

（1）打开提供的场景文件“反射 .max”，设置茶杯材质，如图 5-36 所示。

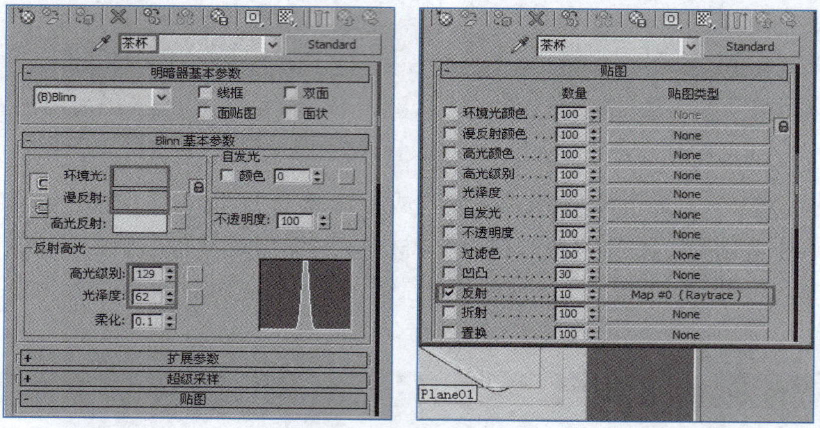

图 5-36　设置茶杯材质

（2）设置盘子材质，如图 5-37 所示。

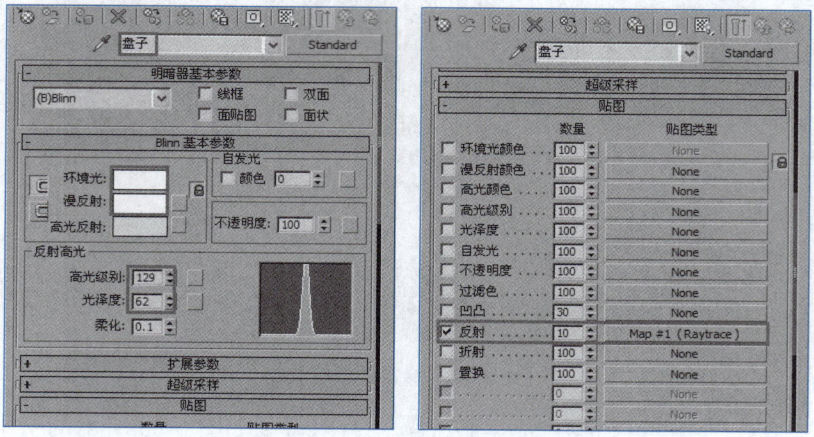

图 5-37　设置盘子材质

（3）将小勺指定为金属材质，如图 5-38 所示。

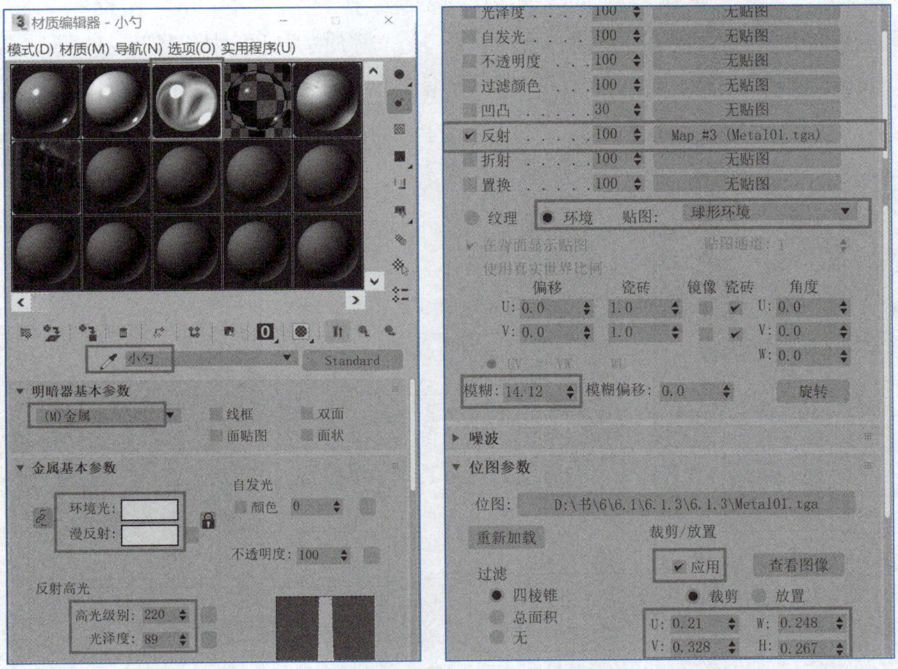

图 5-38　将小勺指定为金属材质

（4）将水杯指定为玻璃材质，如图 5-39 所示。

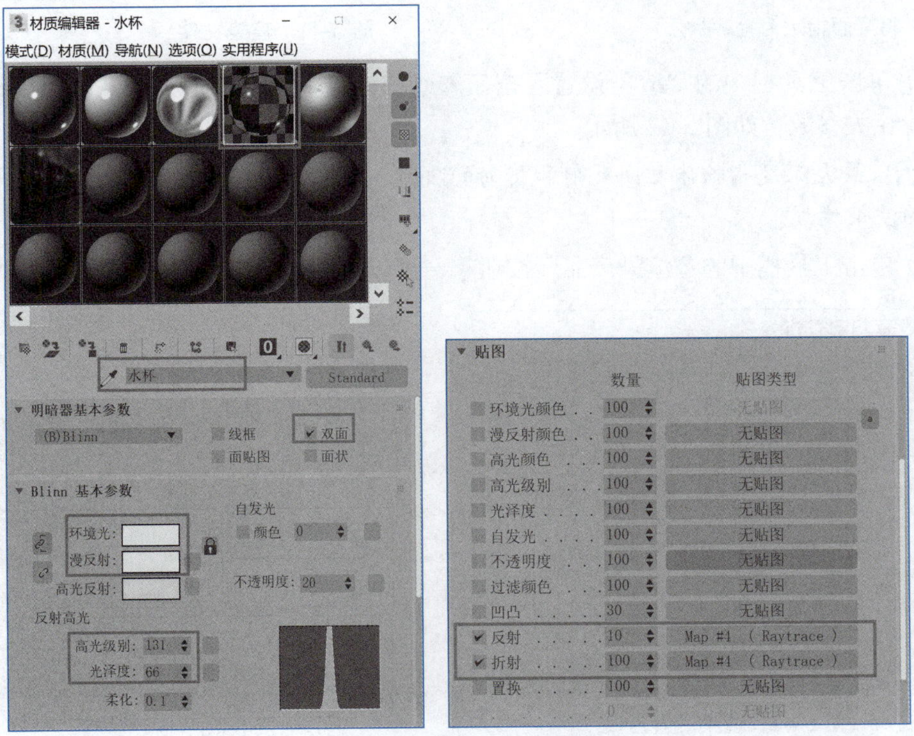

图 5-39　将水杯指定为玻璃材质

（5）将桌面指定为地板材质，如图 5-40 所示。

（6）选择“渲染”菜单栏中的“环境”命令或按键盘上的“8”快捷键，打开环境和效果面板，选择“环境贴图”下的“无”，打开“材质 / 贴图浏览器”，选择“位图”，选取“环境 .hdr”文件，将环境文件拖到“材质编辑器”的一个空白材质球上，设置如图 5-41 所示。

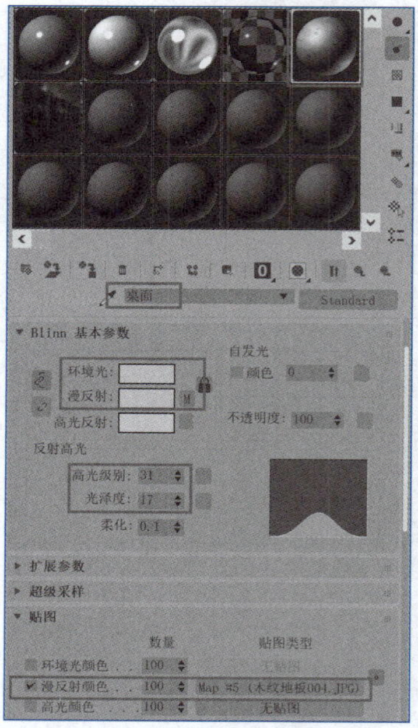

图 5-40　将桌面指定为地板材质

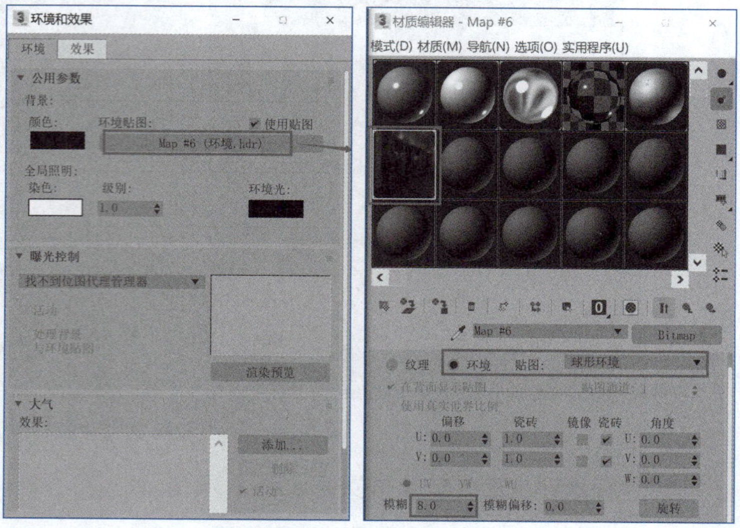

图 5-41　渲染文件

（7）单击工具栏中的“渲染设置”按钮或按键盘上的 F10 键，打开“渲染设置”窗口，设置相关参数，如图 5-42 所示。

提示：最大深度指物体之间反射和折射的次数，默认为 9，如果将其值减小将加快反射和折射的渲染速度。

（8）单击工具栏中的“渲染产品”按钮，可以得到如图 5-43 所示的渲染效果。

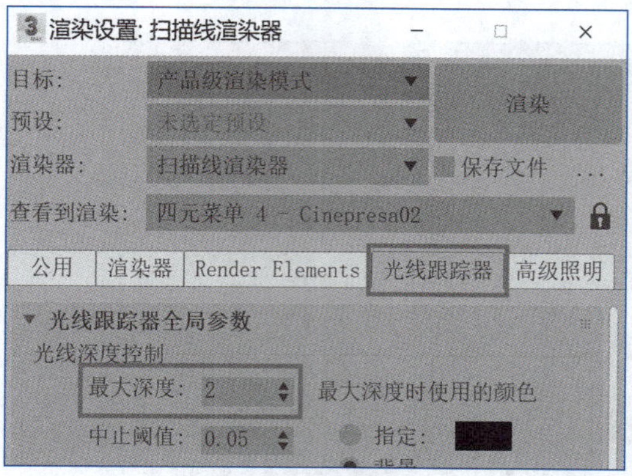

图 5-42　渲染设置窗口

图 5-43　渲染效果

四、双面材质训练

设计一个实例场景“垃圾桶”，对“双面材质”进行训练。

（1）打开提供的场景文件“垃圾桶初始 .max”，可以观察到已经指定了简单的材质，如图 5-44 所示。

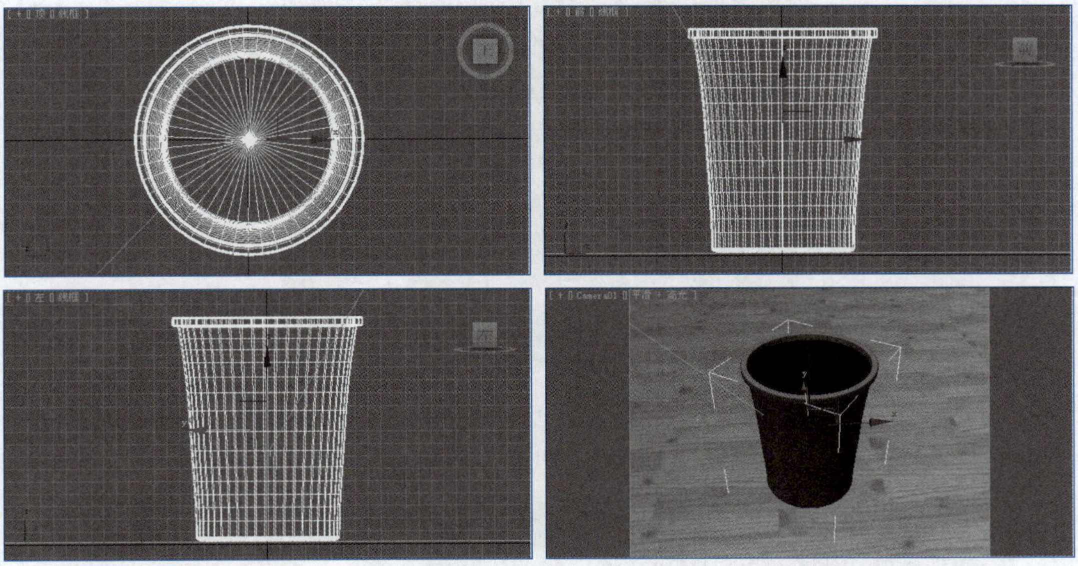

图 5-44　垃圾桶文件

（2）在材质编辑器中单击 standard 打开“材质 / 贴图浏览器”，从中选择“双面“材质，如图 5-45 所示。单击“确定”按钮，打开如图 5-46 所示的“替换材质”对话框。

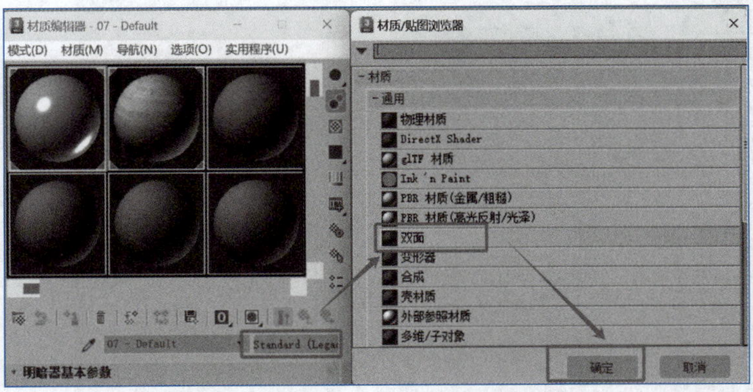

图 5-45　选择双面材质

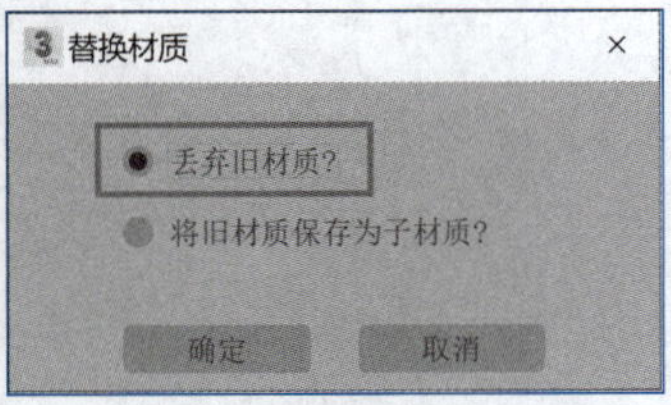

图 5-46　“替换材质”对话框

提示：

- 丢弃旧材质：即将之前的材质丢掉。
- 将旧材质保存为子材质：即将之前的材质保留下来，作为新材质的子材质。
- 这里选择这两个选项，无太大区别。

（3）此时的材质如图 5-47 所示。“正面材质”为物体表面法线的正面，“背面材质”为物体表面法线的反面。

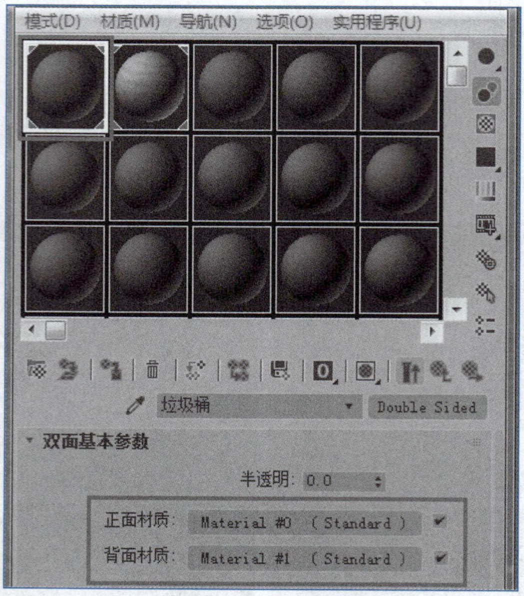

图 5-47　双面材质

（4）进入“正面材质”层级设置材质，如图 5-48 所示。

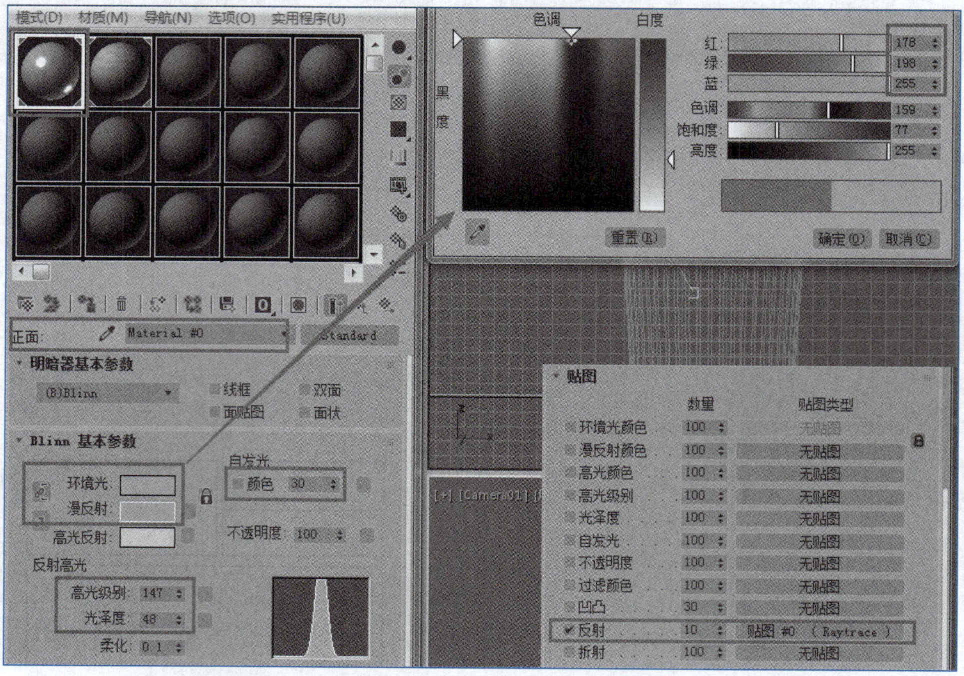

图 5-48　在“正面材质”层级设置材质

（5）进入“背面材质”层级设置材质，如图 5-49 所示。

（6）返回到双面材质层级设置材质，如图 5-50 所示。

（7）单击工具栏中的 （渲染产品），可以得到如图 5-51 所示的渲染结果。现在本练习就全部完成了，“垃圾桶完成 .max”文件为本练习完成后的文件。

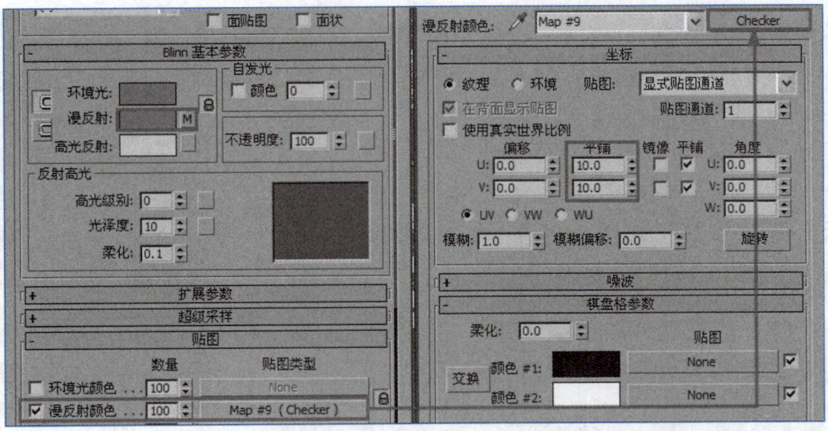

图 5-49　在“背面材质”层级设置材质

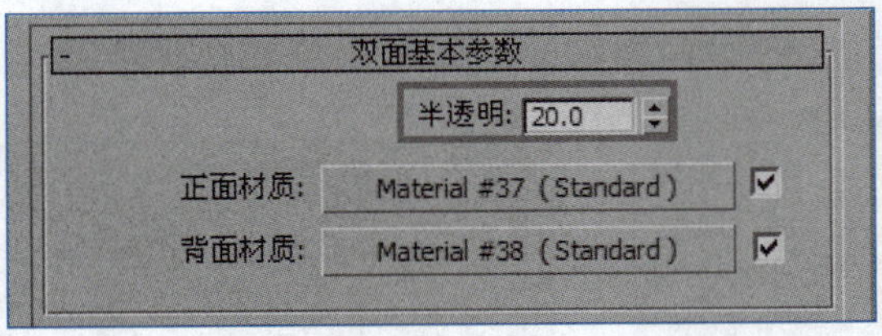

图 5-50　在双面材质层级设置材质

图 5-51　渲染结果

五、混合材质训练

视频 混合材质01

视频 混合材质02

设计一个实例场景“角落”，对“混合材质”进行训练。

(1) 打开提供的“角落 .max”场景文件，如图 5-52 所示。

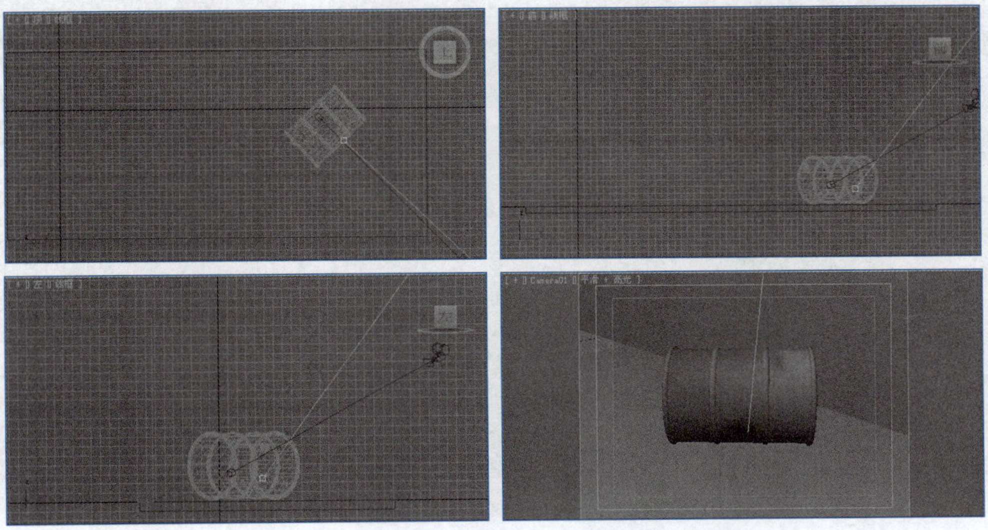
图 5-52　“角落 .max”场景文件

（2）单击工具栏中的“渲染产品”按钮，可以得到如图 5-53 所示的渲染效果。可以观察到已经指定了简单的材质。

（3）在材质编辑器中单击 standard 打开“材质 / 贴图浏览器”，从中选择“混合“材质，如图 5-54 所示。此时将打开如图 5-55 所示的“替换材质”对话框，单击“确定”按钮。

提示：选择“将旧材质保存为子材质”，原先的材质将作为“混合”材质的材质 1。

图 5-53 渲染效果

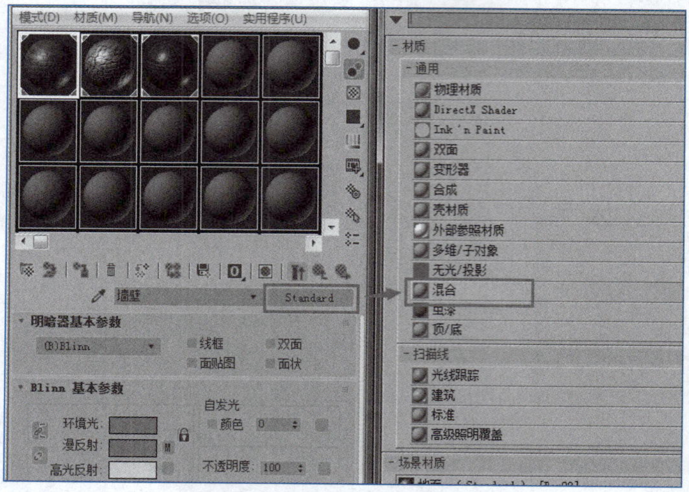

图 5-54 选择“混合”材质

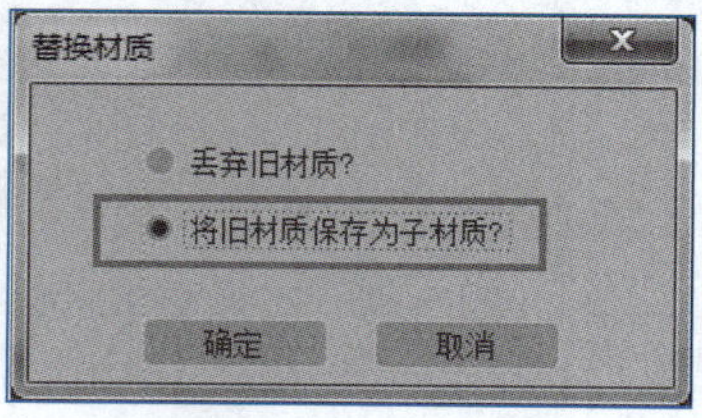

图 5-55 “替换材质”对话框

（4）设置墙壁的“混合”材质，如图 5-56 所示。

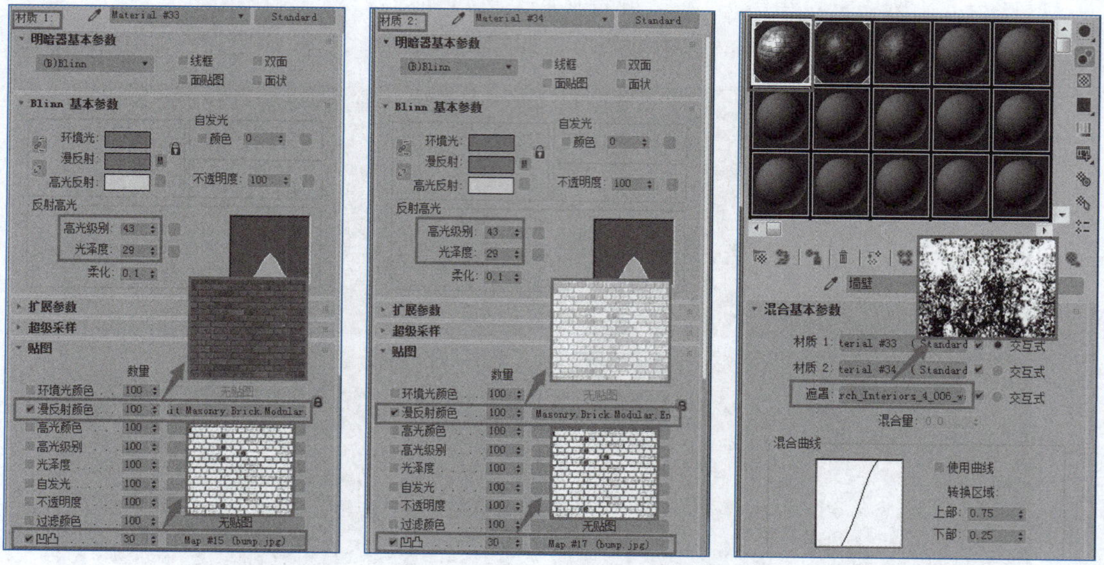

（a）材质 1　（b）材质 2　（c）遮罩

图 5-56 设置墙壁的“混合”材质

（5）设置地面的“混合”材质，如图 5-57 所示。

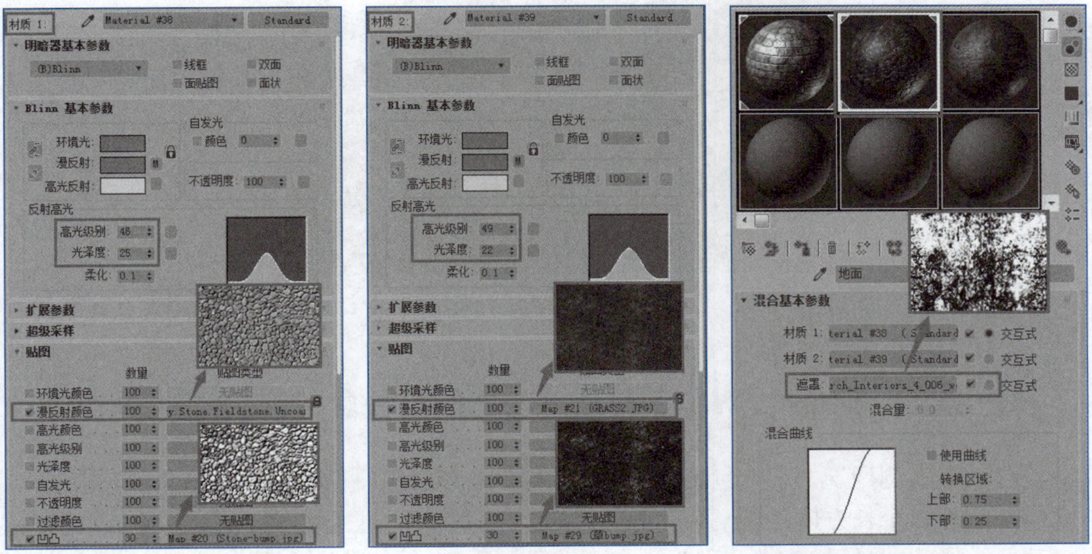

（a）材质 1　　（b）材质 2　　（c）遮罩

图 5-57　设置地面的“混合”材质

（6）设置汽油桶的“混合”材质，如图 5-58 所示。

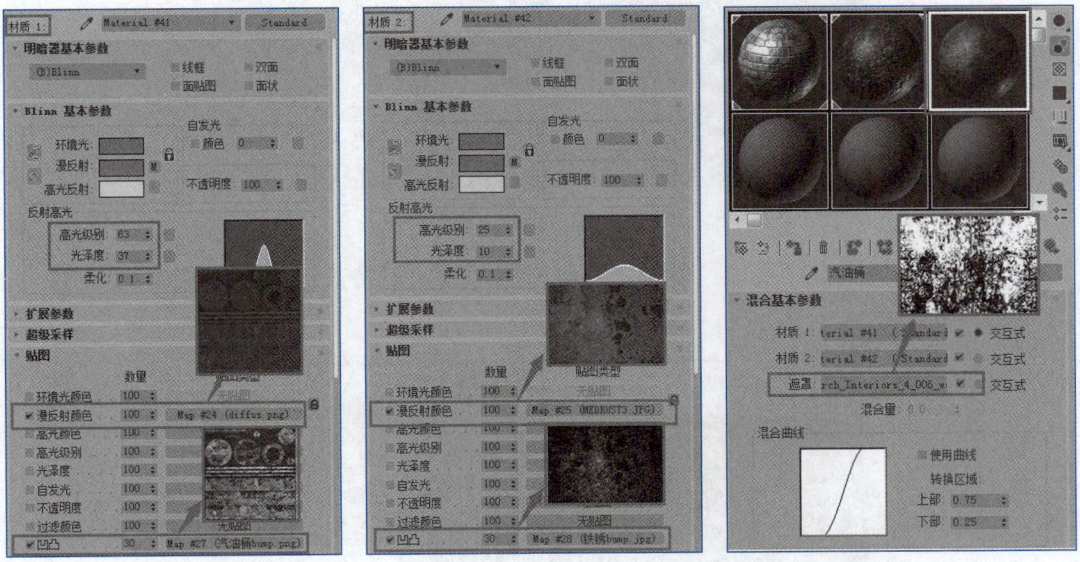

（a）材质 1　　（b）材质 2　　（c）遮罩

图 5-58　设置汽油桶的“混合”材质

（7）渲染效果如图 5-59 所示。

视 频

混合材质作业

图 5-59　渲染效果

六、使用“多维 / 子对象”材质——茶叶包装盒

设计一个实例场景“茶叶包装盒”，对“多维 / 子对象”材质进行训练。

（1）创建一个长方体，长度 200、宽度 200、高度 50；进入修改面板为其添加编辑多边形修改器，然后在材质 ID 中分别为 6 个面设置材质 ID 号，默认上下分别为 1、2，两侧分别为 3、4，另两侧为 5、6，如图 5-60 所示。

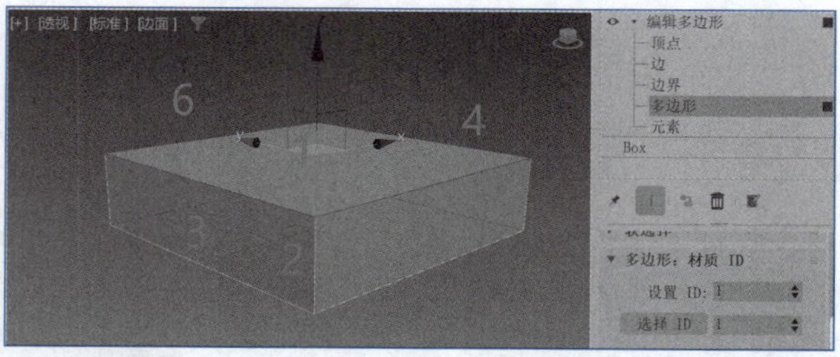

图 5-60　分配 ID 号

（2）选择一个样本材质球，单击“获取材质”按钮将其切换为“多维 / 子对象”材质，如图 5-61 所示。

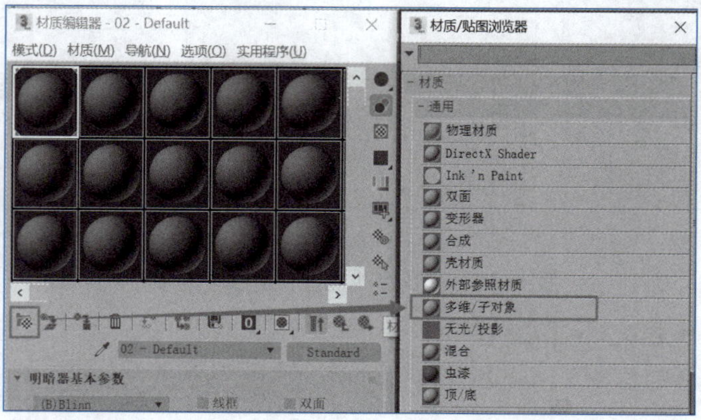

图 5-61　切换为“多维 / 子对象”材质

（3）单击“设置数量”，因为烟盒有 6 个面，所以在“材质数量”文本框中输入 6，单

击“确定”按钮，如图 5-62 所示。

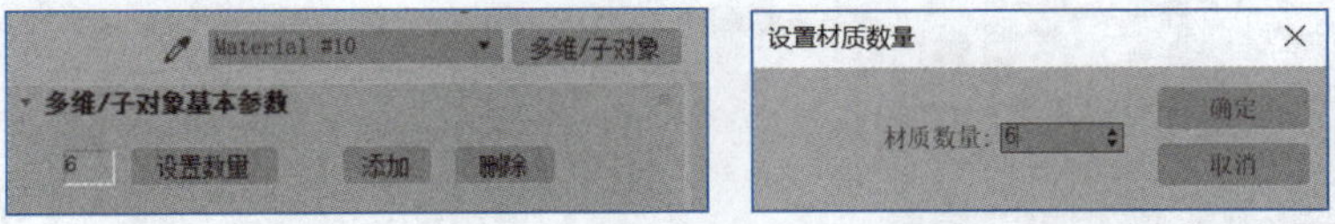

图 5-62　“设置材质数量”对话框

（4）“多维 / 子对象”材质 ID 号为 1 的材质及对应多边形中材质 ID 号为 1 的材质，设置第一个材质为标准材质，如图 5-63 所示，贴图设置如图 5-64 所示。在设置贴图裁剪时如果红色框看不清，可以将图片红色通道暂时关闭，以方便调整裁剪。

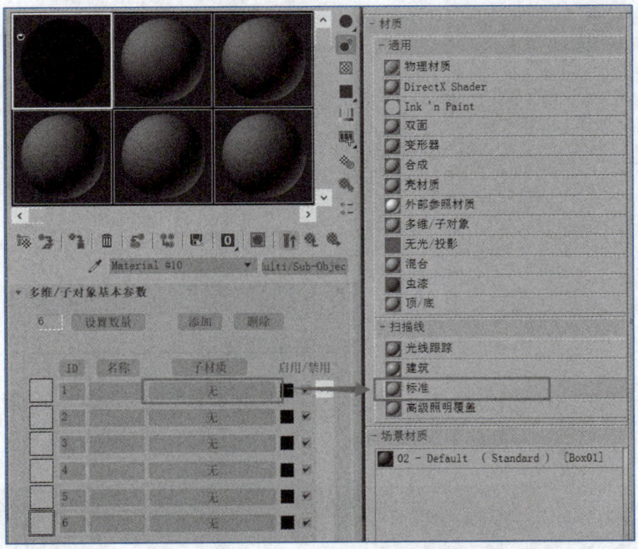

（a）

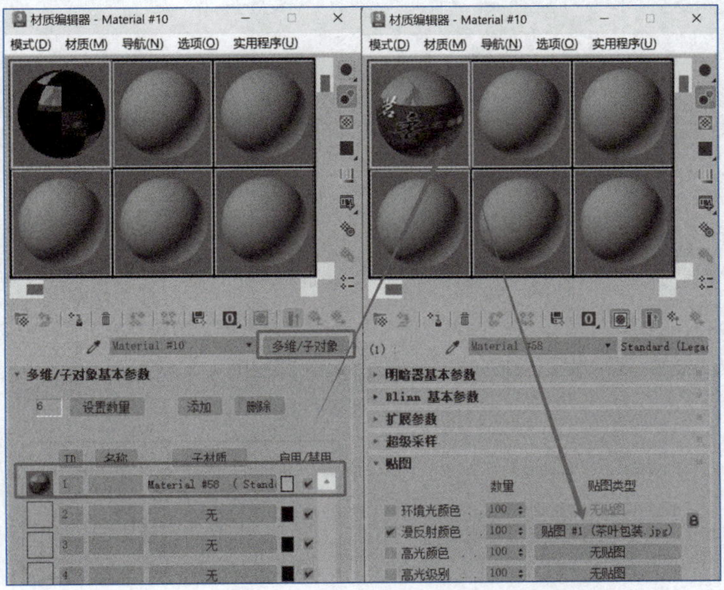

（b）

图 5-63　设置标准材质

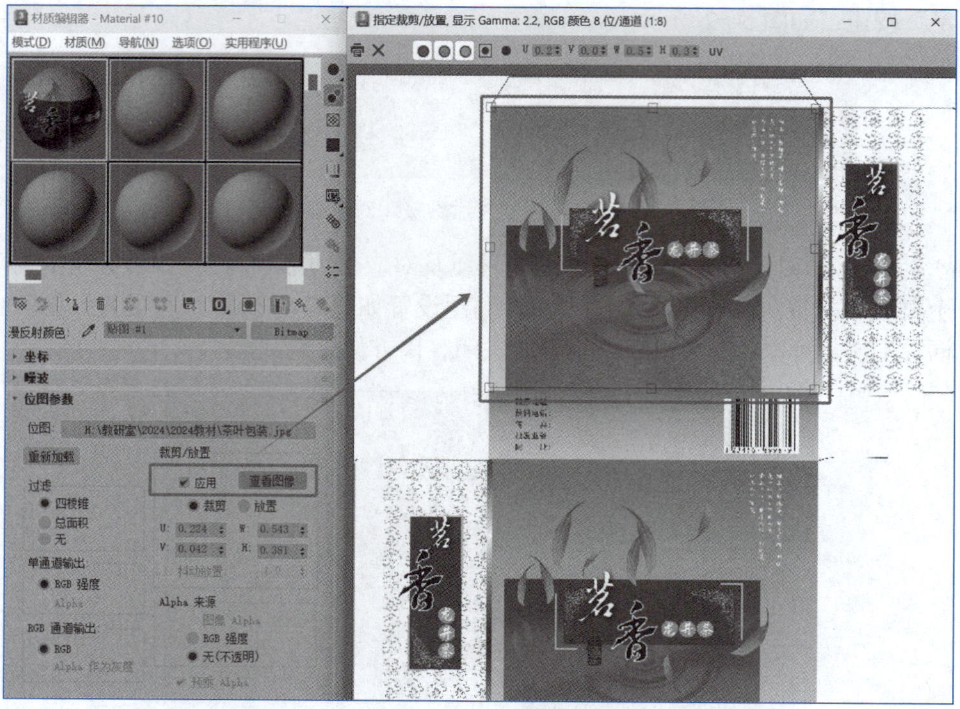

图 5-64　贴图设置

将材质指定给长方体，显示材质（如果发现贴图的方向不对，就调整贴图的 W 方向为 90°），如图 5-65 所示。

图 5-65　显示材质

（5）其他材质的设置方法与第一个材质相同，这里不再复述。设置完成的材质效果如图 5-66 所示。

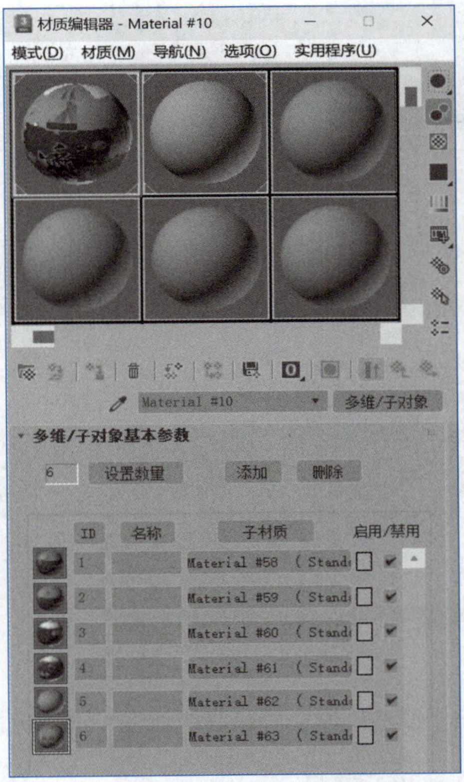

图 5-66　设置完成的材质效果

（6）在场景中创建一个平面作为地面，灰色材质；创建标准灯光中的泛光灯和天光，如图 5-67 所示。

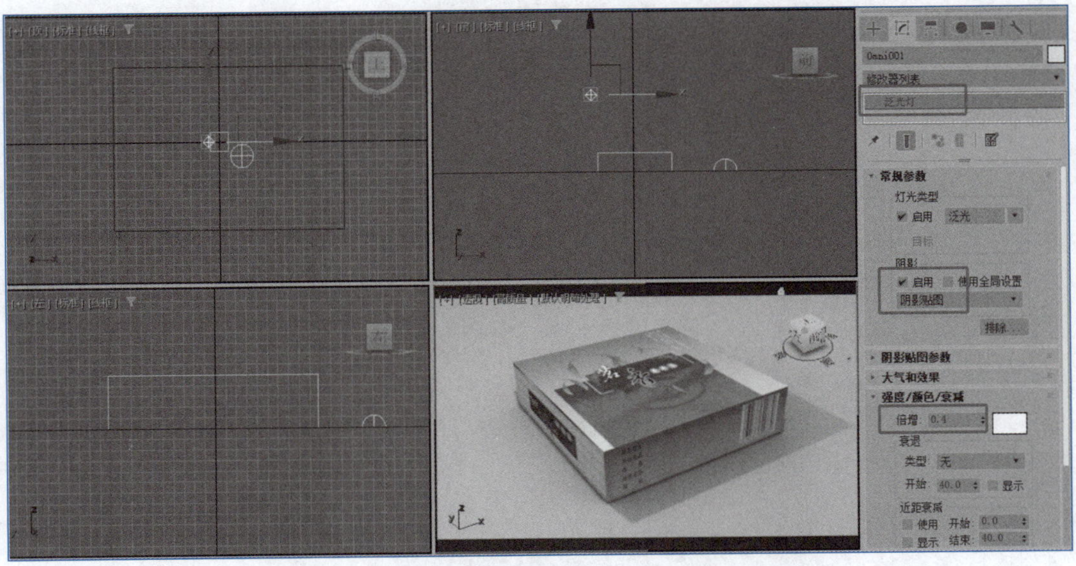

图 5-67　创建泛光灯和天光

（7）为茶叶包装盒添加“UVW 贴图”修改器，贴图方式选择“长方体”，通道选择“顶点颜色通道”，如图 5-68 所示。

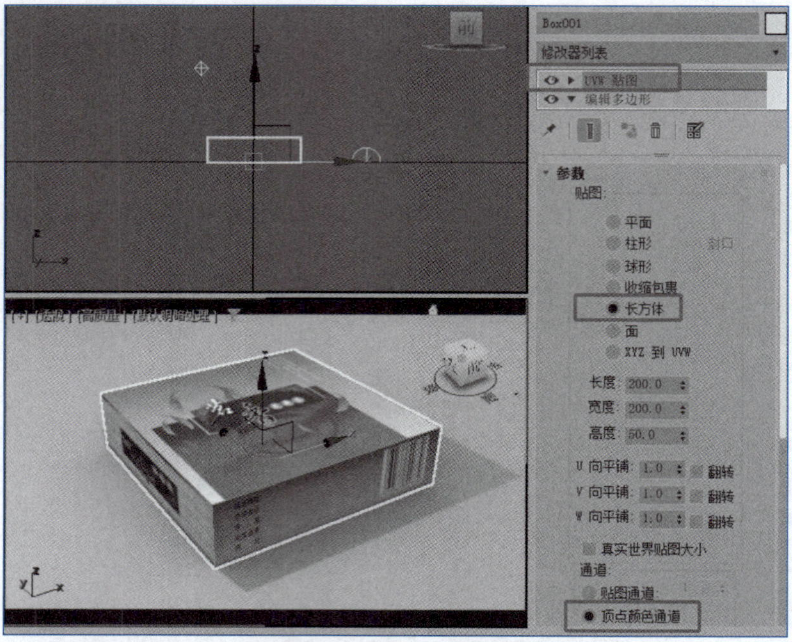

图 5-68 选择贴图方式和通道

（8）渲染设置。使用扫描线渲染器，开启高级照明中的“光跟踪器”，如图 5-69 所示。

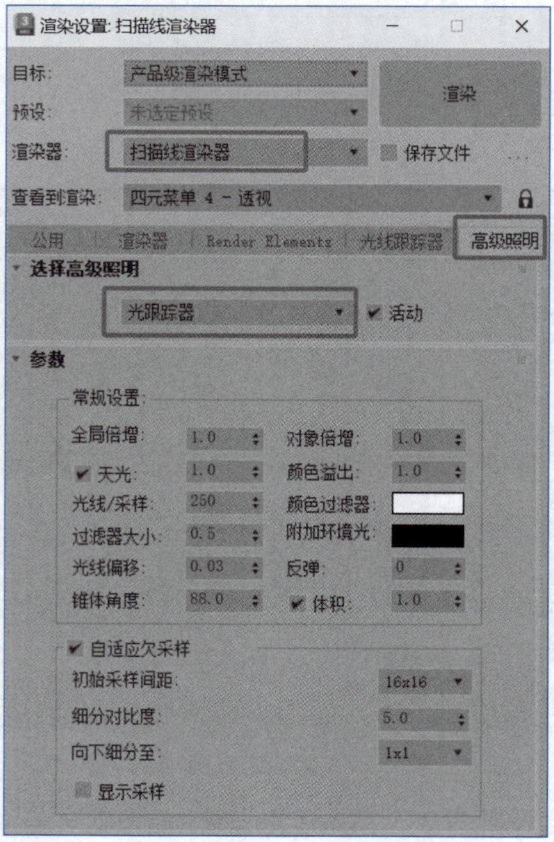

图 5-69 渲染设置对话框

（9）最终的渲染效果如图 5-70 所示。

图 5-70　最终渲染效果

项目总结

本项目的主要任务是掌握各种材质纹理的制作方法，其中包括材质编辑器的使用方法、不同材质类型的选择、复杂材质贴图的处理方法等；使读者能够掌握材质编辑器的布局和操作，具备制作基础材质和高级材质的能力。

当然，这里学习的是 3ds Max 标准材质的制作，主要学习材质的概念和基本流程。3ds Max 软件还有更高级的材质，如建筑材质、物理材质等，读者可以在本项目的基础上进一步学习。

项目练习

1. 进一步应用材质和贴图，制作日常生活中常见的材质。
2. 进一步利用多种材质的综合应用来调节材质。
3. 练习制作自由调节混合材质的方法。

项目六

灯光和摄像机训练

项目描述

经过前面的学习，读者已经能创建出所需的模型并赋予逼真形象的材质。但是，如果没有合理的灯光表现和观察角度，模型的表现力、感染力都会大打折扣。本项目将学习灯光和摄像机的合理使用方法与技巧等相关内容。

学习目标

视频

灯光和摄像机

【知识目标】

◎ 掌握多种类型灯光的参数设置。

◎ 掌握布置灯光的技巧。

◎ 合理安排摄像机拍摄角度。

◎ 掌握摄像机环游动画的制作原理。

◎ 掌握制作摄像机运动模糊和景深效果。

【能力目标】

◎ 具备合理安排灯光位置、数量及设置灯光参数的操作能力。

◎ 具备合理设置摄像机拍摄角度的操作能力。

◎ 具备设置摄像机运动模糊和景深效果的操作能力。

◎ 具备完成摄像机环游动画的操作能力。

【素质目标】

◎ 通过对光影效果的观察，培养学生的观察分析能力。

◎ 锻炼学生研究和探索的精神。

◎ 培养学生努力学习、刻苦钻研技术的精神。

相关知识

一、灯光基础

本项目将介绍 3ds Max 中的照明知识，掌握基本的照明原理。灯光为场景几何体提供照明：可以从“舞台后面”照亮场景，也可以在场景本身显示。标准灯光简单易用，操作方法如下：

单击 +（创建）→ 灯光图标（灯光）按钮，在下拉列表中选择“标准”，如图 6-1 所示。

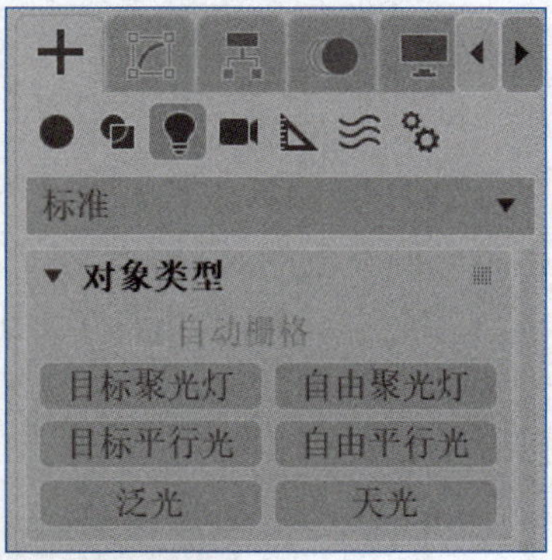

图 6-1　选择标准灯光

提示：系统默认状态下已提供了两盏泛光灯，分别放置在场景对角线上，然而它们只发生作用而不显示出来。若不想采用，只需要在场景中创建自己的照明灯光即可，系统将自动关闭两盏默认的泛光灯。当场景中所有的光源都被删除时，两盏默认的泛光灯又会重新发挥作用，所以物体总处于可见状态。

（一）标准灯光类型

3ds Max 提供了 5 种标准类型的灯光，分别是聚光灯、平行光、泛光灯、天光，本项目重点介绍聚光灯、平行光、泛光灯三种常用标准灯光，如图 6-2 所示。

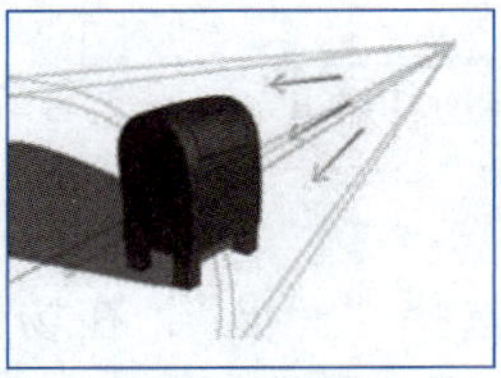

聚光灯是最为常用的灯光类型，它的光线来自一点，沿着锥形延伸。聚光灯光锥的角度决定场景中的照明区域。较大的锥角产生较大的照明区域，通常用来照亮整个场景；较小的锥角照亮较小的区域，可以产生戏剧性的效果

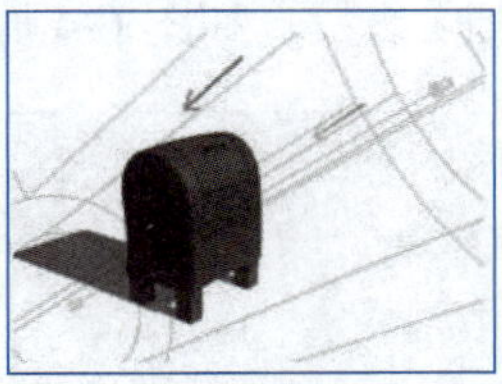

平行光在许多方面不同于聚光灯和泛光灯，其投射的光线是平行的，所以平行光线呈圆形或矩形棱柱而不是“圆锥体”。因此阴影没有变形，平行光源没有光锥，因此常用来模拟太阳光

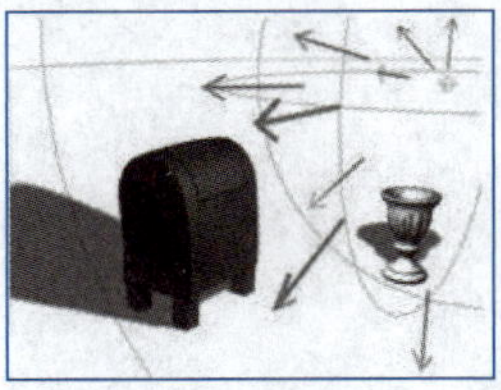

泛光灯是一个点光源，它向全方位发射光线。泛光灯可以投影阴影和投影。单个投影阴影的泛光灯等同于六个投影阴影的聚光灯，从中心指向外侧。通过在场景中单击就可以创建泛光灯，泛光灯常用来模拟室内灯光效果

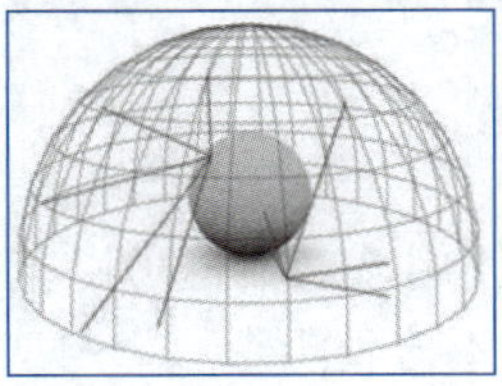

天光可以从四面八方同时对物体投射光线，从而模拟日光的照射效果。天光灯的设置非常简单，在大多数表现室外照明的场景中，只使用一盏天光灯就可以获得理想的照明效果，并且还可以得到类似穹顶灯一样的柔化阴影

图 6-2　灯光类型

提示：自由灯光与泛光灯类似，通过简单的单击就可以将自由灯光放置在场景中，不需要指定灯光的目标点。当创建自由灯光时，它面向所在的视口。一旦创建后就可以将其移动到任何地方。这种灯光常用来模拟吊灯和汽车车灯的效果，也适用于作为动画灯光，例如，模拟运动汽车的车灯。

提示：目标灯光的创建方式与自由灯光不同，必须首先指定灯光的初始位置，然后再

指定灯光的目标点，目标灯光非常适用于模拟舞台灯光，可以方便地指明照射位置。创建一个目标灯光需要创建两个对象：光源和目标点。两个对象可以分别运动，但是光源总是照向目标点。

1. 灯光的衰减

在现实世界中，灯光的强度将随着距离的加长而减弱。远离光源的对象看起来更暗；距离光源较近的对象看起来更亮，这种效果称为衰减。

实际上，灯光以平方反比速率衰减。即其强度的减小与到光源距离的平方成比例。当光线由大气驱散时，通常衰减幅度更大，特别是当大气中有灰尘粒子（如雾或云）时，如图 6-3 所示。

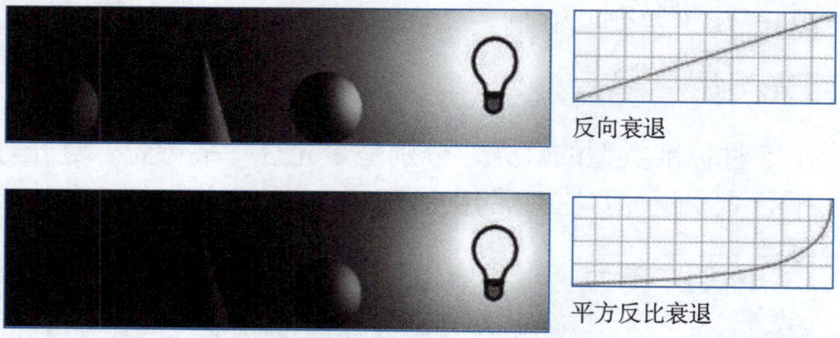

图 6-3　衰减示意图

单击（创建）→（灯光）按钮，在下拉列表中选择“标准”，在场景中建立聚光灯。单击修改按钮，在强度/颜色/衰减卷展栏中设置衰减参数，如图 6-4 所示。

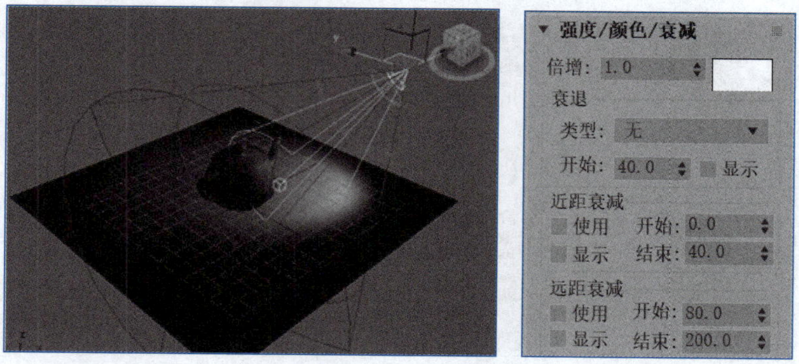

图 6-4　设置衰减参数

2. 灯光的排除

“灯光包含 / 排除”工具是一个“无模式”对话框，使用该对话框可以基于灯光包含或排除对象。当排除对象时，对象不由选定灯光照明，并且不接收阴影。

尽管灯光排除在自然情况下不会出现，但该功能在需要精确控制场景中的照明时非常有用。例如，有时专门添加灯光来照亮单个对象而不是其周围环境，或希望灯光从一个对象（而不是其他对象）投射阴影。

在场景中用泛光灯来模拟某灯具作为主光源，当光对周围产生作用（包括照度和阴影）的同时，也对该灯具产生作用，会有不应该有的阴影，此时，就需要“排除”功能解决。

单击（创建）→（灯光）按钮，在下拉列表中选择“标准”，在场景中建立聚光灯。单击修改按钮，在“常规参数”卷展栏中开启阴影选项。在下拉列表中选择对应“排除”方式，如图 6-5 所示。

图 6-5　灯光排除

提示：

- 照明排除：不照亮物体，但仍然产生影子。
- 投射阴影排除：只排除物体的影子，但仍然照亮。
- 二者兼有：灯光排除指定的物体，包括光照和影子。

（二）阴影类型

单击（创建）→（灯光）按钮，在下拉列表中选择“标准”，在场景中建立聚光灯。单击修改按钮，在“常规参数”卷展栏中开启阴影选项，在下拉列表中选择对应阴影方式，如图 6-6 所示。

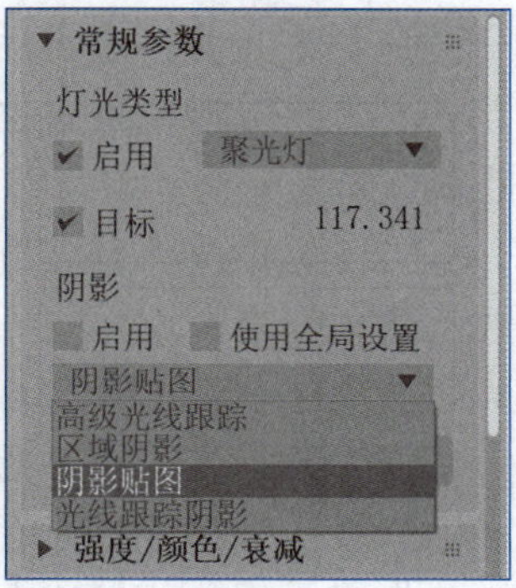

图 6-6　阴影类型

下面介绍一下这几种阴影类型的优点和不足，见表 6-1。

表 6-1　几种阴影类型的优点和不足

阴影类型	优　点	不　足
高级光线跟踪	支持透明度和不透明度贴图，使用不少于内存的标准光线跟踪阴影。建议对复杂场景使用一些灯光或面	比阴影贴图更慢，不支持柔和阴影。处理每一帧
区域阴影	支持透明度和不透明度贴图，使用很少的内存。建议对复杂场景使用一些灯光或面	比阴影贴图更慢，处理每一帧
光线跟踪阴影	支持透明度和不透明度贴图。如果不存在对象动画，则只处理一次	可能比阴影贴图更慢，不支持柔和阴影
阴影贴图	产生柔和阴影。如果不存在对象动画，则只处理一次。最快的阴影类型	使用很多内存。不支持使用透明度或不透明度贴图的对象

（三）布光方法

科技的发展使计算机的运算速度不断提高，3ds Max 的版本和功能不断在完善。灯光设置变得很简单（如物理灯光类型和光能传递渲染命令），但是，计算机自动处理灯光数据会成倍地增加计算时间。只有掌握了灯光原理，才可能做出又快又好的表现效果。

下面利用 3ds Max 中标准灯光类型来模拟真实光照效果，首先分析一下现实光照效果，如图 6-7 所示。

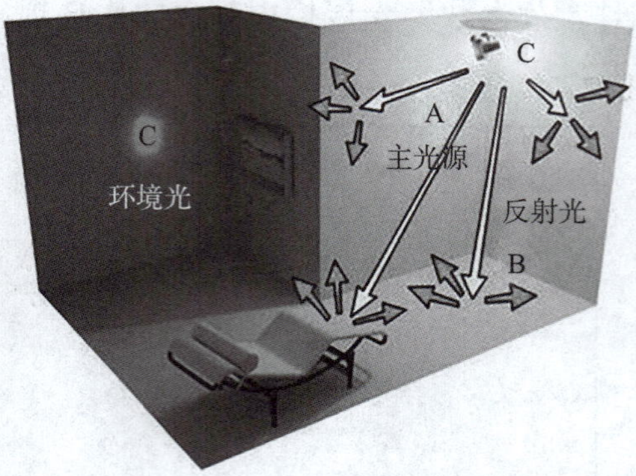

图 6-7 反射光与环境光

1. 认识主光源、辅助光、背景光

（1）主光源：通常用于照亮场景中的主要对象与其周围区域，以及产生场景的主要投影。主要的明暗关系由主光源决定，包括投影的方向。主光源可以是一盏灯光，也可以用几盏灯光来充当。

（2）辅助光（环境光）：又称为补光，用它来填充阴影区以及被主体光遗漏的场景区域、调和明暗区域之间的反差，同时能形成景深与层次，而且这种广泛均匀布光的特性使其为场景打一层底色，定义了场景的基调。

（3）背景光（反射光）：其作用是增加背景的亮度，从而衬托主体，并使主体对象与背景相分离。一般使用泛光灯，亮度宜暗不可太亮。

灯光设置得好坏来源于对自然现象的分析。虚拟灯光要模拟出现实中的影像需要的不仅仅是某几个参数的组合，同时更需要的是对现实敏锐的观察力。在布光时应考虑以下几方面的因素：光源“位置”分析、光线“强度”分析、光线“衰减”分析、光的色彩分析、光的阴影分析、光的排除 / 包括分析。

二、摄像机基础

摄像机的创建则给动画设计师提供了一个完整的电影世界。各种焦距、随意的角度及其他各种特殊效果，能制作丰富多彩的富有想象力的动画。

摄像机包括物理摄像机、目标摄像机与自由摄像机。目标摄像机与自由摄像机的内部参数相似，不过目标摄像机比自由摄像机多了一个能够移动控制的目标点。

（1）物理摄像机：物理摄像机是用于基于物理的真实照片级渲染的最佳摄像机类型。其参数设置与单反照相机的摄像参数相近，可以得到更灵活的画面的调整效果，如图 6-8（a）所示。

（2）目标摄像机：查看目标对象周围的区域。创建目标摄像机时，看到一个两部分的图标，该图标表示摄像机和其目标（一个白色框）。摄影机和摄像机目标可以分别设置动画，以便当摄像机不沿路径移动时，容易使用摄像机。

（3）自由摄像机：在摄像机指向的方向查看区域。创建自由摄像机时，看到一个图标，该图标表示摄像机和其视野。摄像机图标与目标摄像机图标看起来相同，但是不存在要设置动画的单独的目标图标。当摄像机的位置沿一个路径被设置动画时，更容易使用自由摄像机，如图 6-8（b）所示。

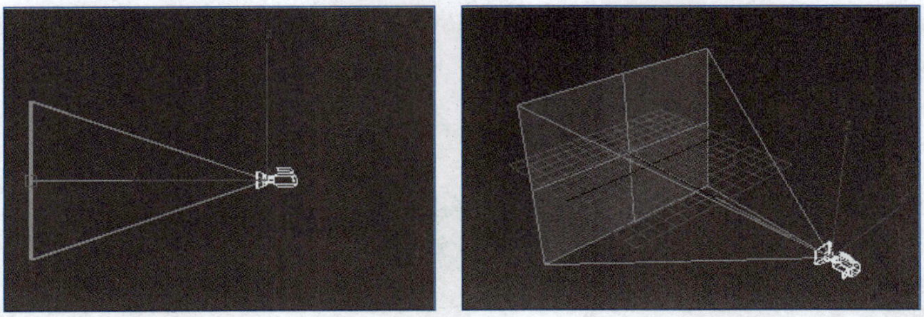

（a）物理摄像机

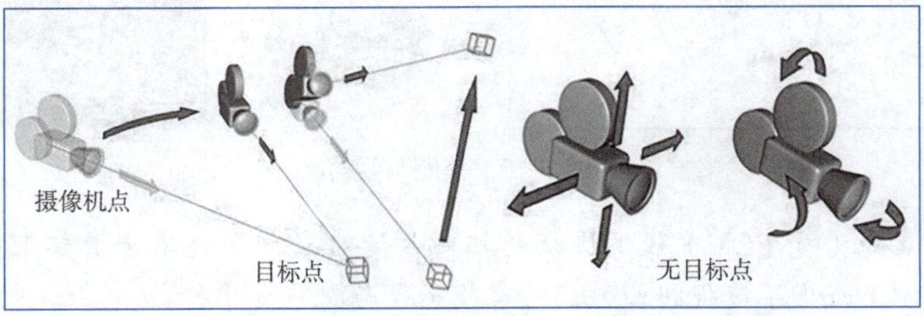

（b）目标摄像机与自由摄像机

图 6-8　摄像机

（一）摄像机的创建

单击+（创建）→■（摄像机）按钮，分别单击 目标 按钮与 自由 按钮，在场景中添加目标摄像机和自由摄像机各一架，如图 6-9 所示。

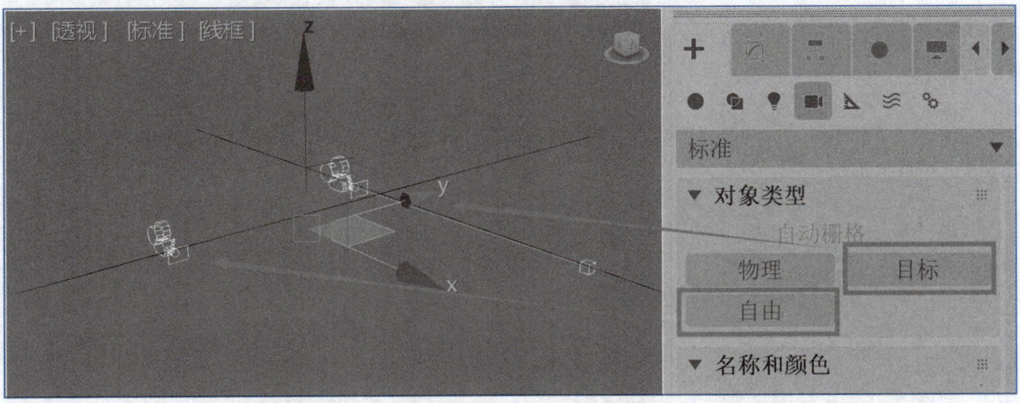

图 6-9　摄像机的建立

（二）摄像机的焦距与视野

镜头和灯光敏感性曲面间的距离，不管是电影还是视频电子系统都称为镜头的焦距。焦距影响对象出现在图片上的清晰度，焦距越小图片中包含的场景就越多。加大焦距将包含更少的场景，但会显示远距离对象的更多细节。

焦距始终以毫米为单位进行测量。50 mm 镜头通常是摄影的标准镜头，焦距小于 50 mm 的镜头称为短或广角镜头，焦距大于 50 mm 的镜头称为长或长焦镜头。

视野（FOV）控制可见场景的数量。FOV 以水平线度数进行测量。它与镜头的焦距直接相关。例如，50 mm 的镜头显示水平线为 46° 。镜头越长，FOV 越窄；镜头越短，FOV 越宽，如图 6-10 所示。

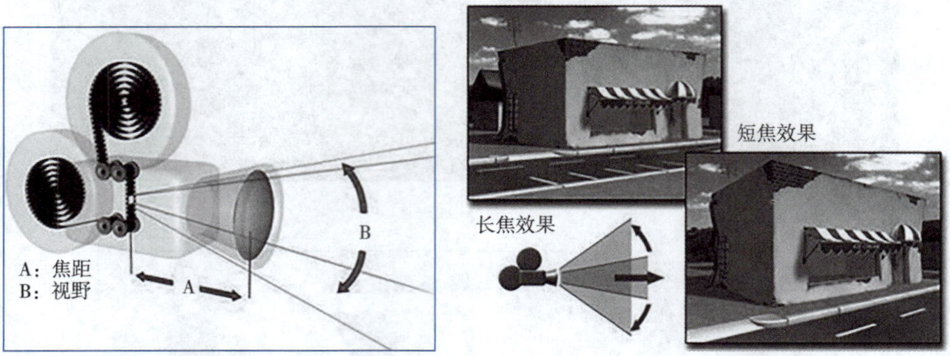

图 6-10　焦距与视野

提示： 短焦距（宽 FOV）强调透视的扭曲，使对象朝向观察者看起来更深、更模糊。长焦距（窄 FOV）减少了透视扭曲，使对象压平或与观察者平行。

打开场景文件。选择素材“摄像机练习场景 .max”文件，单击 +（创建）■（摄像机）按钮，分别单击 目标 按钮，在场景中添加一架目标摄像机。单击修改按钮，在 ▾ 参数 卷展栏中选取 35 mm 镜头。摄像机点位置为 X: 1100.0 Y: 3600.0 Z: 1700.0，目标点位置为 X: 1450.0 Y: 2200.0 Z: 1500.0。单击透视图，按 C 键，把透视图转化为摄像机视图，按 Shift+F 组合键为视图设置安全框。摄像机参数设置及视图效果如图 6-11 所示。

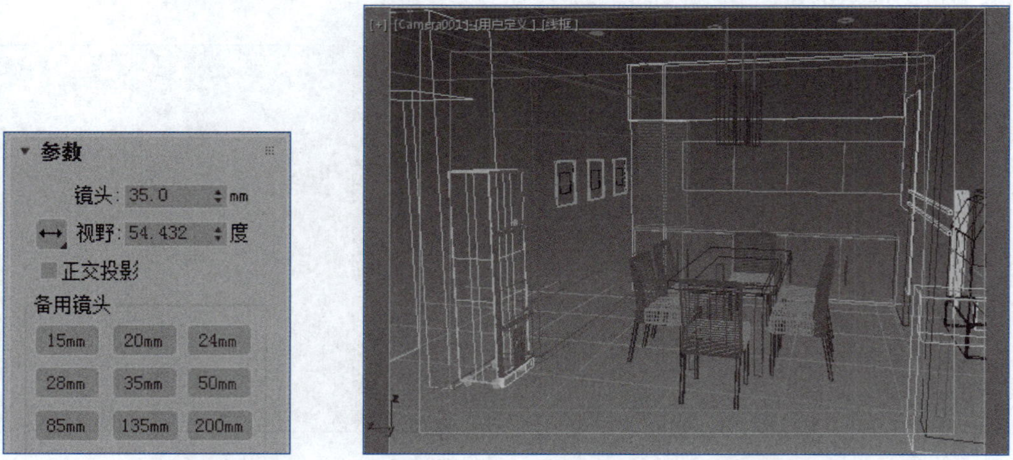

（a）参数设置　　（b）摄像机视图效果

图 6-11　摄像机参数设置及视图效果

提示：

（1）在调整摄像机之前，可以把场景文件设置成孤立模式，以避免误选了其他物体。ALT+Q 为孤立模式命令快捷方式。

（2）摄像机的高度一般设置在 1 700 mm 上下，这样的高度模拟了人的视觉高度，观察事物更符合人的视觉感受。也可按实际设计需要进行调整。

（3）选择“显示安全框”时，摄像机视口中将会显示三个矩形，一个是黄色，一个是绿色，另一个是浅蓝色。外部黄色视频矩形表示当前显示的区域和纵横比。中间绿色矩形表示操作安全区域。内部浅蓝色矩形表示标题安全区域。

（三）摄像机环境范围组

近距范围和远距范围：确定在“环境”面板上设置大气效果的近距范围和远距范围限制。在两个限制之间的对象消失在远端百分比值和近端百分比值之间，参数设置与效果如图 6-12 所示。

图 6-12　摄像机环境范围控制雾效范围

提示：摄像机环境范围命令组与环境大气效果密切相关，本书将在“项目七添加环境与特效”中详细讲解其实用方法与技巧。

（四）摄像机剪切平面组

使用剪切平面可以排除场景的一些几何体并只查看或渲染场景的某些部分。每个摄像机对象都具有近端和远端剪切平面。对于摄像机，比近距剪切平面近或比远距剪切平面远的对象是不可视的。如果场景中有许多复杂几何体，那么剪切平面对于渲染其中选定部分的场景非常有用，还可以创建剖面视图，如图 6-13 所示。

图 6-18　剪切平面示意图

选择摄像机点，单击修改按钮，在 参数 卷展栏中勾选“手动剪切”选项。设置近距剪切值为 4500，远距剪切值为 600° 。参数设置与效果如图 6-14 所示。

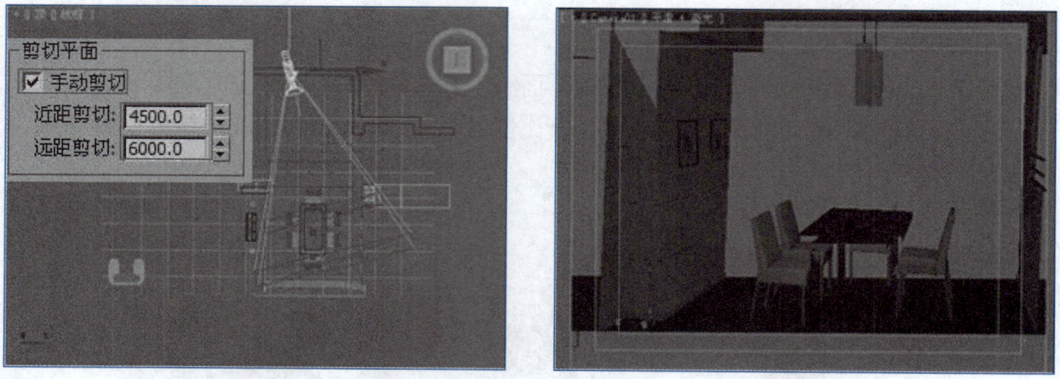

（a）参数设置　　（b）剪切效果

图 6-14　室内摄像机参数设置与剪切效果

（五）摄像机景深与运动模糊

1. 摄像机景深效果

摄像机可以生成景深效果。景深是多重过滤效果，摄像机在“参数”卷展栏中可以启用。

打开场景文件。选择素材“摄像机景深练习场景 .max”文件，在场景中选择目标摄像机点。单击修改按钮，在 参数 卷展栏中找到“多过程效果”开启景深选项。在 景深参数 卷展栏中参数默认。单击 预览 按钮，在场景中就可以观察到物体的景深效果。参数与效果如图 6-15 所示。

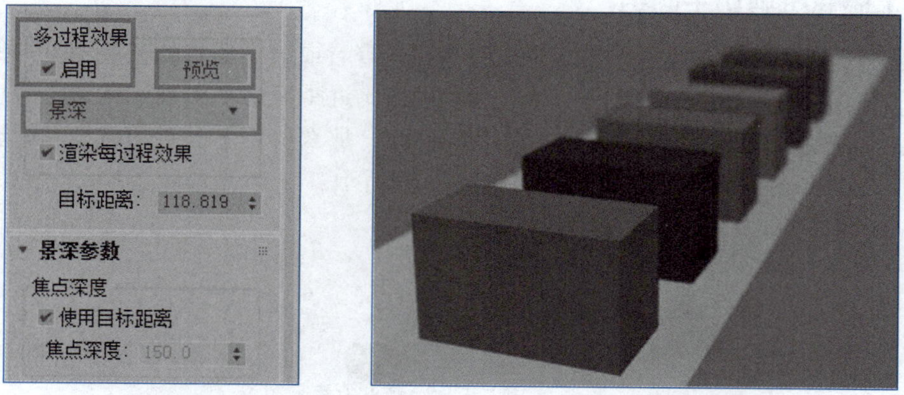

（a）参数　　（b）景深效果

图 6-15　景深效果与参数

提示：摄像机景深效果是通过多次计算得到的模糊效果。在“过程总数”数值中的数字意味着要渲染计算多少次，所以计算速度很慢。不提倡使用此命令来模拟景深效果。摄像机运动模糊效果的计算与此相同。可以利用物体本身的“通道”设置与“效果”命令来模拟，计算速度快了很多。

2. 摄像机运动模糊效果

摄像机可以生成运动模糊效果。运动模糊是多重过滤效果，摄像机在“参数”卷展栏中可以启用。运动模糊通过在场景中基于移动的偏移渲染通道，模拟摄像机的运动模糊。

打开场景文件。选择素材“摄像机运动模糊练习场景 .max”文件，这是一个有动画设置的场景文件。在场景中选择目标摄像机点。单击修改按钮，在 参数 卷展栏中找到“多过程效果”开启运动模糊选项。在 运动模糊参数 卷展栏中参数默认。单击 预览 按钮，在场景中就可以观察到物体的运动模糊效果。参数与效果如图 6-16 所示。

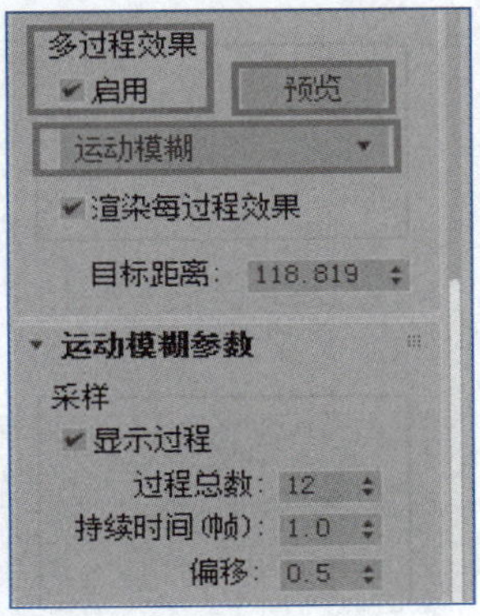

（a）参数

（b）运动模糊效果

图 6-16　运动模糊效果与参数

项目实施

一、灯光的应用项目训练

下面用简单实例训练布光方法与灯光使用技巧，最终效果如图 6-17 所示。

图 6-17　灯光应用最终效果

（1）打开场景文件。选择素材“灯光练习场景 .max”文件，单击 +（创建）（灯光）按钮，在下拉列表中选择“标准”，在场景中建立一盏聚光灯作为主光源 spot02。场景文件中灯光位置已确定，可以按实际需要自行调整灯光位置。

（2）下面设置 spot02 灯光控制参数，首先在“常规参数”卷展栏中开启阴影选项，阴影方式选择“阴影贴图”。然后在 ▾ 强度/颜色/衰减 卷展栏中默认“倍增值”为 1，灯光颜色为白色，开启衰减控制，参数默认。

（3）在 ▾ 聚光灯参数 卷展栏中设置“光束”值为 18，“区域”值为 40。以上设置参数及效果如图 6-18 所示。

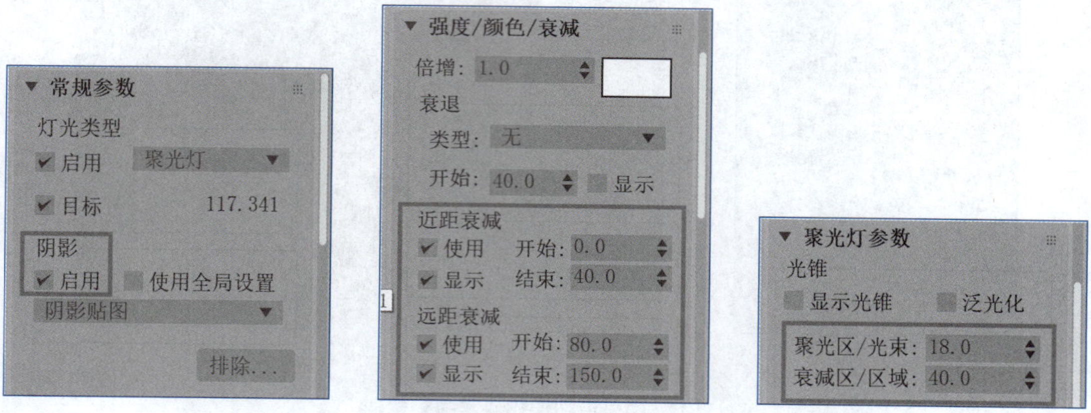

（a）spot02 聚光灯参数控制

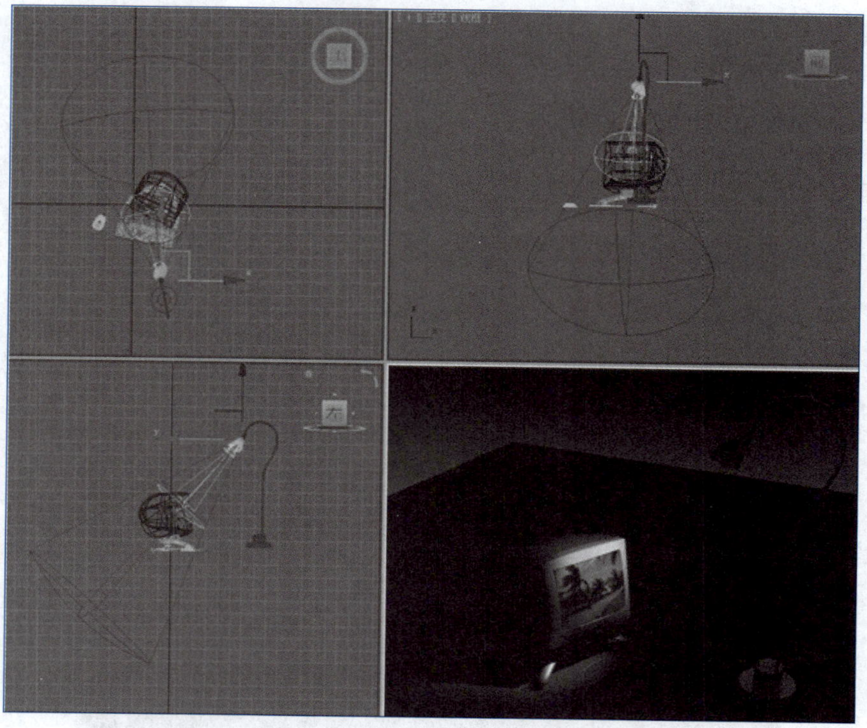

（b）spot02 聚光灯位置与效果

图 6-18　spot02 设置参数及效果

现在观察场景，只有聚光灯 spot02 的照射范围是有光照的，因为标准灯光只会发生直接光照不会产生间接光照，所以要建立辅助光源以便照亮整个场景。下面为场景添加一盏泛光灯。

（4）单击 + （创建）→ ■ （灯光）按钮，在下拉列表中选择“标准”，在场景中建立一盏泛光灯作为辅助光源 Omni01。场景文件中灯光位置为（X：29，Y：10，Z：100），也可以按实际需要自行调整灯光位置。

（5）下面设置 Omni01 灯光控制参数，首先在 ▼ 常规参数 展栏中关闭阴影选项。然后在 ▼ 强度/颜色/衰减 卷展栏中默认“倍增值”为 0.6，灯光颜色为白色，关闭衰减控制。位置与效果如图 6-19 所示。

提示： 辅助灯光强度值不能设置过高，否则会使主体物产生曝光现象。所以，这盏 Omni01 强度值不能超过 0.6。

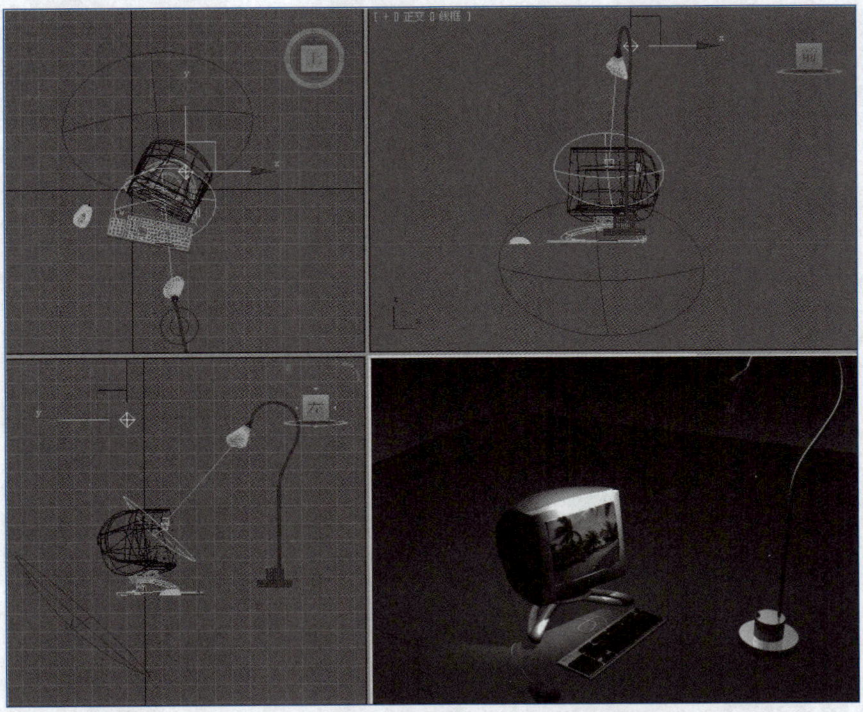

图 6-19　Omni01 泛光灯位置与效果

观察场景环境光比较满意，但是计算机物体的暗部是死黑的，这与真实世界的情况不符。下面再添加一盏背景光源模拟真实世界的光照效果。也就是间接光照，物体相互间光线的反射效果。

（6）单击 + （创建）→ ■ （灯光）按钮，在下拉列表中选择“标准”，在场景中建立一盏聚光灯作为主光源 spot01。场景文件中灯光点位置为（X：62，Y：5，Z：82），灯光目标点位置为（X：4，Y：8，Z：37），也可以按实际需要自行调整灯光位置。

（7）下面设置 spot01 灯光控制参数，首先在 ▼ 常规参数 卷展栏中关闭阴影选项。卷展栏右下方单击 排除... 按钮，打开灯光排除对话框，选择 Plane01 物体，使其不受 spot01 灯光照射。然后，在 ▼ 强度/颜色/衰减 卷展栏中默认“倍增值”为 0.6，灯光颜色为白色，关闭衰减控制。

（8）在 ▼聚光灯参数 卷展栏中设置“光束”值为 20，“区域”值为 62。以上设置参数及效果如图 6-20 所示。

提示： 排除 Plane01 物体目的在于，使背景光源 spot01 的光线不影响主光源照射计算机物体投在 Plane01 物体上的阴影表现。

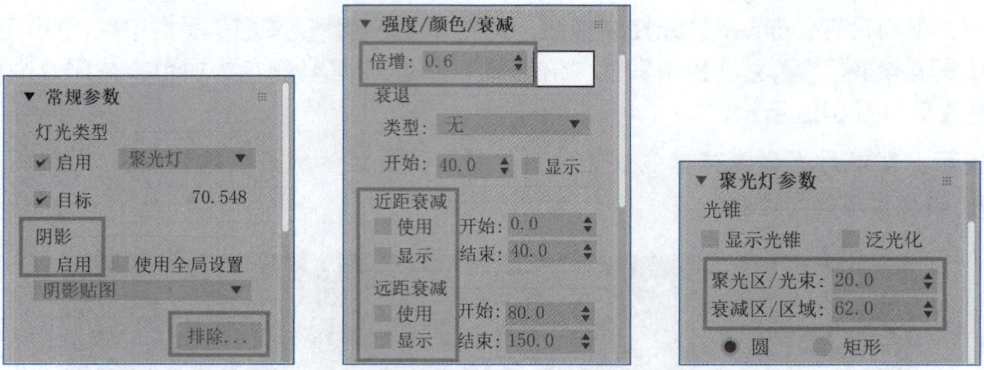

（a）spot01 背景灯光参数控制

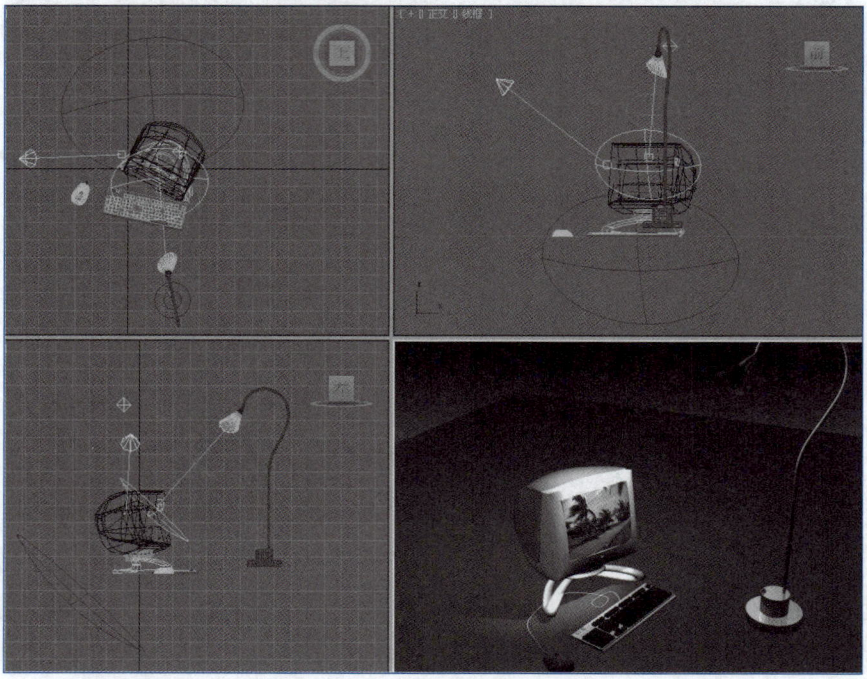

（b）spot01 背景灯光位置与效果

图 6-20　spot01 设置参数及效果

（9）为主光源 spot02 添加体积光效果。在 ▼大气和效果 卷展栏中单击 添加 按钮，在打开的对话框中选择“体积光”。单击“设置”按钮，参数默认即可，以上设置参数及效果如图 6-21 所示。

到此，灯光实例制作完成。本实例中大家重点掌握布光的方法，怎样用标准灯光制作出真实的光线效果。

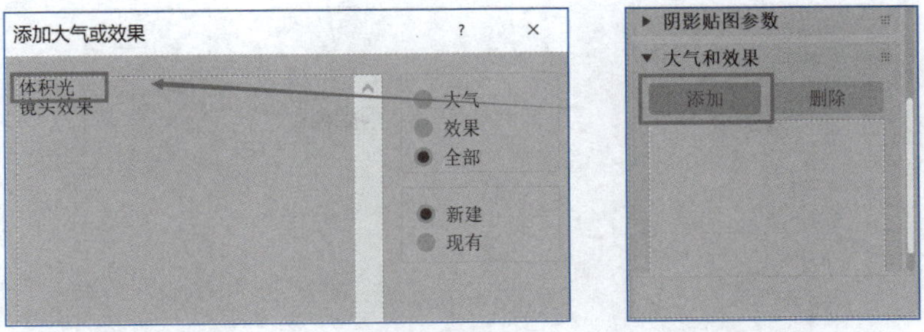

（a）参数设置

（b）体积光效果

图 6-21　主光源 spot02 参数设置及体积光效果

二、摄像机室内漫游动画项目训练

本项目主要训练掌握利用自由摄像机跟随路径命令完成室内漫游动画制作任务，以此巩固前面所学的知识加以灵活运用。

（1）打开场景文件。选择素材“摄像机室内漫游动画练习场景 .max”文件，单击 + （创建）（摄像机）按钮，单击 自由 按钮，在顶视图中添加一架自由摄像机。选择旋转工具，在 X 轴方向旋转 90°。单击修改按钮，在 参数 卷展栏中选取 28 mm 镜头。摄像机位置任意，单击透视图，按 C 键，把透视图转化为摄像机视图，按 Shift+F 组合键为视图设置安全框。

（2）场景中已经绘制好了一条曲线，高度为 1 650 mm，此高度是模拟人的视觉高度。选择摄像机，单击（运动）面板，在卷轴栏中单击 指定控制器 ，在项目栏中选择“位置”，单击指定控制器按钮，在打开的“指定位置控制器”对话框中选择“路径约束”，单击“确定”按钮，如图 6-22 所示。

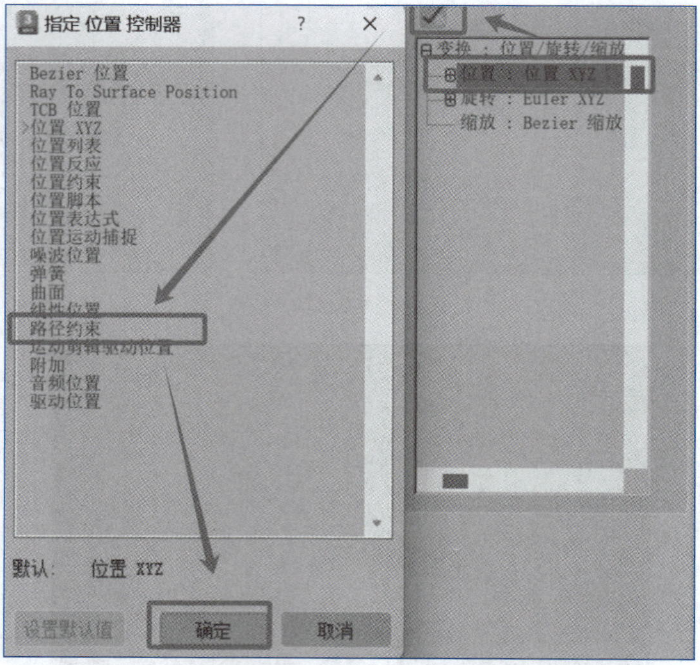

图 6-22　路径约束控制器

（3）在“路径参数”中单击“添加路径”按钮，在场景中选择 line 线条物体。这样摄像机就被指定在路径上。选中“跟随”复选框，这时发现摄像机方向不正确，下面选择 Y 轴选项，使其形成正常的拍摄角度，如图 6-23 所示。

提示：摄像机指定给路径以后，系统会自动生成一段路径跟随动画。此时会发现沿路径百分比数值框中已经有动画记录。

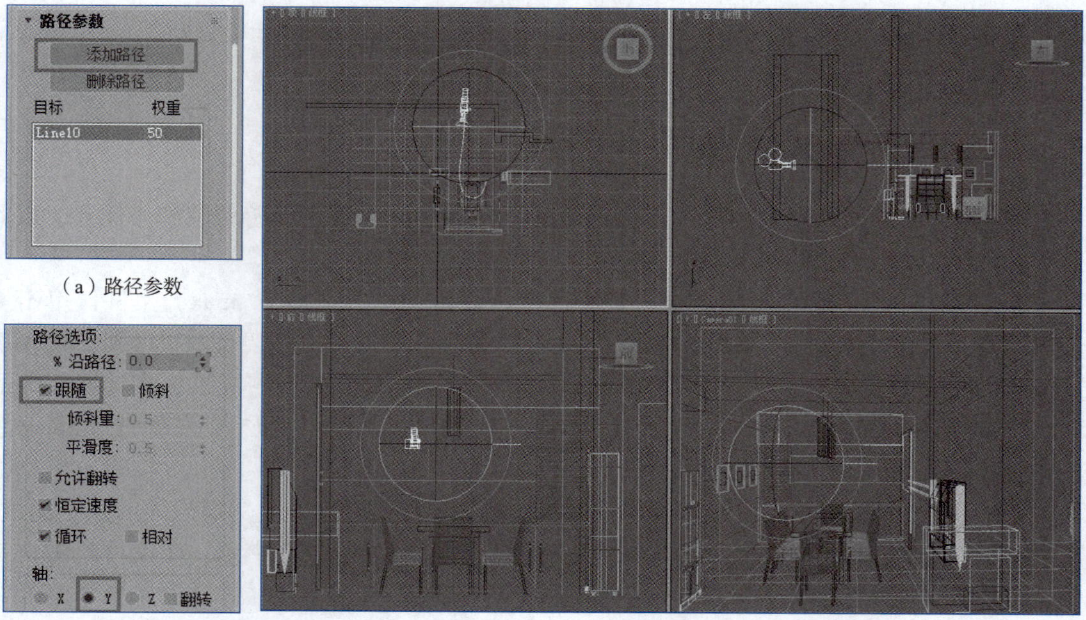

（a）路径参数

（b）路径选项

（c）视图效果

图 6-23　指定摄像机参数、路径与视图效果

（4）摄像机路径跟随动画基本完成，用户可以播放动画或者手动拖动时间滑块观察摄像机视图画面，如果不理想可以对摄像机位置和角度进行适度调整。如果动画时间运行不合理，可以打开“动画轨迹控制器”添加和调整关键帧。在 % 沿路径: 0.0 数值框中右击，弹出“轨迹视图—曲线编辑器”。如果发现摄像机运动不流畅，可以修改路径曲线，使其尽量圆滑。选择路径线 Line，单击按钮修改命令面板，如图 6-24 所示。

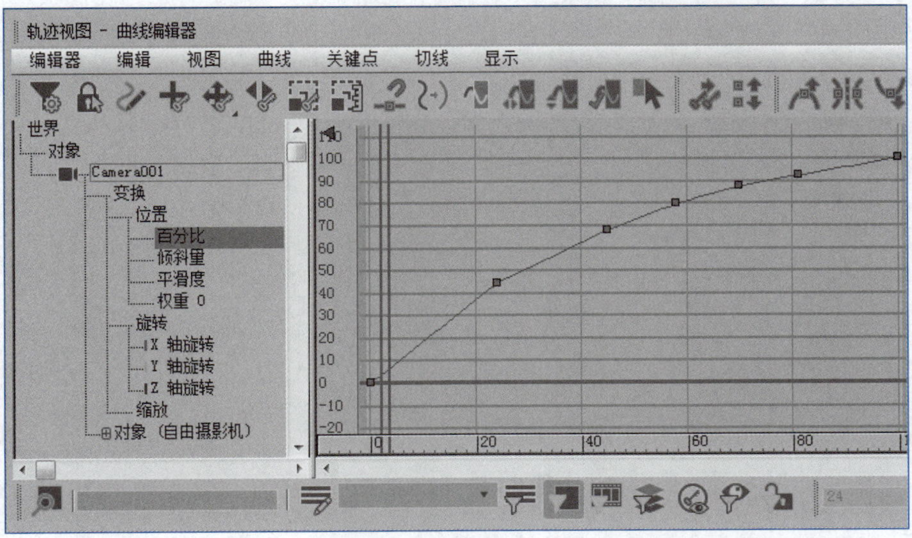

（a）轨迹视图——曲线编辑器调整关键帧

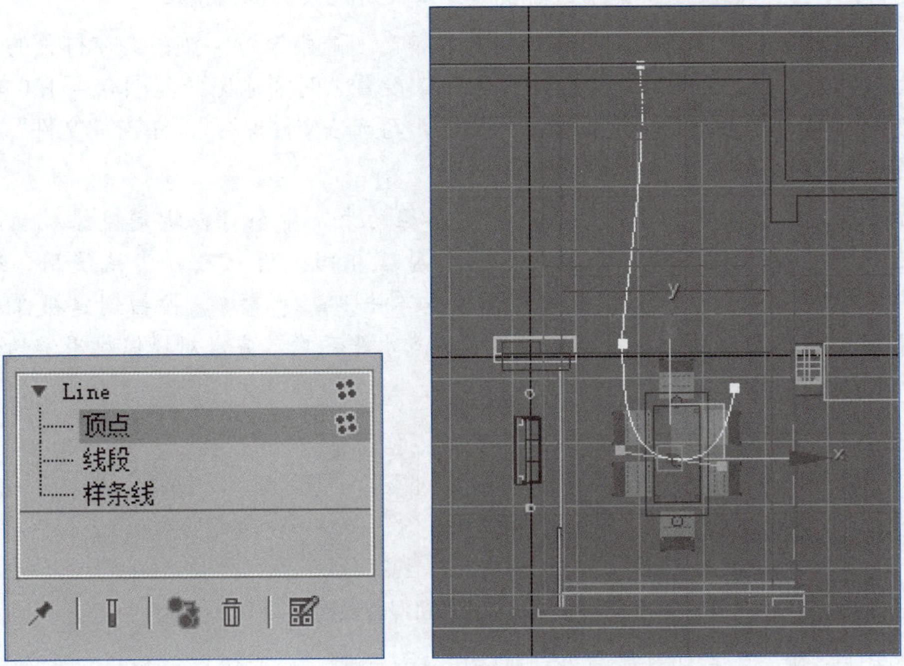

（b）修改路径

图 6-24　调整关键帧和修改路径线

提示： 在修改路径线时，摄像机会自动跟随路径。不需重新设置摄像机，大家不用担心摄像机会改变。

（5）进行动画设置，单击“时间设置”按钮，打开“时间配置”对话框，帧速率选择 PAL 模式，然后单击 重缩放时间 按钮，设置动画时间为 150 帧，并选中“将关键点重缩放到整个帧”复选框，如图 6-25 所示。

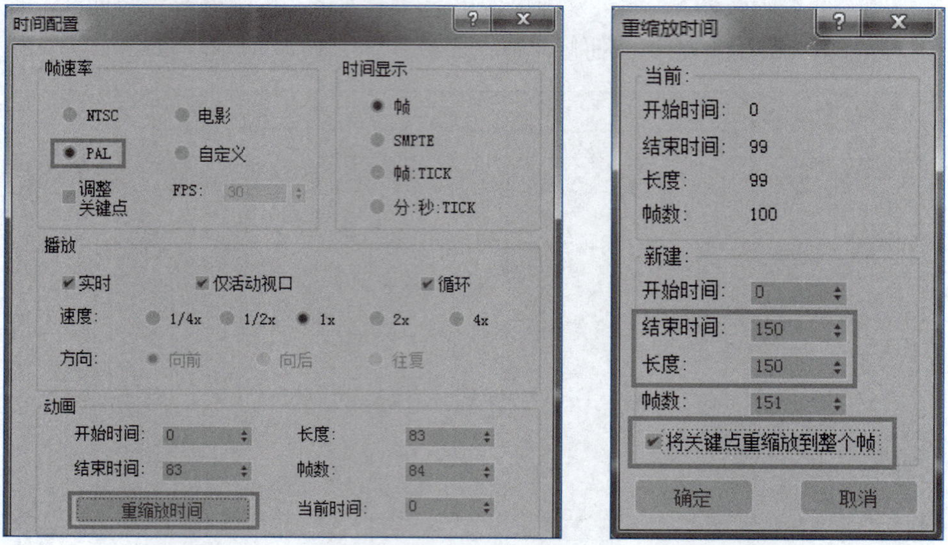

图 6-25　时间配置

提示：3ds Max 包括专用于视频输出的 NTSC、PAL、HDTV 纵横比，我国及欧洲国家使用的是 PAL 制式。在生成正式动画时要选择正确的视频输出纵横比。

（6）摄像机室内漫游动画渲染输出设置，单击“渲染设置”按钮，在打开的对话框中单击“公用”设置命令面板，在“公用参数”中设置“时间输出”范围 0 ~ 150 帧，“输出大小”为 640×480 像素。在“渲染输出”栏中，勾选“文件保存”，单击“文件”按钮，设置保存路径与文件名称，最后渲染动画即可。

提示：在 3ds Max 中除了以上使用的“路径约束”命令可以绑定摄像机动画外，还设置了专门的“摄像机穿行”控制命令。其原理相同，用户可以尝试使用。选择“动画”→“穿行助手”命令，在打开的对话框中单击 创建新的摄影机 按钮创建摄像机，单击 Line10 按钮，选择跟随路径，然后设置“视点水平高度”完成对摄像机漫游的设置，如图 6-26 所示。

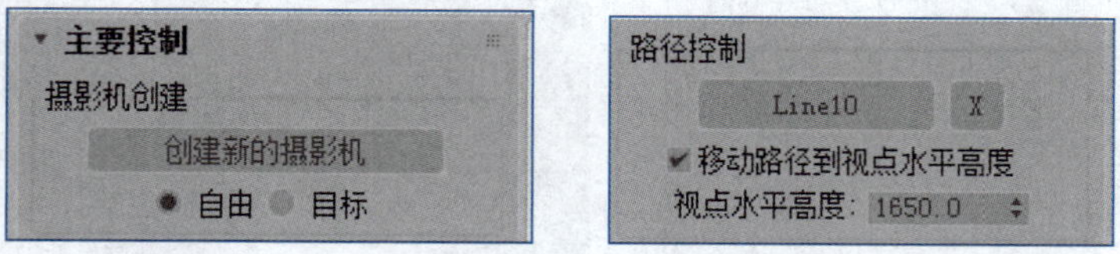

图 6-26　摄像机漫游设置

（7）单击“确定”按钮开始渲染计算输出 AVI 动画。此时休息一会儿，等待渲染结果。摄像机漫游动画第 50 帧和 100 帧静帧画面如图 6-27 所示。

至此摄像机漫游动画全部制作完成。

（a）第 50 帧画面

（b）第 100 帧画面

图 6-27　第 50 帧和 100 帧静帧画面

项目总结

通过本项目的训练，读者已经基本掌握了灯光和摄像机的使用，包括灯光类型和阴影类型的设置方法、布置灯光的技巧、合理选择摄像机的类型、安排摄像机拍摄角度、摄像机环游动画等方面的知识，已经对三维动画画面有了更好的控制能力。

视频

灯光和摄像机拓展

项目练习

1. 复习本项目所学基本命令，完成课堂实例练习。
2. 制作简单室内设计模型，合理使用灯光和摄像机模拟出真实的效果。
3. 设计制作两室两厅室内效果漫游动画。

项目七

添加环境与效果

项目描述

通过前面的学习读者已经掌握了灯光及摄像机的使用方法与技巧，本项目学习的内容环境与效果设置在动画制作中具有同样重要的作用。读者感觉自己的作品缺乏艺术表现力、没有真实感或缺少足够的气氛，原因之一就在于忽视了场景的环境与效果的表现。3ds Max能够创建各种增加场景真实感的气氛。

学习目标

视频

环境与效果

【知识目标】

◎ 掌握燃烧与爆炸效果表现方法。

◎ 掌握雾效及体积雾的制作方法。

◎ 掌握体积光的表现技巧。

◎ 掌握光学特效的综合表现技巧。

【能力目标】

◎ 具备为场景模型添加逼真大气环境气氛的操作能力。

◎ 具备为场景模型添加真实的光学特效的操作能力。

◎ 具备合理掌控场景气氛的表现能力。

【素质目标】

◎ 培养学生项目制作的艺术和气氛表现能力。

◎ 提高学生审美和美学素养能力。

◎ 培养学生艺术鉴赏能力。

相关知识

一、环境——燃烧与爆炸

（一）燃烧效果

这里首先认识一下“环境”命令的控制面板。“环境”对话框的命令面板包括多层控制类型，最上面是“背景”，用来设置场景背景颜色与贴图；“全局照明”控制项；“大气”效果包含“燃烧”、“体积光”、“雾”和“体积雾”，以及每一种效果的参数区卷展栏。

选择“渲染”→“环境”命令，在“大气”卷展栏中单击“添加”按钮即可打开环境控制命令面板，如图 7-1 所示。

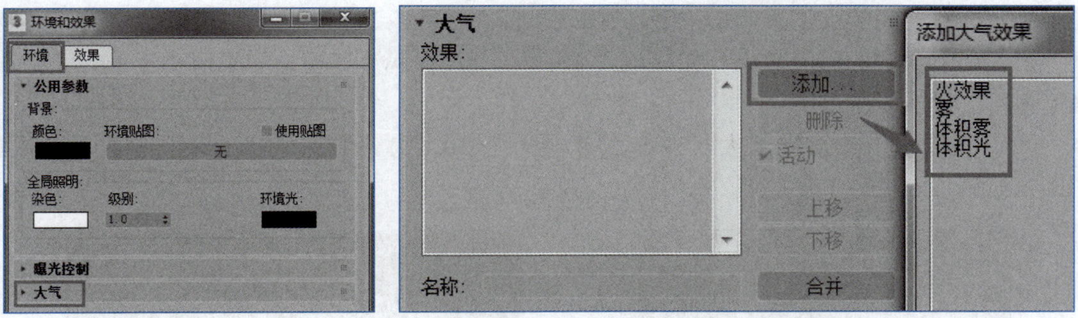

图 7-1　设置环境参数和效果

提示：

- 火舌：沿着中心使用纹理创建带方向的火焰；火焰方向沿着火焰装置的局部 Z 轴；“火舌”创建类似篝火的火焰。
- 火球：创建圆形的爆炸火焰，很适合爆炸效果。
- 拉伸：将火焰沿着装置的 Z 轴缩放。拉伸最适合火舌火焰，但是，可以使用拉伸为火球提供椭圆形状。如果值小于 1.0，将压缩火焰，使火焰更短更粗。如果值大于 1.0，将拉伸火焰，使火焰更长更细。
- 规则性：修改火焰填充装置的方式，范围为 1.0 ~ 0.0。如果值为 1.0，则填满装置，效果在装置边缘附近衰减，但是总体形状仍然非常明显；如果值为 0.0，则生成很不规则的效果，有时可能会到达装置的边界，但是通常会被修剪，会小一些。
- 火焰大小：设置装置中各个火焰的大小。装置大小会影响火焰大小：装置越大，需要的火焰也越大，使用 15.0 ~ 30.0 范围内的值可以获得最佳效果。较大的值最适合火球效果；较小的值最适合火舌效果。
- 火焰细节：控制每个火焰中显示的颜色更改量和边缘尖锐度，范围为 0.0 ~ 10.0。较低的值可以生成平滑、模糊的火焰，渲染速度较快。较高的值可以生成带图案的清晰火焰，渲染速度较慢。对大火焰使用较高的细节值。如果细节值大于 4，可能需要增大“采样数”才能捕获细节。
- 密度：设置火焰效果的不透明度和亮度。装置大小会影响密度。大装置的密度与小装置相同的情况下，因为体积更大，所以更加不透明并且更亮。
- “采样数”设置效果的采样率，值越高，生成的结果越准确，渲染所需的时间也越长。如果平面与火焰效果相交，出现彩色条纹的概率会提高。
- 相位：控制更改火焰效果的速率。启用“自动关键点”，更改相位值倍数。
- 漂移：设置火焰沿着火焰装置的 Z 轴的渲染方式。值是上升量（单位数）：较低的值提供燃烧较慢的冷火焰；较高的值提供燃烧较快的热火焰。为了获得最佳火焰效果，漂移应为火焰装置高度的倍数。

（二）爆炸效果

使用“爆炸”组中的参数可以自动设置爆炸动画。“爆炸”根据相位值动画自动设置大小、密度和颜色的动画。“烟雾”控制爆炸是否产生烟雾。启用时，“相位”值为 100 ~ 200 时，火焰色会更改为烟雾。“相位”值在 200 ~ 300 间的烟雾比较清晰。禁用时，“相位”值在 100 ~ 200 之间的火焰色非常浓密。“相位”值在 200 ~ 300 之间时，火焰会消失。“剧烈度”改变相位参数的涡流效果。如果值大于 1.0，会加快涡流速度；如果值小于 1.0，会减慢涡流速度。操作步骤如下：

（1）在场景中放置球形大气装置，“半径”为 30，为其添加燃烧效果。参数与效果如图 7-2 所示。

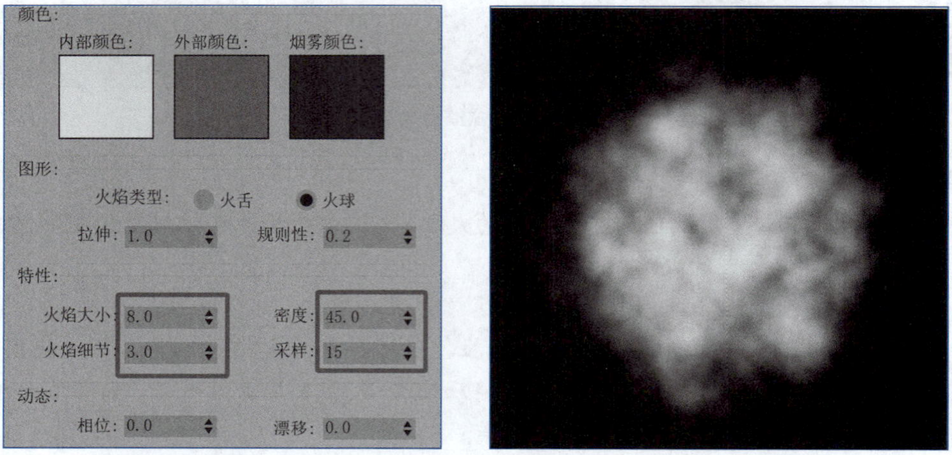

图 7-2　火球参数与效果

（2）勾选爆炸与烟雾选项，设置爆炸，显示“设置爆炸相位曲线”对话框。输入开始时间 0 和结束时间 100，设置相位动画 0 ~ 300，漂移动画 0 ~ 100。设置完参数，渲染动画观察效果。参数设置与静帧画面效果如图 7-3 所示。

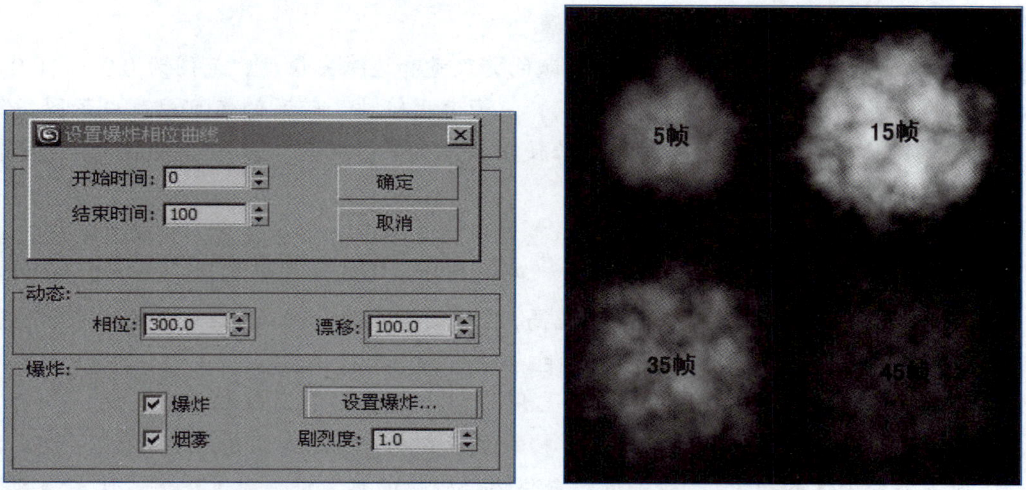

图 7-3　爆炸效果参数设置和效果静帧画面

二、环境效果——雾与体积雾

选择“渲染”→“环境”命令，在“大气”卷展栏中单击“添加”按钮即可打开环境控制命令面板。

（一）雾效

使对象随着与摄影机距离的增加逐渐衰减（标准雾），或提供分层雾效果，使所有场景或部分场景被雾笼罩。

1. 标准雾

（1）雾背景：是否将雾功能应用于场景的背景贴图。

（2）指数：随距离按指数增大密度。禁用时，密度随距离线性增大。

（3）近端 %：设置雾在近距范围的密度（“摄影机环境范围”参数）。

（4）远端 %：设置雾在远距范围的密度（“摄影机环境范围”参数）。

2. 分层雾

（1）顶：设置雾层的上限（使用世界单位）。“顶部”数值为 30，这与摄像机距离地面高度有关，摄像机高度为 Z 轴 32.693，在此高度下可以控制层雾效果。

（2）底：设置雾层的下限。

（3）大小：应用于噪波的缩放系数。缩放系数值越大，雾效越大。

3. 地平线噪波

（1）大小：应用于噪波的缩放系数。缩放系数值越大，雾效越大，默认设置为 20。如果希望雾效真正突出，应尝试使密度大于 100。

（2）角度：确定受影响的与地平线的角度。例如，如果角度设置为 5（合理值），从地平线以下 5° 开始，雾开始散开。此效果在地平线以上和地平线以下镜像，如果雾层高度穿越地平线，可能会产生异常结果。通常，希望雾在实际摄像机地平线以上或以下。（可以使用摄像机参数中的地平线帮助对此定位）

（3）相位：设置此参数的动画将设置噪波的动画。如果相位沿着正向移动，雾效将向上漂移（同时变形）。如果雾高于地平线，可能需要沿着负向设置相位的动画，使雾效下落。

（二）体积雾效

体积雾可用来产生场景中密度不均匀的雾，也能像分层雾一样使用噪声参数，可制作飘忽不定的云雾，很适合创建可以被风吹动的云之类的动画。

提示：

- 指数：随距离按指数增大密度。禁用时，密度随距离线性增大。只有希望渲染体积雾中的透明对象时，才应激活此复选框。如果启用“指数”，将增大“步长大小”的值，避免出现条带。
- 密度：控制雾的密度，范围为 0 ~ 20（超过该值可能会看不到场景）。
- 步长大小：确定雾采样的粒度，即雾的“细度”。步长大小较大，会使雾变粗糙（到了一定程度，将变为锯齿）。
- 最大步数：限制采样量，以便雾的计算不会永远执行。如果雾的密度较小，此选项尤其有用。如果“步长大小”和“最大步长”的值都较小，会产生锯齿。

- 噪波组：有 3 种类型：“规则”用于设置标准的噪波图案；“分形”用于设置迭代分形噪波图案；“湍流”用于设置迭代湍流图案；“反转”用于设置反转噪波效果。浓雾将变为半透明的雾，反之亦然。
- 噪波阈值：限制噪波效果。
- 均匀性：作用与高通过滤器类似。值越小，体积越透明，包含分散的烟雾泡。
- 级别：设置噪波迭代应用的次数。
- 大小：确定烟效或雾效的大小。值越小，卷越小。
- 相位：控制风的种子。如果“风力强度”的设置也大于 0，雾体积会根据风向产生动画。如果没有“风力强度”，雾将在原处涡流。
- 风力强度：控制烟雾远离风向（相对于相位）的速度。通过使相位随着大的风力强度慢慢变化，雾的移动速度将大于其涡流速度。
- 风力来源：定义风来自哪个方向。

三、环境效果——体积光

体积光提供了使用粒子填充光锥的能力，以便在渲染时光柱或者光环变得清晰可见。能够产生灯光透过灰尘和雾的自然效果，利用它可很方便地模拟大雾中汽车前灯照射路面的场景。体积光的颜色、强度、亮度和暗度、衰减和噪声属性等都很容易控制，可以明显地改变体积光的外观。

在学习“灯光和摄像机训练”项目时，已经制作了聚光灯的体积光效果，下面利用泛光灯来制作烛光的效果，如图 7-4 所示。

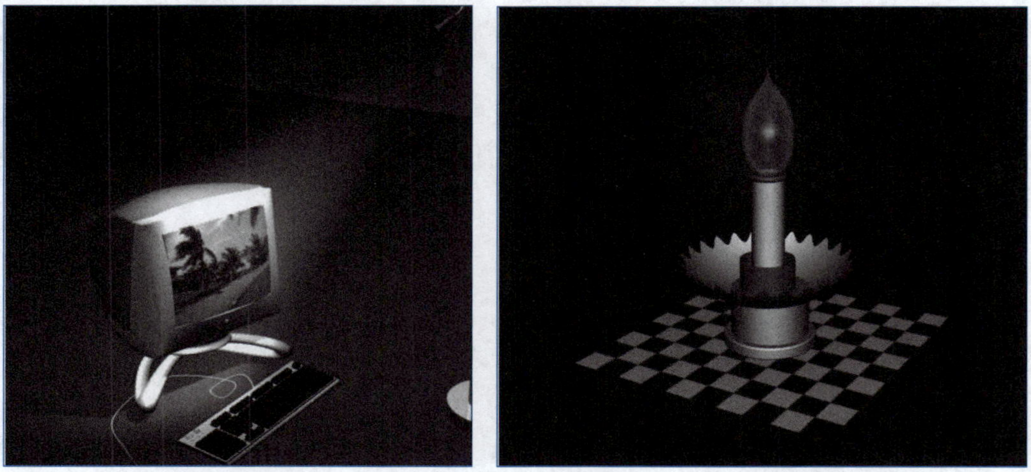

图 7-4　体积光效果

提示：

- 指数：随距离按指数增大密度。禁用时，密度随距离线性增大。只有希望渲染体积雾中的透明对象时，才应激活此复选框。
- 密度：设置雾的密度。雾越密，从体积雾反射的灯光就越多。密度为 2% ~ 6% 可能会获得最具真实感的雾体积。

- 最大亮度 %：表示可以达到的最大光晕效果（默认设置为 90%）。如果减小此值，可以限制光晕的亮度，以便使光晕不会随距离灯光越来越远而越来越浓，而出现“一片全白”。如果场景的体积光内包含透明对象，可将“最大亮度”设置为 100%。
- 最小亮度 %：与环境光设置类似。如果“最小亮度 %”大于 0，光体积外面的区域也会发光。
- 过滤阴影：用于通过提高采样率（以增加渲染时间为代价）获得更高质量的体积光渲染。其中包括以下选项：“低”不过滤图像缓冲区，而是直接采样。此选项适合 8 位图像、AVI 文件等。“中”对相邻的像素采样并求均值。对于出现条带类型缺陷的情况，这可以使质量得到非常明显的改进，速度比“低”要慢。“高”对相邻的像素和对角像素采样，为每个像素指定不同的权重。这种方法速度最慢，提供的质量要比“中”好一些。
- 使用灯光采样范围：根据灯光的阴影参数中的“采样范围”值，使体积光中投射的阴影变模糊。因为增大“采样范围”的值会使灯光投射的阴影变模糊，这样使雾中的阴影与投射的阴影更加匹配，有助于避免雾阴影中出现锯齿。
- 衰减组：此部分的控件取决于单个灯光的“开始范围”和“结束范围”衰减参数的设置。

四、效果——镜头效果

“镜头效果”可创建通常与摄像机相关的真实效果。镜头效果包括光晕、光环、射线、星形、二级光斑、条纹，如图 7-5 所示。

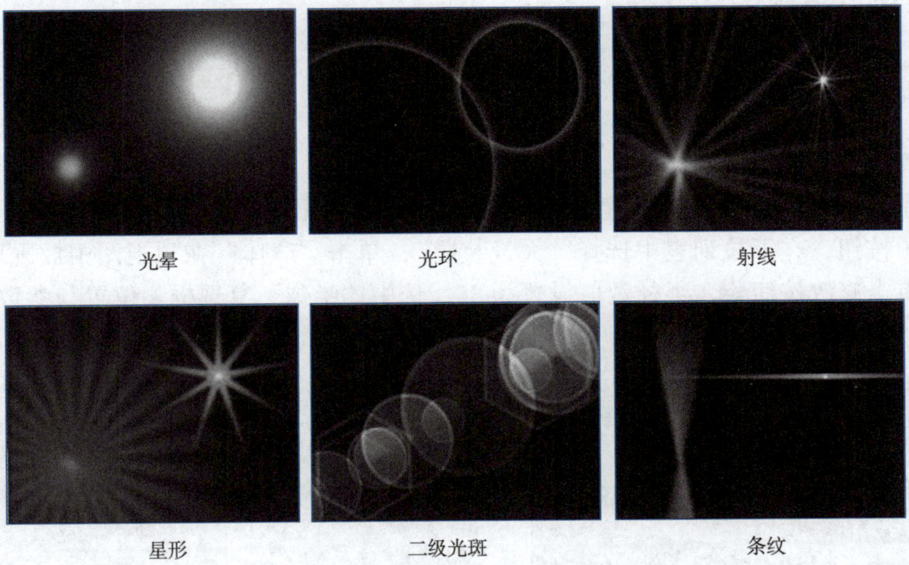

图 7-5　镜头效果

下面先认识一下“效果”命令的控制面板。“效果”对话框的命令面板包括多层控制类型，选择“渲染”→“效果”命令，单击“添加”按钮打开“添加效果”对话框，选择“镜头效果”，这样“镜头效果参数”便添加进了“效果”命令控制面板，如图 7-6 所示。

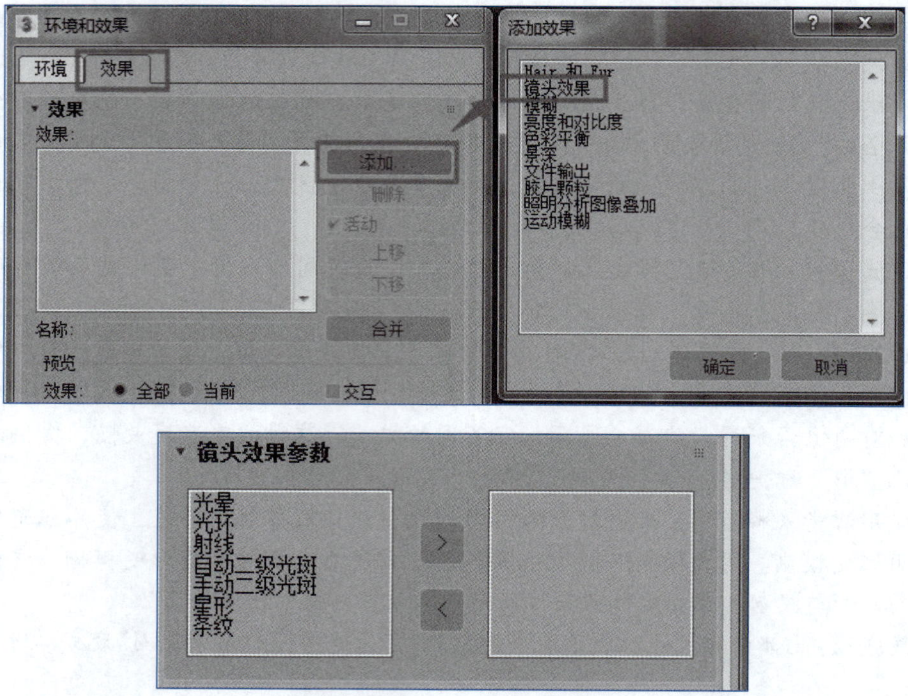

图 7-6　效果对话框

在“镜头效果参数”卷展栏中选择需要的镜头特效再单击向右的按钮。这样镜头特效就被指定给了场景物体。

项目实施

一、设置火焰效果

操作步骤如下：

（1）打开场景文件。选择素材“火焰练习场景.max”文件，单击 +（创建）（辅助对象）按钮，在下拉列表中选择“大气装置”，单击“球体”在顶视图中放置球体大气装置。单击修改按钮，半径数值设置为 35，选中“半球”复选框。位置与参数如图 7-7 所示。

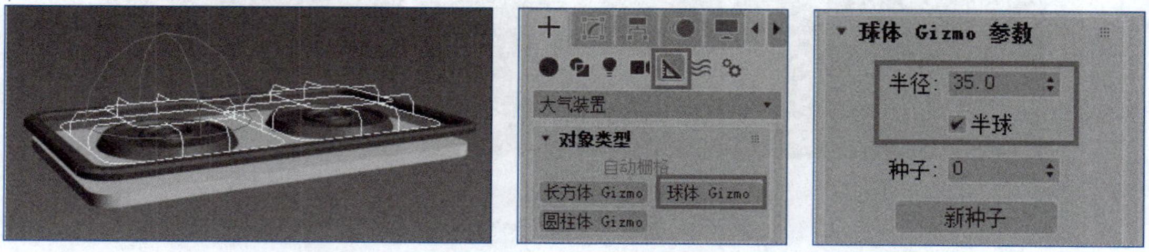

图 7-7　球体大气装置

（2）选择“渲染”→“环境”命令，在“大气”卷展栏中单击“添加”按钮，在打开的添加大气效果对话框中选择“火效果”。在 火效果参数 卷展栏中单击 拾取 Gizmo 按钮，在视图中选取半球大气装置，这样就为其添加了火焰效果。效果如图 7-8 所示。

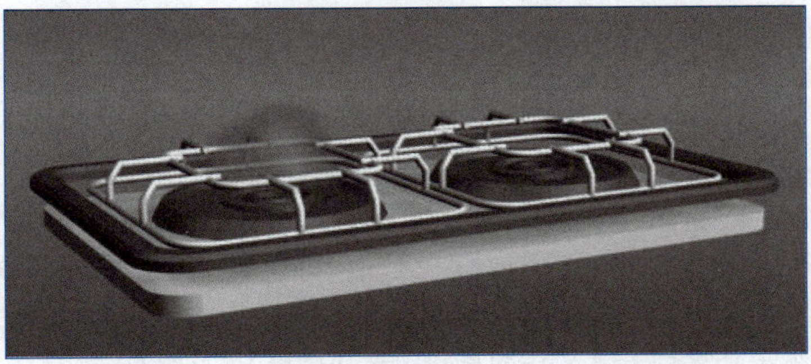

图 7-8　火焰默认参数效果

（3）这时发现火焰很小，很不形象，下面继续调整控制参数及形状。使用放缩工具在透视图中沿 Z 轴方向向上拖动，使其高度增加，如图 7-9 所示。

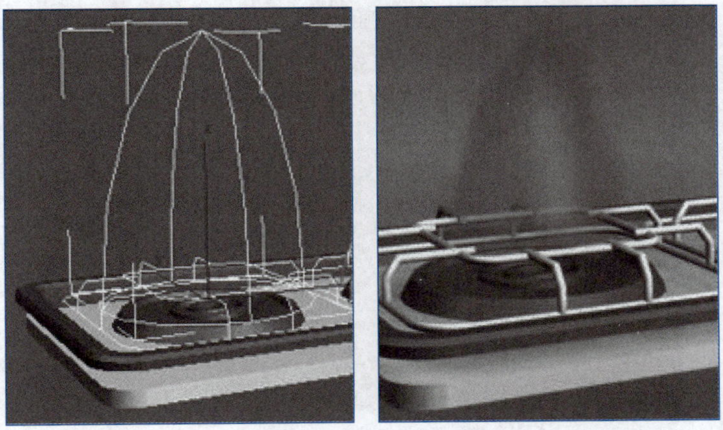

图 7-9　大气装置变形效果

（4）对火焰进行细节调整。改变火焰颜色，在“颜色”对话框中调整内部颜色为（R0，G210，B288），外部颜色为（R115，G0，B188）。设置“火焰类型”为火舌，“火焰大小”为 20，“火焰细节”为 5，“密度”为 15，“采样数”为 5，其他参数值默认。渲染观察效果，如图 7-10 所示。

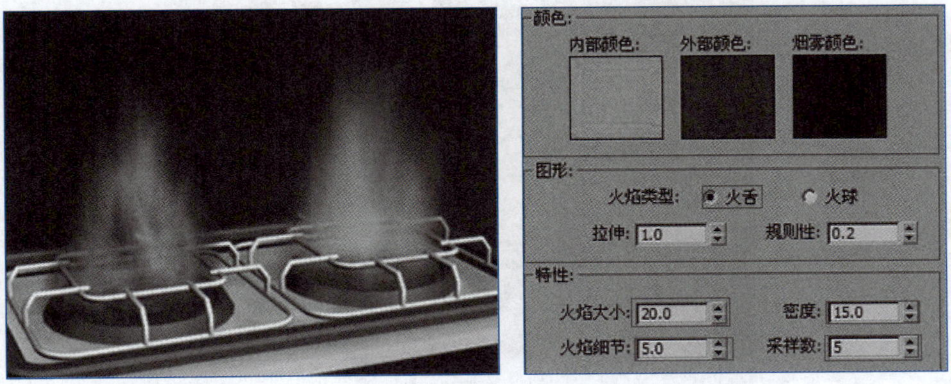

图 7-10　火焰效果对比（右边为默认参数效果）

读者可以按提示所讲解的内容在本项目中测试每项参数控制的效果，便于形象地记忆参数控制项。

二、设置雾效果

（1）打开场景文件，选择素材“雾效练习场景.max”文件，选择“渲染”→“环境”命令，在“大气”卷展栏中单击“添加”按钮，在打开的添加大气效果对话框中选择“雾”。选择摄像机点，单击“修改”按钮，在环境对话框中选中“显示”复选框，近点设置为 120，远点设置为 400。这样的设置使得距离摄像机最近的柱子不会产生雾效，从第二根柱子到最后面那根柱子后方雾效达到最浓。在“标准”设置栏中把“远端”百分比设置为 70，其他雾效参数默认。效果如图 7-11 所示。

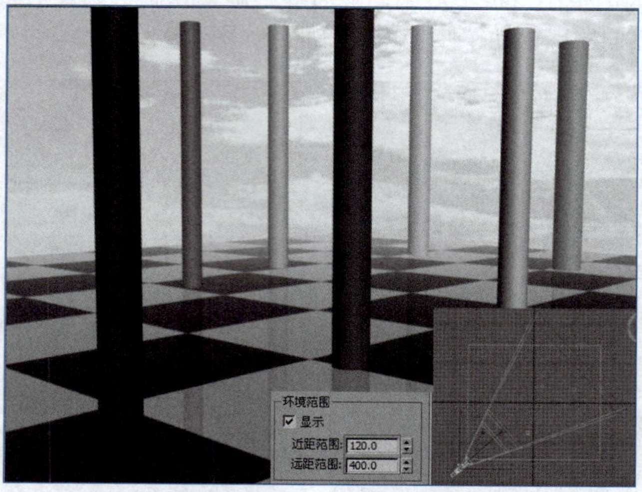

图 7-11　雾效默认参数效果

（2）改变雾的颜色（R250，G200，B150），取消对环境雾效的勾选，效果如图 7-12（a）所示。在“标准”设置栏中勾选“指数”选项，“远端”百分比分别设置为 70、100，效果如图 7-12（b）所示。

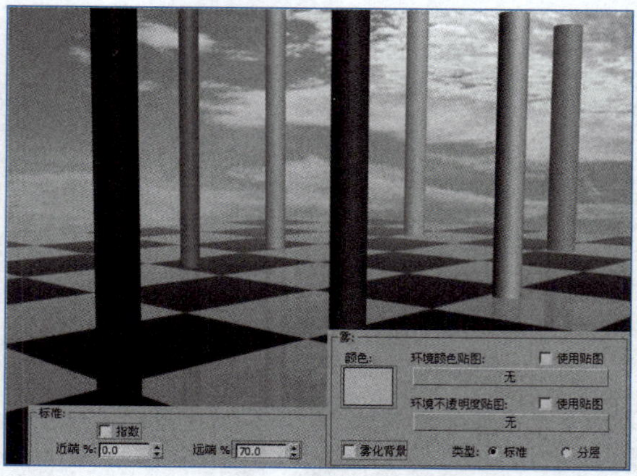

（a）设置雾的颜色

图 7-12　设置雾效果

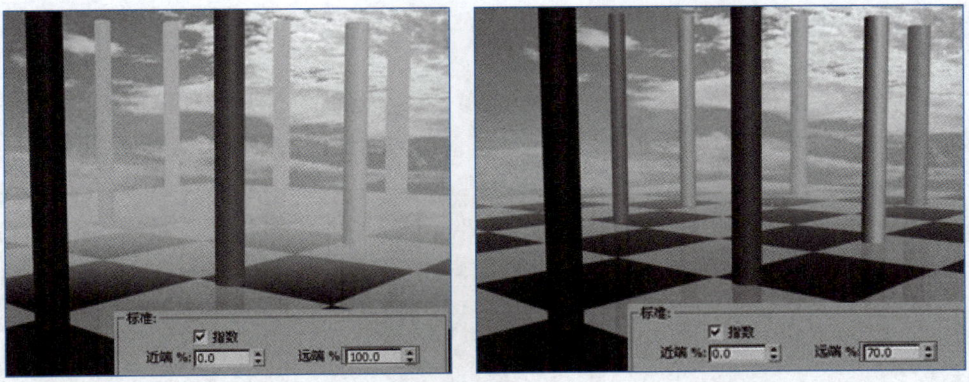

（b）设置“指数”和“远端”

图 7-12　设置雾效果（续）

（3）在“类型”中选择“分层”选项。层雾默认参数效果如图 7-13（a）所示。在“分层”栏中“顶”数值框中输入 30。参数与效果如图 7-13（b）所示。

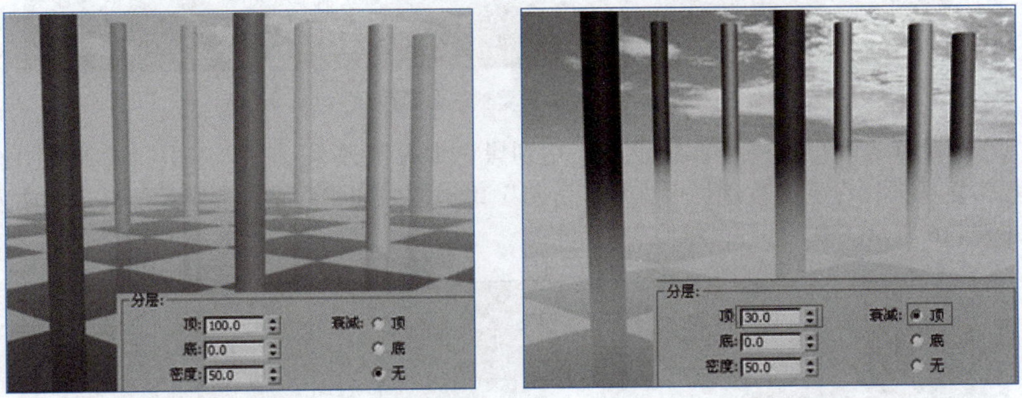

（a）层雾默认参数效果图　　（b）修改后的层雾效果

图 7-13　层雾效果图

（4）选中“地平线噪波”复选框，“大小”设置为 10，“角度”设置为 20。参数与效果如图 7-14 所示。

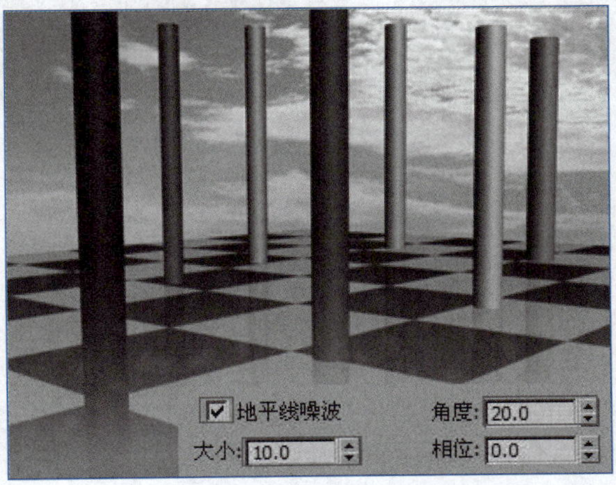

图 7-14　层雾噪波效果

三、制作场景弥漫黑烟的效果

（1）在场景中建立长方体大气装置，要求覆盖整个场景物体。在环境面板中为大气添加体积雾特效，指定大气装置。雾色改为黑色，其他参数默认，渲染观察效果，如图 7-15 所示。

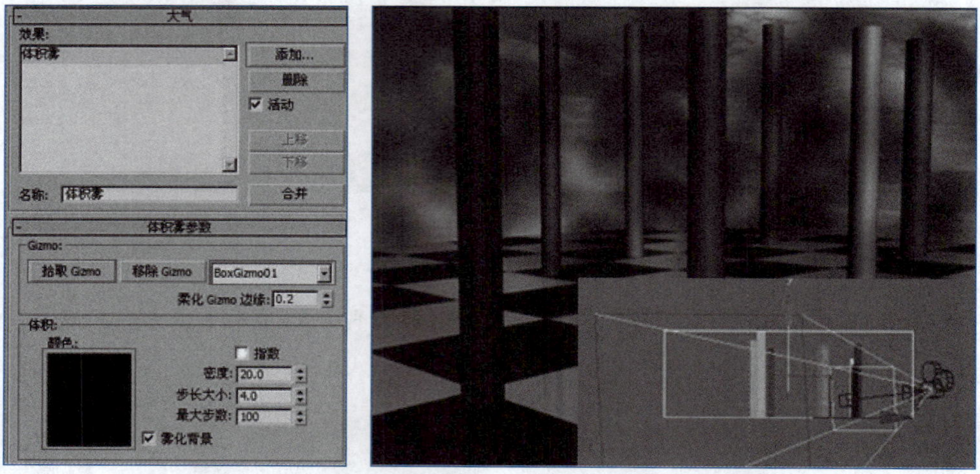

图 7-15　体积雾默认参数效果

（2）下面对体积雾进行详细设置，达到黑色烟雾的效果。在“体积”设置栏中选中“指数”复选框，在噪波控制栏中选中“分形”单击按钮和“反转”复选框。其他参数及效果如图 7-16 所示。

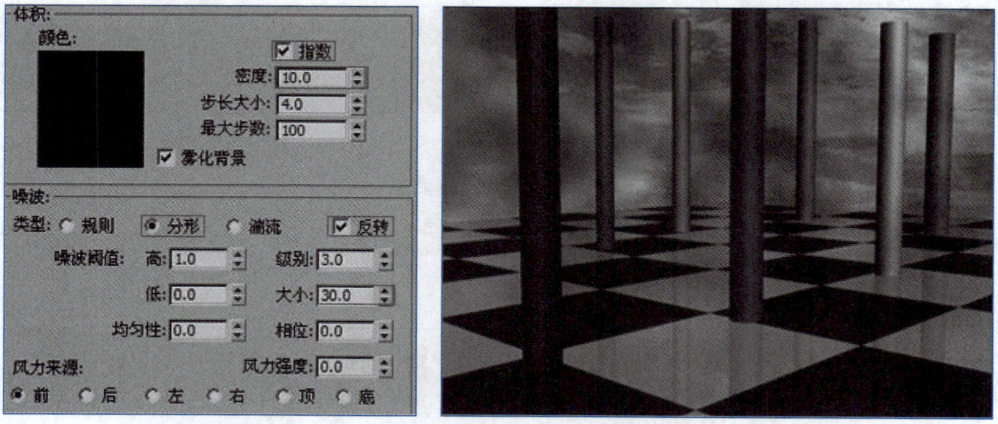

图 7-16　体积雾制作黑烟控制参数及效果

四、设置环境效果

（1）打开场景文件。选择素材“烛灯练习场景 .max”文件，选择“渲染”→“环境”命令，在“大气”卷展栏中单击“添加”按钮，在打开的添加大气效果对话框中选择“体积光”。在“灯光”控制栏中单击“拾取灯光”，在视图中选择已经建立好的一盏泛光灯。泛光灯位置及参数如图 7-17（a）所示。单击渲染观察体积光默认参数效果，如图 7-17（b）所示。

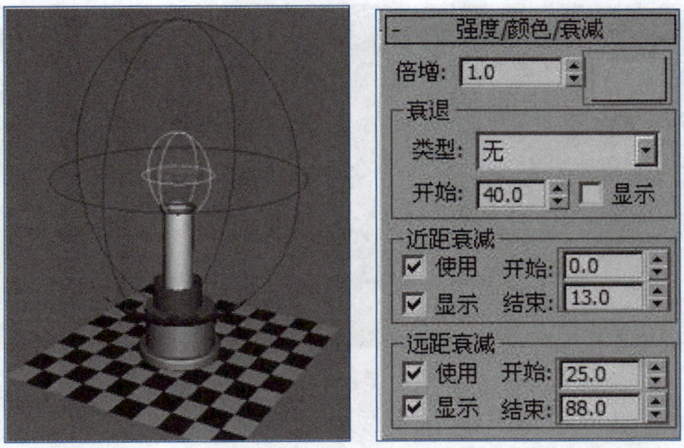

（a）泛光灯位置及参数

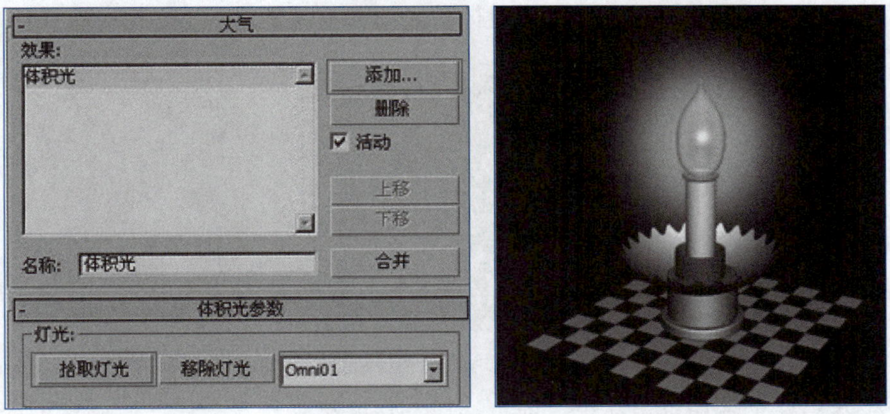

（b）默认体积光效果

图 7-17　设置泛光灯和体积光

提示： 体积光效果仍然受到灯光自身参数的限制，如灯光颜色、衰减范围、阴影属性等。

（2）观察后发现光线的体积效果表现过于夸张，下面对体积光参数进行详细设置。改变雾的颜色为红色，衰减色为黄色，其他参数默认，效果如图 7-18（a）所示。为了理解其他控制参数的作用，分别渲染观察变化，如图 7-18（b）所示。

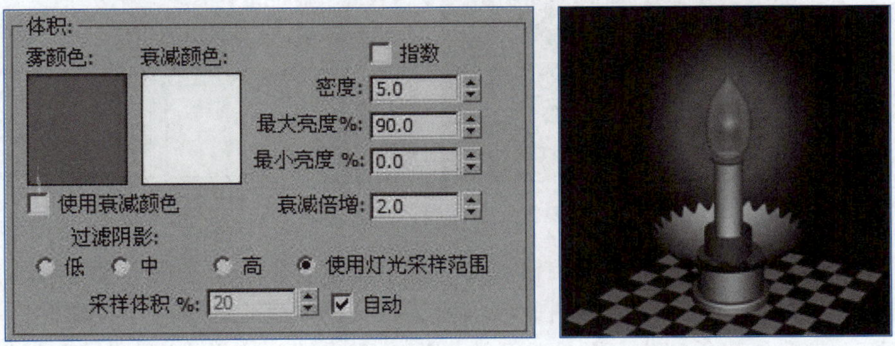

（a）红光效果

图 7-18　红光及参数变化效果

（b）参数变化效果

图 7-18　红光及参数变化效果（续）

（3）测试观察一下“噪波”控制组。此参数设置与体积雾的参数设置相同，可以参看前面项目了解相关参数。“噪波”控制组对体积光的影响效果如图 7-19 所示。

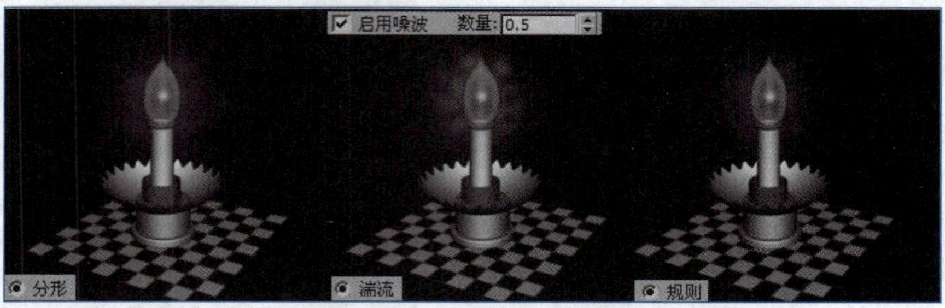

图 7-19　“噪波”控制组效果

（4）继续为烛光添加光束效果。恢复默认参数体积光颜色不变，选择泛光灯，在灯光修改卷展栏中找到 - 高级效果 控制栏，在“投影贴图”中选中“贴图”复选框，单击右边按钮打开材质 / 贴图浏览器，选择“位图”，打开素材“光束 .jpg”文件。渲染观察效果，如图 7-20 所示。

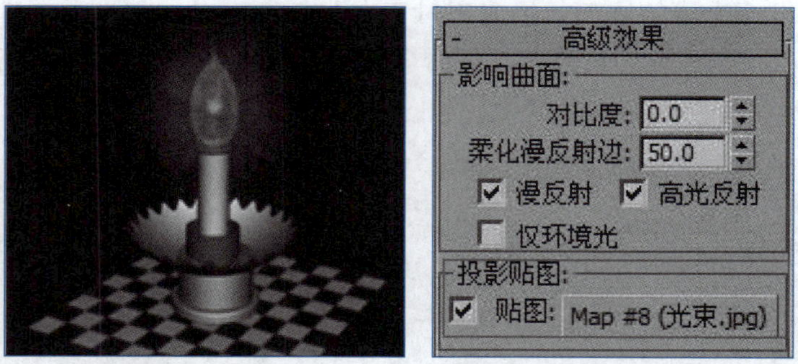

图 7-20　设置投影贴图效果

（5）此时会发现光束效果过于尖锐。这时如果降低体积光“密度”会导致光芒整体变暗，所以从“投影贴图”中调节贴图显示强度。打开材质编辑器，在“投影贴图”中拖动贴图到任意一个默认材质球中，并选择“实例”关联方法，这样在调整贴图时投影贴图也会变化。在材质编辑器中找到“输出”项目栏，并选中“启用颜色贴图”，结束点坐标设置为（X1.0，Y0.4）。观察贴图变化，烛光实例制作完成。渲染效果及参数控制如图 7-21 所示。

图 7-21　调整投影贴图效果

五、使用光晕镜头（Glow）

下面为烛灯场景设置镜头特效，观察不同效果，来学习镜头特效命令组。

（1）打开场景文件，选择素材“烛灯练习场景.max”文件，选择“渲染”→“效果”命令，单击“添加”按钮，在“添加效果”对话框中，选择“镜头效果”，在“镜头效果参数”卷展栏中选择发光镜头（Glow）效果，再点击向右的按钮，镜头特效就被指定给了场景。用户可以发现在 镜头效果全局 控制栏下面出现了 光晕元素 控制栏，如图 7-22 所示。

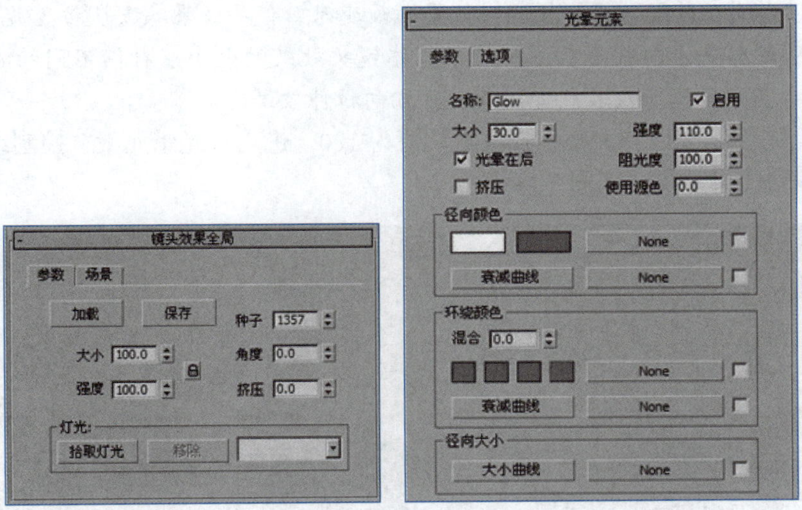

图 7-22　镜头控制组

“镜头效果全局”是通用设置项，“光晕元素”控制项中的参数跟其他镜头效果的控制作用大致相同，下面对本项目进行详细介绍。

（2）单击“拾取灯光”按钮，在场景中选择放置在灯中的泛光灯 Omini02，特效就指定给了泛光灯。在全局控制中把大小和强度值设置为 50、100、200，观察渲染效果，如图 7-23 所示。

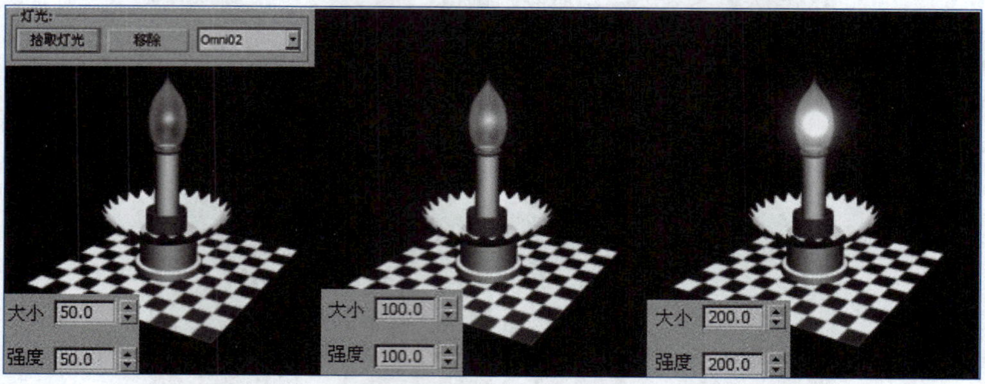

图 7-23　全局控制参数效果

提示： 所有镜头效果仍然受到灯光自身参数的限制，如灯光颜色、衰减范围、阴影属性等。

- 加载：可用于打开 LZV 文件，可以加载并使用以前的 3ds Max 会话保存的镜头效果。
- 保存：可用于保存 LZV 文件。LZV 文件格式包含从镜头效果的上一个配置保存的信息。可以保存几种类型的镜头效果，并在多个 3ds Max 场景中使用。
- 大小：影响总体镜头效果的大小。此值是渲染帧的大小的百分比。
- 强度：控制镜头效果的总体亮度和不透明度。值越大，效果越亮越不透明；值越小，效果越暗越透明。
- 种子：为“镜头效果”中的随机数生成器提供不同的起点，创建略有不同的镜头效果，而不更改任何设置。
- 角度：影响在效果与摄影机相对位置的改变时，镜头效果从默认位置旋转量。
- 挤压：在水平方向或垂直方向挤压总体镜头效果的大小，补偿不同的帧纵横比。正值在水平方向拉伸效果，负值在垂直方向拉伸效果。

（3）在全局控制中设置大小和强度默认值为 100，进入“光晕元素”控制组中，分别调整参数值，观察渲染效果，如图 7-24 所示。

图 7-24　光晕元素参数变化

提示：

- 光晕在后：提供可以在场景中的对象后面显示的效果。
- 阻光度：确定镜头效果场景阻光度参数对特定效果的影响程度。输入的值确定将应用“镜头效果全局”面板中设置的哪个阻光度百分比。
- 使用源色：将应用效果的灯光或对象的源色与“径向颜色”或“环绕颜色”参数中设置的颜色或贴图混合。

（4）调整“径向颜色”控制组，观察发光特效颜色变化，如图 7-25 所示。

（a）颜色调整效果

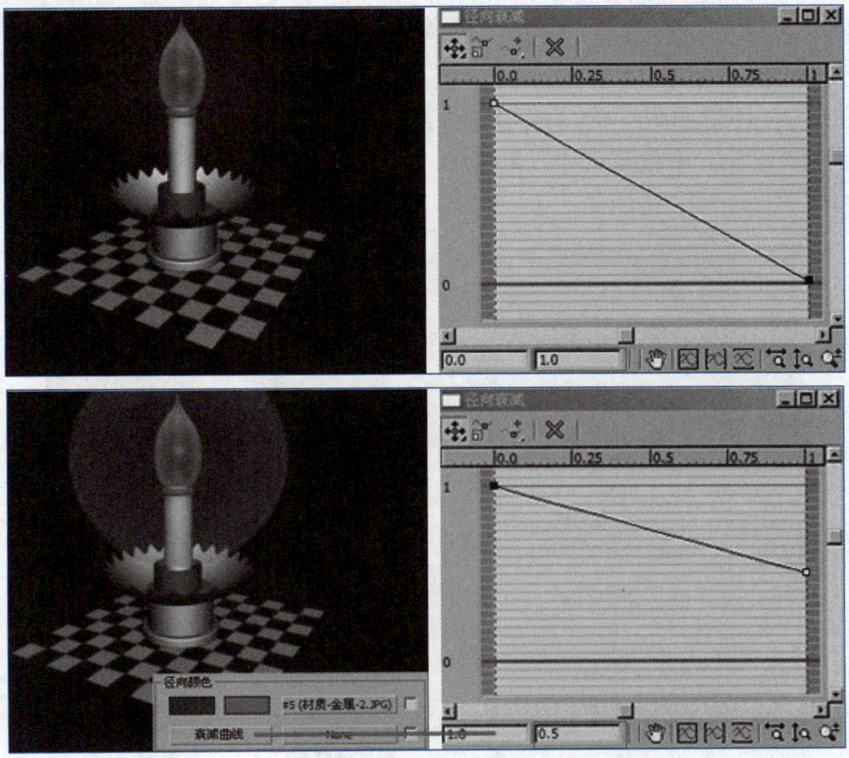

（b）衰减曲线调整效果

图 7-25　调整发光特效颜色

（5）调整“环绕颜色”控制组，观察发光特效颜色变化。“混合”数值为 0 ~ 100：设置为 0，将只使用“径向颜色”中设置的值；如果将微调器设置为 100，将只使用“环绕颜色”，如图 7-26 所示。

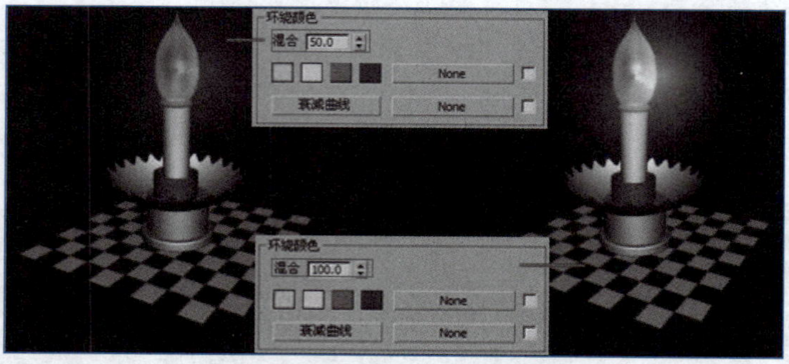

图 7-26　环境颜色调整效果

（6）镜头特效不仅可以使灯光产生特效，同样也可以作用于场景物体。前提是必须制定了物体 ID 号或者材质的 ID 号。单击“选项”控制组，“图像源”控制组中有“对象 ID”和“材质 ID”两组选项控制框，如图 7-27 所示。

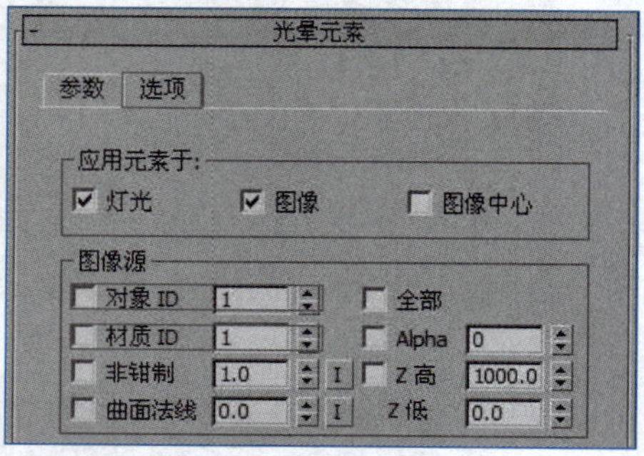

图 7-27　选项控制组

（7）学习如何指定“对象 ID”和“材质 ID”来影响发光特效。在场景中右击灯柱物体（Cylinder03），选择“对象属性”命令，在打开的“对象属性”对话框中找到“G 缓冲区”，把“对象 ID”设置为 5。在环境面板中为灯座物体添加“发光特效”，在“光晕元素”控制中单击“选项”，在“图像源”中设置选中“对象 ID”复选框，数值输入 5。这样发光特效就指定给了灯座物体，如图 7-28 所示。

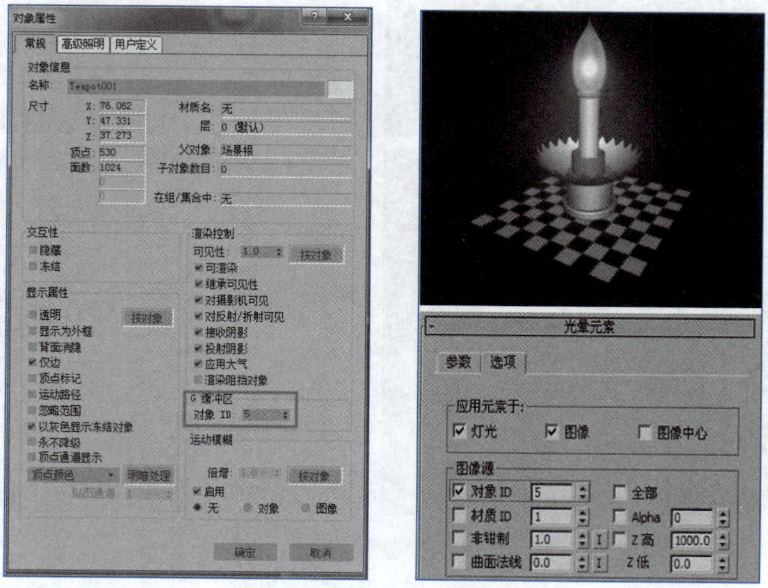

图 7-28　利用对象 ID 控制发光特效

（8）学习如何通过“材质 ID”影响发光特效。在材质编辑器中选择灯罩材质，并设置其材质 ID 为 4 号。在“光晕元素”控制中单击“选项”，在“图像源”中选中“材质 ID”，数值输入 4。这样发光特效就指定给了灯座物体和灯罩物体。渲染观察，可以发现灯座和灯罩同时发光，如图 7-29 所示。

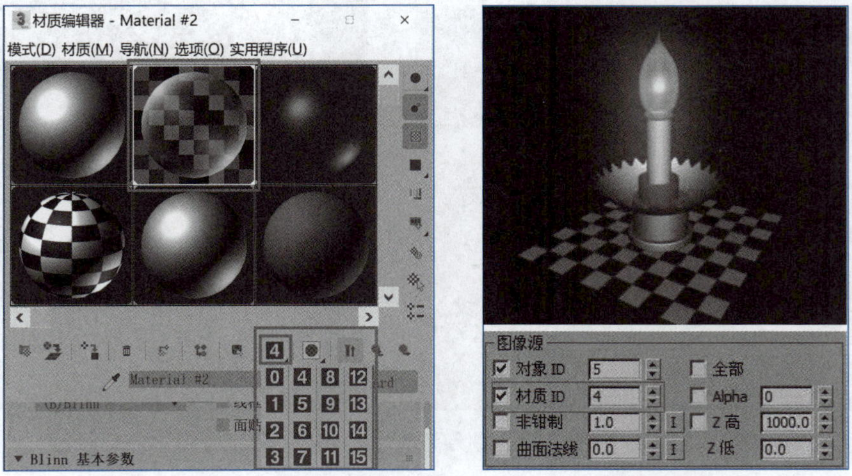

图 7-29　利用材质 ID 控制发光特效

到此，对发光特效进行了详细讲解，其他的镜头特效控制项基本相同。下面通过实例认识一下其他镜头特效的魅力。

六、使用光环镜头（Ring）

打开场景文件，选择素材“烛灯练习场景 .max”文件，选择“渲染”→“效果”命令，单击“添加”按钮，在“添加效果”对话框中选择“镜头效果”，在“镜头效果参数”卷展栏中选择光环镜头（Ring）效果，再单击向右的按钮，镜头特效就被指定给场景。单击“拾取灯光”按钮在场景中选择放置在灯中的泛光灯 Omini01，特效就指定给了泛光灯。光环效果如图 7-30 所示。

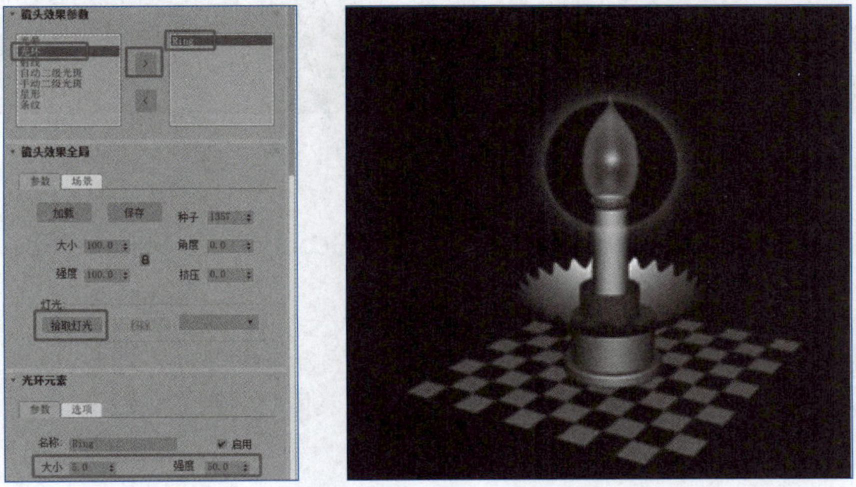

图 7-30　光环镜头（Ring）效果

七、使用射线镜头（Ray）

在“镜头效果参数”卷展栏中选择射线镜头（Ray）效果，再单击向右的按钮，镜头特效就被指定给了场景。参数与效果如图 7-31 所示。

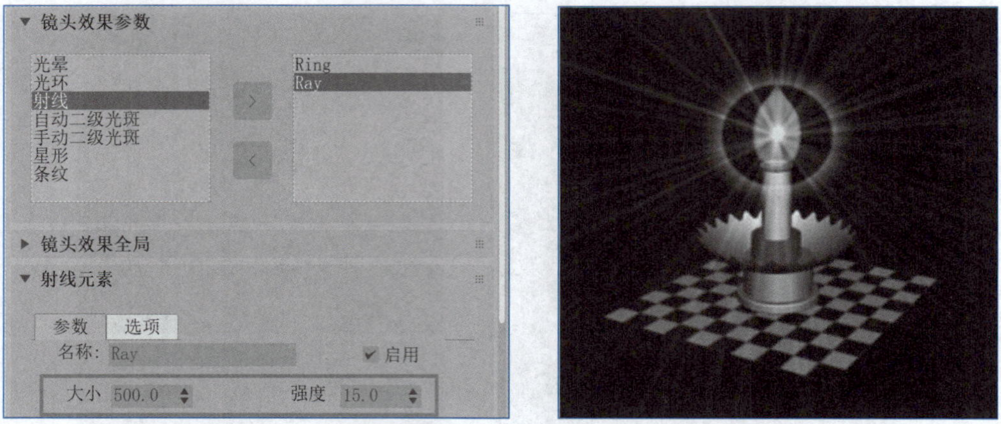

图 7-31　射线镜头（Ray）效果

八、使用星形镜头（Star）

在“镜头效果参数”卷展栏中选择星形镜头（Star）效果，再单击向右的按钮，镜头特效就被指定给了场景。改变“径向颜色”为蓝色，参数与效果如图 7-32 所示。

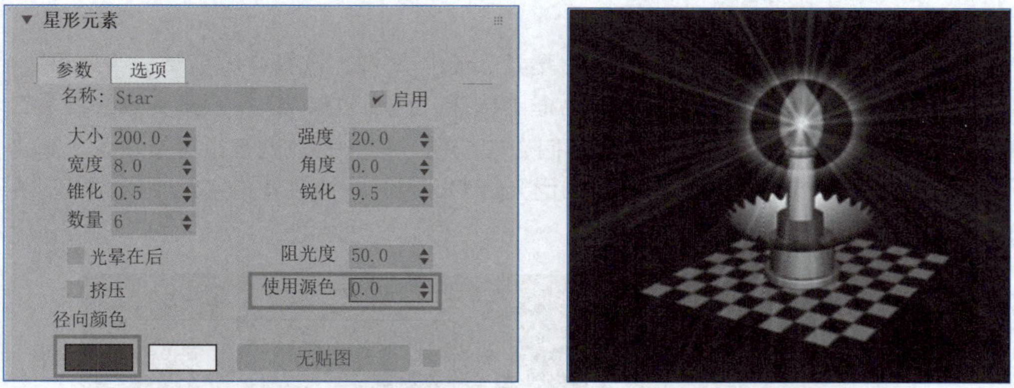

图 7-32　星形镜头（Star）效果

九、使用自动和手动二级镜头（Auto Secondary & Manual Secondary）

在“镜头效果参数”卷展栏中选择自动二级镜头（Auto Secondary）效果，再单击向右的按钮，镜头特效就被指定给了场景。3ds Max 系统自动生成自动二级镜头效果，而手动二级镜头可以自由添加多个光圈效果，其参数设置较为具体。参数与效果如图 7-33 所示。

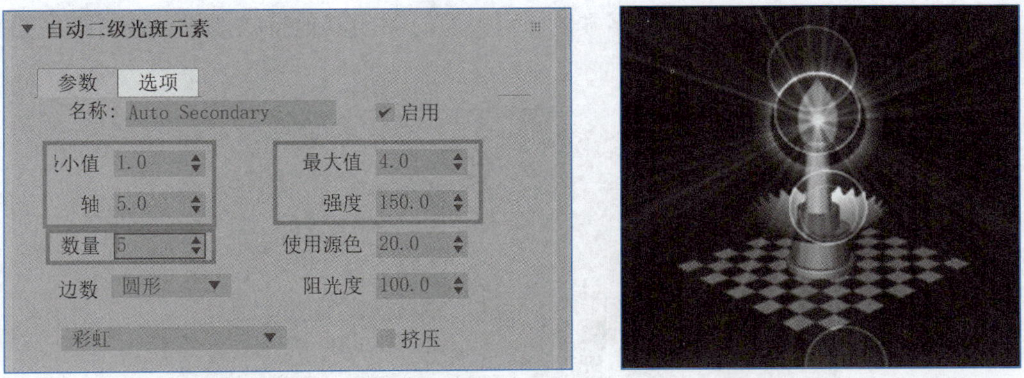

（a）自动二级镜头（Auto Secondary）效果

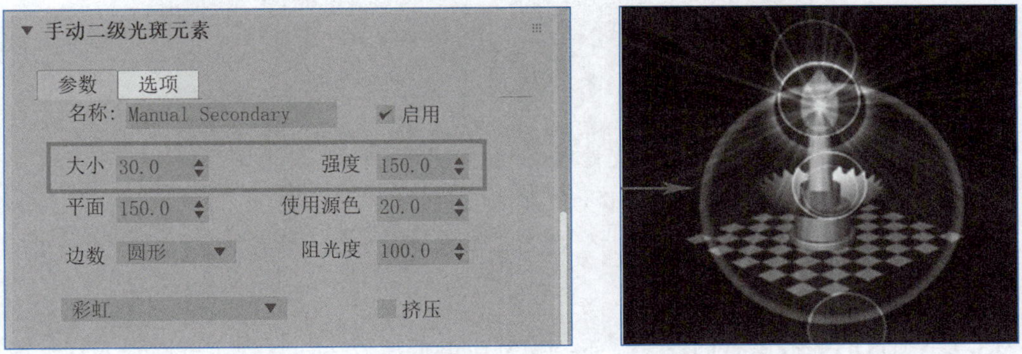

（b）手动二级镜头（Manual Secondary）效果

图 7-33　自动和手动二级镜头效果

十、使用条纹镜头（Streak）

（1）在“镜头效果参数”卷展栏中选择条纹镜头（Streak）效果，再单击向右的按钮，镜头特效就被指定给了场景。“强度”增大到 100，设置使用“源色”值为 0，改变“径向颜色”为蓝色，参数与效果如图 7-34 所示。

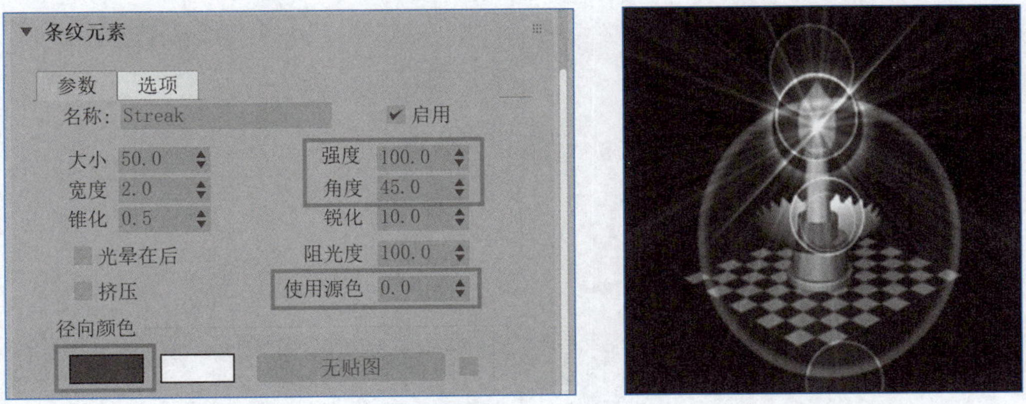

图 7-34　条纹镜头（Streak）效果

（2）在实例中运用了多种镜头特效，是按照添加特效的顺序依次执行计算的，所以多种特效可以叠加显示。如果为了观察方便，可以暂时关闭其他特效效果，或者彻底丢掉特效，如图 7-35 所示。

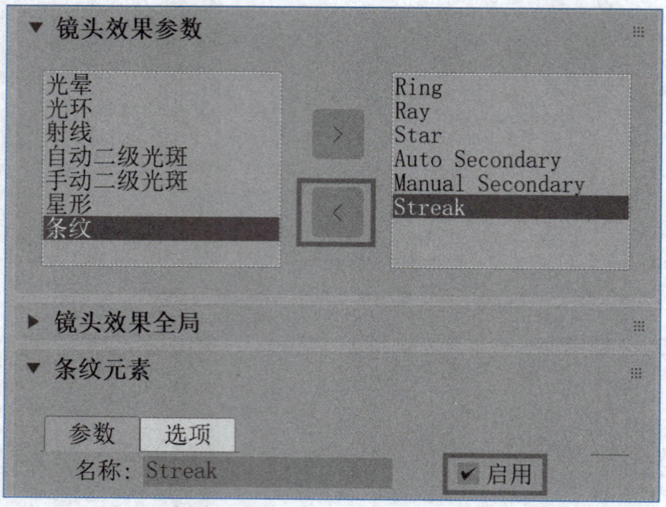

图 7-35　删除与关闭特效

项目总结

通过本项目的学习读者已经掌握了环境效果的使用方法与技巧，可以很大程度地增加作品的艺术表现力和真实感。这些效果比后期软件制作更加真实，更有空间感。

项目练习

1. 复习本项目所学的基本命令，完成课堂实例练习。
2. 制作油漆桶爆炸的火焰效果。
3. 制作夜晚路灯的镜头特效效果。

项目八

基础动画训练

项目描述

使用 3ds Max，可以为各种应用创建 3D 动画，可以为计算机游戏设置角色或场景动画，为电影或广播设置特效动画等。无论设置动画的原因何在，都会发现 3ds Max 是一个功能强大的环境，可以实现各种目的。本项目将学习 3ds Max 基础动画的制作方法。

学习目标

【知识目标】

◎ 掌握关键帧动画设置方法。

◎ 掌握轨迹视图动画调整方法。

◎ 掌握动画控制器的设置方法。

【能力目标】

◎ 具备关键帧动画制作能力。

◎ 具备动画的调整能力。

◎ 具备动画控制器调整能力。

◎ 具备动画渲染输出能力。

【素质目标】

◎ 培养学生对动态事物的观察能力。

◎ 培养学生独立思考、认真探索、树立自信的能力。

◎ 培养学生善于发现、勇于创新的精神。

相关知识

一、关键帧动画

在 3ds Max 中，关键帧动画的制作方法是首先创建记录每个动画序列起点和终点的关键帧，通常把这些关键帧的值称为关键点，而 3ds Max 软件将会自动地计算每个关键点值之间的插补值，从而生成完整动画。

使用关键帧动画，可以设置任何对象变换参数的动画。随着时间的变化，改变其位置、旋转和缩放，就可以记录动画。除了可以为对象的位置、旋转和缩放设置动画，几乎还可以为所有能够影响对象的形状与外表的参数设置制作动画。

制作关键帧的方法如下：

（一）自动关键帧模式

单击右下方动画控制区中的自动按钮。

启用“自动关键点”具有以下效果：“自动关键点”按钮、时间滑块和活动视口边框都变成红色以指示处于动画模式。只要变换对象或更改可设置动画的参数，3ds Max 就会在时间滑块位置所示的当前帧创建关键点。

（二）手动关键帧模式

单击右下方动画控制区设置关键点按钮。

启用“设置关键点”具有以下效果：“设置关键点”按钮、时间滑块和活动视口边框都变成红色以指示处于动画模式。但这时变换对象或更改可设置动画的参数，3ds Max 并不会直接创建关键点，需要单击+按钮才会创建关键点。配合过滤器...可以更加灵活地控制对哪些参数设置动画关键点。

视频

控制器动画

二、控制器动画

控制器是 3ds Max 中用来处理动画任务的插件。具体来说，控制器可以：

（1）存储动画关键点值。

（2）存储程序动画设置。

（3）在动画关键点值之间插值。

大多数可设置动画的参数在设置它们的动画之前不接收控制器。在启用“自动关键点”按钮的情况下在除第 0 帧之外的任意帧处更改可设置动画的参数，或者单击该参数轨迹以选择“曲线编辑器”→“添加关键点”之后，3ds Max 就会向参数指定默认控制器。

可在以下两个不同位置直接使用控制器：

（1）轨迹视图：控制器在“层次”列表中由各种控制器图标指示。每个控制器都具有自己的图标。使用“轨迹视图”可以对所有对象和所有参数查看和使用控制器，如图 8-1 所示。

（2）“运动”面板：包含为了使用变换控制器的特殊工具。“运动”面板包含许多同样的控制器功能，如曲线编辑器、加号控制，以及使用 IK 解算器这样的特殊控制器。使用“运动”面板可以查看和使用一个选定对象的变换控制器，如图 8-2 所示。

动画控制器分为以下类别：

（1）浮点控制器：用于设置浮点值的动画。

（2）Point3 控制器：用于设置三组件值的动画，如颜色或 3D 点。

（3）位置控制器：用于设置对象和选择集位置的动画。

（4）旋转控制器：用于设置对象和选择集旋转的动画。

（5）缩放控制器：用于设置对象和选择集缩放的动画。

（6）变换控制器：用于设置对象和选择集常规变换（位置、旋转和缩放）的动画。

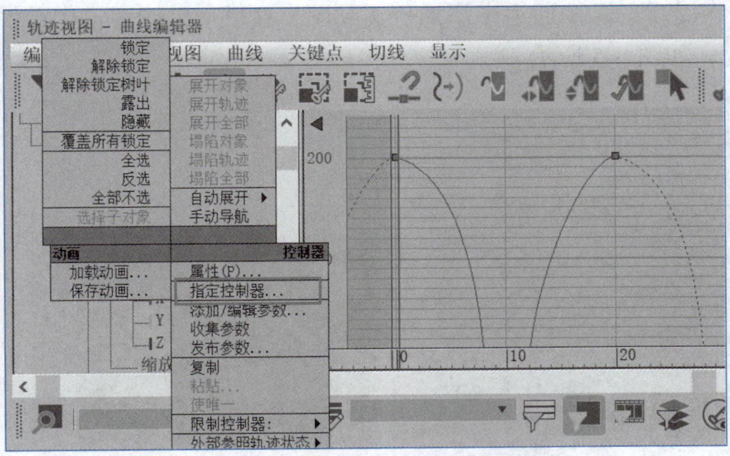

图 8-1　轨迹视图中指定控制器

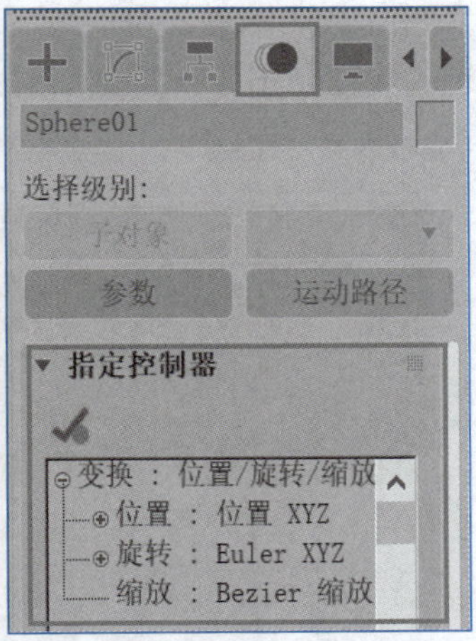

图 8-2　运动面板中指定控制器

项目实施

视 频

基础动画训练–弹跳的球

一、基本动画项目训练——弹跳的球

（一）场景创建

（1）单击（创建）→（几何体）按钮，在透视图中创建球体，设置球体的半径为 45。创建长方体作为球体运动的地面，设置其长、宽、高分别为 2220、2800、-10，如图 8-3 所示。在场景中创建目标摄像机，调整摄像机角度，并将透视图调整为摄像机视图。

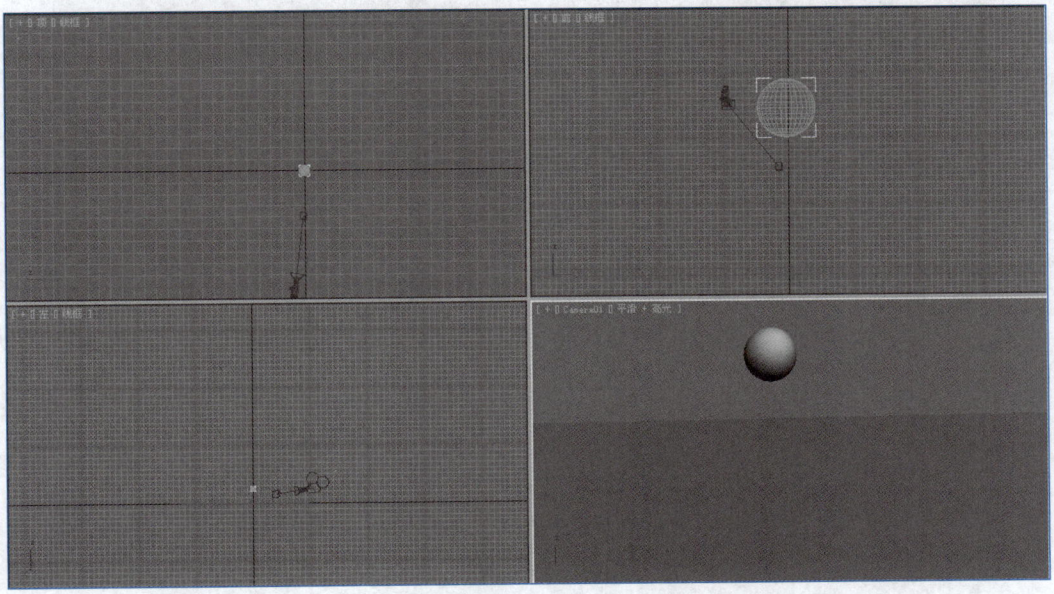

图 8-3　创建基本场景

（2）单击“材质编辑器”按钮，打开材质编辑器窗口。单击第一个示例窗，将其命名为“球”，在漫反射贴图通道添加棋盘格贴图，设置其颜色，如图 8-4 所示。单击第二个

示例窗，将其命名为“地面”，在漫反射贴图通道中添加位图贴图，在反射贴图通道中添加光线跟踪贴图，设置其反射强度，如图 8-5 所示。

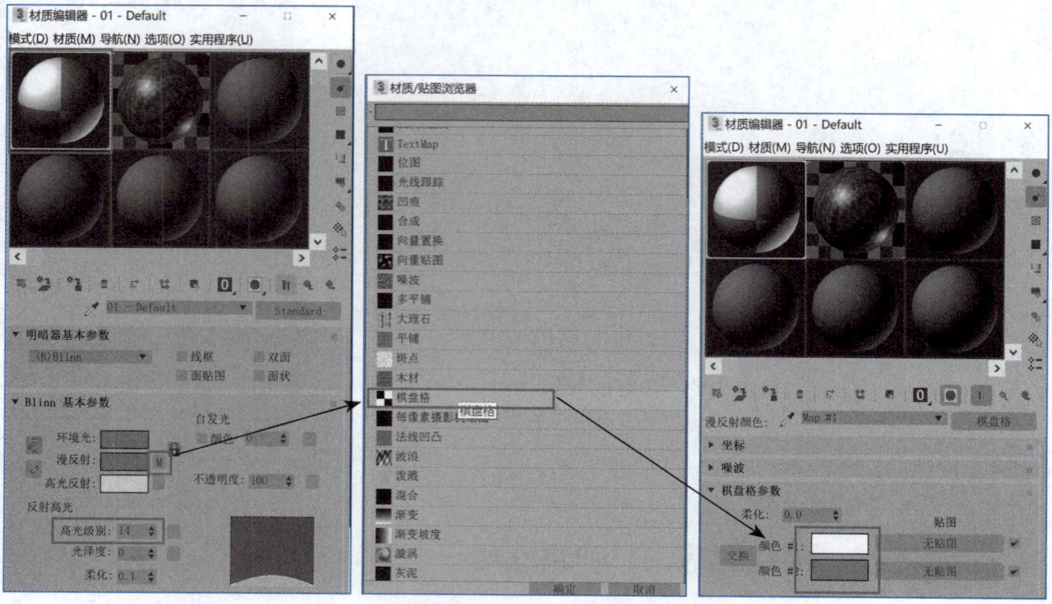

图 8-4 “球”材质制作

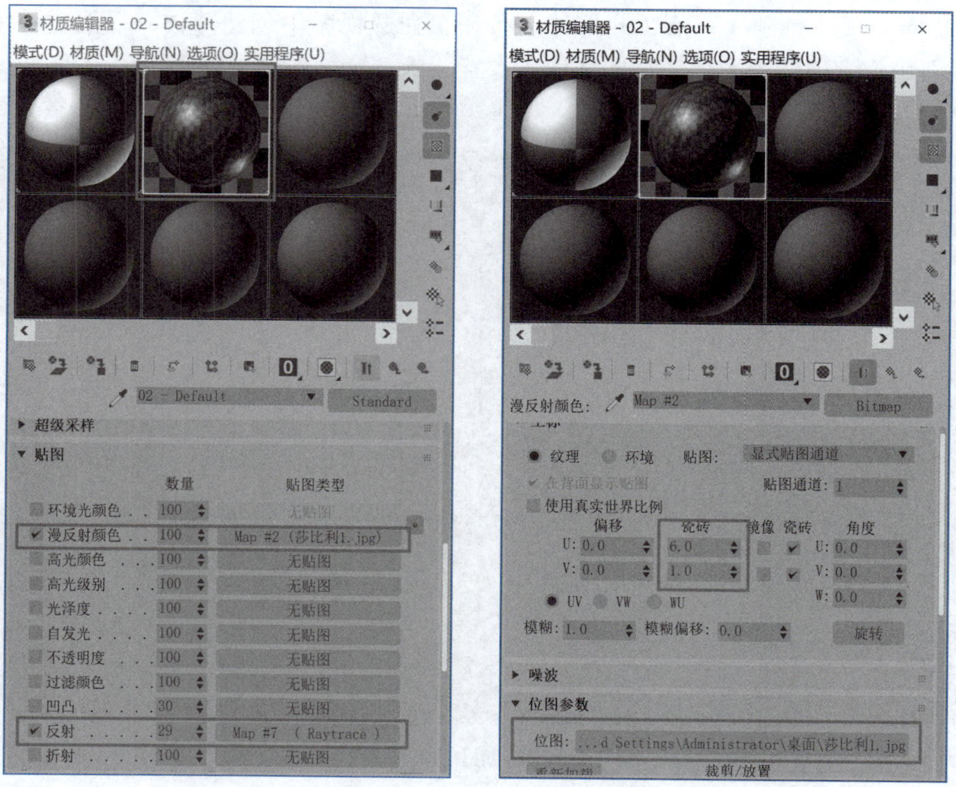

图 8-5 “地面”材质制作

（3）在场景中创建灯光，设置灯光参数，照亮场景，如图 8-6 所示。

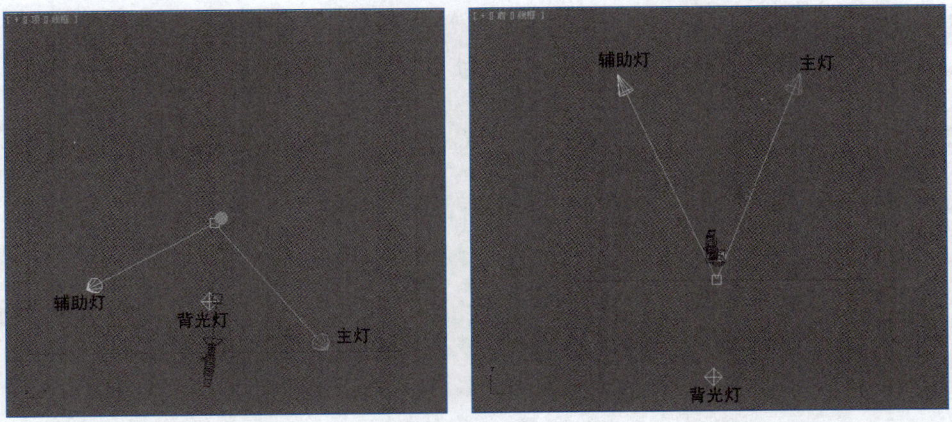

图 8-6　场景灯光设置

（二）关键帧动画制作

（1）选择球体，单击（层次）面板，选择“仅影响轴”，单击主工具栏中的对齐按钮，再次单击球体，设置对齐参数，如图 8-7 所示。

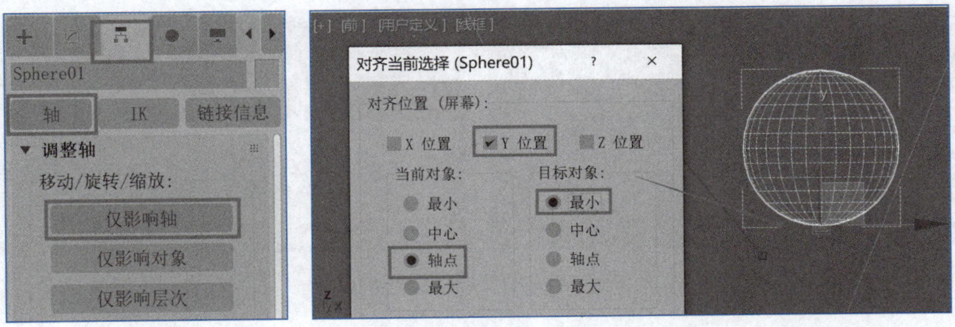

图 8-7　设置球体轴心点

（2）启用“自动关键点”按钮开始创建动画，设置当前时间为第 0 帧，选择球体，上移 200 个单位，如图 8-8 所示。

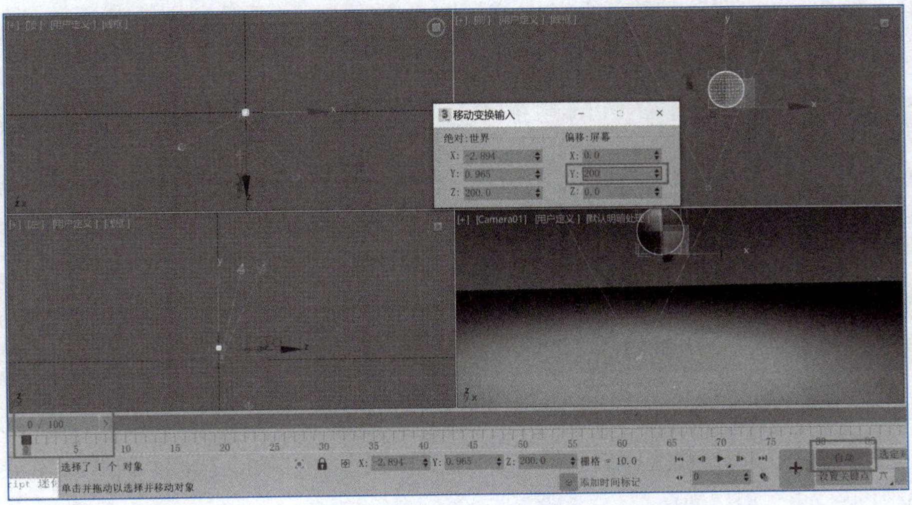

图 8-8　设置动画初始位置

（3）设置当前时间为第 8 帧，将球体下移到地面位置，0 ~ 8 帧自动创建关键帧动画，按住 Shift 键，将第 0 帧复制到第 20 帧，第 8 帧复制到 12 帧，如图 8-9 所示。

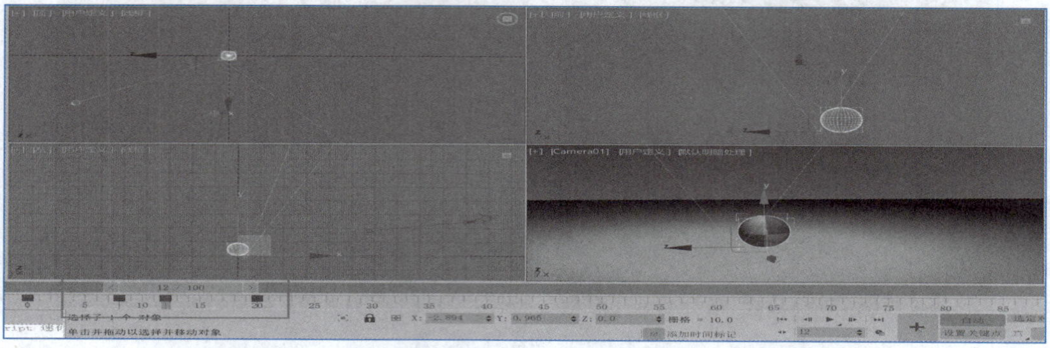

图 8-9　制作 0 ~ 20 帧关键帧动画

（4）下面制作小球变形动画，设置当前时间为第 10 帧，在前视图中将球体沿 Y 轴挤压 50% 左右，12 帧处将挤压还原 100%，如图 8-10 所示。关闭“自动关键点”按钮，结束动画制作。

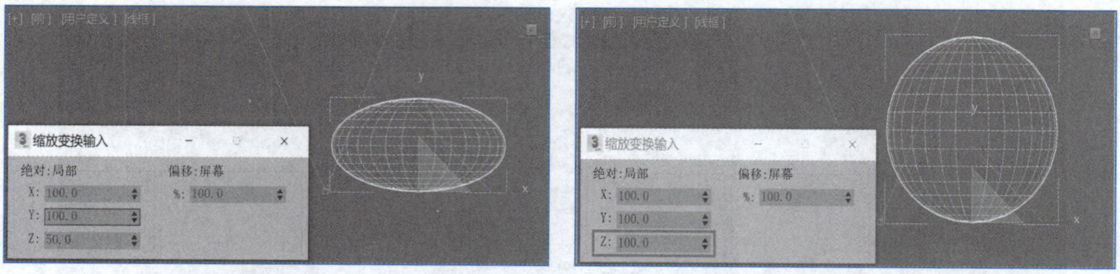

图 8-10　制作球体变形动画

（三）动画调整——轨迹视图

现在播放动画会发现制作的动画与想象的有很大差别，主要表现在小球的变形动画出现了明显的问题。用户想象的效果应该是球体与地面接触时发生变形效果，另外由于重力作用，物体会出现运动速度的变化，如图 8-11 所示。下面利用轨迹视图纠正出现的问题。

图 8-11　球体变形运动分析

（1）选择球体，单击按钮或选择“图形编辑器”→“轨迹视图 - 曲线编辑器”命令，打开轨迹视图，如图 8-12 所示。

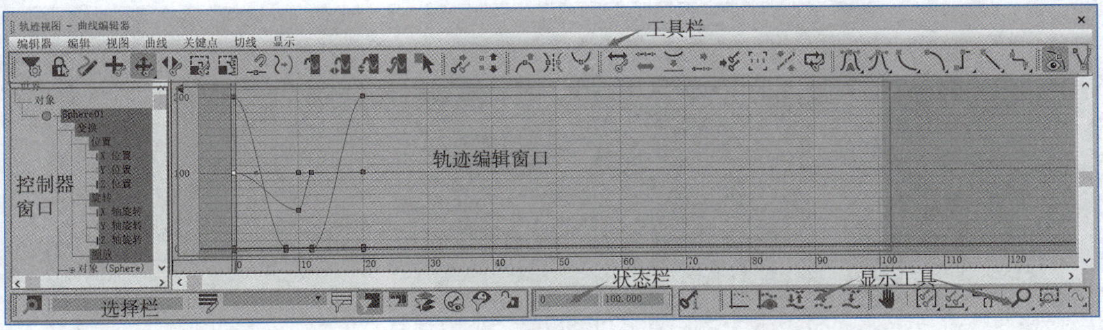

图 8-12　轨迹视图窗口

提示：

- “轨迹视图”显示生成在标准视图中看到的几何体和运动的值和时间。使用“轨迹视图”，可以非常精确地控制场景的每个方面。
- “轨迹视图”的左侧称为“控制器窗口”，显示场景中所有元素的“层次”列表。每个对象和环境效果及其关联的可设置动画参数都显示在列表中。从该列表中选择条目可对动画值进行相应更改。使用手动导航展开或折叠该列表，也可以自动展开以确定窗口中的显示。
- “轨迹视图”的右侧为“轨迹编辑”窗口，以图表形式显示随时间对参数应用的变化。“自动关键点”按钮启用时，对任何一个参数所做的任何更改都会显示为“轨迹视图”右侧的一个关键点。选择关键点可对一个或多个特定关键点进行相应更改。

（2）调整球体的运动曲线，使其速度发生变化，在“控制器”窗口展开球体的层次项，选择 Z 轴运动曲线，如图 8-13 所示。

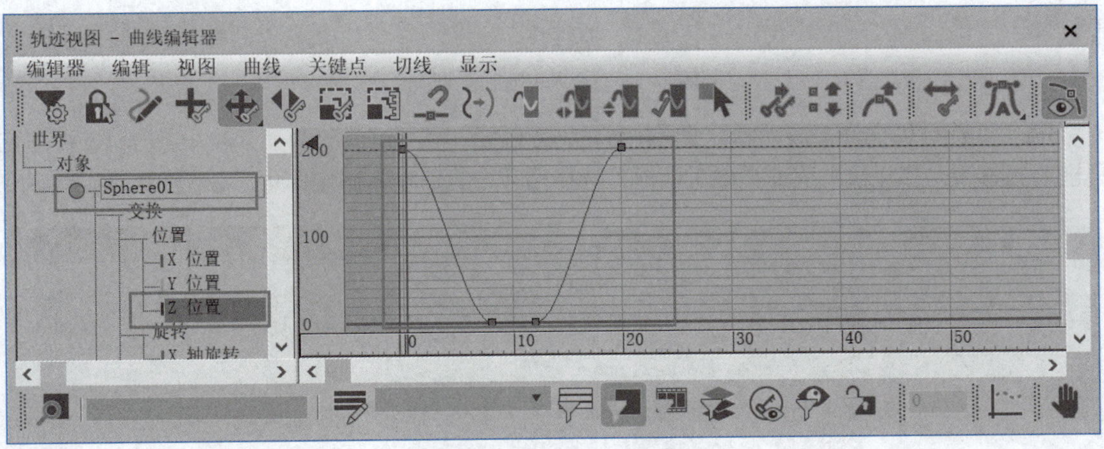

图 8-13　球体运动曲线

提示：3 个轴向为 3 个颜色的曲线，X 轴向显示红色线，Y 轴向显示绿色曲线，Z 轴向显示蓝色线。本实例中，仅有 Z 轴方向有曲线存在，X 轴、Y 轴方向是直的，说明只有 Z 轴方向有动画存在。

（3）球体的运动规律由于重力原因，0 ~ 8 帧为加速运动，12 ~ 20 帧为减速运动。下面调整其速度变化，高亮显示关键点顶点的切线，通过按下 Shift 键，分别编辑切线控制柄来调整切线，从而改变关键点处曲线形状，如图 8-14 所示。播放动画会发现动画速度已经发生了变化。

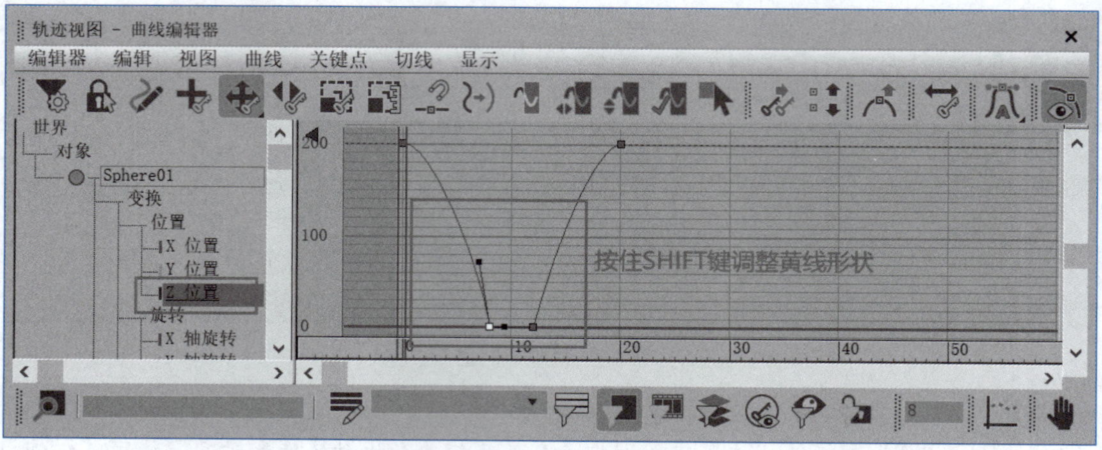

图 8-14 球体速度变化

（4）调整小球挤压动画，在“控制器”窗口展开球体的层次项，选择缩放轨迹曲线，按住 Shift 键复制第 0 帧到第 8 帧，第 12 帧到第 20 帧，如图 8-15 所示。

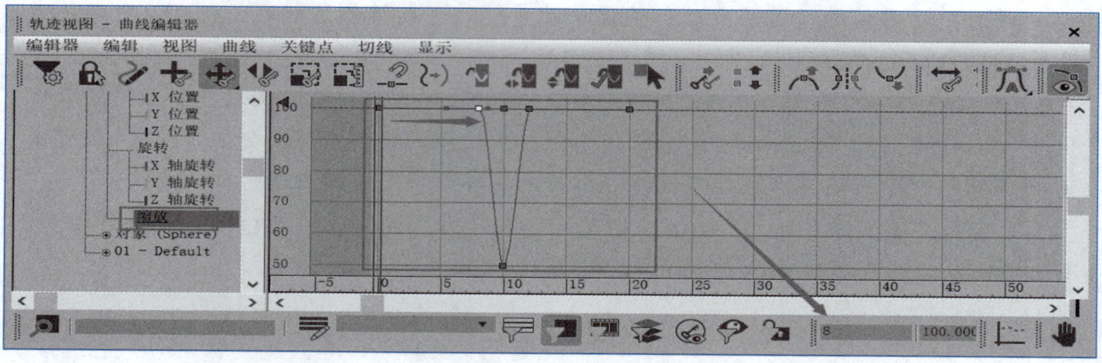

图 8-15 球体挤压动画调整

（5）制作球体循环播放动画，选择球体的“Z 位置”和“缩放”两个参数，点击轨迹视图工具栏上图标，打开超出范围类型对话框，选择循环方式，单击确定即可，如图 8-16 所示。

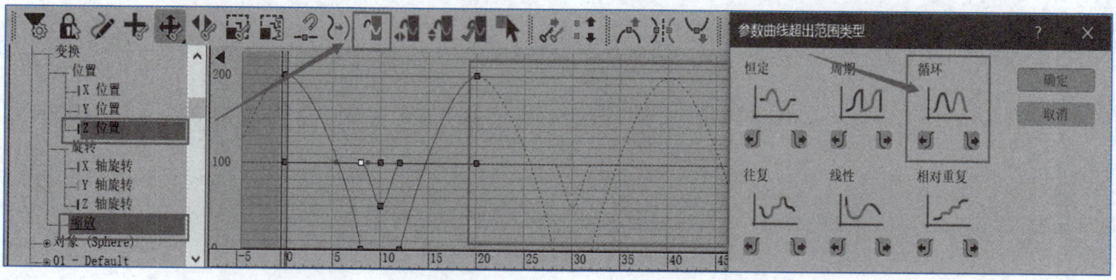

图 8-16 设置动画循环播放

提示：通过“参数曲线超出范围类型”可以指定对象在超出所定义的关键点范围后的行为。使用参数超出范围类型的典型步骤：

- 将一个对象设置为循环或周期动画。
- 在“曲线编辑器”中，选择要循环的轨迹。
- 单击“参数曲线超出范围类型”选中动画在超出范围栏所覆盖的时间段之后的行为方式。

- 在对话框中选择所要的超出范围类型的类型，然后关闭对话框播放动画。“曲线编辑器”会用虚线显示循环或周期。

提示：

- 恒定：在所有帧范围内保留末端关键点的值。如果想要在范围的起始关键点之前或结束关键点之后不再使用动画效果，请使用“恒定”。恒定是默认的超出范围类型。
- 周期：在一个范围内重复相同的动画。如果起始关键点和结束关键点的值不同，动画会从结束帧到起始帧显示出一个突然的“跳跃”效果。如果想要重复一个动画但是不需要匹配末端，请使用“周期”。
- 循环：在一个范围内重复相同的动画，但是会在范围内的结束帧和起始帧之间进行插值来创建平滑的循环。如果初始和结束关键点同时位于范围的末端，循环实际上会与周期类似。如果使用“位置范围”来扩展范围栏超出关键点，附加的长度会确定在结束帧和起始帧之间用于插值的时间量。使用带有扩展范围栏的循环来产生平滑的重复动画。
- 往复：在动画重复范围内切换向前或者向后。在想要动画切换向前或者向后时，可使用“往复”。
- 线性：在范围末端沿着切线到功能曲线计划动画的值。如果想要动画以恒定速度进入和离开指定范围，请使用“线性”。
- 相对重复：在一个范围内重复相同的动画，但是每个重复会根据范围末端的值有一个偏移。使用相对重复来创建在重复时彼此构建的动画。

（6）渲染输出动画，单击“渲染设置”按钮，打开“渲染设置”对话框，将动画渲染为 AVI 动画视频格式，参数设置如图 8-17 所示。设置好后直接单击“渲染”按钮，完成后即可播放小球跳动动画。

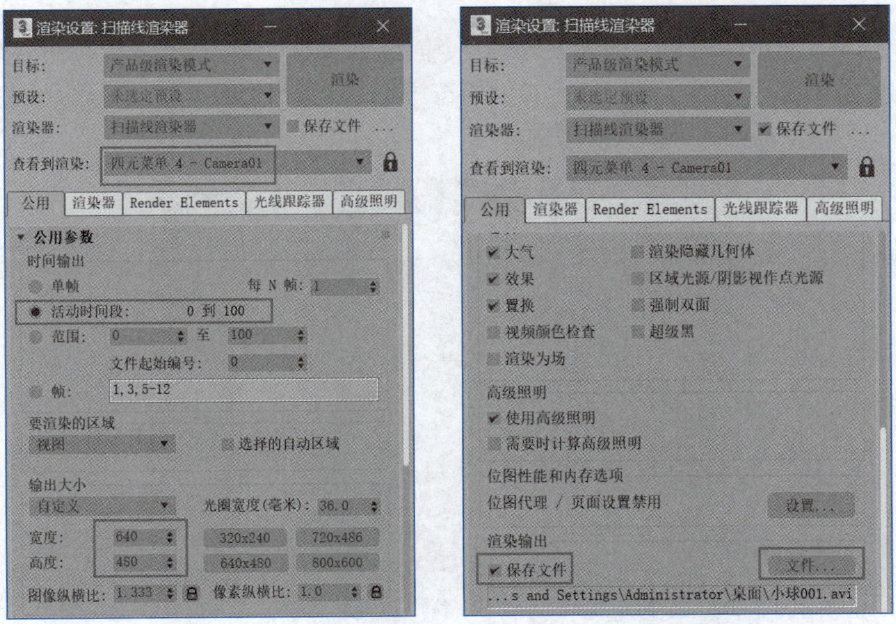

图 8-17　动画渲染输出

通过本实例我们主要学习 3ds Max 中简单关键帧动画的制作方法及轨迹视图中动画的调整方法。

二、路径动画项目训练

路径控制器会对一个对象沿着样条线或在多个样条线间的平均距离间的移动进行限制。

（1）打开素材“飞机 .max”文件，制作飞机的运动动画，使其沿固定的路径飞行。单击＋（创建）→（图形）→ 线 按钮，在顶视图中绘制样条线条，作为飞机运动的路径线，单击（修改）按钮，进入修改状态，在“顶点”子对象状态下，在其他视图中调整顶点的位置，如图 8-18 所示。

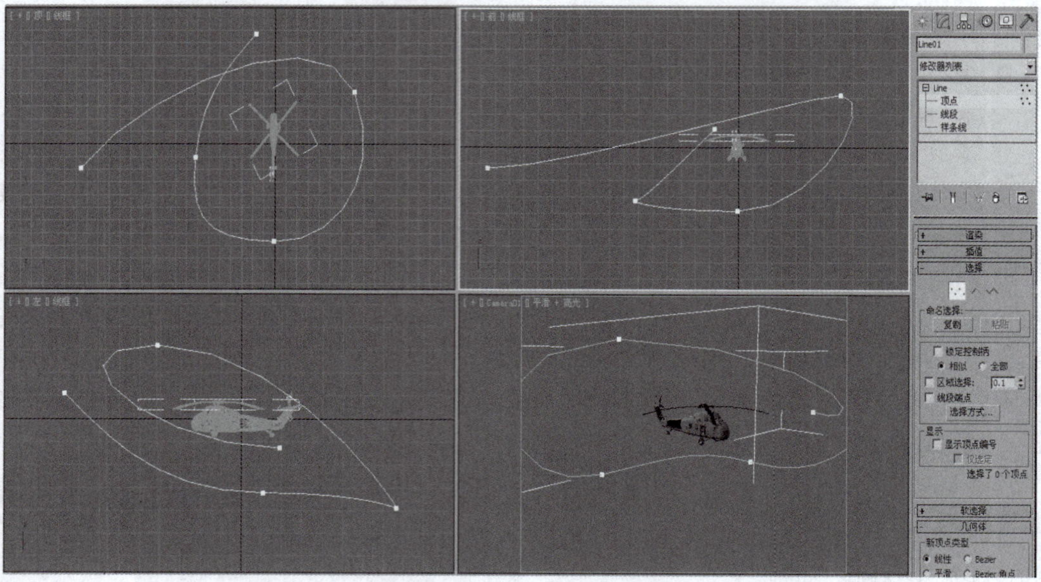

图 8-18　绘制路径线

（2）选中“机体”对象，进入运动命令面板，单击“指定控制器”按钮展开卷展栏，选择“位置：Bizier 位置”，单击指定控制器按钮，在弹出的菜单中选择路径约束控制器，单击“确定”按钮返回，如图 8-19 所示。

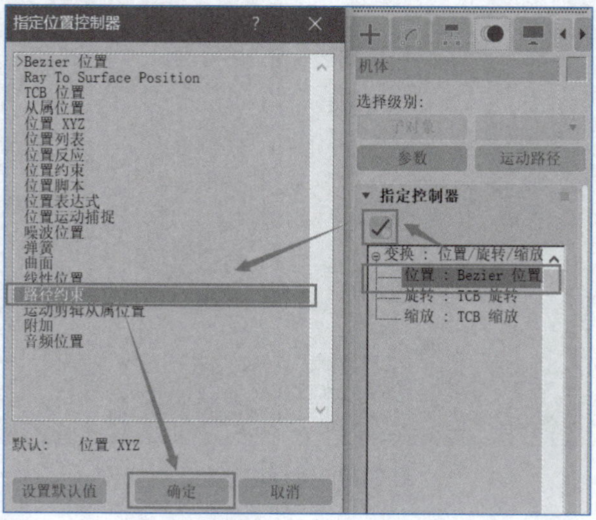

图 8-19　指定路径约束控制器

（3）在路径参数卷展栏中，单击“添加路径”按钮，在视图中单击刚才绘制的样条线，设置参数如图 8-20 所示。

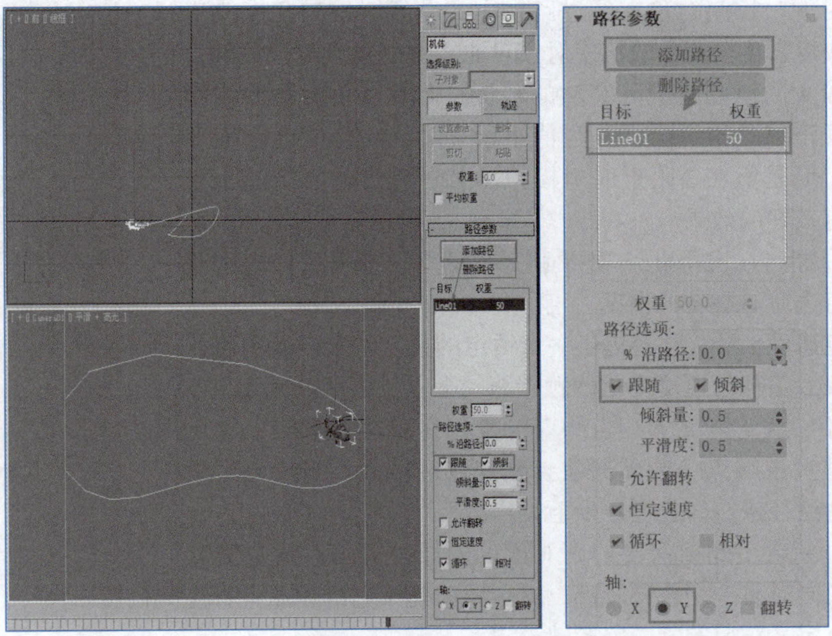

图 8-20　设置路径约束控制器参数

（4）播放动画，会看到飞机已经沿路径线发生了运动变化，如图 8-21 所示。

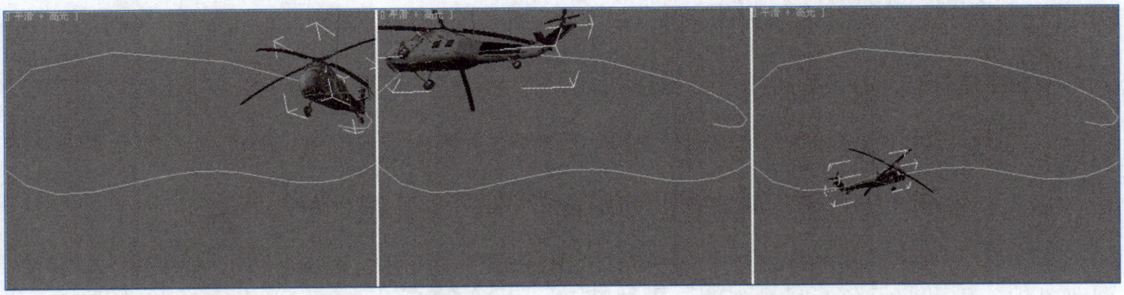

图 8-21　飞机运动动画关键帧

路径控制器界面如图 8-22 所示。

- 添加路径：添加一个新的样条线路径使之对约束对象产生影响。
- 删除路径：从目标列表中移除一个路径。一旦移除目标路径，它将不再对约束对象产生影响。
- 权重：为每个目标指定并设置动画。
- % 沿路径：设置对象沿路径的位置百分比。这将把“轨迹属性”对话框中的值微调器复制到“轨迹视图”中的“百分比轨迹”。如果想要设置关键点将对象放置于沿路径特定百分比的位置，要启用“自动关键点”，移动到想要设置关键点的帧，并调整“% 沿路径”微调器来移动对象。
- 跟随：在对象跟随轮廓运动的同时将对象指定给轨迹。
- 倾斜：当对象通过样条线的曲线时允许对象倾斜（滚动）。

- 倾斜量：调整这个量使倾斜从一边或另一边开始，这依赖于这个量是正数或负数。
- 平滑度：控制对象在经过路径中的转弯时翻转角度改变的快慢程度。较小的值使对象对曲线的变化反应更灵敏，而较大的值则会消除突然的转折。此默认值对沿曲线的常规阻尼是很适合的。当值小于 2 时往往会使动作不平稳，但是值在 3 附近时对模拟出某种程度的真实的不稳定有较好的效果。
- 允许翻转：启用此选项可避免在对象沿着垂直方向的路径行进时有翻转的情况。
- 恒定速度：沿着路径提供一个恒定的速度。禁用此项后，对象沿路径的速度变化依赖于路径上顶点之间的距离。
- 循环：默认情况下，当约束对象到达路径末端时，它不会越过末端点。循环选项会改变这一行为，当约束对象到达路径末端时会循环回起始点。
- 相对：启用此项保持约束对象的原始位置。对象会沿着路径同时有一个偏移距离，这个距离基于它的原始世界空间位置。
- 轴：定义对象的轴与路径轨迹对齐。
- 翻转：启用此项来翻转轴的方向。

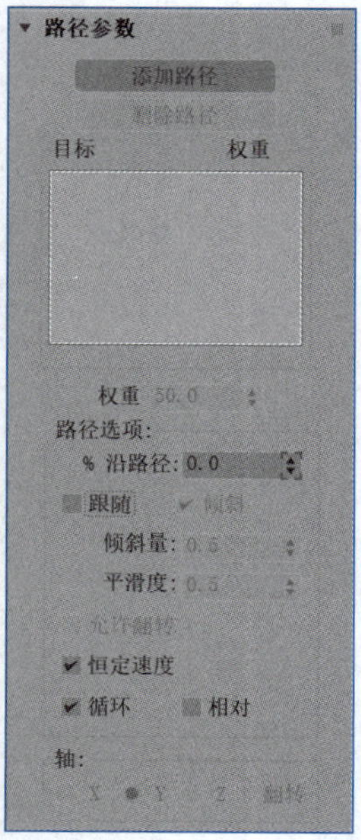

图 8-22　路径控制器界面

三、噪波动画项目训练

噪波控制器会在一系列帧上产生随机的、基于分形的动画。噪波控制器可设置参数：它们作用于一系列帧上但不使用关键点。

当在“运动”面板或“轨迹视图”中指定一个噪波控制器，它最初应用于当前时间段的所有帧。可以通过在“轨迹视图”中拖动噪波范围栏来改变帧的范围。

（1）继续上面的例子，下面为飞机添加噪波控制器，使其在运动的同时产生随机的噪波运动，选择“机体”对象，选择“动画”→“位置控制器”→“噪波”命令，为其添加噪波控制器，如图 8-23 所示。

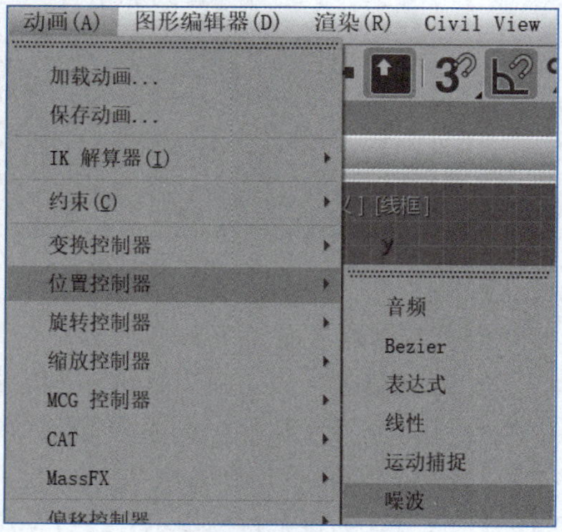

图 8-23　指定噪波控制器

（2）指定完后播放动画，发现飞机噪波幅度多大，下面调整噪波控制器参数，单击按钮进入运动命令面板，展开“指定控制器”卷展栏，双击“噪波位置”，打开噪波控制器面板，设置参数，如图 8-24 所示。播放动画，发现飞机的运动更加自然。

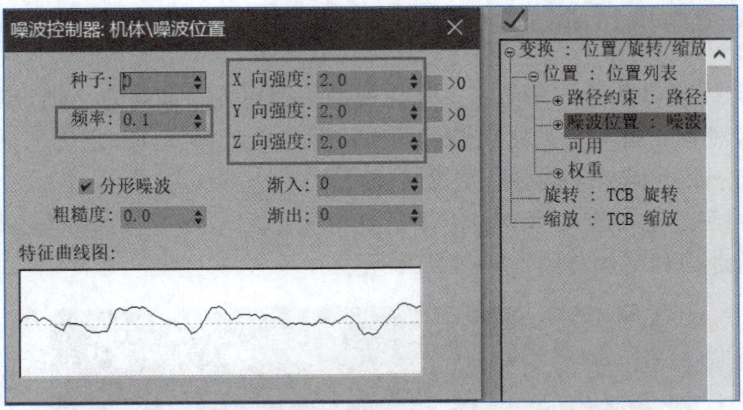

图 8-24　噪波控制器参数设置

噪波控制器界面如图 8-25 所示。

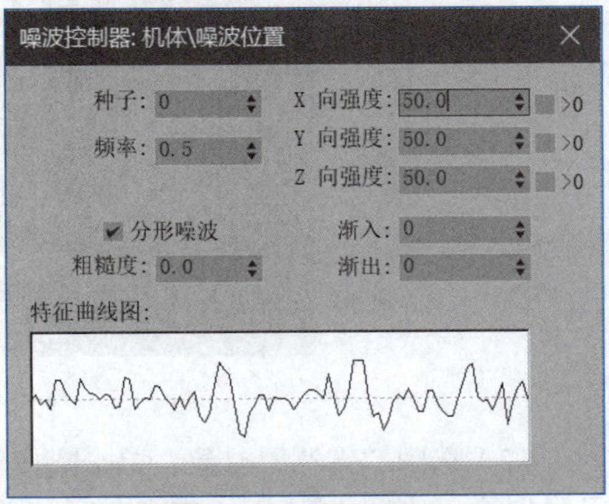

图 8-25　噪波控制器界面

- 特征曲线图：显示一个格式化的图来表示改变噪波属性影响噪波曲线的方法。
- 种子：开始噪波计算。改变种子可创建一个新的曲线。
- 频率：控制噪波曲线的波峰和波谷。有用的范围是 0.01 ～ 1.0。高的值会创建锯齿状的重振荡的噪波曲线。而低的值会创建柔和的噪波曲线。
- 强度字段：为噪波输出设置值的范围。这些值可设置动画。字段的数目和意义，会随着参数数据类型的不同而改变。一些典型字段的排列如下：

  对于“位置”和 Point3 关键点，显示 XYZ 字段。

  对于“缩放”关键点，显示 XYZ 百分比字段。

  对于“浮点”关键点，显示单值字段。
- >0 值约束：强制噪波值为正。每个强度字段都有其本身 >0 的约束。

启用此项后，改变强度字段的应用。噪波值的范围从 0 到强度值；大多数值会围绕 1/2 强度值波动。

- 渐入：设置噪波用于构建为全部强度的时间量。值为 0 使噪波从范围的起始处以全强度立即开始。任意其他的值使噪波以 0 强度开始并通过在渐入字段所设置的已用时间构建为全强度。
- 渐出：设置噪波用于下落至 0 强度的时间量。值为 0 使噪波在范围末端立即停止。任意其他值会使噪波在范围末端前下落至 0 强度。
- 分形噪波：使用分形布朗运动生成噪波。分型噪波使用的主值是激活粗糙度字段的值。
- 粗糙度：改变噪波曲线的粗糙度（启用分形噪波后）。在频率设置总体噪波影响的平滑度的位置，粗糙度会改变噪波曲线本身的平滑度。

四、注视动画项目训练

注视约束会控制对象的方向使它一直注视另一个对象。同时它会锁定对象的旋转度使对象的一个轴点朝向目标对象。注视轴点朝向目标，而上部节点轴定义了轴点向上的朝向。如果这两个方向一致，结果可能会产生翻转的行为。

（1）上面的例子进一步丰富，右击场景空白文字，选择“全部取消隐藏”命令，会发现在场景中多了地面和雷达对象，如图 8-26 所示。

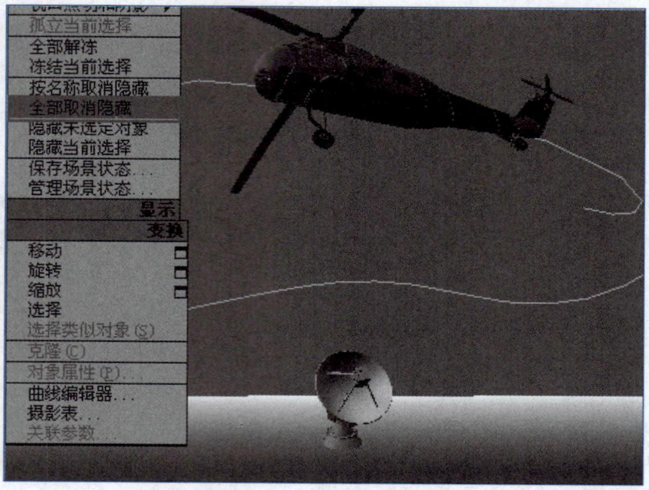

图 8-26　显示场景对象

（2）选中“雷达”对象，单击按钮进入运动命令面板，单击“指定控制器”按钮展开卷展栏，选择“旋转：TCB 旋转”，单击按钮，在弹出的菜单中选择注视约束控制器，单击“确定”按钮返回，如图 8-27 所示。

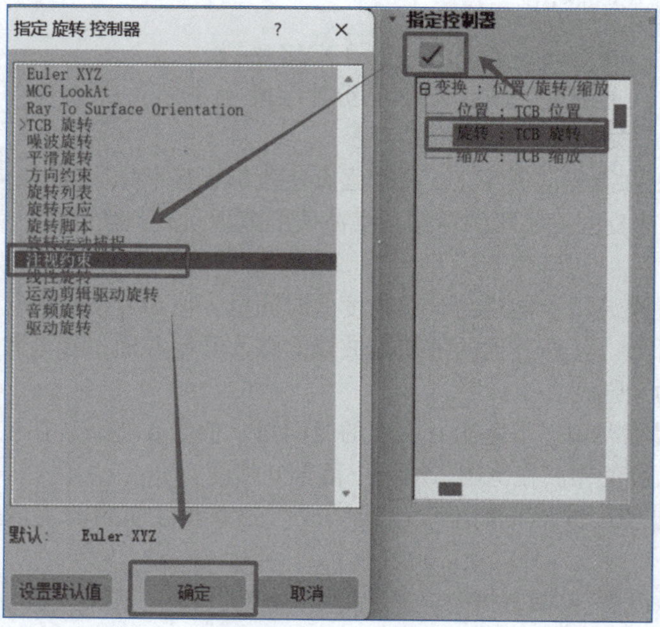

图 8-27　指定注视控制器

（3）在注视约束卷展栏中，单击“添加注视目标”按钮，在视图中单击“机体”，设置参数如图 8-28 所示。播放动画，会看到雷达已经跟随飞机发生旋转变化。

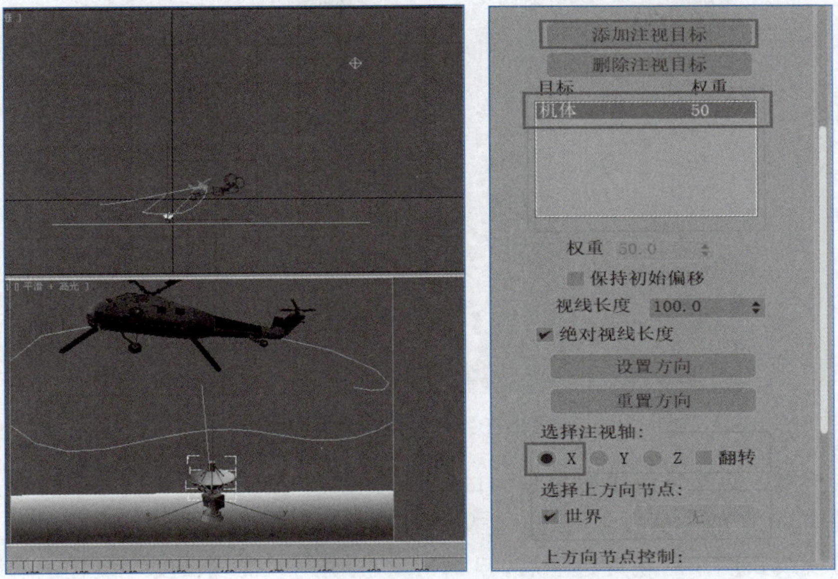

图 8-28　注视控制器参数设置

（4）播放动画，会看到飞机已经沿路径线发生了运动变化，渲染输出动画，单击“渲染设置”按钮，打开“渲染设置”对话框，参数设置如图 8-29所示。设置好后直接单击“渲染”按钮。

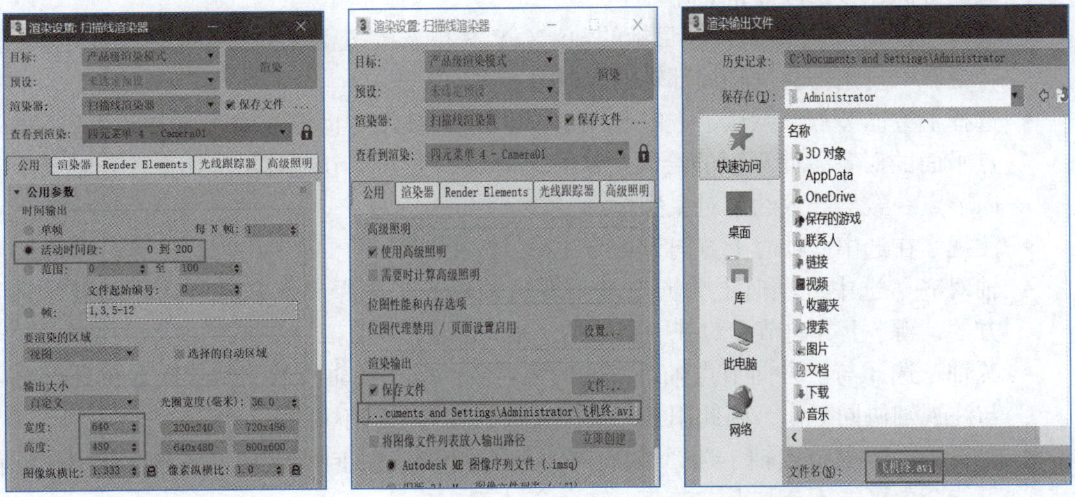

图 8-29　渲染设置

注视控制器界面如图 8-30 所示。

- 添加注视目标：用于添加影响约束对象的新目标。
- 删除注视目标：用于移除影响约束对象的目标对象。
- 权重：用于为每个目标指定权重值并设置动画。仅在使用多个目标时可用。
- 保持初始偏移：将约束对象的原始方向保持为相对于约束方向上的一个偏移。

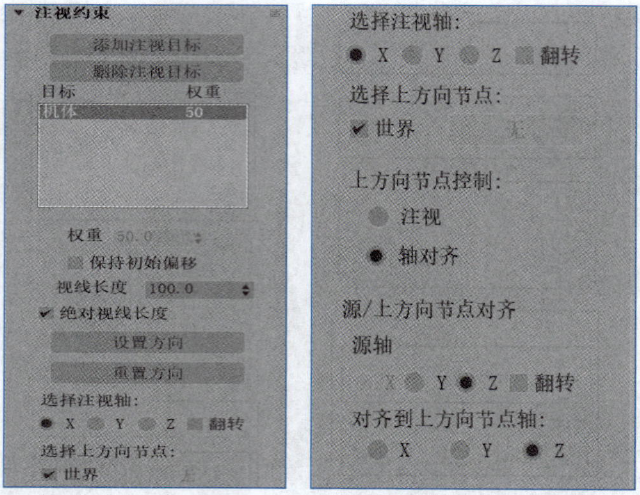

图 8-30　注视控制器界面

- 视线长度：定义从约束对象轴到目标对象轴所绘制的视线长度（或者在多个目标时为平均值）。值为负时会从约束对象到目标的反方向绘制视线。
- 绝对视线长度：启用此选项后，3ds Max 仅使用“视线长度”设置主视线的长度；约束对象和目标之间的距离对此没有影响。
- 设置方向：允许对约束对象的偏移方向进行手动定义。启用此选项后，可以使用旋转工具来设置约束对象的方向。在约束对象注视目标时会保持此方向。
- 重置方向：将约束对象的方向设置回默认值。如果要在手动设置方向后重置约束对象的方向，该选项非常有用。
- 选择注视轴:用于定义注视目标的轴。X、Y、Z 单选按钮反映约束对象的局部坐标系。“翻转”复选框会反转局部轴的方向。
- 选择上方向节点：默认上方向节点是“世界”。禁用“世界”手动选中定义上方向节点平面的对象。此平面的绘制是从约束对象到上方向节点对象。如果注视轴与上方向节点一致会导致约束对象翻转。
- 注视：在选中此项时上方向节点与注视目标相匹配。
- 轴对齐：选中此项时上方向节点与对象轴对齐。选择“上方向节点控制器”正下方的“源 / 上方向节点对齐”组中的（X、Y 或 Z）轴。
- 源轴：选择与上方向节点轴对齐的约束对象的轴。源轴反映了约束对象的局部轴，与注视轴协同工作，因此用于定义注视轴的轴会变得不可用。
- 对齐到上方向节点轴：选择与选中的原轴对齐的上方向节点轴。注意所选中的源轴可能会也可能不会与上方向节点轴完全对齐。

项目总结

通过本项目学习，读者掌握了非常重要的关键帧动画制作方法，这是计算机动画制作的基础；还有一些特殊的动画可以利用软件的特殊功能，可为计算机游戏设置角色或场景动画，也可为电影或广播设置特效动画等。无论设置动画的原因何在，都会发现 3ds Max 是一个功能强大的环境，可以实现各种目的。

项目练习

1. 学习关键帧动画的制作方法。
2. 掌握利用轨迹视图调整动画及常用控制器动画的设置方法。
3. 尝试将以往制作的对象设置成有生命的动画。
4. 制作小球沿路径弹跳动画，参照“作业 .avi”。

项目九

高级动画训练

项目描述

当设置角色动画、机械装置或复杂运动的动画时，可以通过将对象链接在一起以形成层次来简化过程。在已链接的链中，其中一个链的动画可能影响一些或所有的链，使得一次设置对象或骨骼成为可能。本项目将学习各类复杂动画的调整制作方法。

学习目标

【知识目标】

◎ 掌握正向链接动画设置方法。

◎ 掌握反向链接动画设置方法。

◎ 掌握骨骼系统创建方法。

【能力目标】

◎ 具备正向反向链接动画制作能力。

◎ 具备角色动画设置制作能力。

◎ 具备动画综合应用能力。

【素质目标】

◎ 培养学生对动态事物的观察能力。

◎ 培养学生独立思考、逻辑思维、认真探索能力。

◎ 培养学生丰富的想象力和创造力。

相关知识

视 频

正向链接运动

一、正向链接运动

生成计算机动画时，最有用的工具之一是将对象链接在一起以形成链的功能。通过将一个对象与另一个对象相链接，可以创建父子关系，应用于父对象的变换同时将传递给子对象。链也称为层次。例如，机械运动中一个关节带动其他关节一起运动，如图 9-1 所示。

图 9-1　层次动作

在 3ds Max 层次动画默认的处理方法使用一种称为“正向运动学”的技术。正向运动学是设置层次动画的最简单的方法。反向运动学要求的设置比正向运动学多，但在设置角色动画或复杂机械动画这样复杂的任务时更直观。“正向运动学”这种技术采用的基本原理如下：

按照父层次到子层次的链接顺序进行层次链接。轴点的放置定义了链接对象之间的链接关节。按照从父层次到子层次的顺序继承位置、旋转和缩放变换。

在正向运动学中，当父对象移动时，它的子对象也必须跟随其移动。如果子对象要脱离父对象单独运动，那么父对象将保持不动。例如，有一个人体的层次链接，当躯干（父对象）弯腰时，头部（子对象）跟随它一起运动，但是可以单独转动头部而不影响躯干的动作。

二、反向链接运动

反向运动学（IK）是在层次链接概念基础上创建的定位和动画方法。反向运动学开始于链接和轴点位置，并将它们作为地基，然后添加以下原则：

（1）关节受特定位置和旋转属性的约束。

（2）父对象的位置和方向由子对象的位置和方向所确定。

反向运动学比正向运动学更易于使用，它可以快速创建复杂的运动。然而，它也牺牲了一些对 IK 功能自动化的控制。下面通过一个简单的机械手臂动画理解反向链接运动的具体制作方法。

提示：正向运动学与反向运动学的差异。

正向运动学使用自上而下的方法，它在定位和旋转父对象的地方开始，然后向下进行到定位和旋转每个子对象的层次。

正向运动学的基本原则包括：按照父层次到子层次的链接顺序进行层次链接；轴点在对象之间定义关节；子对象继承父对象的变换。这些原则相当宽松，只要所有对象都链接在一起并且轴位于关节位置，就可以成功地设置该结构的动画。

反向运动学（IK）使用目标导向方法，可以用来定位目标对象，并且 3ds Max 计算链末端的位置和方向。在所有计算都完成后，层次的最终位置就称作 IK 解决方案。

反向运动学开始于链接和轴点位置，并将它们作为地基，然后添加以下原则：

- 关节受特定的位置和旋转属性的约束。
- 父对象的位置和方向由子对象的位置和方向所确定。

反向运动学比正向运动学更易于使用，它可以快速创建复杂的运动。如果以后需要编辑这些运动，在使用 IK 时可以非常简单地反转该动画。这也是在动画中模拟权重最好的方法。

三、骨骼动画

骨骼系统是骨骼对象的一个有关节的层次链接，可用于设置其他对象或层次的动画。

在设置角色模型的动画方面，骨骼尤为有用。可以采用正向运动学或反向运动学为骨骼设置动画。对于反向运动学，骨骼可以使用任何可用的 IK 解算器。

可以通过单击 + "创建"面板上的"系统"类别中的"骨骼"按钮开始创建骨骼。

要创建骨骼的操作步骤如下：

（1）第一次单击视口定义第一个骨骼的起始关节。

（2）第二次单击视口定义下一个骨骼的起始关节。由于骨骼是在两个轴点之间绘制的可视辅助工具，因此看起来此时只绘制了一个骨骼。实际的轴点位置非常重要。

（3）后面每次单击都定义一个新的骨骼，作为前一个骨骼的子对象。经过多次单击之后，便形成了一个骨骼链。

（4）右击可退出骨骼的创建。

此操作在层次末端创建一个小的"凸起"骨骼，该骨骼在指定 IK 链时使用。如果不准备为层次指定 IK 链，则可以删除这个小的凸起骨骼，如图 9-2 所示。

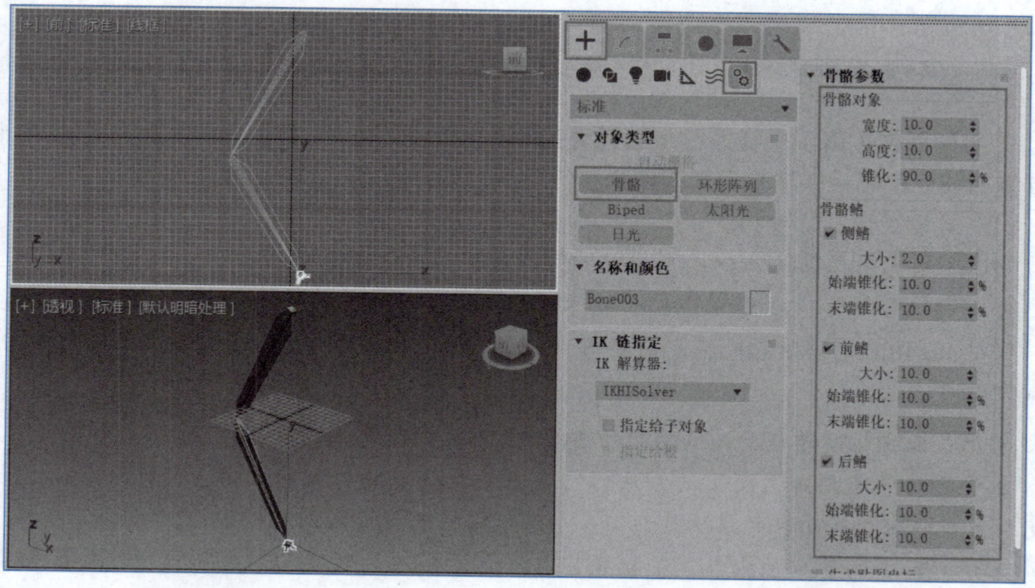

图 9-2　创建骨骼

项目实施

视 频

正向链接
运动训练

一、正向链接运动训练 - 开动的小车

（一）创建链接

（1）打开素材 car.max 文件，创建小车各个部分的链接，选择 4 个车轮，单击“选择并链接”按钮，向车体对象上拖动，松开鼠标，这样链接关系被创建完成，如图 9-3 所示。

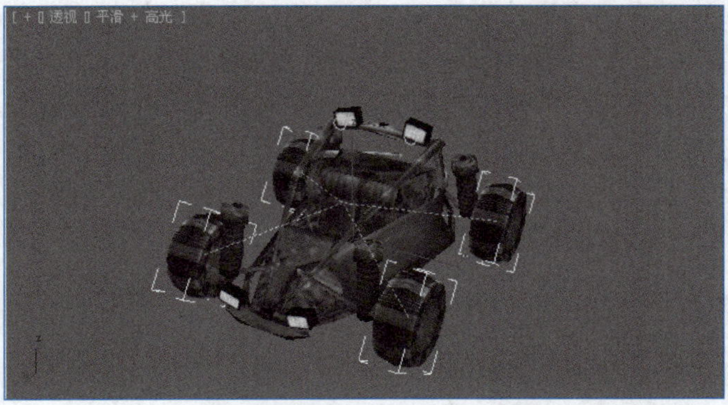

图 9-3　创建车轮与车体的链接

（2）用同样方法，再创建小车上方车灯与车体的链接，聚光灯与车灯的链接，如图 9-4 所示。

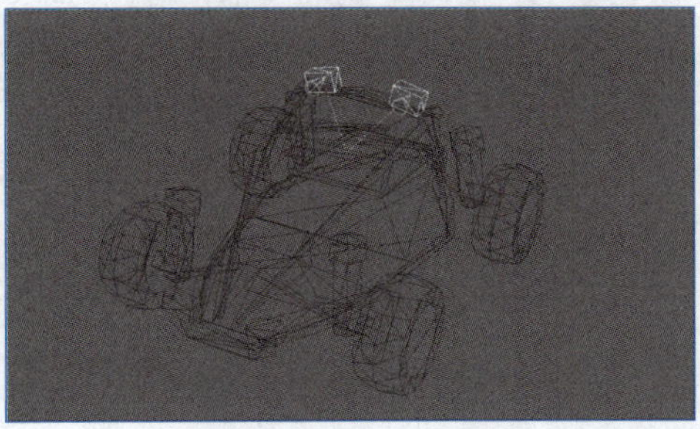

（a）创建车灯与车体链接

（b）创建聚光灯与车灯链接

图 9-4　创建链接

提示： 在 3ds Max 中可以通过使用工具栏中的和按钮对物体进行选择并链接与断开链接的操作，也可以对链接方式进行修改。

：选择并链接对象，可将场景中的选择物体与其他物体之间建立父子的层级关系。

：取消对象链接关系。

将两个对象进行链接的一般步骤如下：

- 选择场景中将要在运用中受其他物体影响的对象。
- 在工具栏中选择工具，用鼠标由选择物体向施加影响的对象上拖动，松开鼠标链接关系被创建。

一般创建链接的顺序是从子对象到父对象。可以选择一个或多个对象作为子对象，然后将链接光标从选择集拖动到父对象上。选择集中的对象称为此父对象的子对象。

一旦对象被链接，所有应用到父对象上的变换同样应用到子对象上。例如，将父对象缩放 120%，所有子对象尺寸和子对象与父对象间的距离比原始尺寸缩放 120%。

取消对象链接只要单击工具栏中的按钮即可将选定对象和它的父对象的链接删除。而选定对象与子对象的链接不受影响。

（二）设置动画

（1）设置车轮的旋转动画，选择小车的任一车轮，启用“自动关键点”按钮，将时间指针移动至 30 帧，单击角度捕捉按钮，将其旋转 360°，打开轨迹视图，将动画第 1 帧和第 30 帧选中，然后将其设置为线性曲线（匀速运动），如图 9-5 所示。

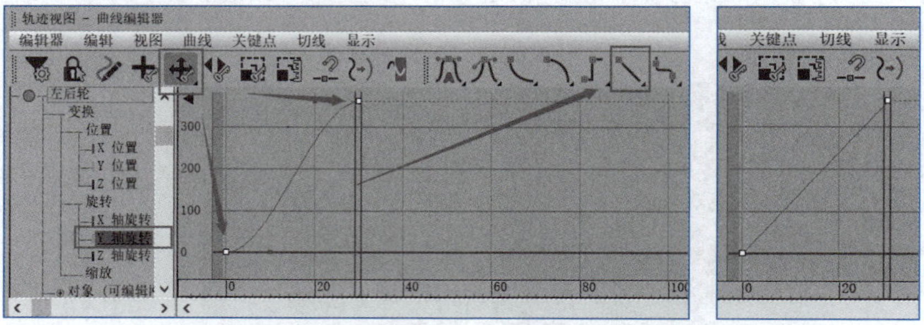

图 9-5　第 1 帧及 30 帧动画曲线设置

（2）单击按钮打开超出范围类型对话框，选择“相对重复”方式，单击“确定”按钮即可，如图 9-6 所示。同理再为其他 3 个车轮设置动画。

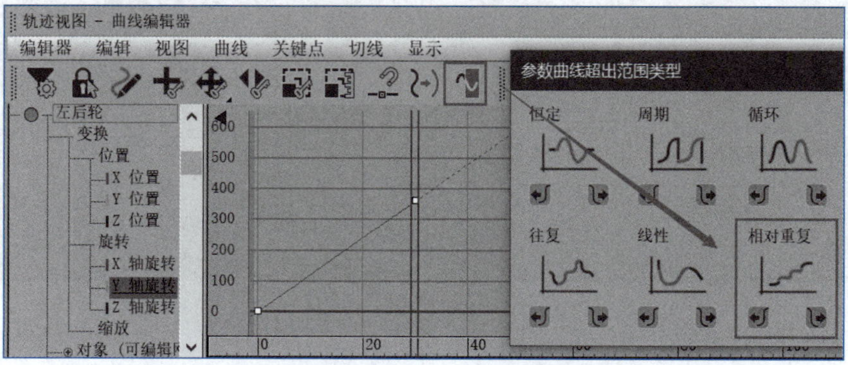

图 9-6　指定对象关键点范围后的行为

（3）制作小车沿路径的运动动画，单击+（创建）→（图形）→线按钮，在顶视图中绘制样线条，作为小车运动的路径线，如图 9-7 所示。

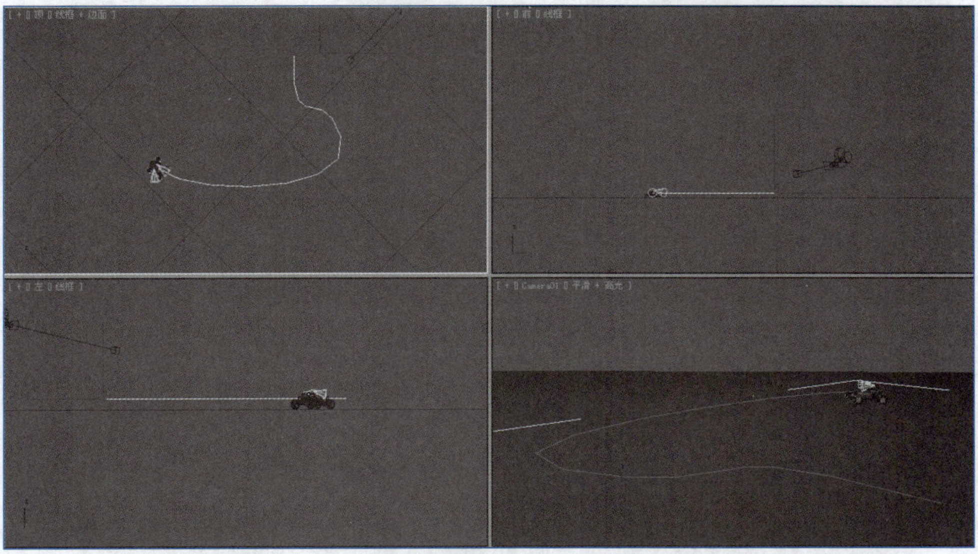

图 9-7　绘制小车的运动路径线

（4）选中车体对象，单击●按钮进入运动命令面板，单击“指定控制器”按钮展开卷展栏，选择“位置：XYZ”，单击✓按钮，在弹出的菜单中选择路径约束控制器，单击“确定”按钮返回，如图 9-8 所示。

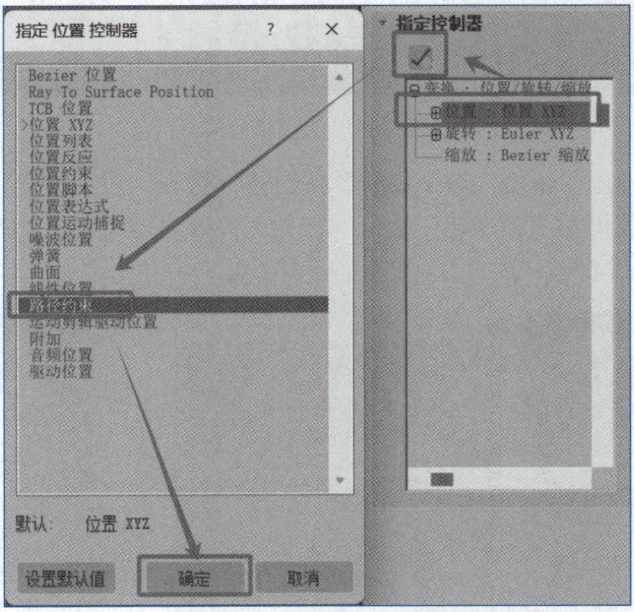

图 9-8　指定路径约束控制器

（5）在路径参数卷展栏中，单击“添加路径”按钮，在视图中单击刚才绘制的样条线，设置参数如图 9-9 所示。

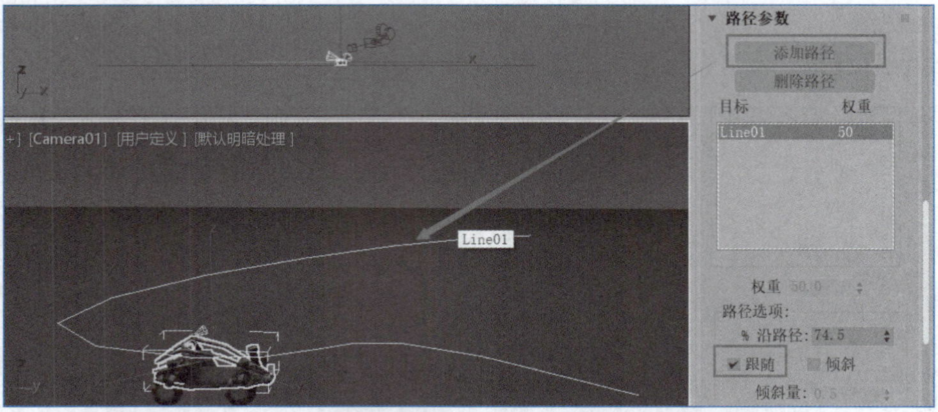

图 9-9　设置路径约束控制器参数

（6）制作小车上方车灯的旋转动画，启用“自动关键点”按钮，分别选择小车上方的两个车灯，分别在 40、75、120、165 帧处制作其旋转动画，制作完成后关闭“自动关键点”按钮。效果如图 9-10 所示。

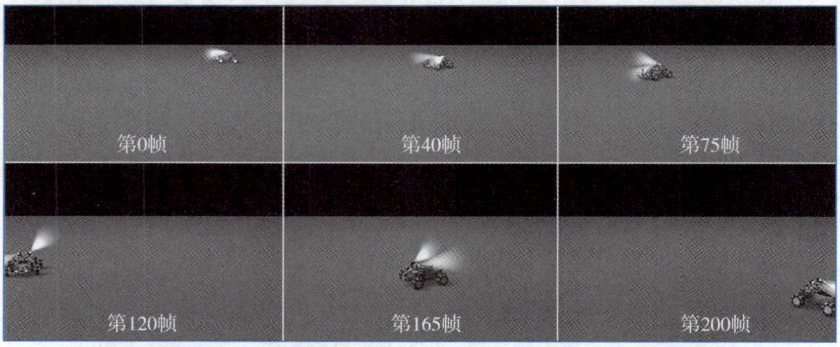

图 9-10　关键帧效果

（7）渲染输出动画，单击“渲染设置”按钮，打开“渲染设置”对话框，参数设置如图 9-11 所示，设置好后直接单击“渲染”按钮，完成后即可查看动画效果。具体效果可查看素材 car final.avi 文件。

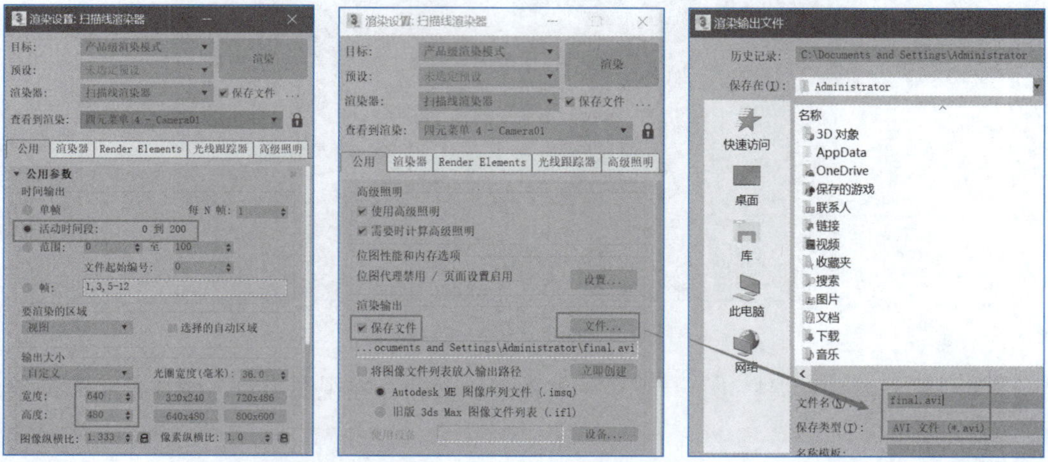

图 9-11　渲染输出动画

二、反向链接运动训练 - 机械手臂

（1）打开素材 hand.max 文件，创建对象链接关系，如图 9-12 所示。

（2）单击“层次”面板，选择“轴”，单击“仅影响轴”按钮，设置各对象旋转轴心点，如图 9-13 所示。

（3）单击“层次”面板，选择 IK，在转动关节卷展栏中设置对象围绕给定轴进行转动的能力，如图 9-14 所示。

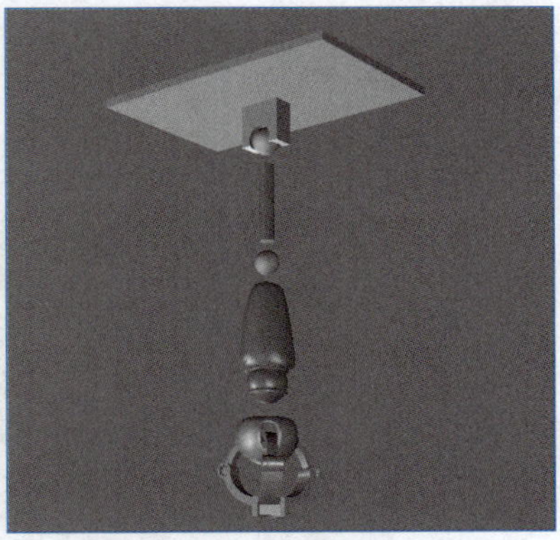

图 9-12　设置对象链接

视 频

反向链接运动训练

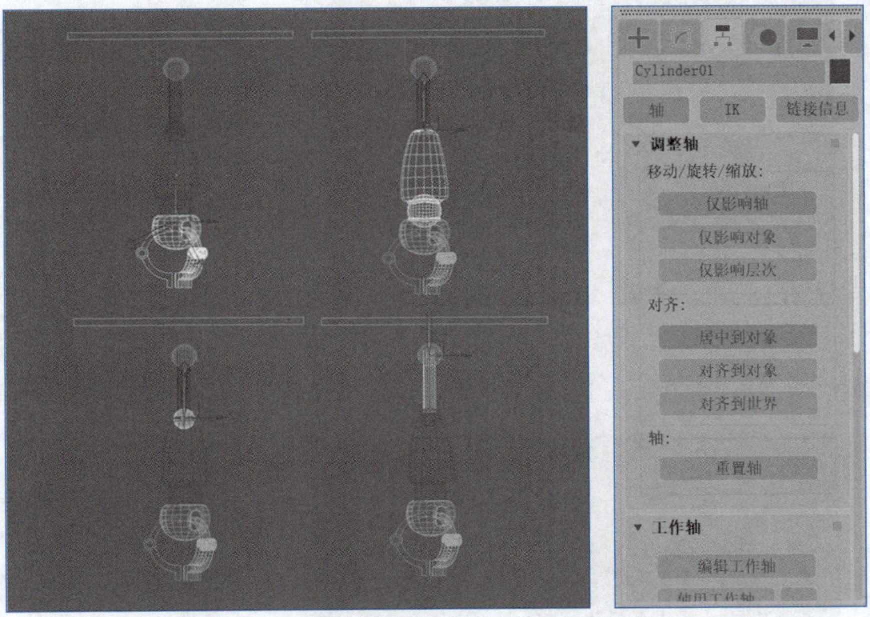

图 9-13　调整对象轴心点

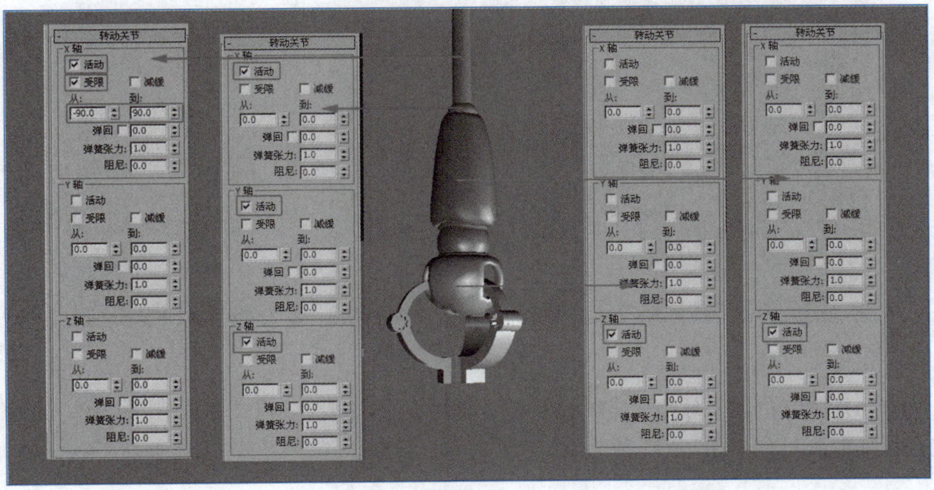

图 9-14　设置对象转动能力

（4）单击 +（创建）→ （辅助对象）/ 虚拟对象 按钮，先制作一个作为导引物体的虚拟体，单击“层次”面板 ，选择 IK，于对象参数卷展栏中单击“绑定”按钮，将机械手与虚拟物体绑定，使虚拟物体成为整个机械手的导引物体，如图 9-15 所示。

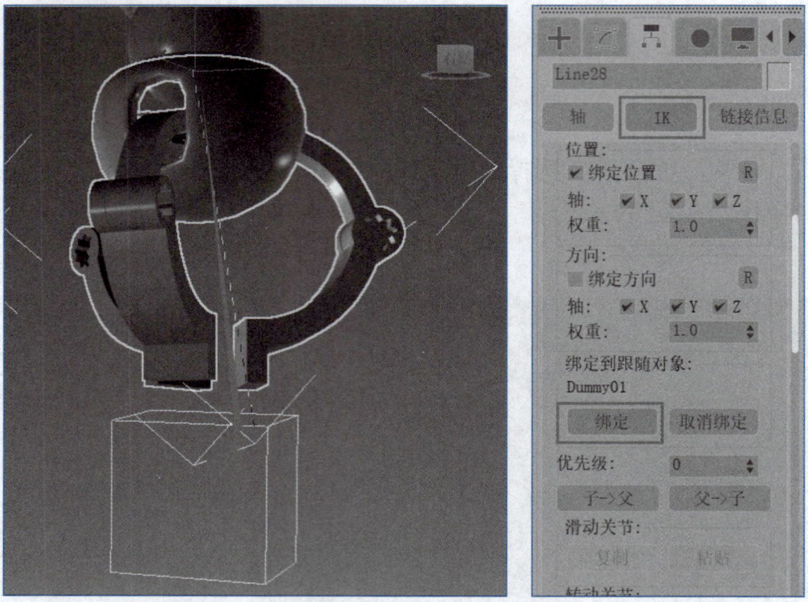

图 9-15　制作作为导引物体的虚拟体

（5）单击“层次”面板 ，选择 IK，单击“交互式 IK”按钮，如图 9-16 所示。

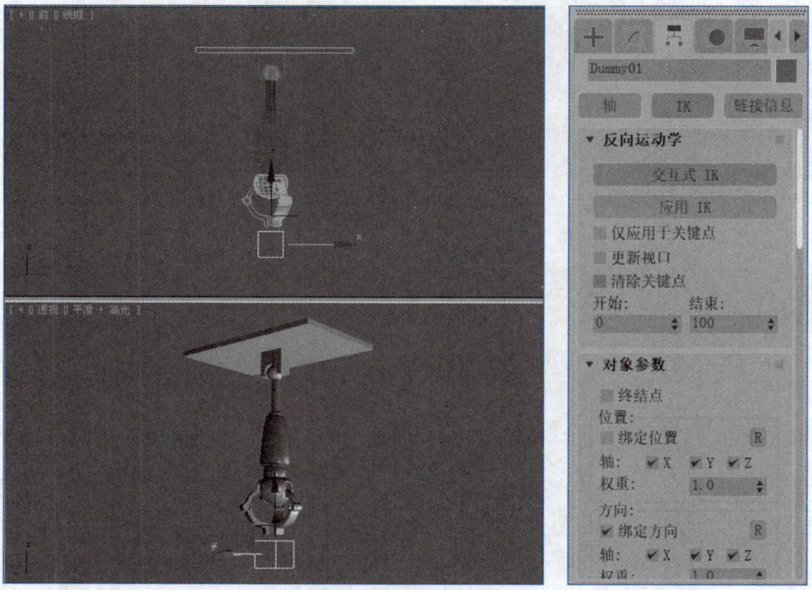

图 9-16　激活交互 IK

（6）选择虚拟对象，启用“自动关键点”按钮，于第 0 帧、25 帧、50 帧、75 帧、100 帧位置分别制作虚拟物体运动旋转动画，如图 9-17 所示。

图 9-17　制作虚拟体关键帧动画

（7）播放动画会发现动画跟随效果不够精确，单击“层次”面板，选择 IK，单击“应用 IK”按钮对刚才的动态设置进行 IK 计算，完成正确的动画效果，如图 9-18 所示。

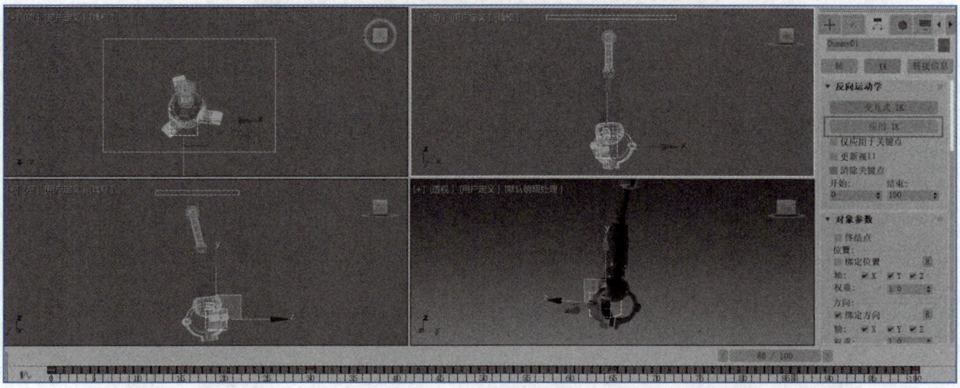

图 9-18　进行 IK 计算

三、骨骼动画训练——机器人行走动画

下面制作一个机器人运动动画，学习骨骼动画的设置方法。效果参考素材 robot final.avi 文件，如图 9-19 所示。

视 频

骨骼动画训练

图 9-19　机器人动画效果

（1）打开素材 robot.max 文件，首先查看机器人腿部轴心点的位置，本实例中已经设置好，如图 9-20 所示。

（2）单击“创建”面板上的“系统”类别中的“骨骼”按钮，设置骨骼参数，如图 9-21 所示。在右视图中沿机器人腿部结构创建骨骼。在过滤器中设置选择方式为“骨骼”，在其他视图中调整骨骼位置与机器人腿部重合。

图 9-20　机器人腿部关节点

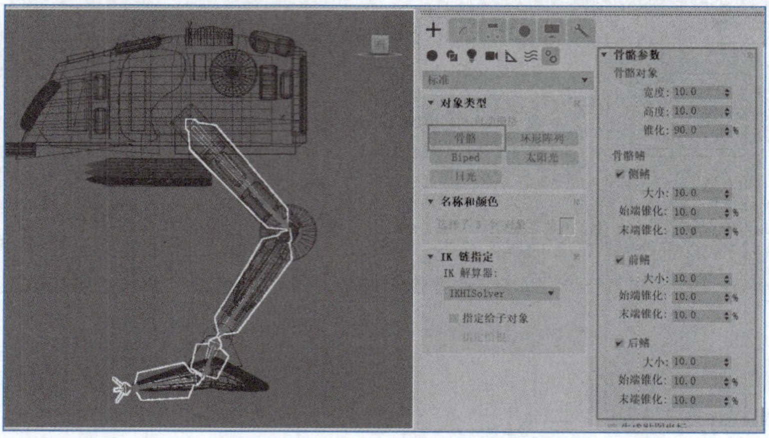

（a）参数设置

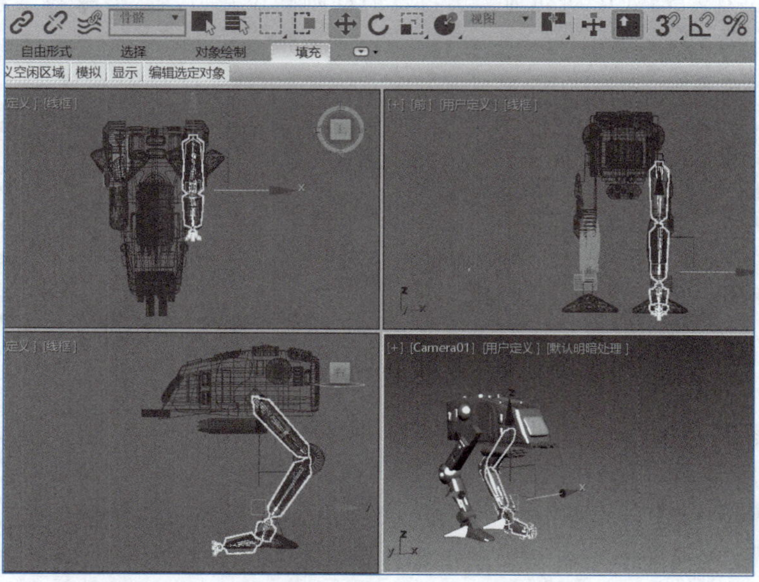

（b）效果图

图 9-21　创建骨骼系统

（3）在前视图中选择刚创建的骨骼，按住 Shift 键复制生成另一腿部的骨骼，如图 9-22 所示。

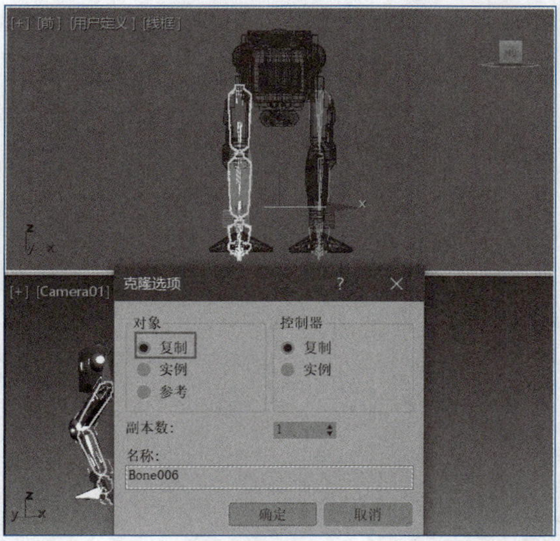

图 9-22　复制生成腿部另一侧骨骼

（4）在工具栏中将过滤器选择方式设为“几何体”，右击场景中全部几何体，选择“隐藏选定对象”命令将几何体隐藏，如图 9-23 所示。

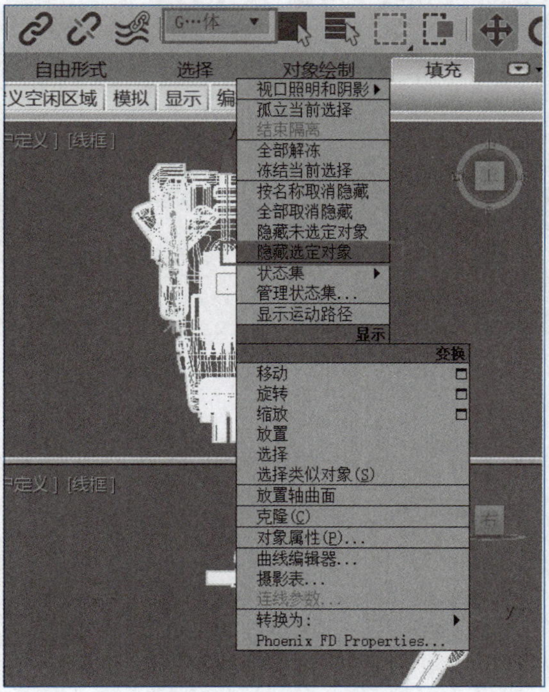

图 9-23　隐藏几何体

（5）为机器人腿部指定 IK 分支解算器，更改过滤器类型，选择机器人脚部的骨骼，选择“动画”→“IK 解算器”→“IK 肢体解算器”命令后选择大腿部骨骼，如图 9-24 所示。再为脚部和踝部骨骼指定 IK 分支解算器，用同样方法为另一侧腿部指定 IK 分支解算器，完成后如图 9-25 所示。

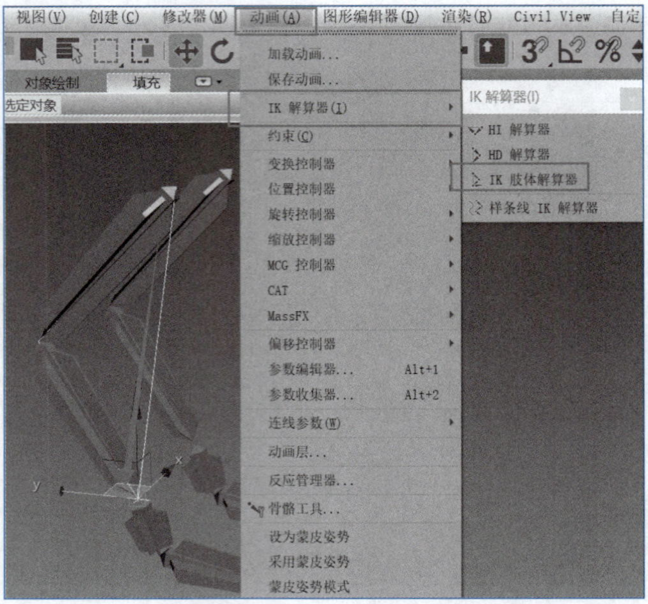

图 9-24 为机器人腿部指定 IK 解算器

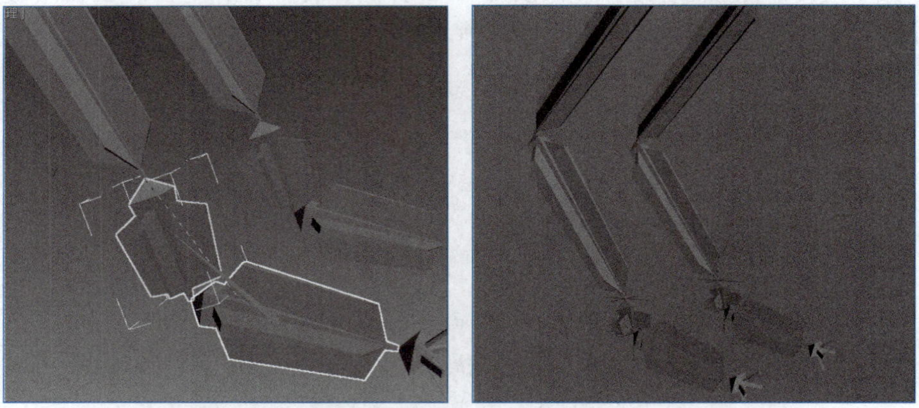

图 9-25 完成机器人 IK 解算器设置

提示：

IK 分支解算器专门用于设置角色的肢体动画，例如，从臀部到脚踝，或从肩膀到手腕。它是一个分析性解算器，在视口中使用时速度非常快，而且十分精确。

要应用 IK 分支解算器，可执行以下操作：

创建一个骨骼链，选择链的根对象，在“动画”菜单中，选择“IK 解算器”→“IK 分支解算器”命令。在视口中，移动鼠标。移动鼠标时，将看到有一条虚线与光标相连。单击链中的其他骨骼。骨骼链上将显示 IK 分支解算器。

四、创建链接

（1）单击 + （创建）→ ◺ （辅助对象）按钮，在场景的顶视图中，在 IK 目标位置及机器人腿部创建虚拟对象，如图 9-26 所示。

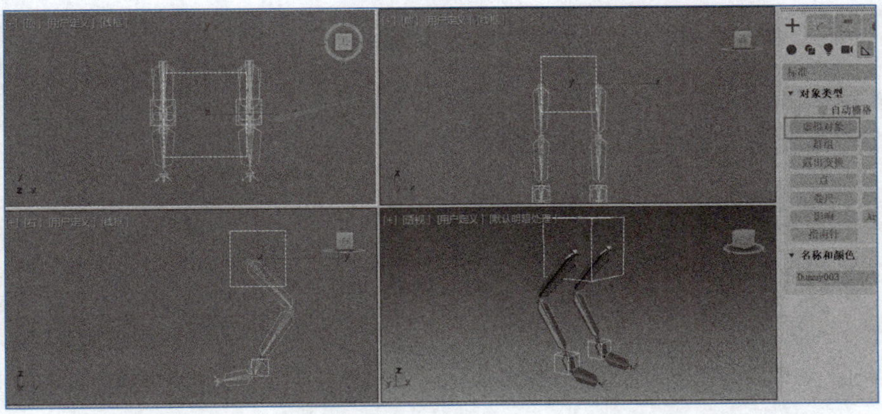

图 9-26　创建虚拟对象

提示：可以将目标或末端效应器应用到点、样条线或虚拟对象上，它们用作对链的末端进行转换或旋转的快速控制。这些控制对象可以链接在一起，也可以受约束的控制。

（2）在场景的空白位置按右击选择“全部取消隐藏”命令，显示几何体，如图 9-27 所示。

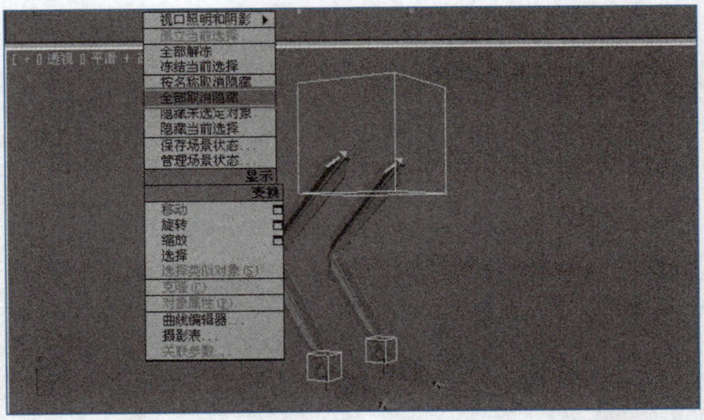

图 9-27　显示几何体

（3）创建链接，分别将机器人脚部及腿部链接相应骨骼，将 IK 目标链接相应虚拟对象，将大腿骨骼链接虚拟对象，将机器人身体链接虚拟对象，如图 9-28 ~ 图 9-31 所示。

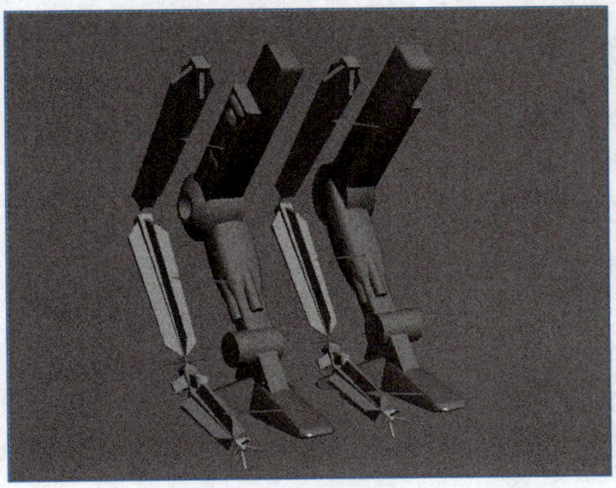

图 9-28　机器人脚部及腿部链接

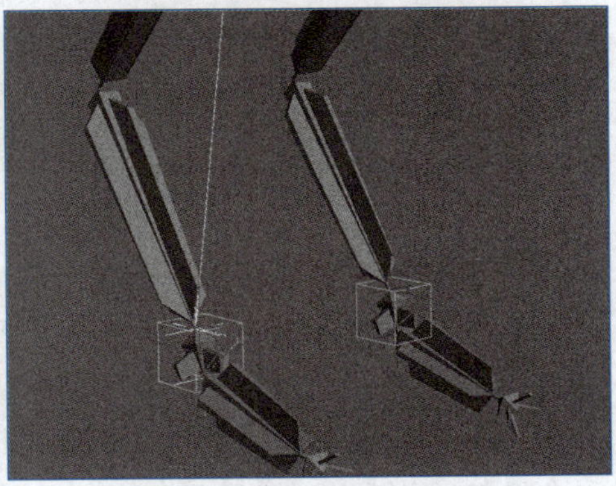

图 9-29　IK 目标链接虚拟对象

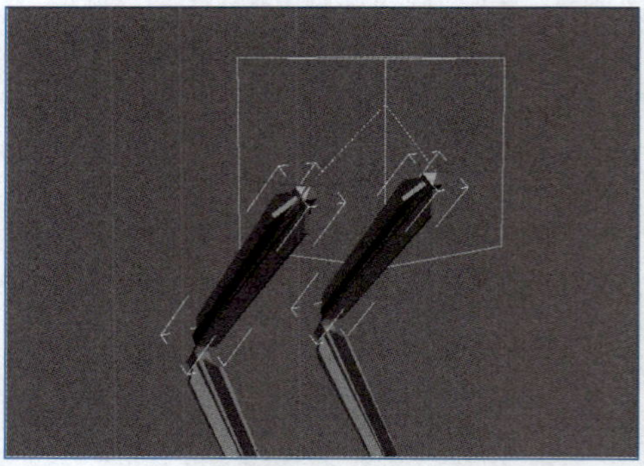

图 9-30　机器人大腿骨骼链接虚拟对象

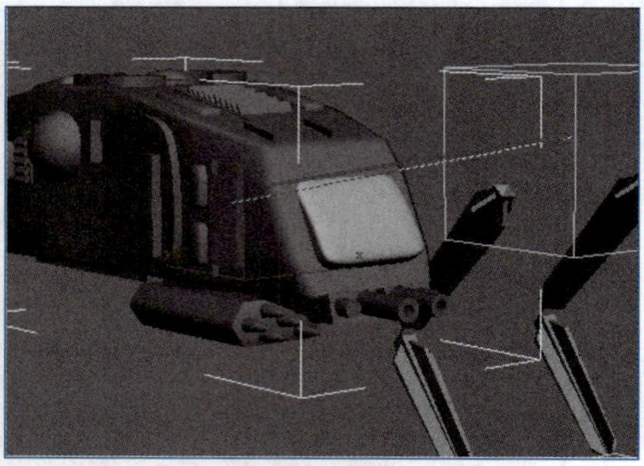

图 9-31　机器人身体链接到虚拟对象

五、创建动画

（1）下面要指定动画控制器，使机器人身体跟随脚部运动，选择机器人身体位置的虚拟对象，单击●按钮进入运动命令面板，单击“指定控制器”按钮展开卷展栏，选择“位置：位置 XYZ ”，单击☑按钮，在弹出的菜单中选择“位置约束”控制器，单击“确定”按钮返回，如图 9-32 所示。

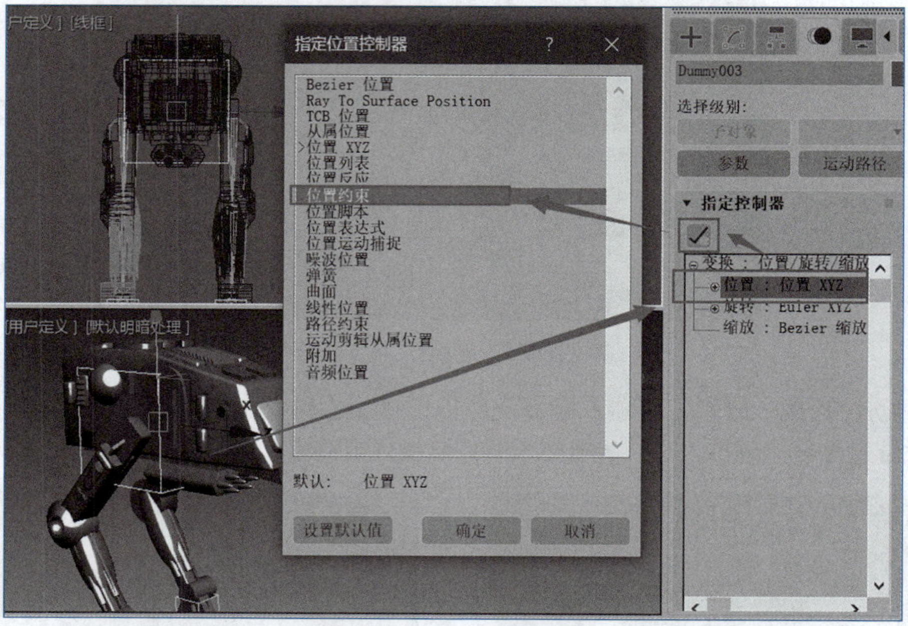

图 9-32　指定位置约束控制器

（2）在位置约束卷展栏中，单击“添加位置目标”按钮，在视图中单击脚部的虚拟对象，设置参数如图 9-33 所示。

提示：位置约束引起对象跟随一个对象的位置或者几个对象的权重平均位置。位置约束需要一个对象和一个目标对象。一旦将指定对象约束到目标对象位置。为目标的位置设置动画会引起受约束的对象跟随。

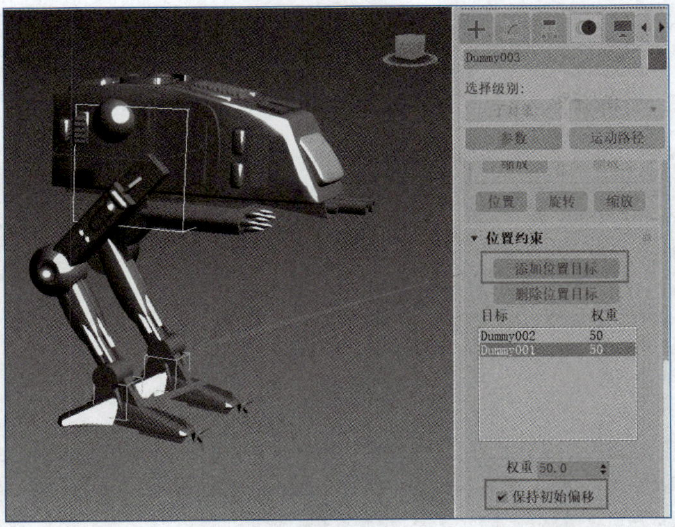

图 9-33　设置位置约束控制器参数

位置约束控制器界面如图 9-34 所示。

- 添加位置目标：添加影响受约束对象位置的新目标对象。
- 删除位置目标：移除目标。一旦将目标移除，它将不再影响受约束的对象。
- 权重：为每个目标指定并设置动画。
- 保持初始偏移：用来保存受约束对象与目标对象的原始距离，可避免将受约束对象捕捉到目标对象的轴。默认设置为“禁用”。

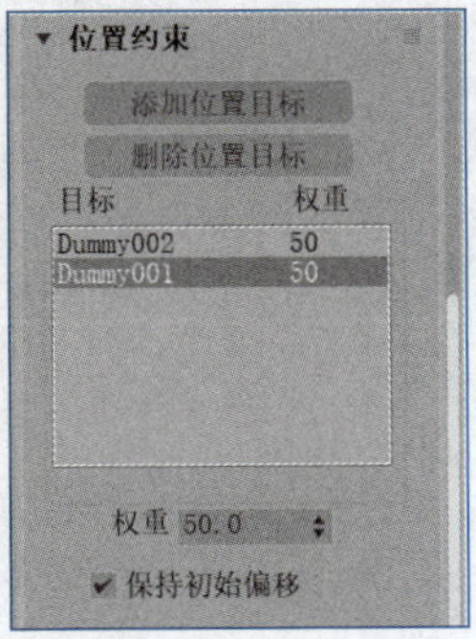

图 9-34　设置位置约束控制器界面

（3）选择场景中所有虚拟对象，右击打开属性面板，在“显示属性”中单击“轨迹”，方便用户查看对象运动轨迹线，如图 9-35 所示。

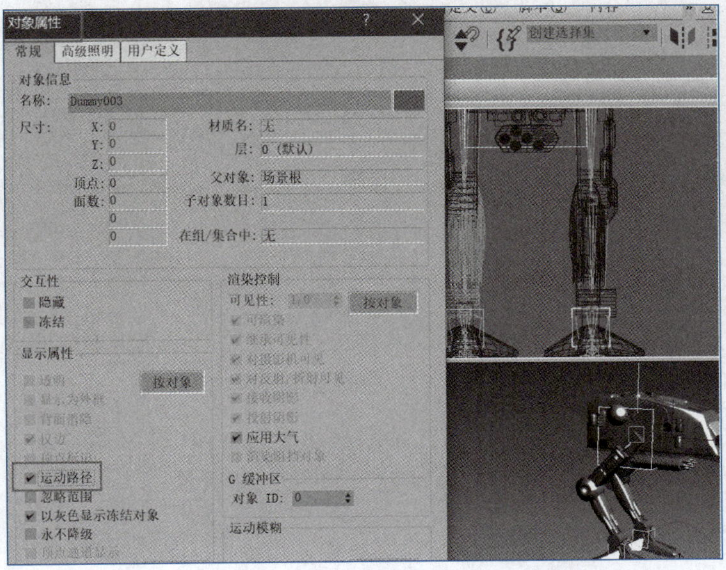

图 9-35　现实虚拟对象的运动轨迹线

（4）选择机器人左脚的虚拟对象，启用“自动关键点”按钮，将时间指针移动至20帧，将其沿 Y 轴移动，如图 9-36 所示。根据物体的运动规律，将时间指针移动至 10 帧，将其上移，如图 9-37 所示。

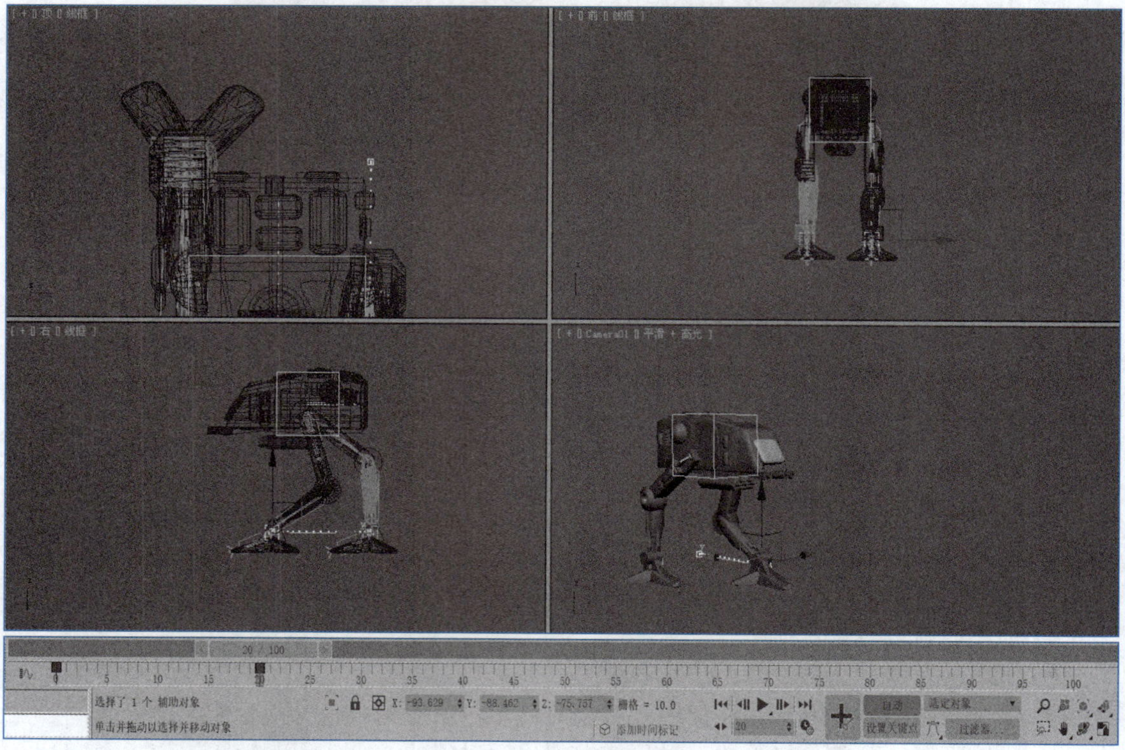

图 9-36　左腿运动动画

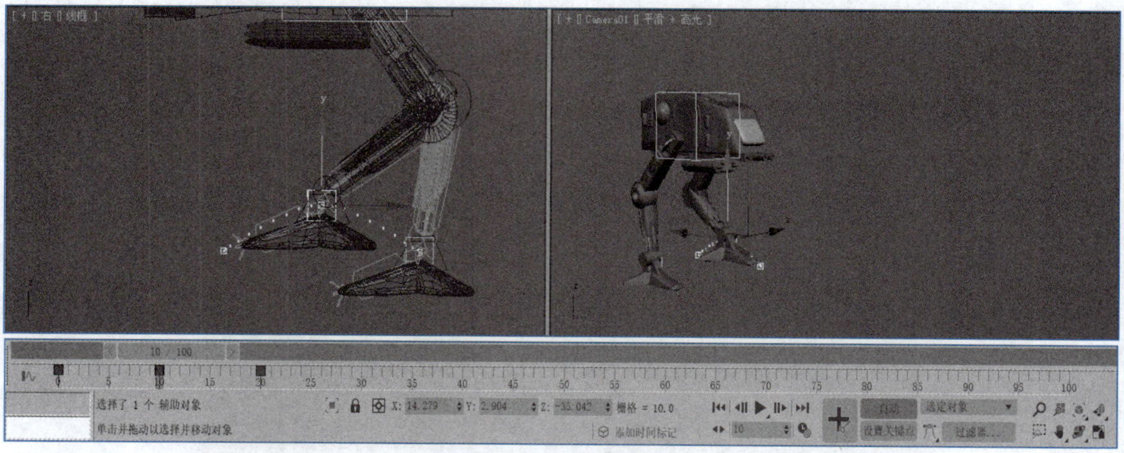

图 9-37　左脚上移动画

（5）选择右脚虚拟对象，将时间指针移动至 40 帧，将其沿 Y 轴移动，播放动画发现机器人出现滑步错误，将第 0 帧移动至 20 帧处，如图 9-38 所示。

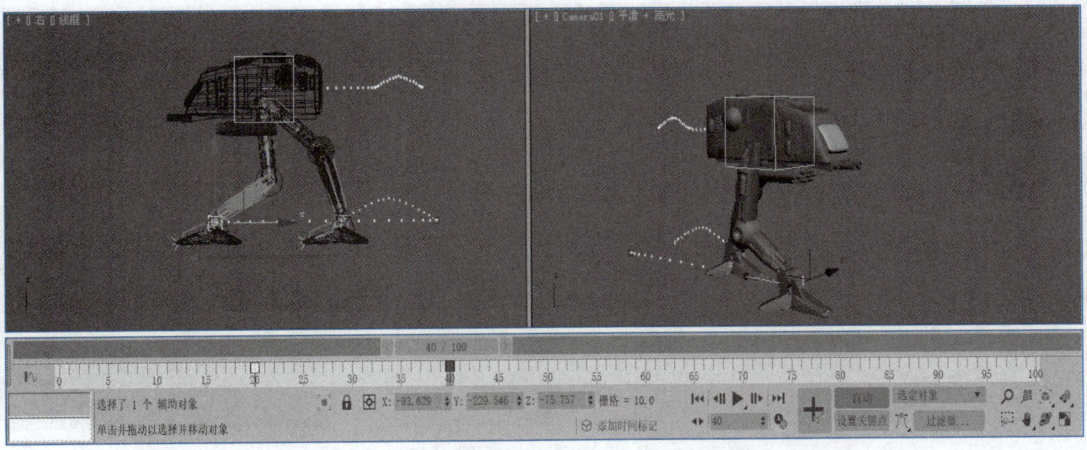

图 9-38　右脚移动动画

（6）将时间指针移动至 30 帧，将其上移，如图 9-39 所示。

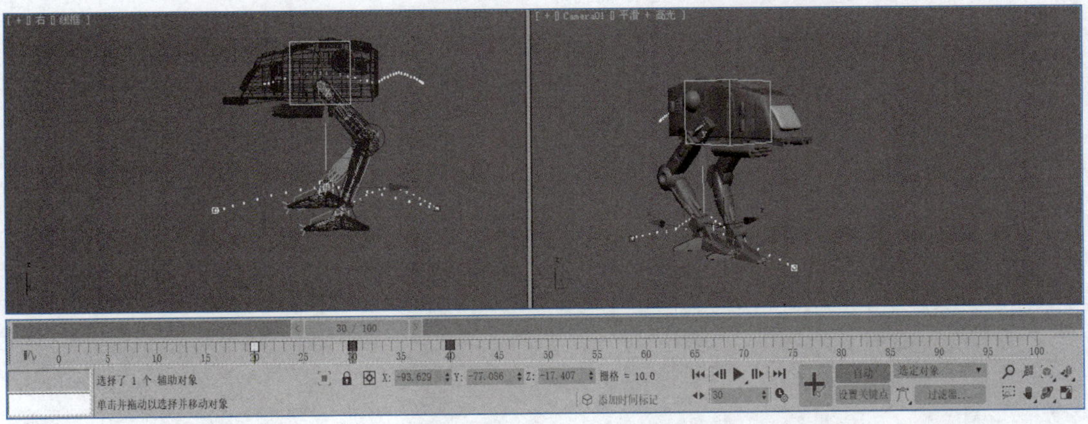

图 9-39　右脚上移动画

（7）同理再制作 40 ~ 60 帧左脚的运动动画，先按住 Shift 键将 20 帧复制到 40 帧，在 60 帧处制作左脚平移动画，50 帧处制作上移动画，如图 9-40 所示。同样方法制作 60 ~ 80 帧右脚运动动画，如图 9-41 所示。动画完成后关闭“自动关键点”按钮。

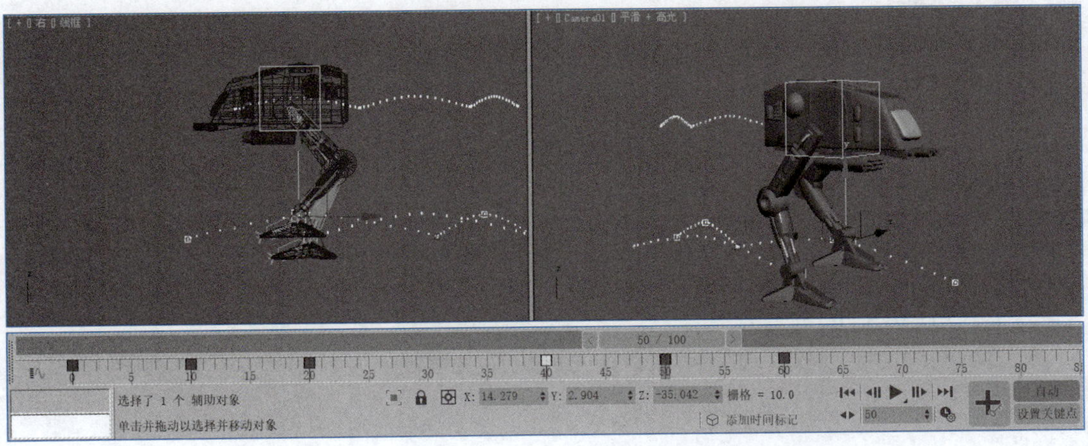

图 9-40 （40 ~ 60 帧）左脚的运动动画

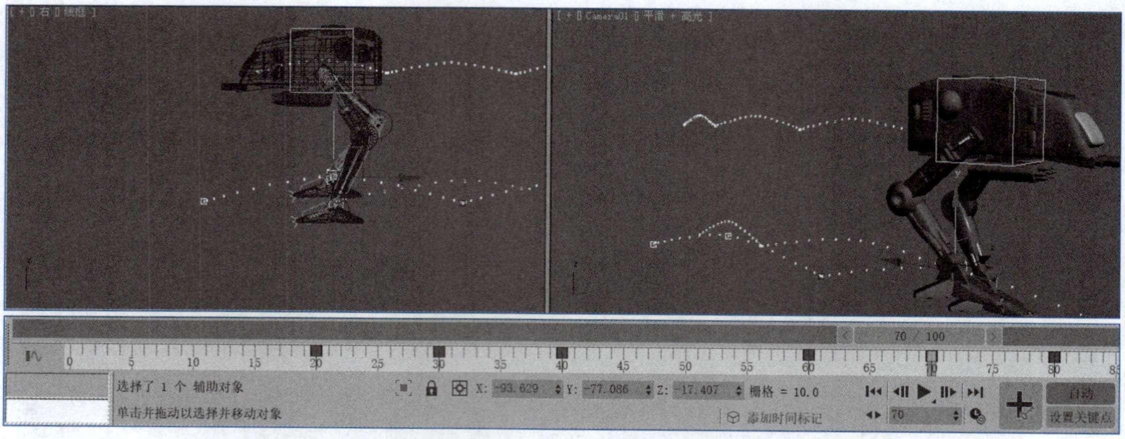

图 9-41 （60 ~ 80 帧）右脚的运动动画

（8）单击“渲染设置”按钮，打开“渲染设置”对话框，参数设置如图 9-42 所示。设置好后直接点击渲染按钮，完成动画制作。

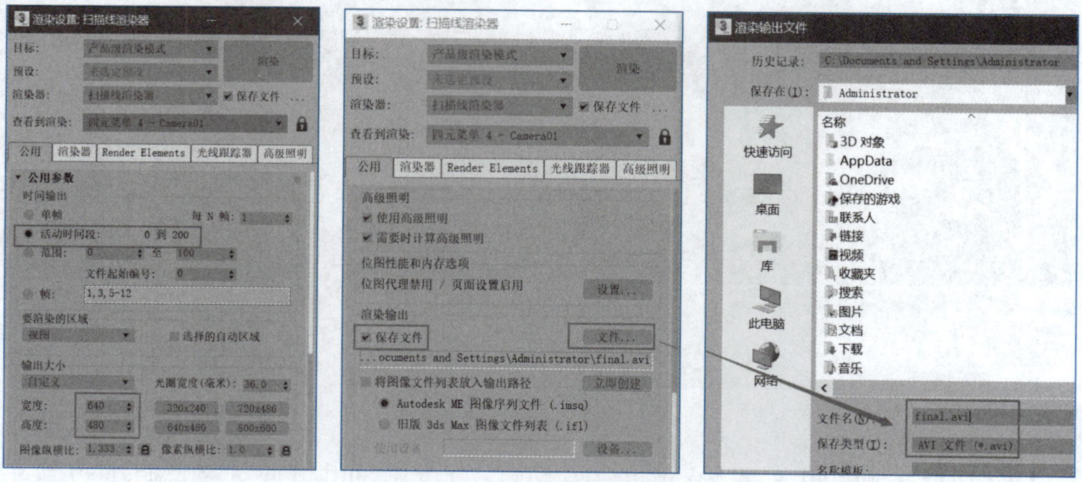

图 9-42 渲染输出动画

项目总结

通过本项目的学习，可掌握各类复杂动画的调整制作方法，可以为对象设置正向运动动画和反向运动动画，完成简单的角色动画、机械装置等动画项目，灵活运用这些方法可以实现更加复杂的大型动画项目，这也是高级角色动画的基础。

项目练习

1. 学习正向反向链接动画的制作方法。
2. 掌握角色动画的设置方法。
3. 尝试利用所学建模、材质知识制作完成机器模型效果，并制作其运动动画。

项目十

粒子与动力学

项目描述

粒子系统是一个相对独立的造型系统，在模仿自然现象、物理现象及空间扭曲上具备得天独厚的优势。粒子系统通常用来创建雨、雪、灰尘、泡沫、火花、气流等，还能以任何造型作为粒子，用来表现成群的蚂蚁、鱼群、吹散的蒲公英等动画效果。粒子系统主要用于表现动态的效果，一般用于动画制作。为了增加物理现象的真实性，粒子系统通过空间扭曲控制粒子的行为，结合空间扭曲能对粒子流造成引力、阻挡、风力等仿真影响。

学习目标

【知识目标】

◎ 认识粒子系统的分类和不同的作用。

◎ 掌握雪粒子、喷射粒子、云粒子、粒子阵列等粒子系统的使用方法。

◎ 掌握刚体动力学的使用方法。

◎ 掌握 MassFX 布料工具的使用方法。

【能力目标】

◎ 具备利用粒子系统完成雨、雪等效果设置的操作能力。

◎ 具备利用高级粒子完成动画特效的能力。

◎ 具备利用刚体动力学制作动画的能力。

◎ 具备利用 MassFX 模拟布料的能力。

【素质目标】

◎ 培养对动态事物的观察和分析能力。

◎ 培养良好的分析问题和解决问题的能力。

◎ 明确职业岗位所处的重要位置，不断提高自身职业能力。

相关知识

视频

简单粒子

一、简单粒子

粒子系统的创建方法如下：进入 + “创建”面板下的 ● “几何体”次面板，在该面板的下拉列表中选择“粒子系统”，如图 10-1 所示。在“对象类型”卷展栏中会出现 3ds Max 中所有的粒子类型，如图 10-2 所示。单击某个按钮，就可以在视图中创建相应的粒子系统。

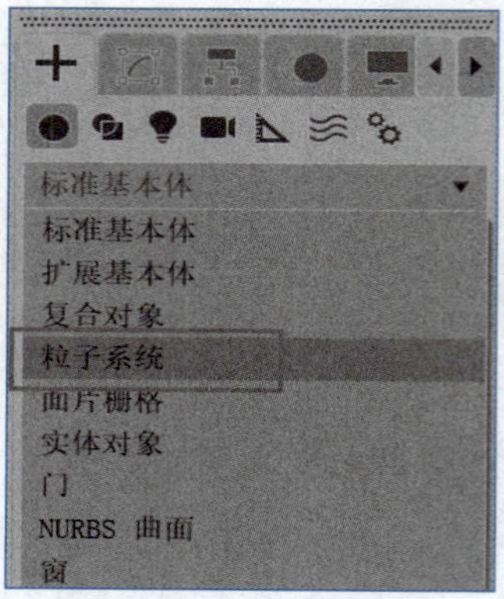

图 10-1 粒子系统

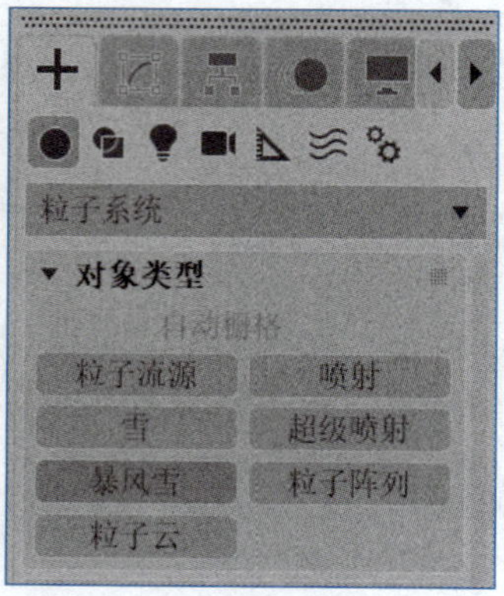

图 10-2 粒子系统面板

（一）喷射粒子

“喷射”粒子系统通常用来模拟雨、喷泉、礼花、公园水龙带的喷水等水滴效果。该粒子系统提供的参数也非常简单，图 10-3 所示为该粒子系统的发射器和基本参数。

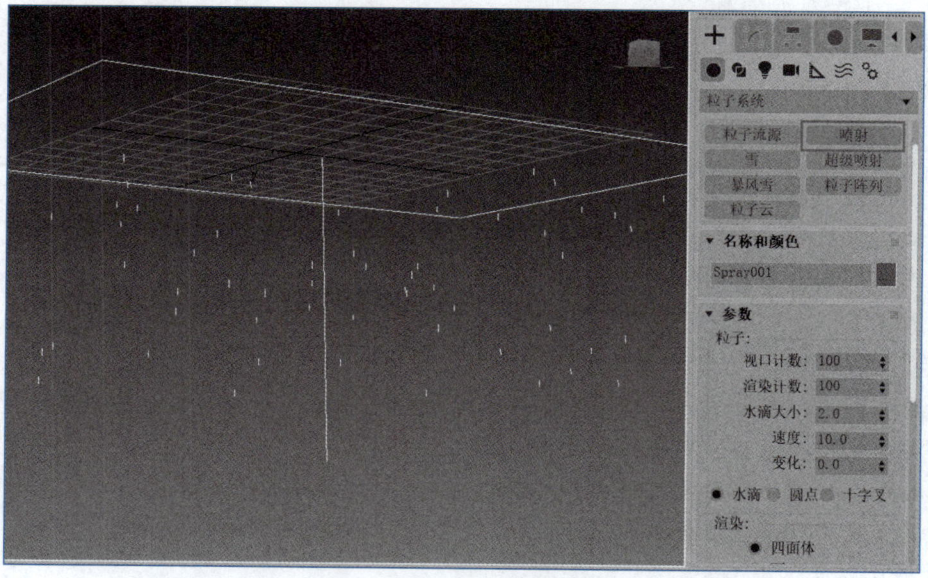

图 10-3 喷射粒子系统面板

（1）视口计数：决定在视图上显示的粒子数量，视口中显示的最大粒子数。

提示：为了提高视图的显示速度和提高工作效率，“视口计数”通常可以调节为小于“渲染计数”。

（2）渲染计数：决定粒子渲染后的数量。

（3）水滴大小：决定粒子的尺寸。

（4）速度：决定粒子的运动速度。

（5）变化：决定粒子速度的变化。

（6）水滴、圆点、十字叉：决定粒子在视图中的显示形态，选择其中一个单选按钮，粒子在视图中显示相应的形态。图 10-4 所示为粒子的 3 种显示形态。

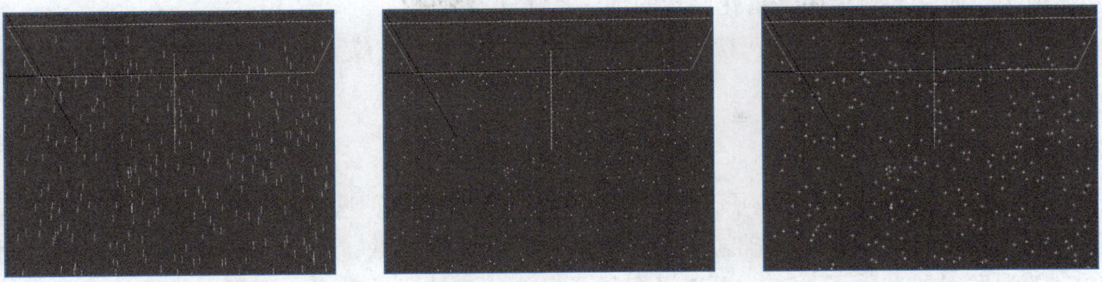

（a）水滴　　（b）圆点　　（c）十字叉

图 10-4　喷射粒子显示形态

（7）渲染：决定粒子在渲染后的形态。

（8）四面体、面：决定粒子在渲染后的形态，选择其中一个单选按钮，可决定粒子在渲染后相应的形态。图 10-5 所示为粒子的两种渲染形态。

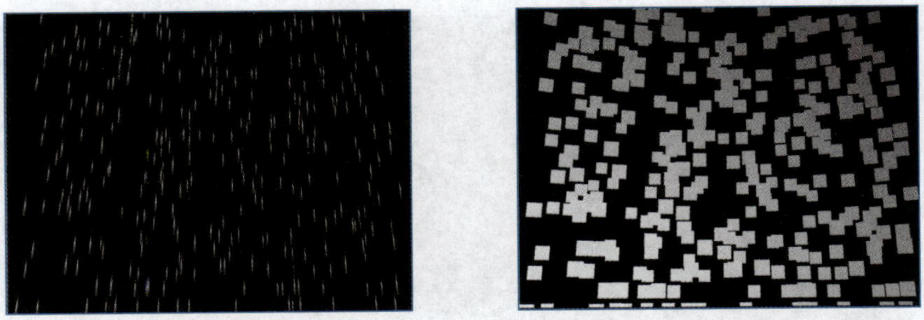

（a）四面体　　（b）面

图 10-5　喷射粒子显示形态

喷射粒子面板其他参数：

（1）计时：决定粒子的产生和消亡的速度。

（2）“开始”决定粒子开始发射的时间。“寿命”决定粒子的消亡时间。当取消“恒定”复选框的选择状态后，“出生速率”参数处于可编辑模式，该参数决定粒子的生成频率，它是由“渲染计数”除以“寿命”值得到的。如果“出生速率”值小于“最大可持续速率”值，则粒子流是持续的。否则，会产生一股一股的粒子流，通常用来模拟一股一股的水流。例如，在“出生速率”中输入 30，则粒子 30 帧生成一次。

（3）发射器：决定粒子发射器的尺寸。

（4）“宽度”和“长度”参数：决定发射器的尺寸，发射器的尺寸决定粒子的发射范围。“隐藏”可以使发射器不可见，但不影响粒子状态。

（二）雪粒子

“雪”粒子系统与“喷射”粒子系统较为相似，雪粒子主要用于模拟雪花的效果，所以在粒子形态和运动方式上与“喷射”粒子系统略有区别。这里主要讲解这两个粒子系统的差别之处。

视频

雪粒子和暴风雪粒子

在“粒子”栏内，“雪”粒子系统增加了“翻滚”和“翻滚速率”参数栏。在粒子的显示和渲染形态上略有区别。

（1）翻滚：决定雪片随即旋转的数量。数值范围 0 ~ 1，当该值为 0 时，雪花不旋转；当该值为 1 时，旋转最大。雪花旋转的轴向是随即产生的。

（2）翻滚速率：决定雪花粒子旋转的速度，该值越大，粒子旋转的速度也就越快。

二、高级粒子

本书中将“暴风雪”“粒子云”“粒子阵列”“超级喷射”这 4 种粒子系统分类为高级粒子系统。高级粒子有着比基础粒子系统更为复杂的设置参数，使用高级粒子可以将任意对象定义为发射器和粒子形态，可以设置粒子融合的泡沫运动动画，还可以设置粒子的运动继承和繁殖等参数，由于其功能强大操作也比较复杂。

（一）暴风雪粒子

暴风雪粒子是雪粒子的升级版，比雪粒子更加高级，它提供了大量的参数。图 10-6 所示为暴风雪粒子的发射器和参数卷展栏。由于参数比较多，限于篇幅原因不再一一介绍。

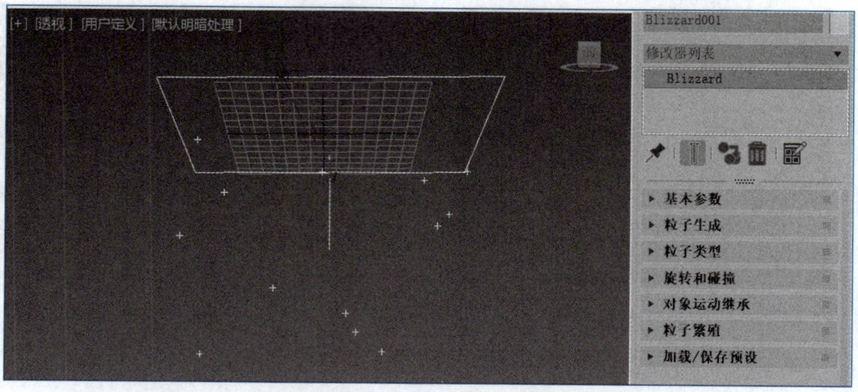

图 10-6　暴风雪粒子发射器和参数卷展栏

（1）基本参数：决定粒子的发射器尺寸、粒子的显示形态和显示百分比。

（2）粒子生成：决定粒子的数量、粒子产生的时间、粒子的移动方式以及不同时间粒子的大小。

（3）粒子类型：决定粒子的形态和材质来源。

（4）旋转和碰撞：决定粒子的旋转和粒子之间的碰撞。

（5）对象运动继承：决定发射器运动对粒子的影响。

（6）粒子繁殖：决定粒子在碰撞或消亡时繁殖其他粒子。

（7）加载 / 保存预设：决定存储设置，以便在其他相关粒子系统中使用。

视 频

粒子云粒子

（二）粒子云粒子

粒子云粒子通常用于填充特定的体积，空间可以是球体、柱体或长方体。也可以将粒子云应用至对象的体积，可用于表现成群的鸟儿、蚂蚁、蜜蜂、人群等。图 10-7 所示为粒子云粒子的发射器和参数卷展栏。

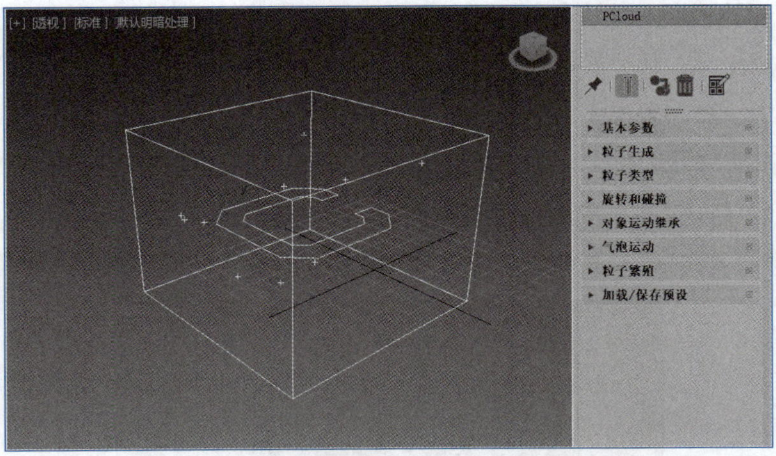

图 10-7　粒子云粒子发射器和参数卷展栏

粒子云的参数卷展栏和暴风雪粒子的参数卷展栏基本一样，但多了“气泡运动”卷展栏，用于控制水下气泡上升时所看到的摇摆效果。

（1）幅度：设置粒子因晃动而偏出其速度轨道线的距离。

（2）周期：设置一个粒子沿着波浪曲线完成一次晃动所需的时间，推荐值在 20 ~ 30 之间。

（3）相位：设置粒子在波浪曲线上最初的位置。

（4）变化：每个粒子所应用的振幅、周期和相位变化的百分比。

视　频

粒子阵列粒子

（三）粒子阵列粒子

粒子阵列粒子可以创建两种不同类型的粒子效果，包括用于将所选几何体对象用作发射器模板、发射粒子和创建复杂的对象爆炸效果。图 10-8 所示为粒子阵列粒子的发射器和参数卷展栏。

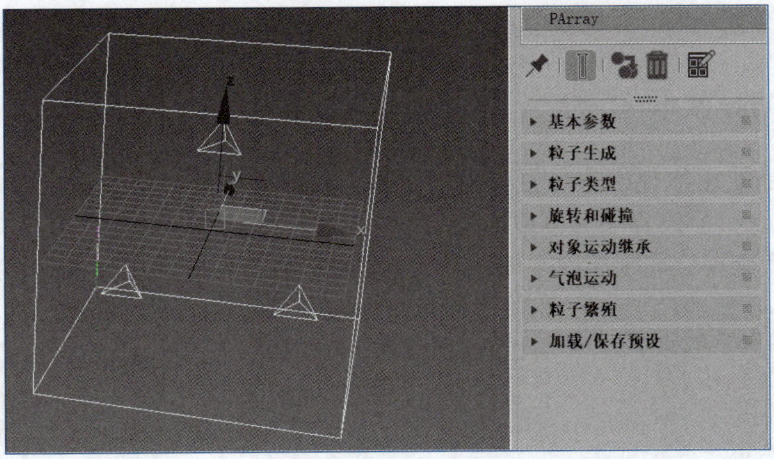

图 10-8　粒子阵列粒子的发射器和参数卷展栏

粒子阵列的参数卷展栏和粒子云粒子的参数卷展栏基本一样，但粒子阵列不仅可以通过对象发射粒子，还可以选择不同的分布方式。

（1）在整个曲面：在作为发射器的对象表面上随机发射粒子。

（2）沿可见边：从对象的可见边随机发射粒子。

（3）在所有的顶点上：从对象的顶点发射粒子。

（4）在特殊定点：在对象曲面上随机分布指定数目的发射器点。

（5）在面的中心：从每个三角面的中心发射粒子。

（四）超级喷射粒子

超级喷射粒子与简单的喷射粒子类似，但功能更为复杂，它只能由一个点发射，产生线型或锥形的粒子群形态。图 10-9 所示为超级喷射粒子的发射器和参数卷展栏。

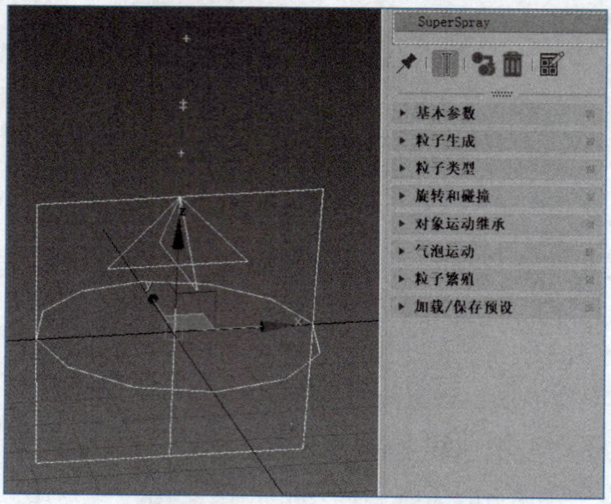

图 10-9　超级喷射粒子的发射器和参数卷展栏

超级喷射的参数卷展栏和粒子阵列粒子的参数卷展栏基本一样，只是在粒子的“基本参数”卷展栏中，可以控制喷射的方向等属性。

（1）轴偏离：影响粒子与 Z 轴的夹角。

（2）平面偏离：影响围绕 Z 轴的发射角度。

（3）扩散：影响粒子远离发射量的扩散。

三、MassFX 动力学

MassFX 是使用物理模拟场景来设置动画，而非传统的关键点方式。这是一种全新的动画设置观念，当设置完成模拟场景后，对象将根据其自身的物理性质自动完成动画。MassFX 支持完全整合的刚体和柔体动力学、布料模拟等。它还可以模拟相连物体的约束和关节，模拟诸如风和马达之类的物理行为。用户可以使用相应的命令创建丰富的动态环境。

视频　MassFX动力学

在主工具栏左侧边缘处右击，在弹出的快捷菜单中选择“MassFX 工具栏”命令可以调出 MassFX 工具栏，如图 10-10 所示，调出的 MassFX 工具栏如图 10-11 所示。

图 10-10　主工具栏快捷菜单

图 10-11　MassFX 工具栏

（一）刚体动画项目训练

在 MassFX 中，刚体是一种最简单的设置模式，刚体模式下的对象为不能变形的对象，在不设置约束的模式下，仅受重力影响，但对象可以相互碰撞。

（二）布料动画项目训练

在 MassFX 中，布料模式主要针对二维的可变形物体，在该模式下，可以设置逼真的织物动画效果。

项目实施

一、使用喷射粒子

这里将设计一个实例场景——“雨天”，对喷射粒子进行训练。

（1）新建场景，选择“渲染”→“环境”命令或按键盘上的“8”快捷键，打开如图 10-12 所示的“环境和效果”面板，选择“环境贴图”下的“无”打开如图 10-13 所示的“材质 / 贴图浏览器”面板，选择“位图”，选取素材“背景 .jpg”文件。

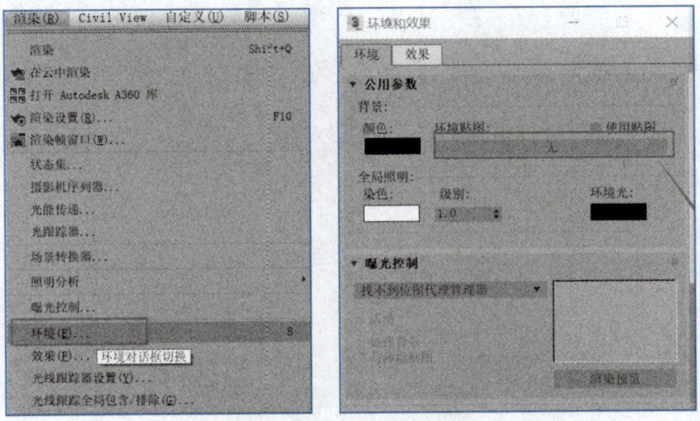

图 10-12　打开“环境和效果”面板

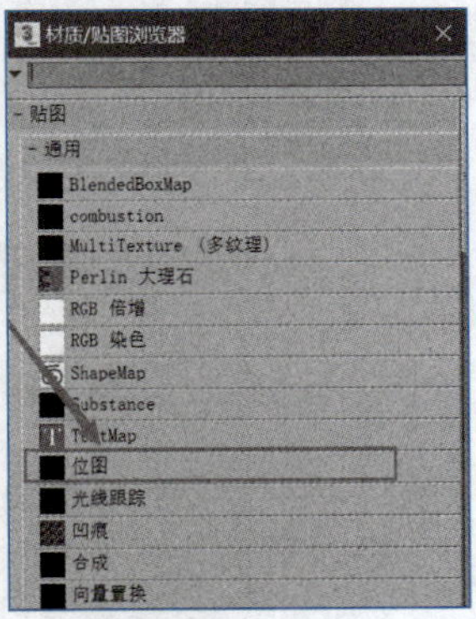

图 10-13　“材质 / 贴图浏览器”面板

（2）在场景中创建“喷射”粒子，并创建摄像机，调整发射器的位置使发射器位于摄像机视图顶端，如图 10-14 所示。

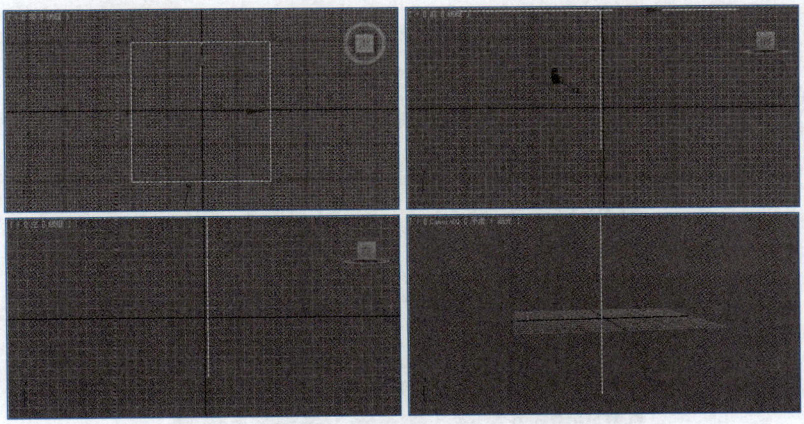

图 10-14　创建“喷射”粒子和摄像机

（3）在喷射粒子面板中设置粒子参数，如图 10-15 所示。

（4）打开材质编辑器，制作一个简单材质，然后将其指定给粒子对象，如图 10-16 所示。

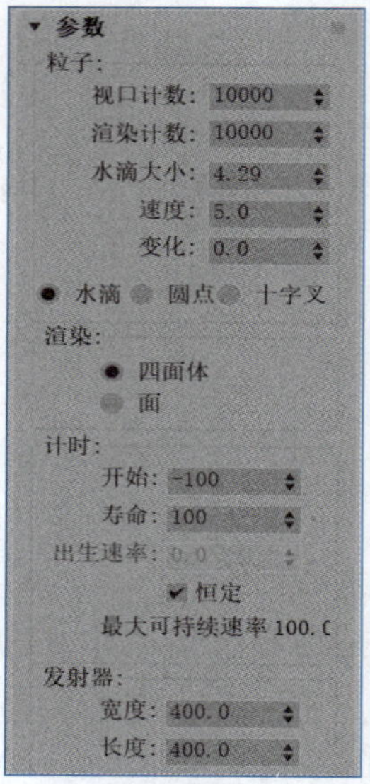

图 10-15　设置粒子参数

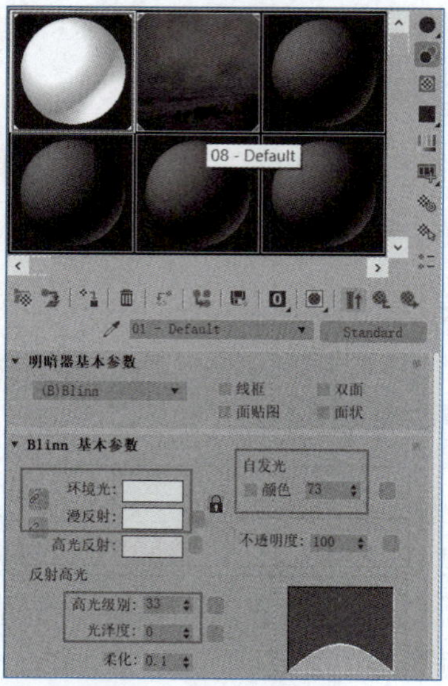

图 10-16　材质编辑器

（5）选择喷射粒子，右击，在弹出的快捷菜单中，选择“对象属性”命令（见图 10-17），设置运动模糊参数，如图 10-18 所示。

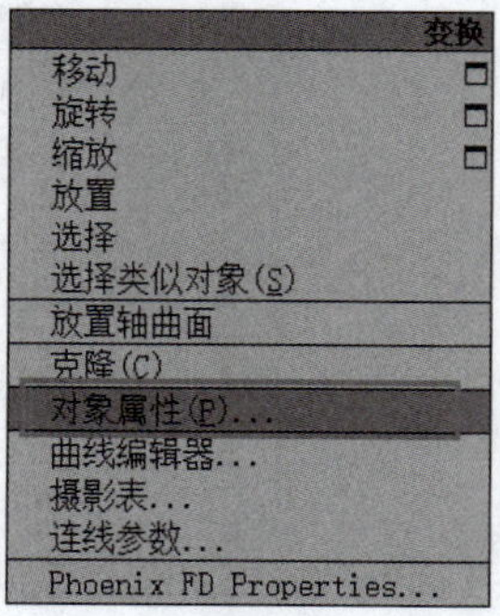

图 10-17　选择“对象属性”命令

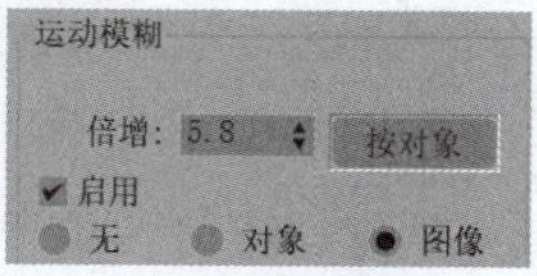

图 10-18　设置运动模糊参数

（6）渲染效果如图 10-19 所示。

图 10-19　雨天效果

“雪”粒子系统没有“水滴”单选按钮，增加了“雪花”单选按钮，其在视图中的显示形态，如图 10-20 所示。图 10-21 所示为粒子的两种渲染形态。

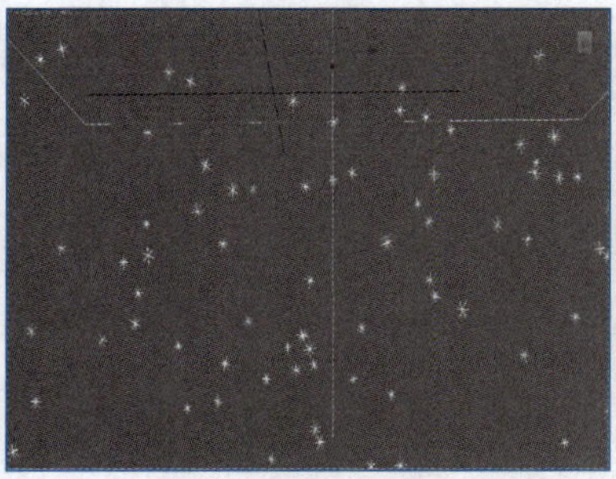

图 10-20　“雪花”显示形态

（a）六角形

（b）三角形

图 10-21　粒子的两种渲染形态

二、使用雪粒子

这里将设计一个实例场景——“雪”，对雪粒子进行训练。

（1）新建场景，选择“渲染”→“环境”命令或按键盘上的“8”快捷键，打开“环境和效果”面板，用上例同样的方法，将“背景.jpg”文件作为背景图像。

（2）在场景中创建“雪”粒子，并创建摄像机，调整发射器的位置使发射器位于摄像机视图外，如图 10-22 所示。

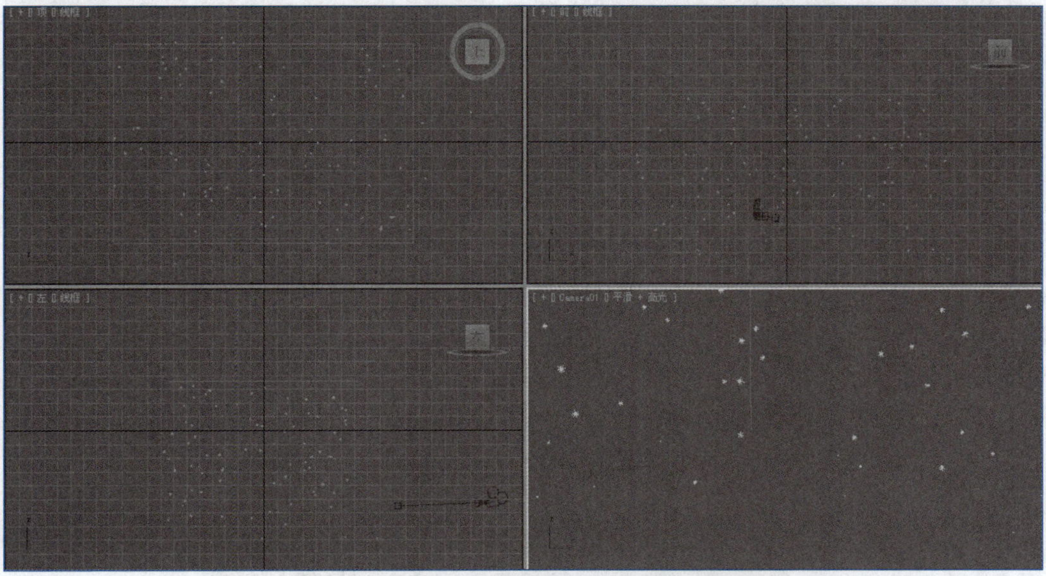

图 10-22　创建“雪”粒子和摄像机

（3）在雪粒子面板中设置粒子参数，如图 10-23 所示。

（4）打开材质编辑器，制作一个材质，设置漫反射为白色，自发光为 60，如图 10-24 所示。为雪材质的不透明贴图添加渐变坡度贴图，如图 10-25 所示。渐变坡度贴图设置如图 10-26 所示。

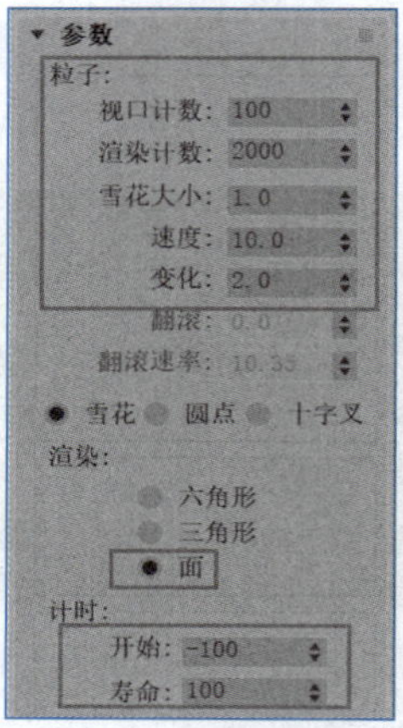

图 10-23　设置粒子参数

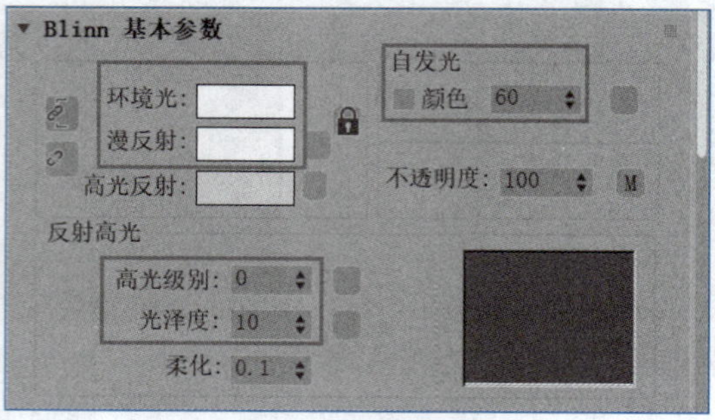

图 10-24　设置材质参数

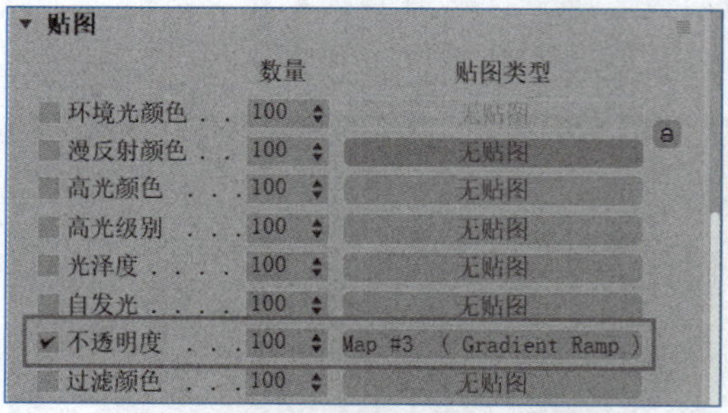

图 10-25　添加渐变坡度贴图

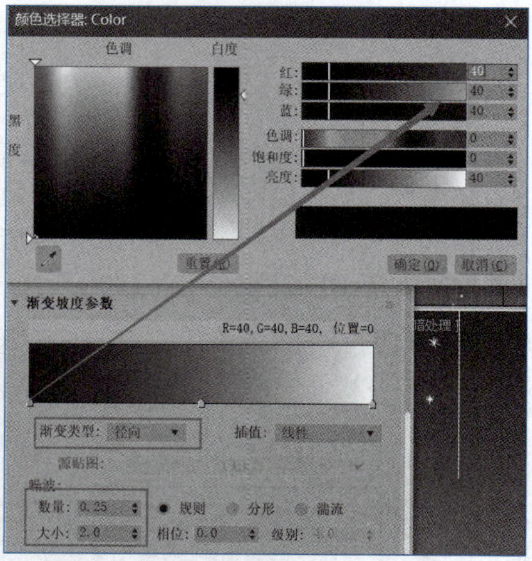

图 10-26　设置渐变贴图

（5）渲染效果如图 10-27 所示。

图 10-27　雪天效果

三、使用暴风雪粒子

这里将设计一个实例场景——“飘落的红叶”，对“暴风雪粒子”进行训练。

（1）新建场景，选择“渲染”→“环境”命令或按键盘上的“8”快捷键，打开“环境和效果”面板，用上例同样的方法，将“背景.jpg”文件作为背景图像。

（2）在场景中创建暴风雪粒子，并创建摄像机，调整发射器的位置使发射器位于摄像机视图外，如图 10-28 所示。

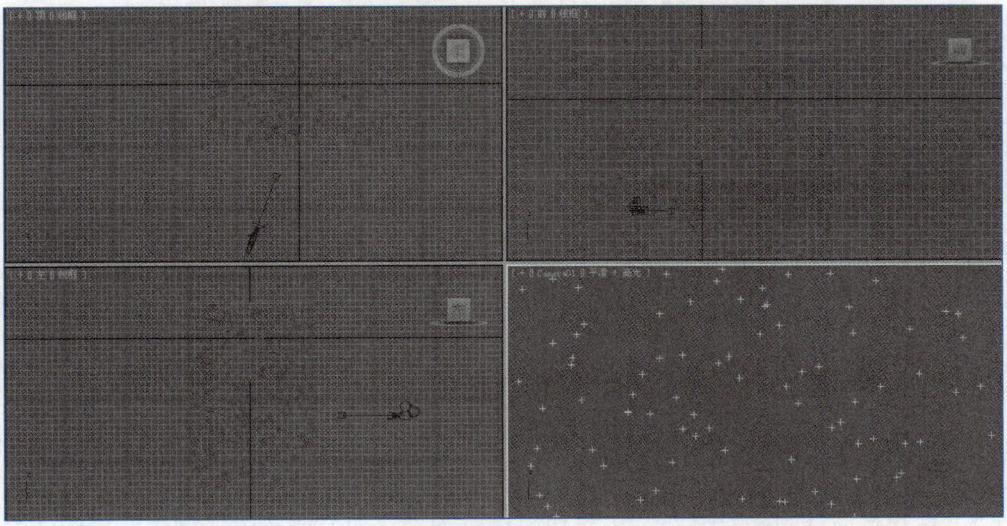

图 10-28　创建暴风雪粒子和摄像机

（3）在顶视图中创建一个平面物体，参数如图 10-29 所示。为平面物体添加弯曲修改器，参数如图 10-30 所示。

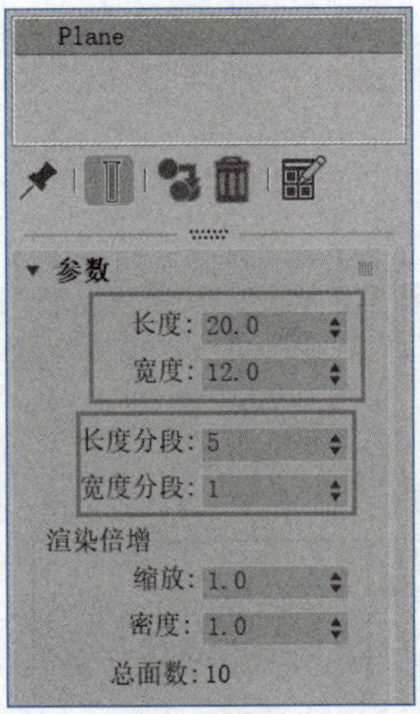

图 10-29　设置平面物体参数

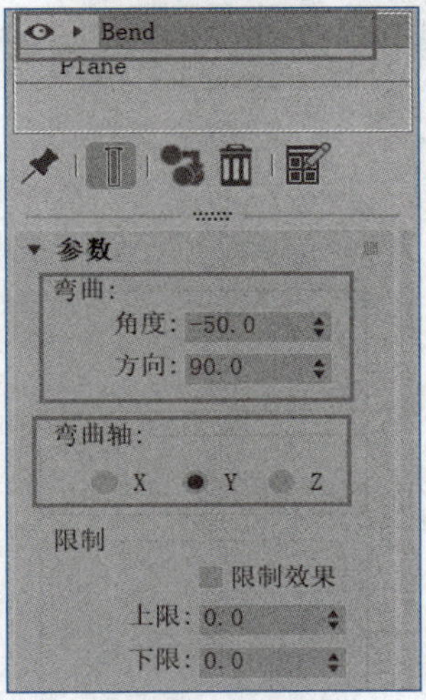

图 10-30　设置弯曲修改器参数

（4）在“暴风雪粒子”面板的“基本参数”卷展栏中设置粒子参数，如图 10-31 所示。在“粒子生成”卷展栏中设置粒子参数如图 10-32 所示。在“粒子类型”卷展栏中设置粒子参数如图 10-33 所示，单击“拾取对象”拾取场景中的树叶模型，使粒子形态被树叶模型所替代。“材质贴图和来源”选择“实例几何体”，如图 10-34 所示。

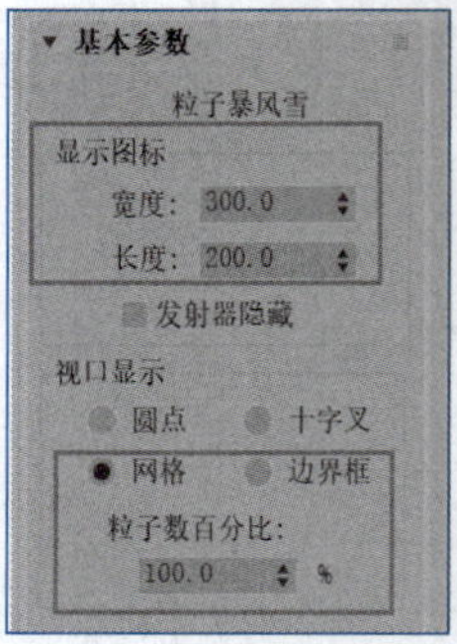

图 10-31 “基本参数”卷展栏

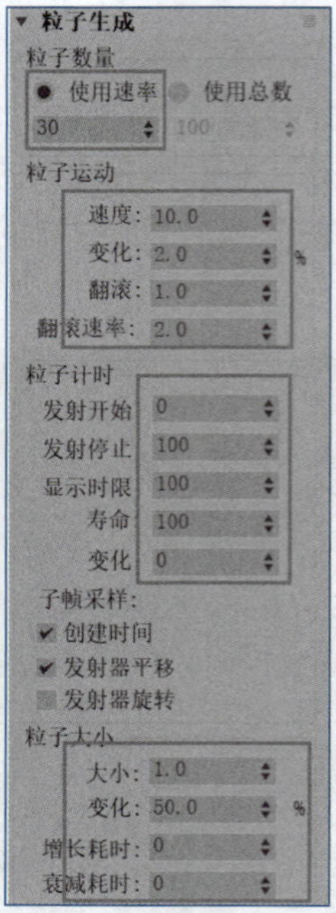

图 10-32 “粒子生成”卷展栏

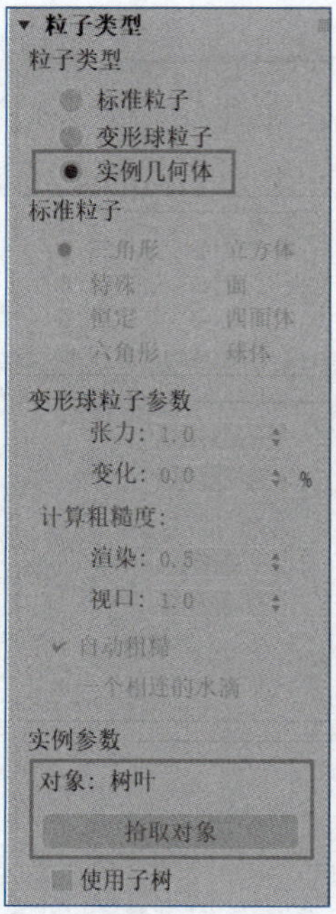

图 10-33 “粒子类型”卷展栏

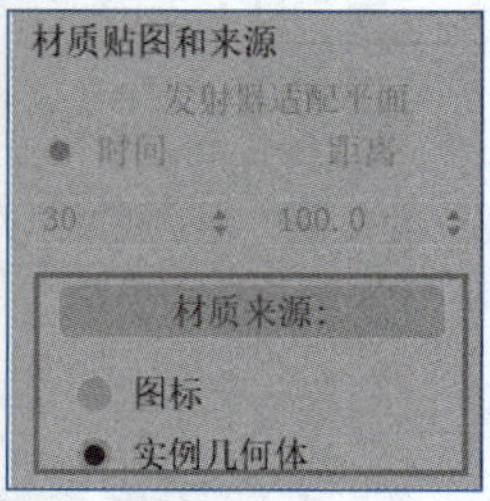

图 10-34 选择材质贴图和来源

（5）打开材质编辑器，制作一个材质，设置为漫反射，制定提供的树叶贴图，复制树叶贴图到不透明贴图上，如图 10-35 所示。

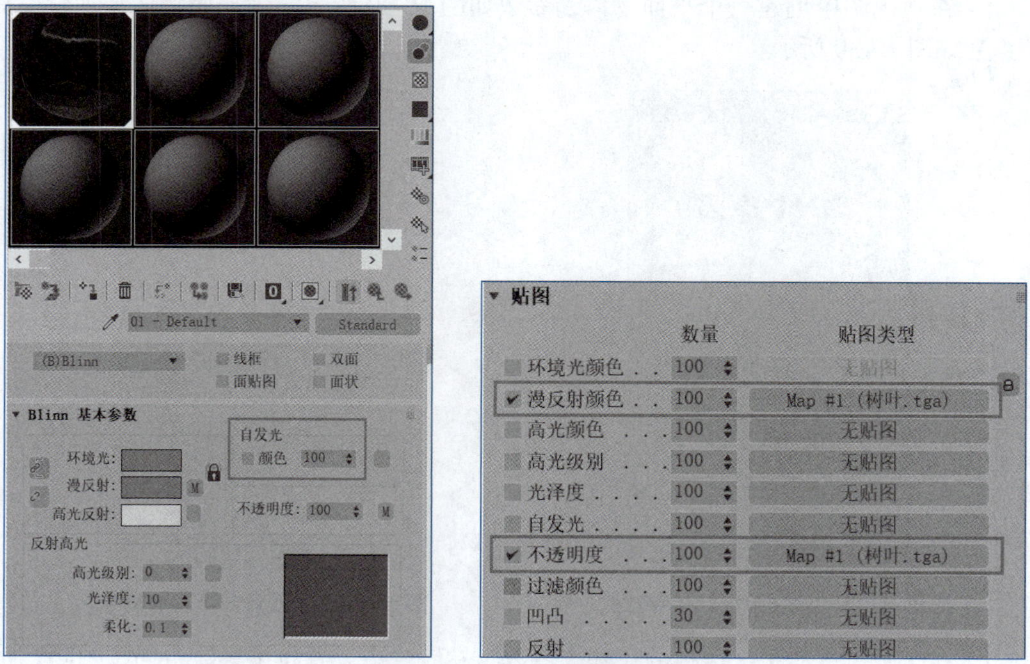

图 10-35 制作并设置材质

（6）渲染效果如图 10-36 所示。

图 10-36　渲染效果

视　频

粒子云粒子–烟花

四、使用粒子云粒子

这里设计一个实例场景——“烟花”，对“粒子云粒子”进行训练。

（1）打开场景文件“烟花 .max”，如图 10-37 所示。

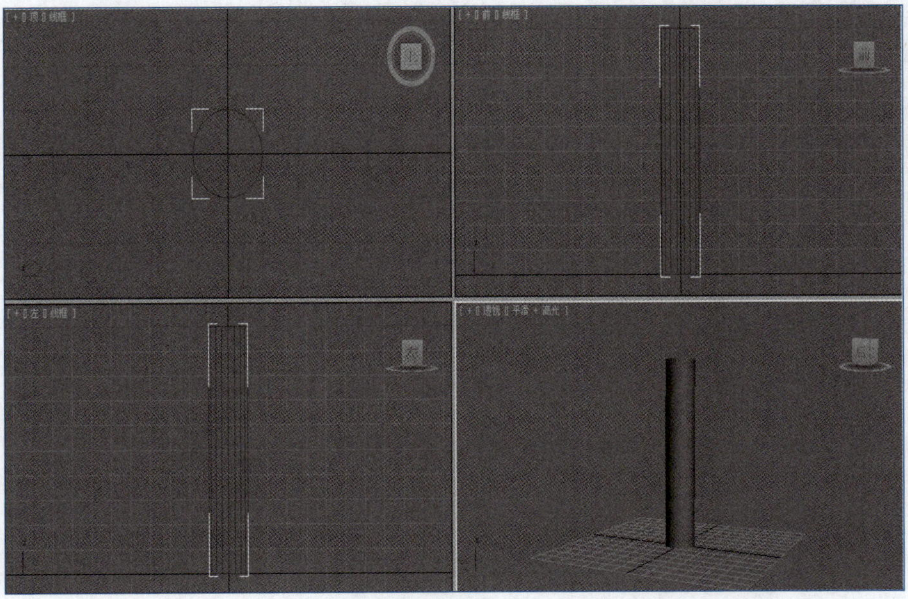

图 10-37　场景文件

（2）在场景中创建粒子云粒子，并创建摄像机，在“基本参数”卷展栏的“拾取对象”中拾取“爆竹”模型，粒子云粒子参数设置如图 10-38 所示。

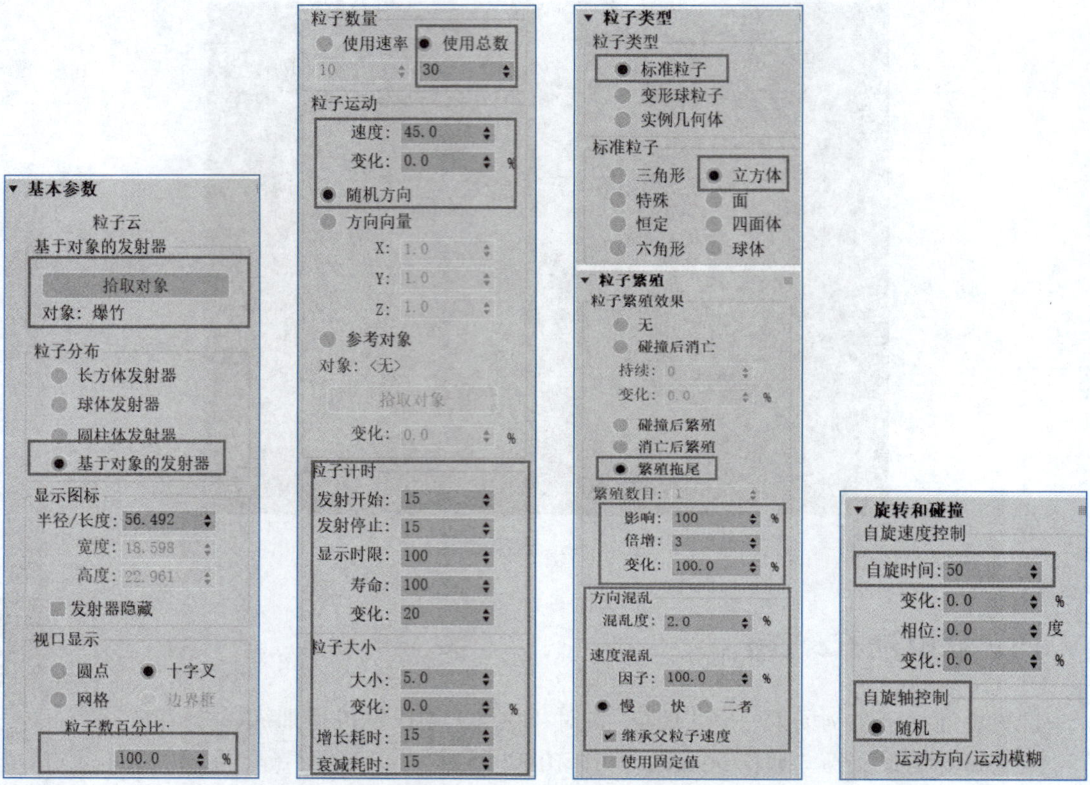

（a）　　（b）　　（c）　　（d）

图 10-38　粒子云粒子参数设置

（3）此时烟花在视图中的效果如图 10-39 所示。

图 10-39　烟花在视图中的效果

（4）创建重力系统并设置参数，如图 10-40 所示。单击工具栏中的“绑定到空间扭曲”按钮，选择“重力”图标并用鼠标拖出一条虚线，连接到粒子上时再放开，使重力对粒子产生影响，如图 10-41 所示。

（5）此时在视图中的粒子效果如图 10-42 所示。

（6）打开材质编辑器，制作一个材质，设置漫反射贴图为“粒子年龄”，在“粒子年龄”参数设置中根据个人的喜好来分别设置 3 种颜色，如图 10-43、10-44 所示。

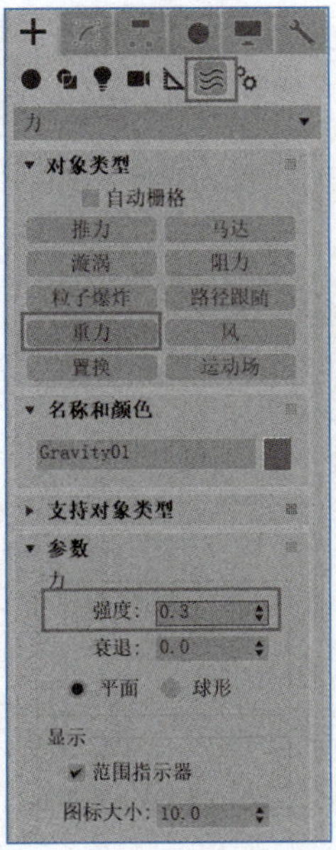

图 10-40　重力系统参数设置

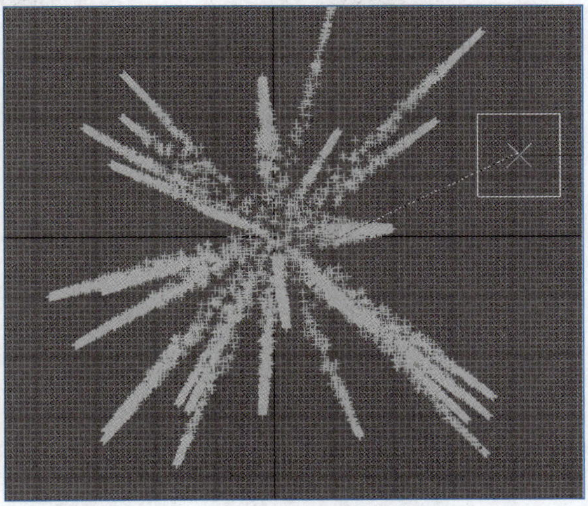
图 10-41　添加重力效果

图 10-42　视图中的粒子效果

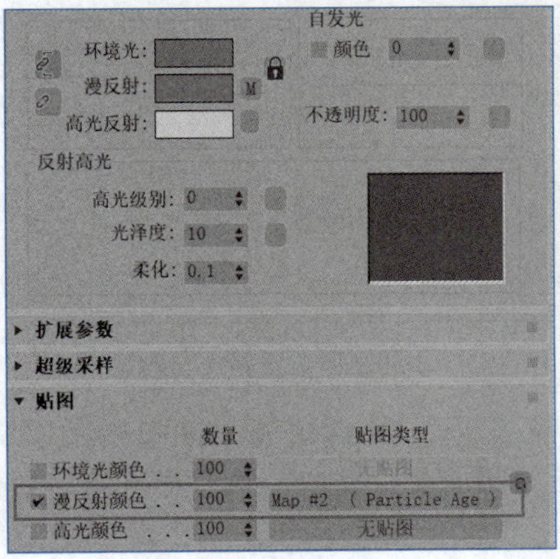

图 10-43　设置漫反射颜色

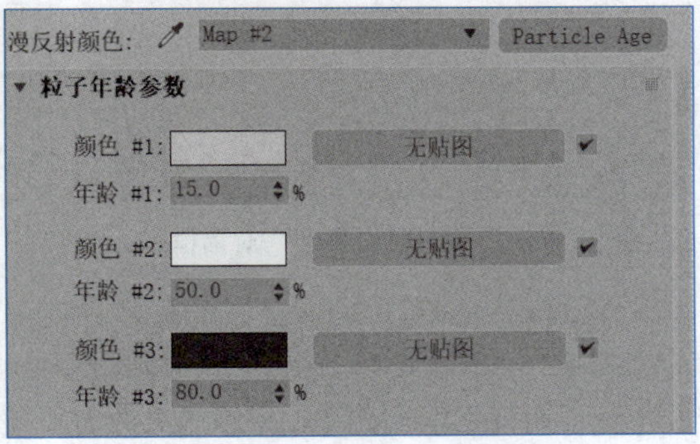

图 10-44　设置粒子年龄参数

（7）选择粒子，右击，在“对象属性”中将“对象 ID”设置为 1，如图 10-45 所示。

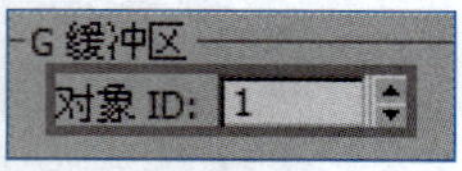

图 10-45 设置“对象 ID”

（8）为烟花添加特效，选择“渲染”→“视频后期处理”命令，打开如图 10-46 所示的“视频后期处理”窗口。

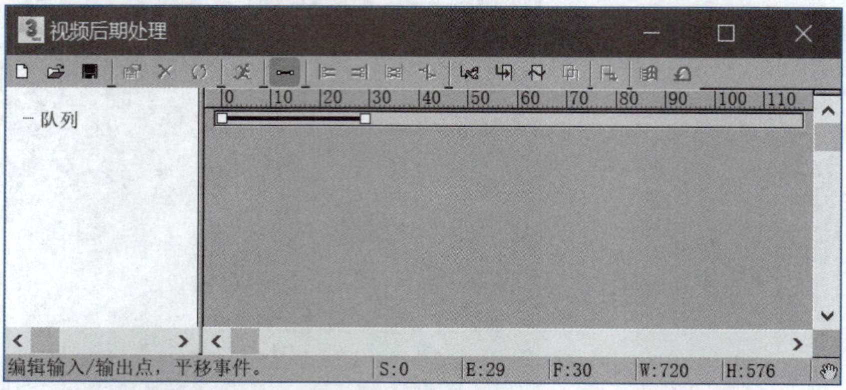

图 10-46 “视频后期处理”窗口

在该面板中单击“添加场景事件”按钮并将视图设为“摄像机”，单击“确定”按钮关闭“添加场景事件”对话框，如图 10-47 所示。取消该面板中对于摄像机的选择，然后单击“添加图像过滤器事件”按钮并从“过滤器插件”列表中选择“镜头效果光晕”。单击“确定”按钮，关闭“添加图像过滤器事件”对话框，如图 10-48 所示。

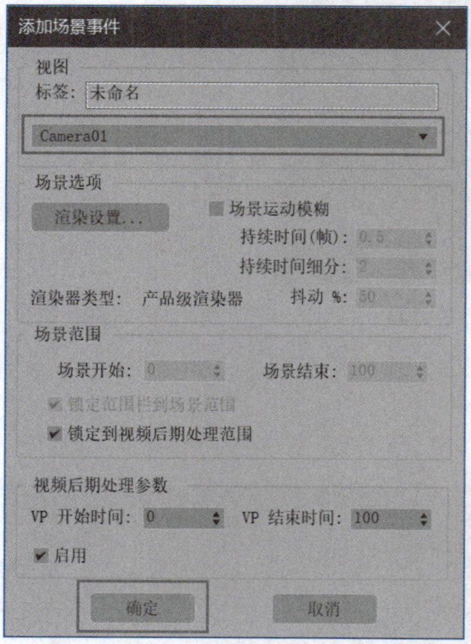

图 10-47 “添加场景事件”对话框

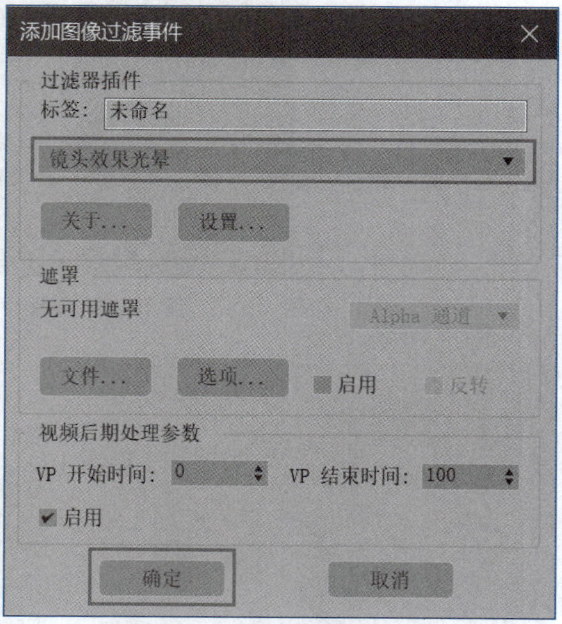

图 10-48 “添加图像过滤事件”对话框

在 Video Post 面板中双击“镜头效果光晕”选项，打开“编辑过滤事件”对话框，单击设置按钮，如图 10-49 所示。此时将会弹出“镜头效果光晕”窗口，单击“预览”按钮，然后单击“VP 队列”按钮，并将“对象 ID”设置为 1，如图 10-50 所示。

切换到“首选项”选项卡，参数设置如图 10-51 所示。

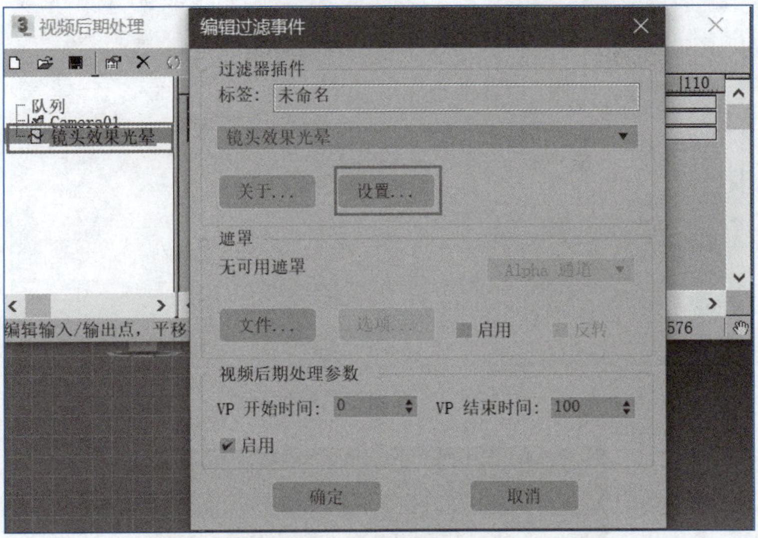

图 10-49　“编辑过滤事件”对话框

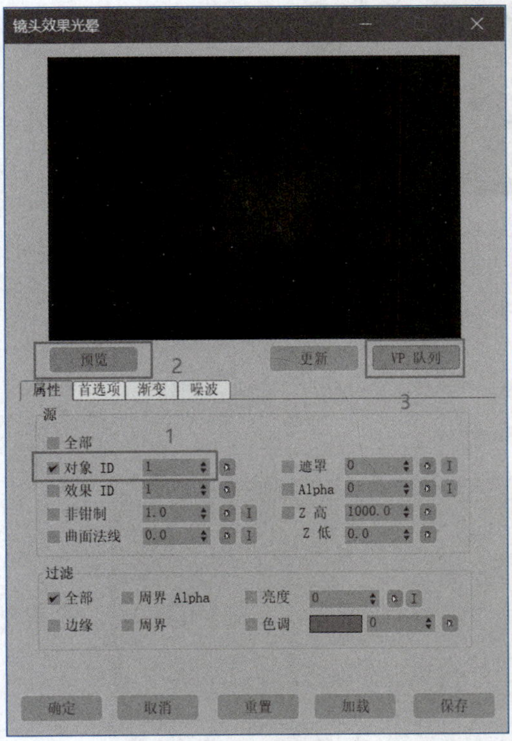

图 10-50　“属性”选项卡

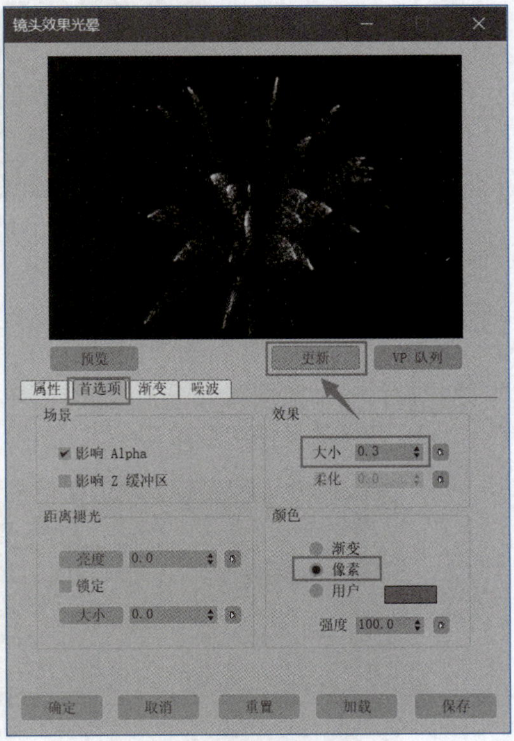

图 10-51　“首选项”选项卡

（9）单击面板中的空白区域取消对于“摄像机”和“镜头效果光晕”的选择，再单击“添加图像输出事件”按钮，然后单击“文件”，设置输出的路径和格式。最后单击“执行序列”按钮并渲染，如图 10-52 所示。

（10）渲染效果如图 10-53 所示。

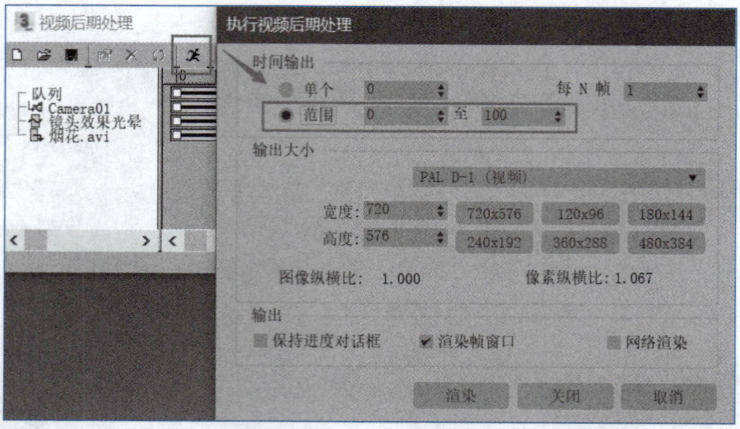

图 10-52　视频后期处理设置

图 10-53　渲染效果

五、使用粒子阵列粒子

这里设计一个实例场景——“星球爆炸”，对“粒子阵列粒子”进行训练。

（1）打开场景文件“星球 .max”，如图 10-54 所示。

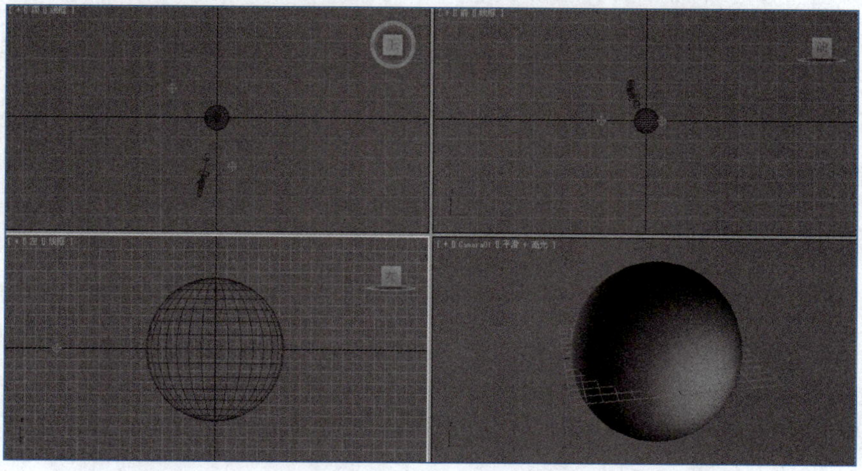

图 10-54　场景文件

（2）在场景中创建粒子阵列粒子，在“基本参数”的“拾取对象”中拾取“星球”模型，设置“粒子阵列”的粒子参数，如图 10-55 所示。

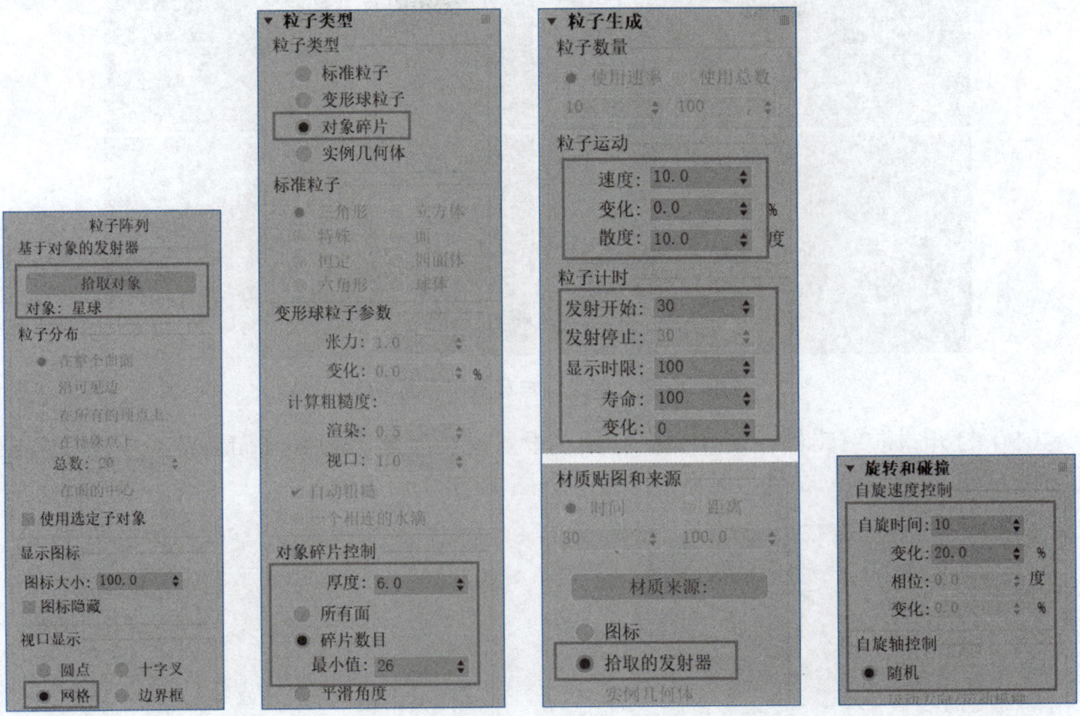

（a）　（b）　（c）　（d）

图 10-55　设置“粒子阵列”的粒子参数

（3）此时星球在视图中的效果如图 10-56 所示。

图 10-56　星球在视图中的效果

（4）创建爆炸背景，在视图中创建一个平面物体，如图 10-57 所示。

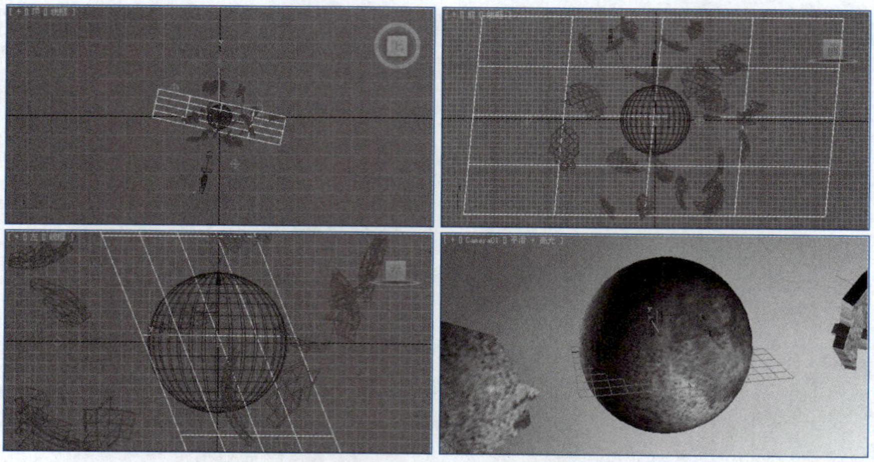

图 10-57　创建爆炸背景和平面物体

（5）打开材质编辑器，制作一个材质，设置漫反射贴图为 Explode.mov 文件，不透明贴图为 Explode-M.mov 文件，贴图层级设置如图 10-58 所示。

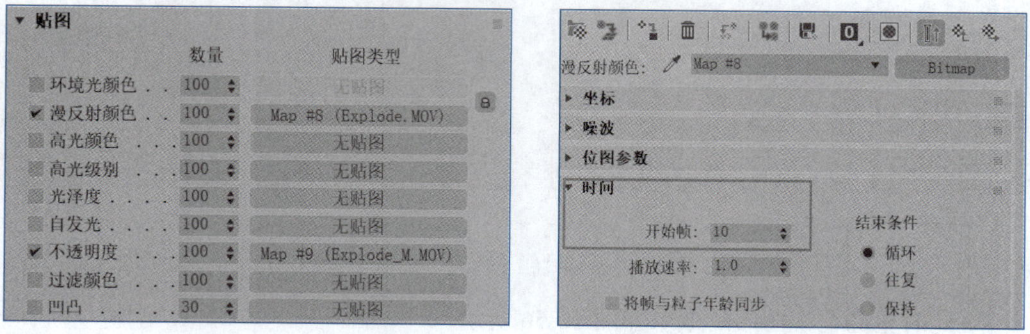

（a）　　　　　　　　　　　　　　　（b）

图 10-58　贴图层级设置

（6）选择平面物体，切换到局部坐标系，使爆炸贴图的中心接近于星球模型中心位置。

（7）渲染效果如图 10-59 所示。

图 10-59　渲染效果

六、使用超级喷射粒子

这里设计一个实例场景——“喷泉”，对“超级喷射粒子”进行训练。

（1）新建场景，在顶视图中创建“超级喷射”粒子，粒子参数面板设置如图 10-60 所示。

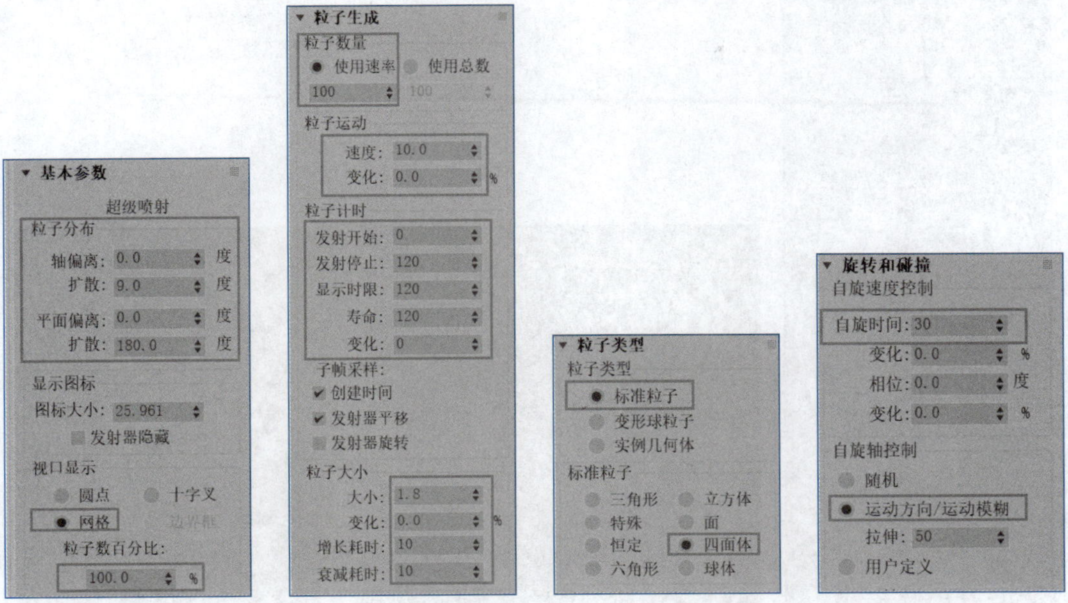

（a）　（b）　（c）　（d）

图 10-60　粒子参数面板设置

（2）为场景添加重力，设置“重力”的参数，如图 10-61 所示。单击工具栏中的“绑定到空间扭曲”按钮，选择“重力”图标并用鼠标拖出一条虚线，连接到粒子上时再放开，使重力对粒子产生影响，此时的效果如图 10-62 所示。

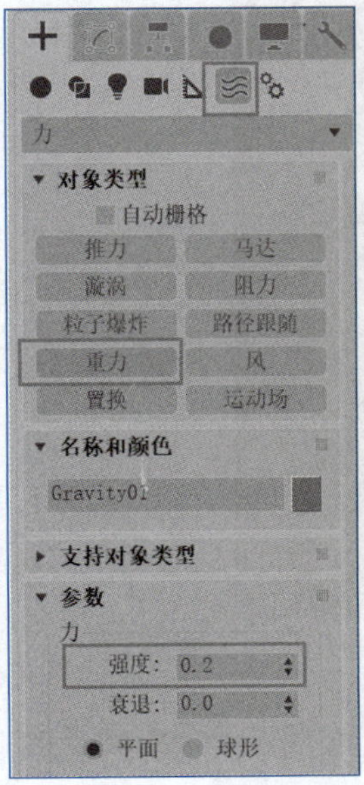

图 10-61　设置重力的参数

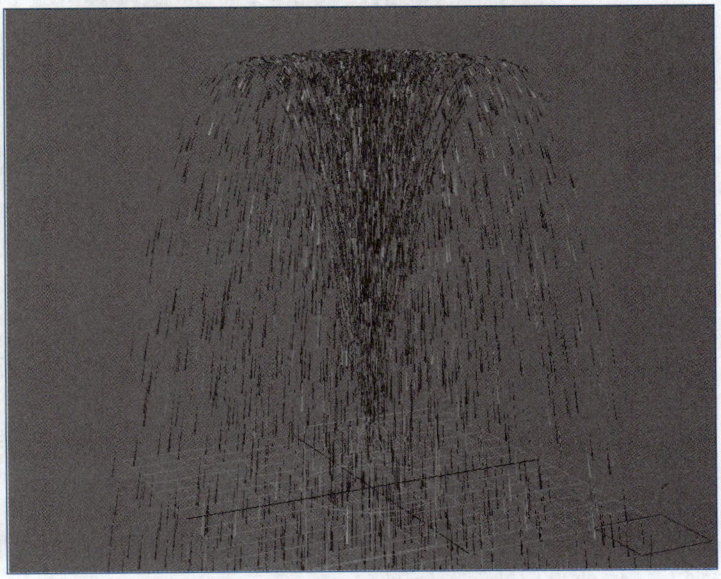

图 10-62　重力对粒子产生影响的效果

（3）进入“创建”面板下的“空间扭曲对象”次面板，在该面板的下拉列表中选择“导向器”，并从中选择“导向板”，此时设置“导向板”的参数和在视图中的位置，如图 10-63 所示。

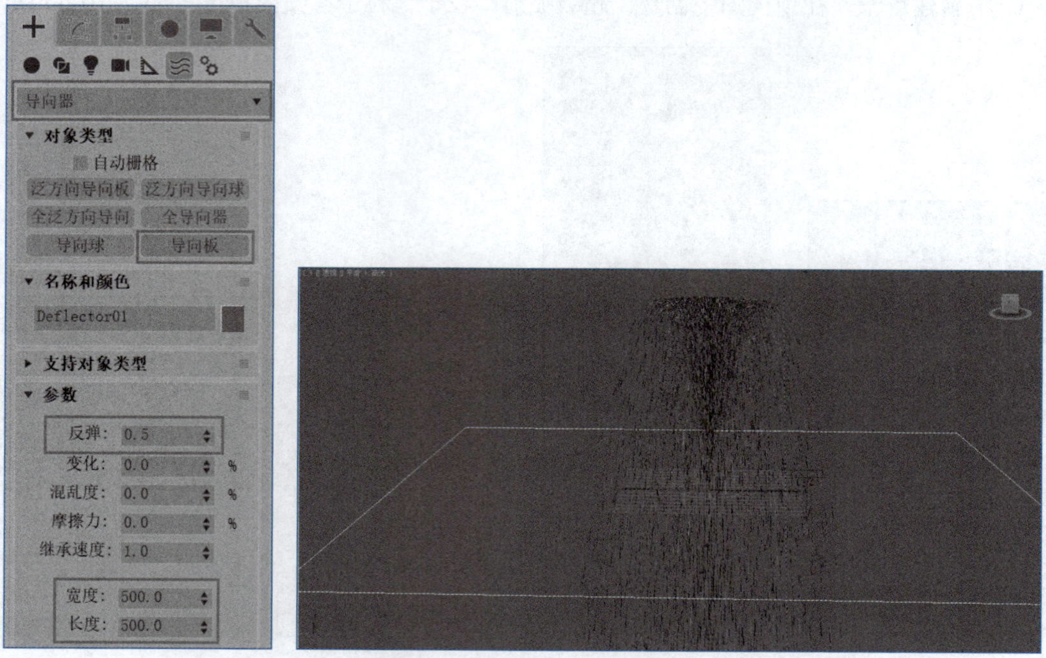

图 10-63　设置导向板的参数和在视图中的位置

（4）单击工具栏中的“绑定到空间扭曲”按钮，选择“导向板”并用鼠标拖出一条虚线，连接到粒子上时再放开，使“导向板”对粒子产生影响，此时的效果如图 10-64 所示。

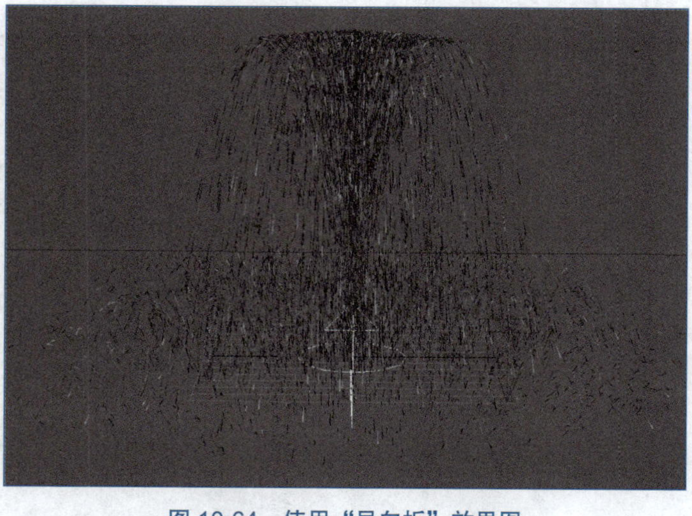

图 10-64　使用“导向板”效果图

（5）打开材质编辑器，制作一个材质，设置如图 10-65 所示。选择粒子并将粒子的“运动模糊”倍增值设置为 5，如图 10-66 所示。

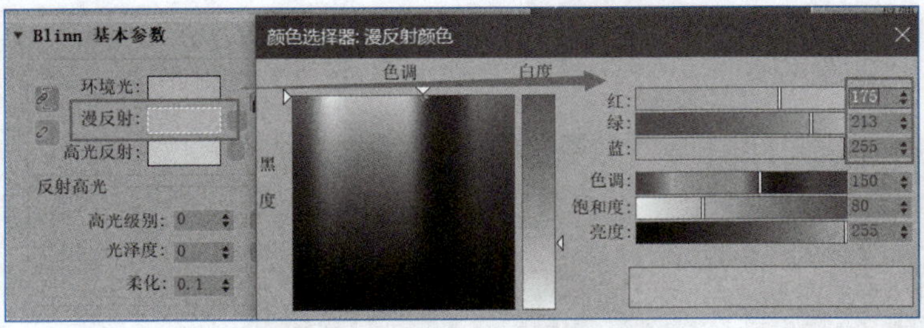

图 10-65　制作材质

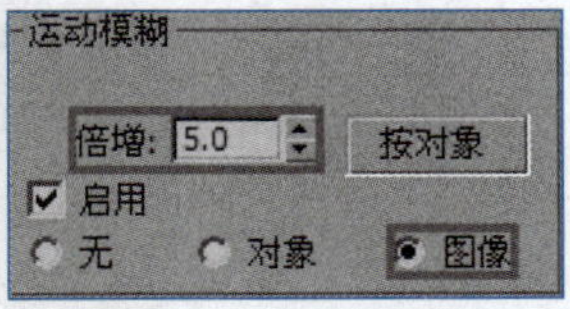

图 10-66　设置运动模糊

（6）渲染效果如图 10-67 所示。

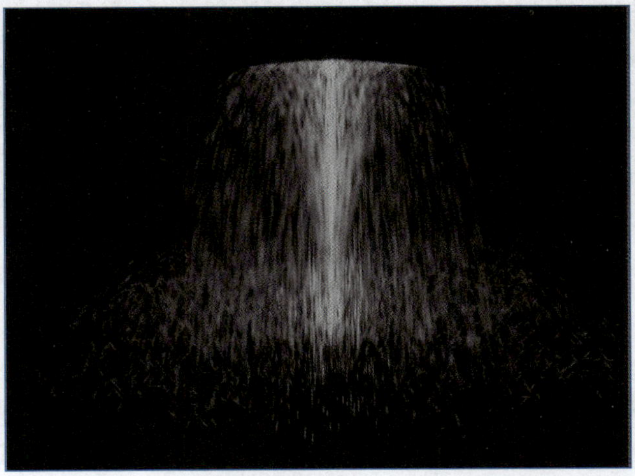

图 10-67　渲染效果

七、使用刚体动力学

这里设计一个实例场景——“刚体碰撞”，对“刚体动力学”进行训练。

（1）打开“刚体 .max”场景文件，如图 10-68 所示。

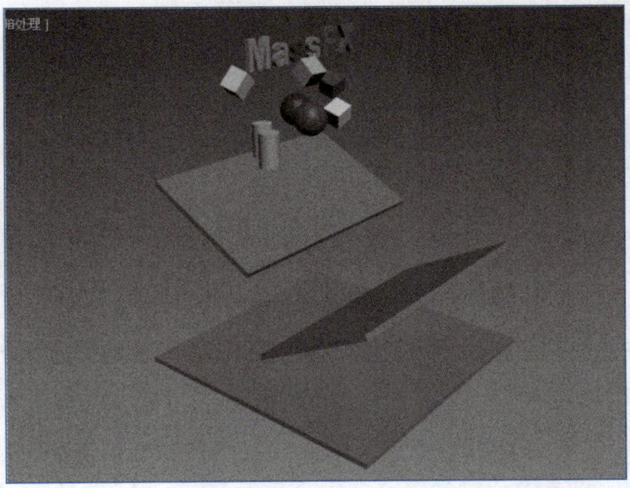

图 10-68　场景文件

（2）选择场景中准备下落的物体，单击 MassFX 工具面板中的“将选定项设置为动力学刚体”按钮，如图 10-69 所示。

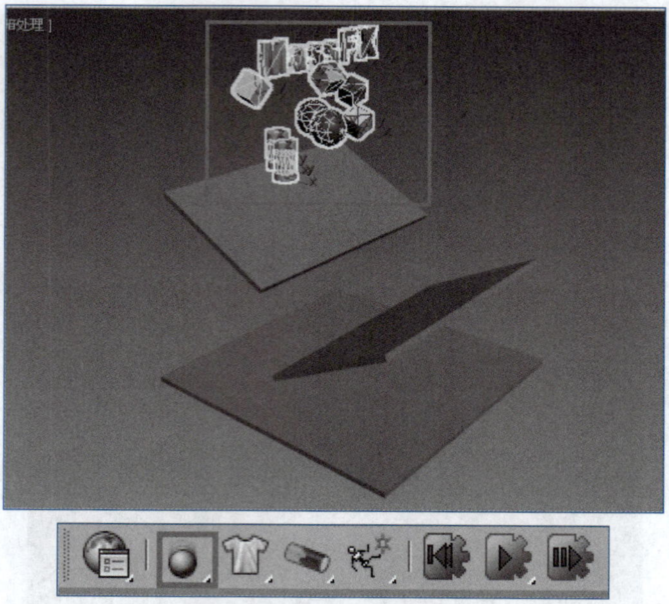

图 10-69　将选定项设置为动力学刚体

（3）选择场景中的剩下 3 个平板对象，按住 MassFX 工具面板中的按钮，在弹出的按钮组中单击“将选定项设置为静态刚体”按钮，如图 10-70 所示。这三块板子在碰撞时会保持静止状态。

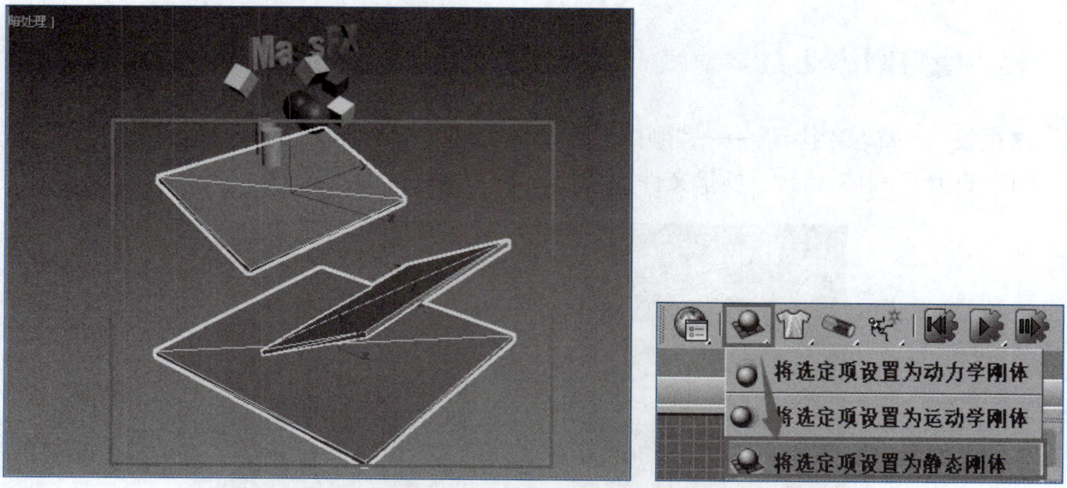

图 10-70　将选定项设置为静态刚体

（4）单击 MassFX 工具面板中的按钮，打开 MassFX 属性设置面板，如图 10-71 所示，设置参数，取消“使用地面碰撞”，开启“使用多线程 ““硬件加速”，以提高计算速度，如图 10-72 所示。

图 10-71　MassFX 工具面板

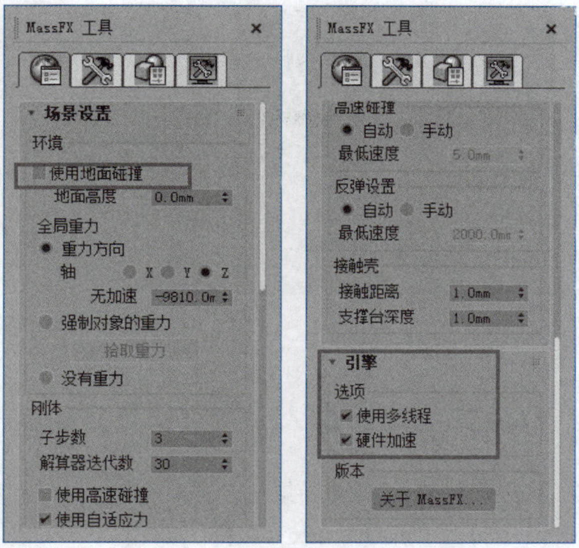

图 10-72　MassFX 属性设置面板

（5）单击 MassFX 工具面板中的“开始模拟”按钮，这时可以看到场景中的小物体都开始下落，与 3 个静止的挡板产生真实碰撞效果，效果如图 10-73 所示。

（6）将计算结果生成关键帧动画。单击 MassFX 属性设置面板中的“模拟工具”按钮，单击“烘焙所有”创建动画，如图 10-74 所示。

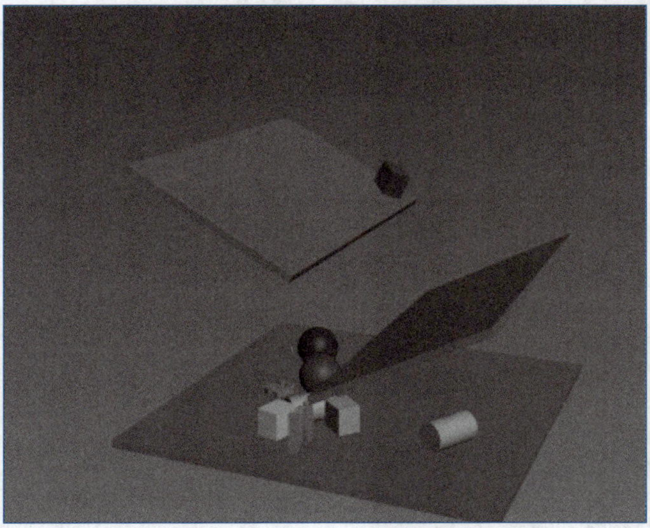

图 10-73　模拟效果图

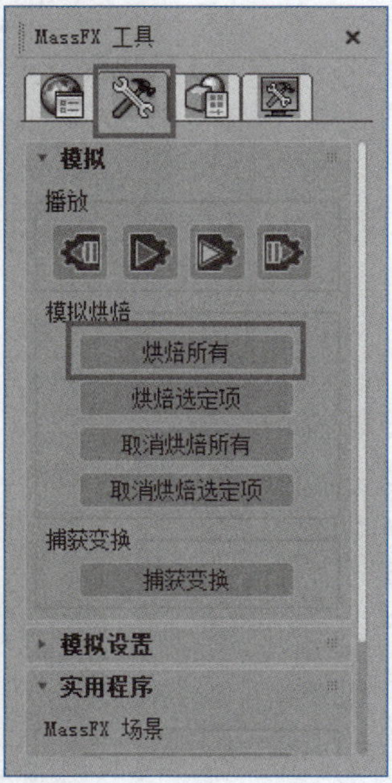

图 10-74　生成关键帧动画

（7）拖动时间滑块，效果如图 10-75 所示。

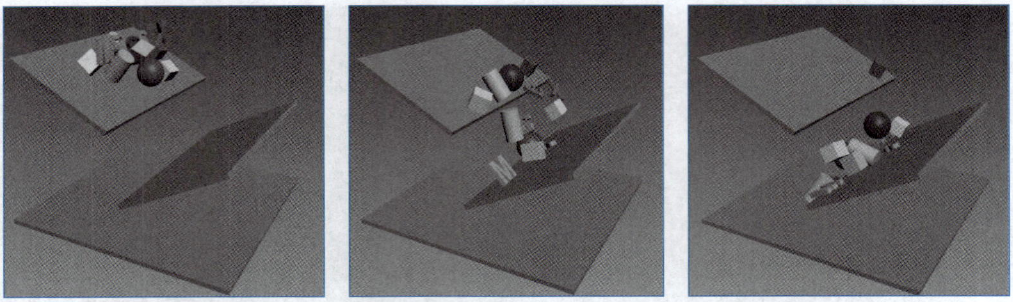

图 10-75　刚体动画效果图

八、使用布料动力学

这里设计一个实例场景——“桌布”，对“布料动力学”进行训练。

（1）打开“桌子 .max”文件，如图 10-76 所示。

视 频

布料动力学

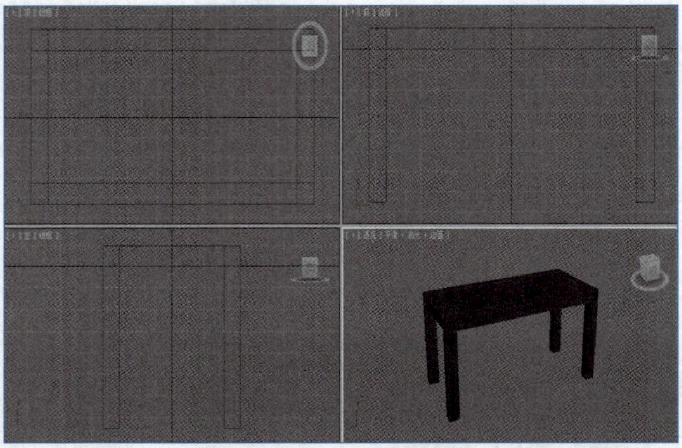

图 10-76　场景文件

（2）在场景中创建平面物体，参数和位置如图 10-77 所示。为使桌布效果更加细腻，给平面物体添加“细分”修改器，参数如图 10-78 所示。

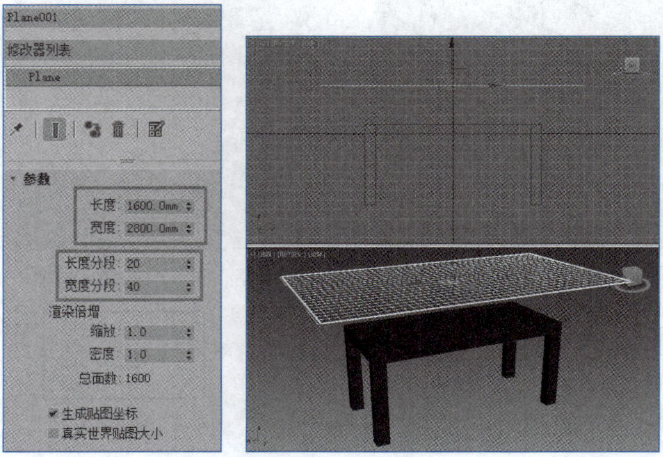

图 10-77　创建平面物体

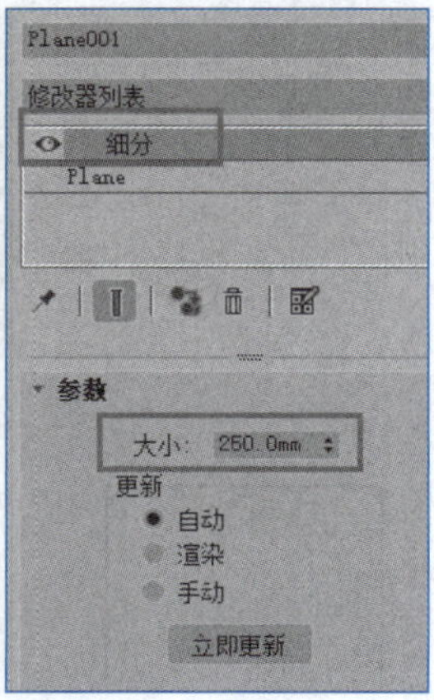

图 10-78　添加“细分”修改器

（3）选择桌子物体，单击 MassFX 工具面板中的“将选定项设置为静态刚体”按钮，如图 10-79 所示。选择平面物体，单击 MassFX 工具面板中的“将选定对象设置为 mCloth 对象”按钮，如图 10-80 所示。

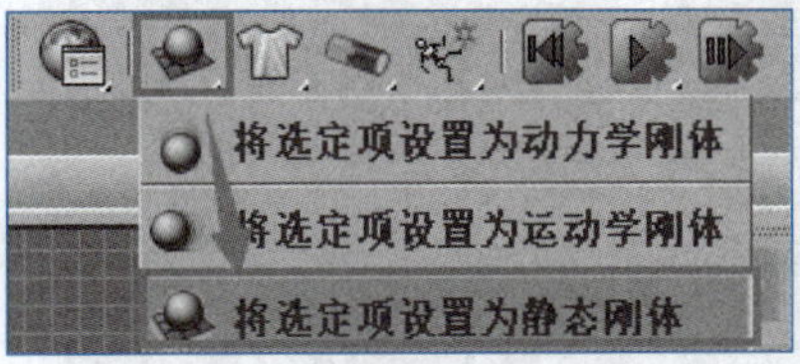

图 10-79　将选项设置为静态刚体

图 10-80　将选定对象设置为 mCloth 对象

（4）选择平面物体，进入修改器面板，在“纺织品物理特性”中设置参数，将“弯曲度”设置为 1，如图 10-81 所示。

（5）单击 MassFX 工具面板中的“开始模拟”按钮，这时可以看到场景中的平面物开始下落，与桌子产生真实碰撞效果，效果如图 10-82 所示。

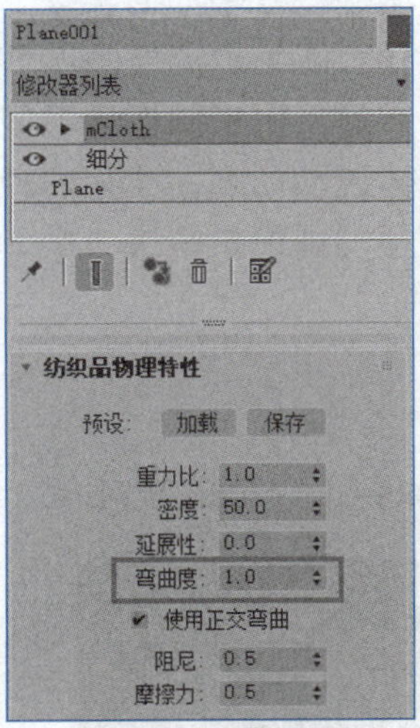

图 10-81　修改器面板

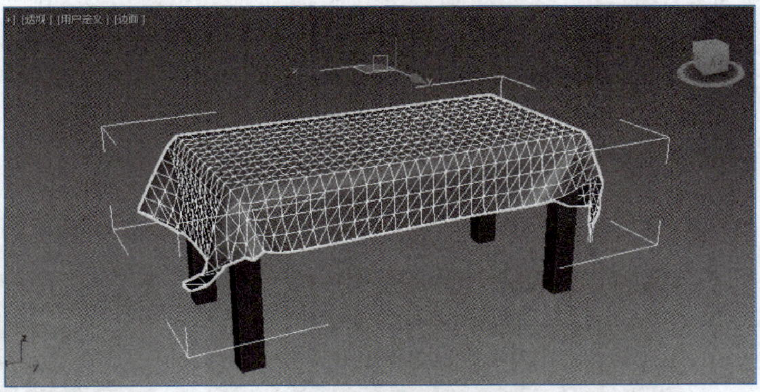
图 10-82　物体与桌子碰撞效果

（6）用上个实例的方法，将计算结果生成关键帧动画。单击 MassFX 属性设置面板中的“模拟工具”按钮，单击“烘焙所有”创建动画，如图 10-83 所示。

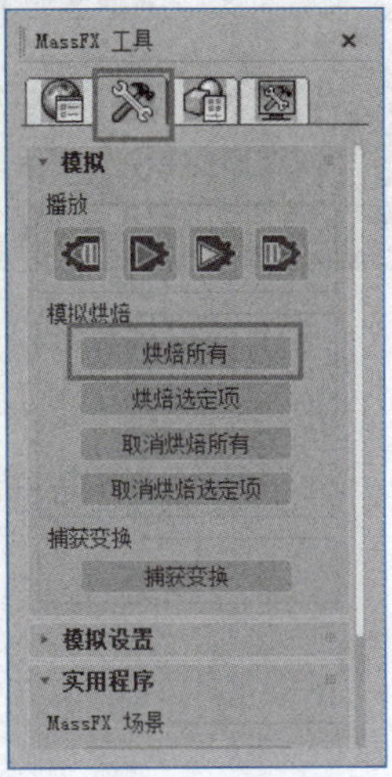

图 10-83　生成关键帧动画

（7）渲染效果如图 10-84 所示。

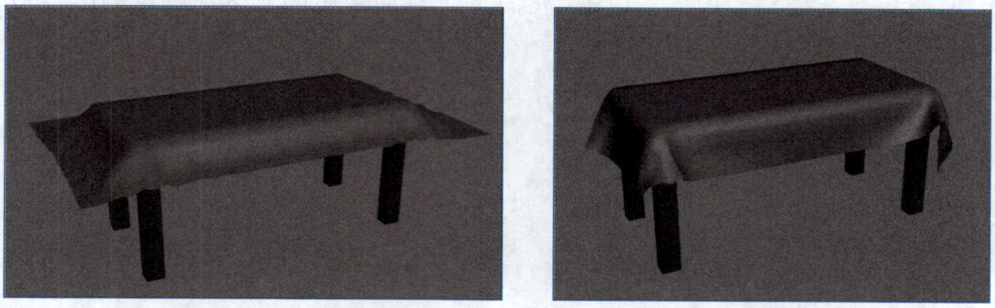

图 10-84　渲染效果

项目总结

粒子系统在动画制作中具有非常重要的作用，是制作影视特效的重要工具，需要重点掌握，同时要分析现实世界中如雨、雪、灰尘、泡沫、火花、气流这些效果如何实现。这些应用展示了粒子系统在三维动画中的多样性和重要性，使得创作者能够以高度真实和动态的方式表现各种视觉效果。MassFX 动力学、Cloth 修改器、流体等，用来制作运动规律较为复杂的自由落体动画、刚体碰撞动画、布料运动动画以及液体流动动画，这些内置的动力学动画模拟系统不但为动画师提供了效果逼真、合理的动力学动画模拟解决方案，还极大地节省了手动设置关键帧所消耗的时间。

项目练习

（1）进一步应用粒子系统，模拟光束、烟雾等效果，如图 10-85、图 10-86 所示。

图 10-85　光束效果

图 10-86　烟雾效果

（2）进一步应用 MassFX 动力学，完成刚体动力学的练习。

（3）进一步应用 MassFX 动力学，完成布料的练习。

项目十一

渲染训练

项目描述

用户要得到制作的作品，就必须经过渲染这个环节。渲染也是3ds Max的最后工作流程，本项目将全面讲解渲染命令、渲染类型以及各种渲染的关键设置，同时也将介绍作为高级照明技术的光迹跟踪器和光能传递等知识。

学习目标

视频

渲染训练

【知识目标】

◎ 掌握扫描线渲染器的使用方法。

◎ 掌握高级照明的使用方法。

◎ 掌握Arnold（阿诺德）渲染器的使用方法。

【能力目标】

◎ 具备利用扫描线渲染器渲染作品的能力。

◎ 能够使用光迹追踪和光能传递渲染作品。

◎ 具备使用Arnold（阿诺德）渲染器渲染作品的能力。

【素质目标】

◎ 培养具有良好的美术修养及科学素养。

◎ 培养项目作品的最终效果控制能力。

◎ 中国传统文化元素在三维动画中的应用能力。

相关知识

一、扫描线渲染器设置

单击工具栏中的（渲染设置）按钮或按F10键，打开如图11-1所示的“渲染设置”窗口。在“渲染器”下拉列表中选择“扫描线渲染器”选项，下面的各面板是关于“扫描线渲染器”的设置。在该窗口中不仅可以设置输出时间范围、输出大小，也可以选择输出文件格式。

（1）公用参数：“公用参数”卷展栏用来设置所有渲染器的公用参数。

（2）电子邮箱通知：使用此卷展栏可使渲染作业发送电子邮件通知。如果启动冗长的渲染（如动画），并且不需要在系统上花费所有时间，这种通知非常有用。

（3）脚本：使用“脚本”卷展栏可以指定在渲染之前和之后要运行的脚本。

（4）指定渲染器：“指定渲染器”卷展栏显示指定给产品级和 ActiveShade 类别的渲染器，也显示“材质编辑器”中的示例窗。

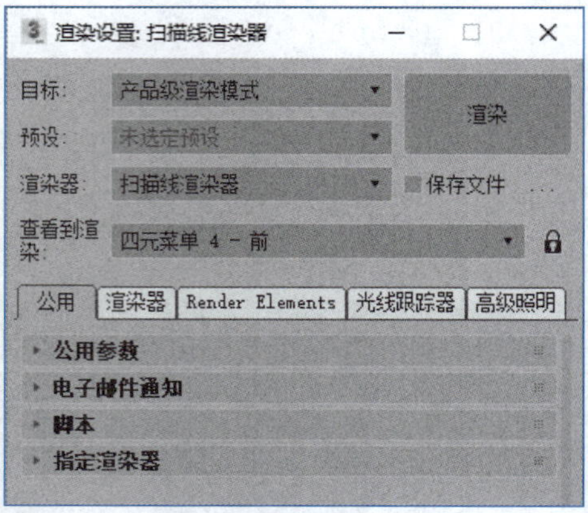

图 11-1 “渲染设置”窗口

限于篇幅原因这里只讲解常用的参数。公用参数的面板如图 11-2 所示。

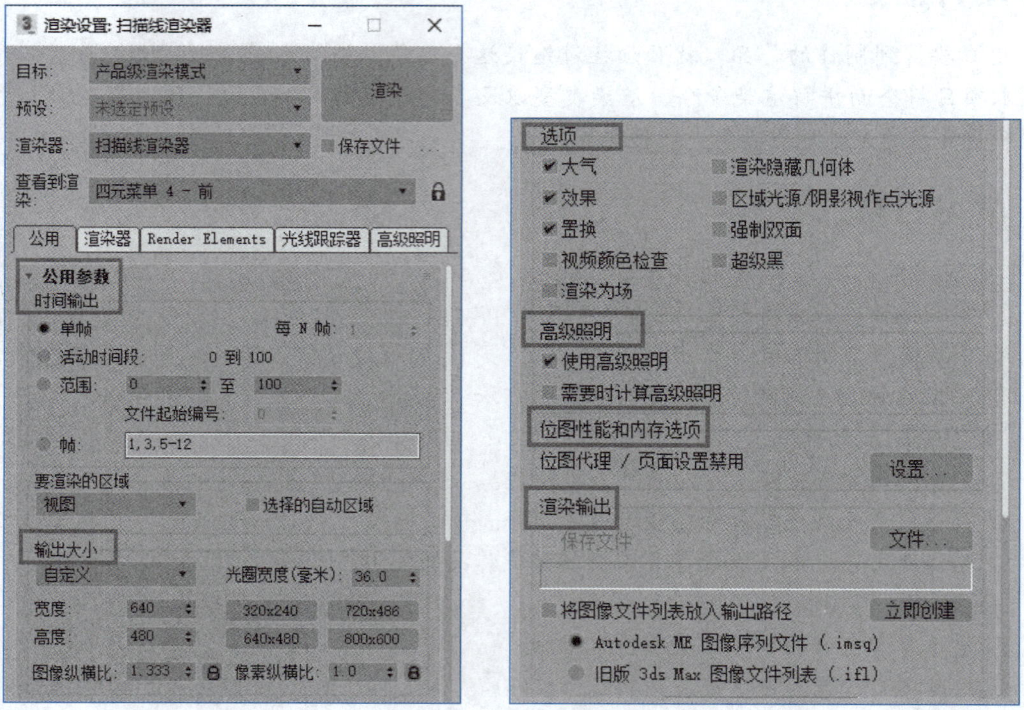

图 11-2 渲染公用参数面板

（1）位图代理：在该选项组中是否启用光能传递和是否在动画中为后续的帧重新计算高级照明。

（2）时间输出：在该选项组中可以选择渲染的具体帧或渲染帧的范围（用于动画输出）。

（3）输出大小：在该选项组中，可以选择一个预定义的输出大小或自定义大小来决定图像的输出尺寸。

（4）选项：在该选项组中，可以控制场景中的具体元素是否参与渲染，如大气效果或者渲染几何体对象等。

（5）高级照明：在该选项组中是否启用光能传递和是否在动画中为后续的帧重新计算

高级照明。

（6）位图性能和内存选项：显示 3ds Max 是使用高分辨率贴图还是位图代理进行渲染。

（7）渲染输出：在该选项组中，可以设置渲染作品的存储路径和网络渲染等。

二、扫描线渲染器训练

扫描线渲染器是 3ds Max 默认的渲染器，扫描线渲染是一行一行、而不是根据多边形到多边形或者点到点方式渲染的一项技术和算法集。所有待渲染的多边形首先按照顶点 Y 坐标出现的顺序排序，然后使用扫描线与列表中前面多边形的交点计算图像的每行或者每条扫描线，在活动扫描线逐步沿图像向下计算时更新列表，丢弃不可见的多边形。

三、高级照明训练

高级照明是通过计算场景中物体之间光的相互作用，使渲染的画面实现更真实的光照。高级照明包含光迹追踪和光能传递两个不同的系统。

提示：系统默认的扫描线渲染器支持高级照明选项。

（一）光跟踪器

“光跟踪器”为明亮场景（比如室外场景）提供柔和边缘的阴影和映色。它通常与天光结合使用。与光能传递不同，“光跟踪器”并不试图创建物理上精确的模型，而且可以方便地对其进行设置。

单击工具栏中的（渲染设置）按钮或按 F10 键，打开“渲染设置”窗口，在该窗口中选择“高级照明”选项卡，在下拉列表中选择“光跟踪器”选项，就会出现相应的卷展栏参数，如图 11-3 所示。

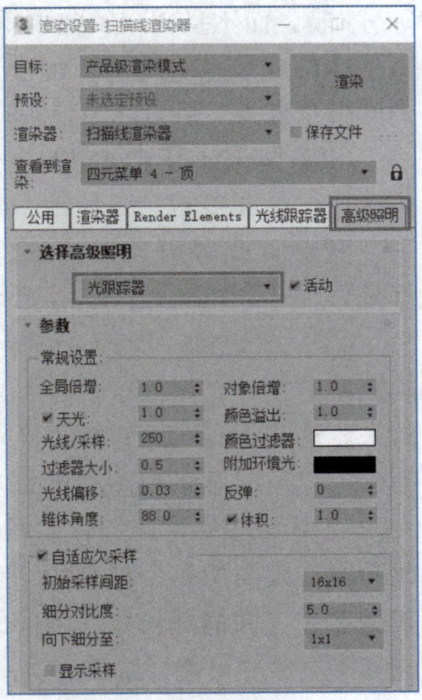

图 11-3 “渲染设置”窗口

（1）全局倍增：控制总体照明级别。

（2）天光：启用该选项后，启用从场景中天光的重聚集。

（3）光线 / 采样：每个采样（或像素）投影的光线数目。增大该值可以增加效果的平滑度，但同时也会增加渲染时间。减小该值会导致颗粒状效果更明显，但是渲染可以进行得更快。

（4）光线偏移：像阴影偏移一样，“光线偏移”可以调整反射光效果的位置。使用该选项更正渲染的不真实效果，例如，对象投影阴影到自身可能产生的条纹。

（5）对象倍增：控制由场景中的对象反射的照明级别。

（6）颜色溢出：控制映色强度。当灯光在场景对象间相互反射时，映色发生作用。

（7）颜色过滤器：过滤投影在对象上的所有灯光。

（8）反弹：被跟踪的光线反弹数。增大该值可以增加映色量。值越小，快速结果越不精确，并且通常会产生较暗的图像。较大的值允许更多的光在场景中流动，这会产生更亮更精确的图像，但同时也将使用较多渲染时间。

（9）初始采样间距：图像初始采样的栅格间距，以像素为单位进行衡量。

（10）细分对比度：确定区域是否应进一步细分的对比度阈值。增加该值将减少细分，该值过小会导致不必要的细分。

（11）向下细分至：细分的最小间距。增加该值可以缩短渲染时间，但是以精确度为代价。

（12）显示采样：启用该选项后，采样位置渲染为红色圆点。该选项显示发生最多采样的位置，可以帮助用户选择欠采样的最佳设置。默认设置为禁用状态。

（二）光能传递

光能传递是一种渲染技术，通过对细分表面的计算，能够比较快和准确地计算每个面之间的亮度和色彩的相互影响，重现物理的真实照明效果。

光能传递的应用主要包括 3 个阶段："初始质量"、"细化"和"重聚集"。在光能传递处理过程中使用前两个阶段，在最终渲染过程中使用第三个阶段。

（1）初始质量：在初始质量阶段，将通过本质上模拟真正光子的行为计算场景中漫反射照明的分布。统计方法用于选择非常小的一组"光子光线"（此光线在空间的分布代表实际分布），而不是用来跟踪本质上无穷多的光子的路径。与使用任何统计采样进程一样，近似使用的光线数量越多，解决方案的精确性就越高。在初始质量阶段，将建立场景照明级别的整个外观。可以在着色视口中交互显示效果。

（2）细化：由于在初始质量阶段采样的随机特性，场景中一些较小的曲面或网格元素可能缺少足够多的光线投影（或根本没有任何光线）。这些小曲面将保持黑暗，从而导致出现"变形"或黑斑。为了减少不真实感，"细化"阶段将在每个曲面元素上"重新聚集灯光"。

（3）重聚集：即使在细化阶段之后，由于原始模型的拓扑，场景中仍然可能出现不真实的视觉效果。这些不真实感有时会显示为阴影或"泄露"。为了消除这些基于模型的不真实效果，将在图像渲染时使用第三个可选细化阶段，称为像素重聚集。此阶段涉及图像每个像素的"重聚集"进程。重聚集虽然会为大幅延长最终图像的渲染时间，但是此进程将生成尽可能详细的逼真图像。

单击工具栏中的（渲染设置）按钮或按 F10 键，打开"渲染设置"窗口，在该窗口中选择"高级照明"选项卡，选择"光能传递"选项后，就会出现相应的卷展栏参数，如图 11-4 所示。

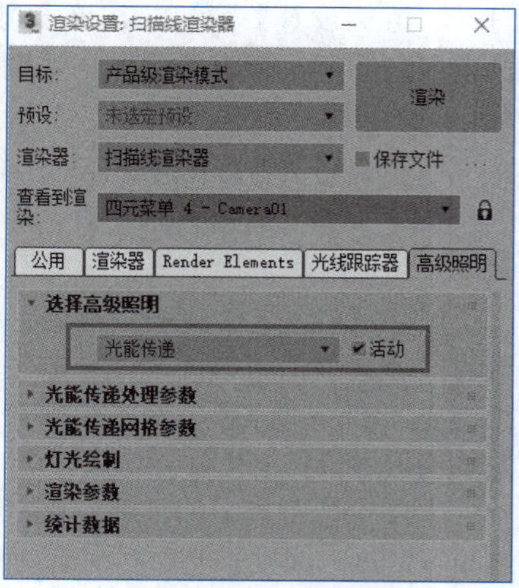

图 11-4 "渲染设置"窗口

（1）光能传递处理参数：包含处理光能传递解决方案的主要控件。

（2）光能传递网格参数：控制光能传递网格的创建及其大小。

（3）灯光绘制：使用此卷展栏中的灯光绘制工具可以手动触摸阴影和照明区域。

（4）渲染参数：提供用于控制如何渲染光能传递处理的场景的参数。

（5）统计数据：可列出有关光能传递处理的信息。

四、Arnold（阿诺德）渲染器设置

Arnold（阿诺德）是 Autodesk 公司开发的一款专业的光线追踪渲染器，它能够精确计算三维场景中的光线行为，创造出逼真的视觉效果。Arnold 支持多种三维软件，包括但不限于 3ds Max、Maya、Cinema 4D 和 Houdini。自 6.0 版本起，Arnold 开始支持 GPU 渲染，大幅提升了渲染速度。

单击工具栏中的（渲染设置）按钮或按 F10 键，打开如图 11-5 所示的“渲染设置”窗口，在“渲染器”下拉列表中选择 Arnold，下面的各面板是关于 Arnold 渲染器的设置。

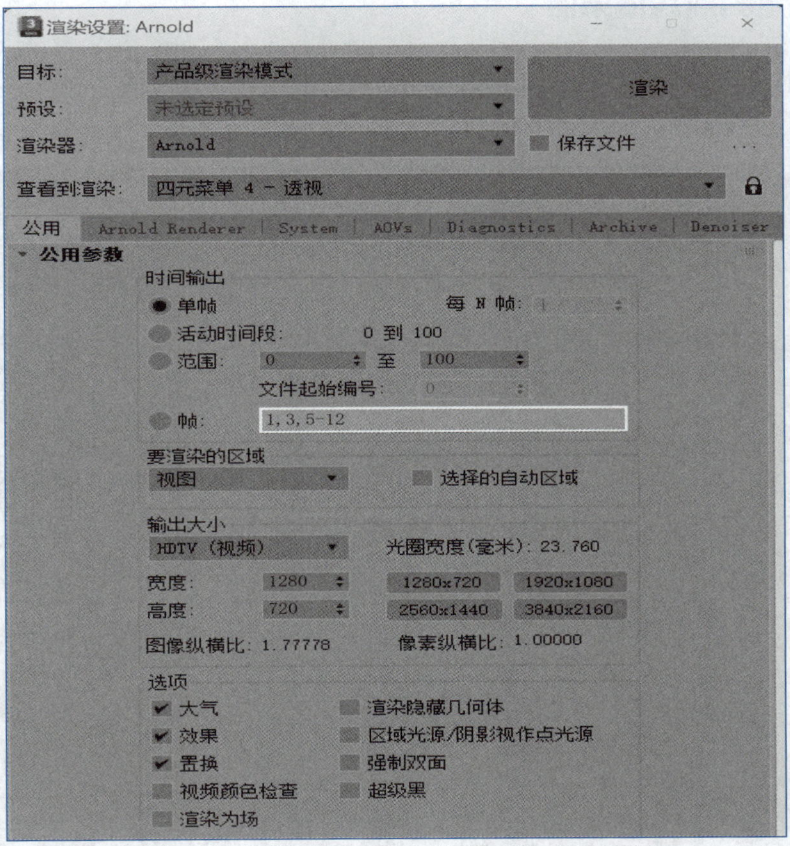

图 11-5　Arnold 渲染设置窗口

（1）公用参数：“公用参数”卷展栏用来设置所有渲染器的公用参数。

（2）Arnold Renderer：Arnold 渲染器参数，可以设置渲染的品质及效果，也可以平衡品质和速度之间的选择。

这里可以开启“自适应采样”（adaptive sampling）功能优化渲染时间，它会在图像不需要过多采样的部分自动减少采样。

（3）System：渲染器系统设置，在这里可以设置渲染画面时的方式，渲染块的大小；可以选择使用 CPU 或 GPU 进行渲染。

（4）AOVs：Arnold AOVs（arbitrary output variables）允许用户从渲染场景中提取各种

信息，以便于后期处理。Arnold AOVs 提供了一种灵活的方式来输出场景中的不同信息，这些信息可以是颜色、透明度、高光、自发光等。每一种 AOV 都有其特定的用途，使得后期制作人员可以根据需要选择特定的 AOV 进行输出，从而实现对场景的精细控制和调整。

（5）Diagnostics：用于设置 Arnold 渲染器关于运行诊断和提示参数。

（6）Archive：用于设置 Arnold 渲染器输出档案文件的参数。

（7）Denoiser：用于设置 Arnold 渲染器降噪参数。

项目实施

一、使用扫描线渲染器

这里设计一个实例场景——“长城”，对扫描线渲染器进行训练。

（1）打开场景文件“长城 .max”，此时的场景如图 11-6 所示。

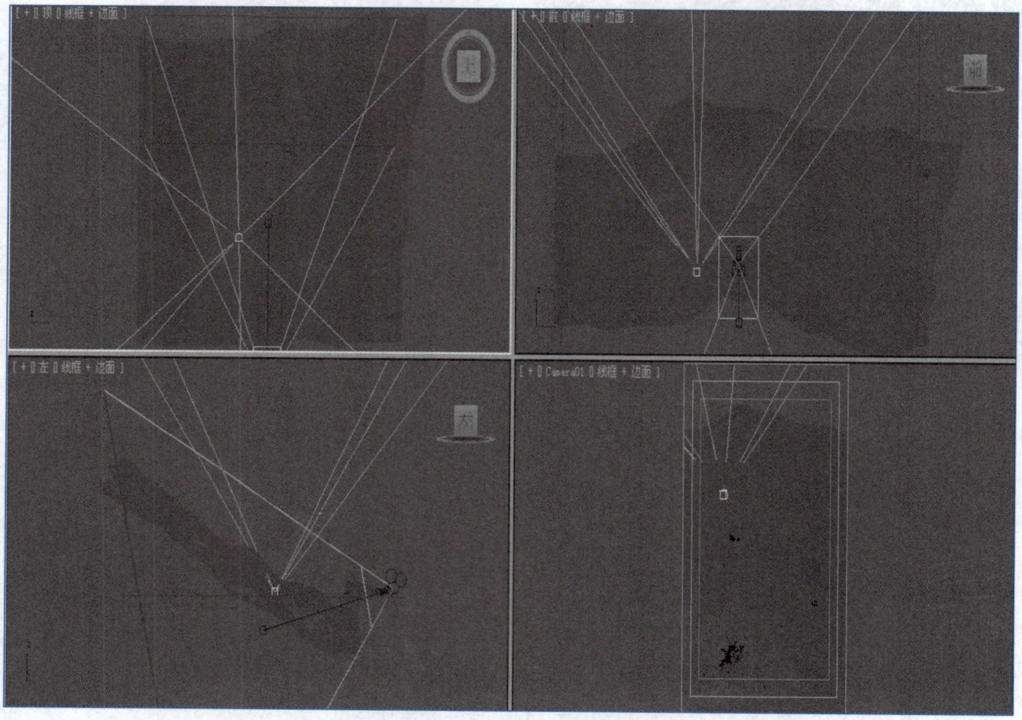

图 11-6　场景文件

（2）单击工具栏中的（渲染产品）按钮，可以得到如图 11-7 所示的渲染结果。

（3）单击工具栏中的（渲染设置）按钮或按 F10 键，打开“渲染设置”窗口，在该窗口中取消选中“选项”中“大气”复选框，如图 11-8 所示，此时的渲染结果如图 11-9 所示。

提示： 大气选项，决定 3ds Max 渲染是否对场景中的大气效果起作用。例如，本例中在“大气”面板中设置了“雾”，这里选择取消“大气”复选框将会取消场景中的“雾”。

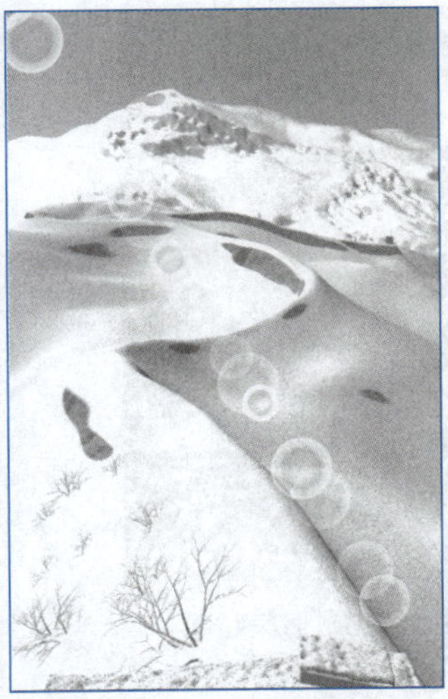

图 11-7　渲染结果

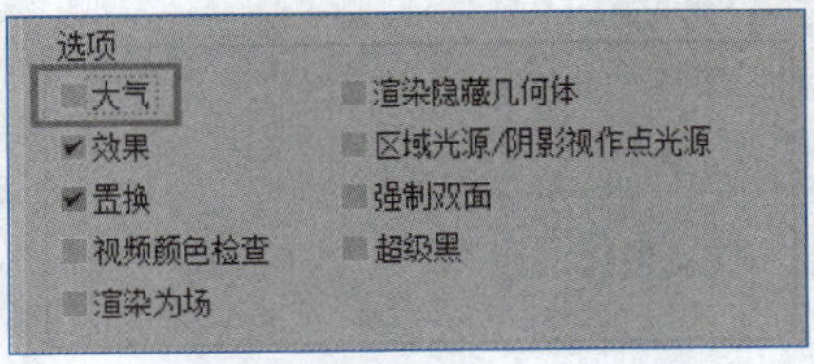

图 11-8　取消选中“大气”

图 11-9　取消选中“大气”后的渲染结果

（4）单击工具栏中的（渲染设置）按钮或按 F10 键，打开“渲染设置”窗口，在“选项”栏中取消选中“效果”复选框，如图 11-10 所示，此时的渲染结果如图 11-11 所示。

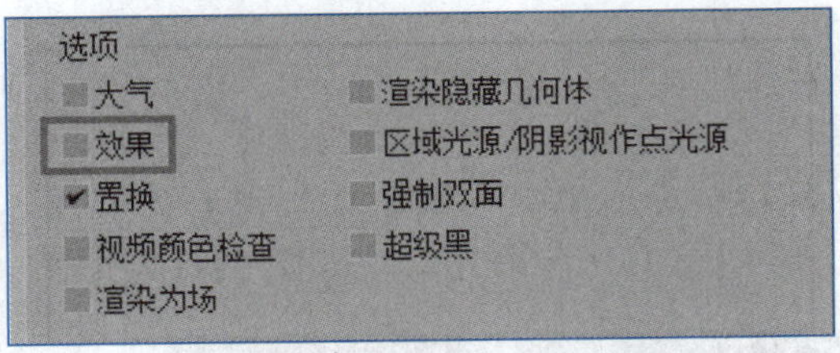

图 11-10　取消选中“效果”

图 11-11　取消选中“效果”后的渲染结果

提示：效果选项，决定 3ds Max 渲染是否对场景中的效果设置起作用。例如，本例中在“效果”面板中设置了“镜头效果”，这里选择取消“效果”将会取消场景中的“镜头效果”。

（5）单击工具栏中的（渲染设置）按钮或按 F10 键，打开“渲染设置”窗口，在“选项”栏中选中“渲染隐藏几何体”复选框，如图 11-12 所示。此时的渲染结果如图 11-13 所示。

提示：渲染隐藏几何体选项，决定 3ds Max 渲染是否对场景中隐藏的几何体起作用。例如，本例中“长城”的模型是事先被隐藏了的，这里选中“渲染隐藏几何体”将会渲染场景中隐藏的长城模型。

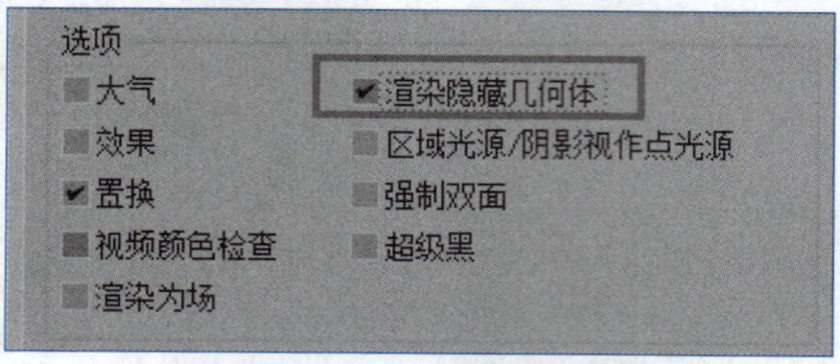

图 11-12　选中渲染隐藏几何体

图 11-13　渲染结果

提示：

- 置换：选中该复选框，将对场景中的置换贴图起作用。
- 视频颜色检查：选中该复选框，检查超出 NTSC 或 PLA 安全阈值的像素颜色，记这些像素颜色并将其改为可接受的值。
- 渲染为场：选中该复选框，为视频创建动画时，将视频渲染为场。
- 区域光源 / 阴影视作点光源：选中该复选框，将所有的区域光源或阴影当作从点对象所发出的进行渲染。
- 强制双面：选中该复选框，可渲染所有曲面的两个面。
- 超级黑：选中该复选框，限制用于视频组合的渲染几何体的暗度。除非确实需要此选项，否则将其禁用。

二、使用光跟踪器

这里设计一个实例场景——“龙”，对“光跟踪器”进行训练。

（1）打开场景文件“龙 .max”，场景中已经创建了一盏聚光灯，如图 11-14 所示。

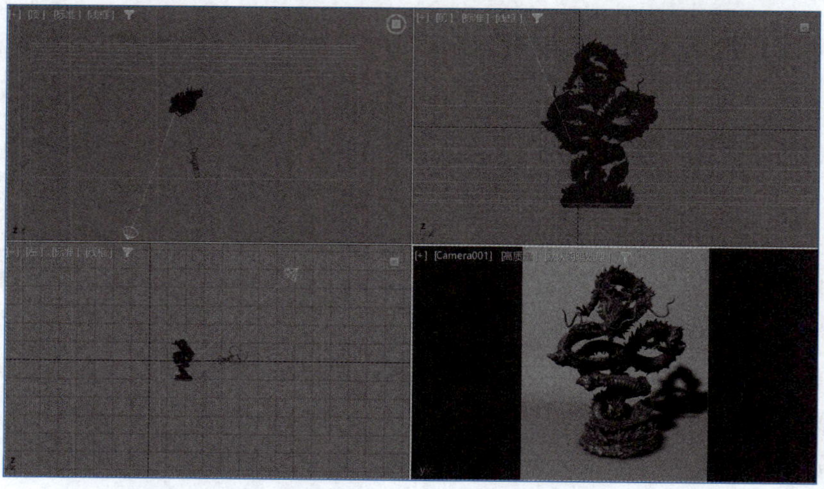

图 11-14　场景文件

（2）单击工具栏中的（渲染产品）按钮，可以得到如图 11-15 所示的渲染结果。现在渲染器并没有计算环境、物体和物体之间照明的效果，整个场景比较暗，光照不够充分。

图 11-15　渲染结果

（3）继续处理场景。在场景中任意位置创建一盏天光来模拟环境，设置天光的“倍增”值为 0.7，如图 11-16 所示。

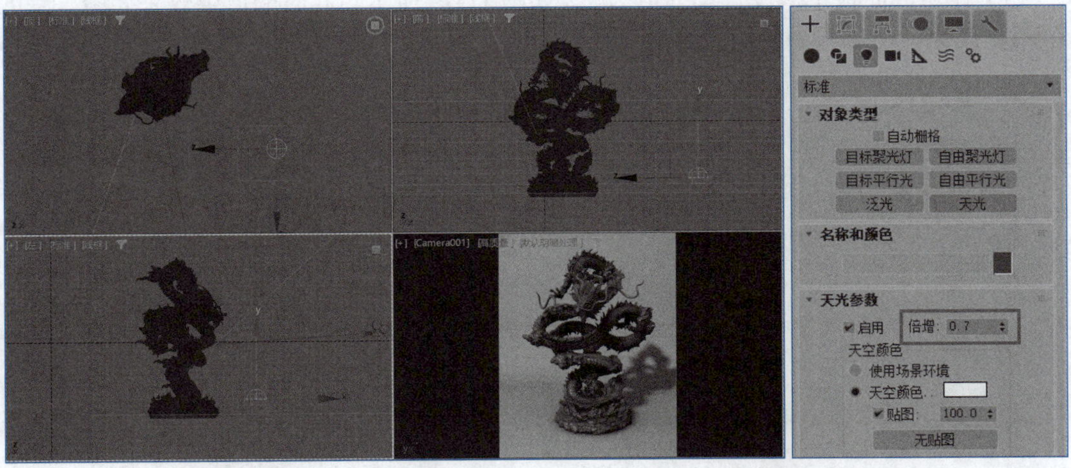

图 11-16　创建并设置天光

提示：天光的位置对于渲染结果没有影响。

（4）单击工具栏中的（渲染设置）按钮或按 F10 键，打开“渲染设置”窗口，在该窗口中选择“高级照明”选项卡，选择“光跟踪器”选项，为加快渲染速度将“光线 / 采样”设置为 5，其他参数保持默认，如图 11-17 所示。渲染效果如图 11-18 所示。可以观察到已经产生了一定的间接照明效果，但强度还不够，并且由于“光线 / 采样数”值过低，渲染图像中产生大量的噪点。

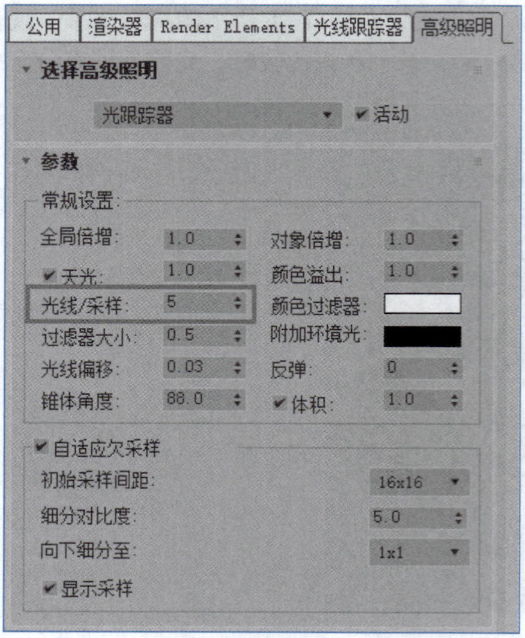

图 11-17　设置光线 / 采样

图 11-18　渲染效果（一）

提示：在测试阶段为加快渲染速度，可以降低“光线 / 采样数”的值。

（5）在参数面板中，设置反弹值为 2，如图 11-19 所示。此时的渲染效果如图 11-20 所示的渲染结果。可以看到暗部区域由于光线的反弹原因变得明亮了。

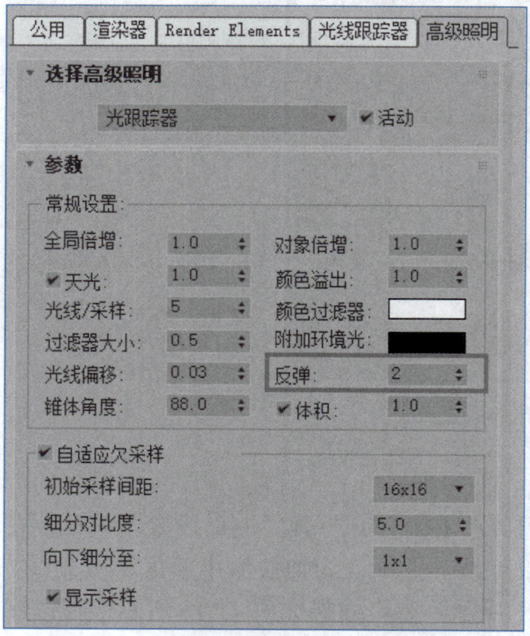

图 11-19　设置反弹值

图 11-20　渲染效果（二）

（6）在参数面板中，将“光线 / 采样”恢复为默认的 250，如图 11-21 所示。此时的渲染效果如图 11-22 所示。

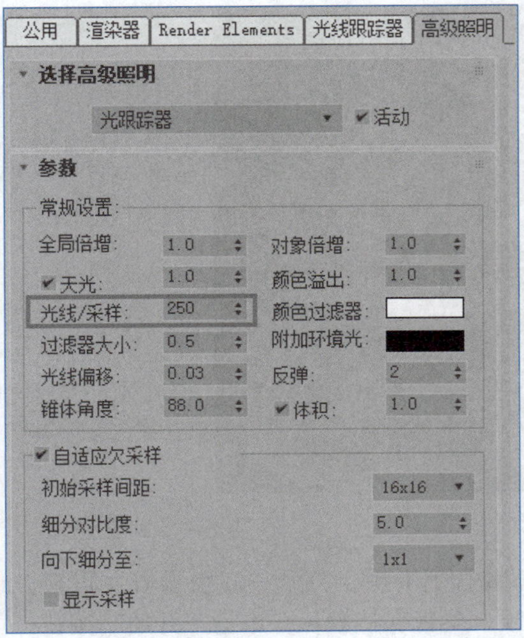

图 11-21　恢复“光线 / 采样”为默认值

图 11-22　渲染效果（三）

三、使用光能传递

这里设计一个实例场景——“书房”，对“光能传递”进行训练。

（1）打开场景文件“书房 .max”，场景中已经创建了一盏目标平行光并且已经开启了阴影，如图 11-23 所示。

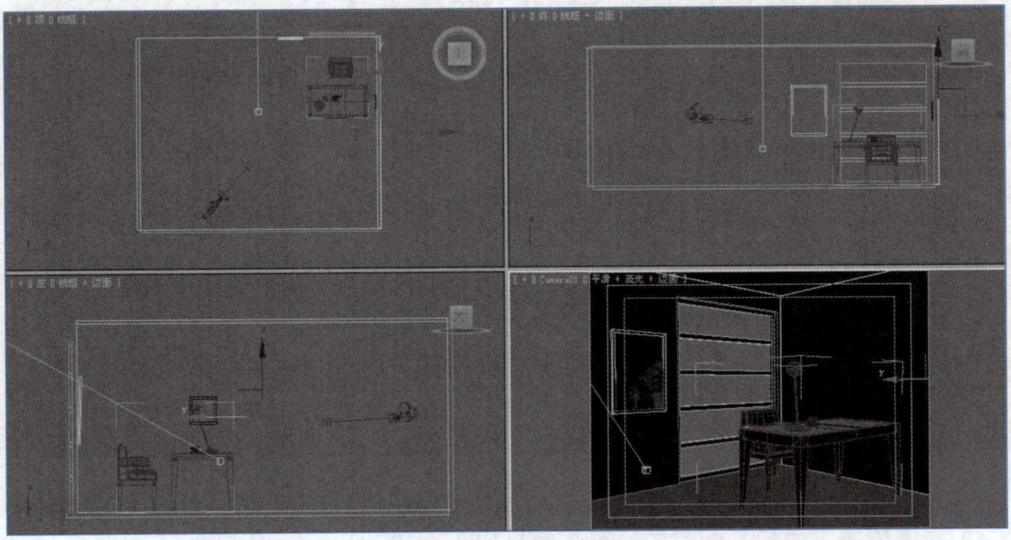

图 11-23　场景文件

（2）单击工具栏中的（渲染产品）按钮，可以得到如图 11-24 所示的渲染效果。

图 11-24　渲染效果（一）

（3）单击工具栏中的（渲染设置）按钮或按 F10 键，打开“渲染设置”窗口，选择“高级照明”选项卡，选择“光能传递”选项，参数保持默认，单击“开始”按钮，如图 11-25 所示。此时工具栏中将显示“正在处理光能传递”进度条，如图 11-26 所示。当“解决方案质量”达到 100% 时，即为光能传递完成。

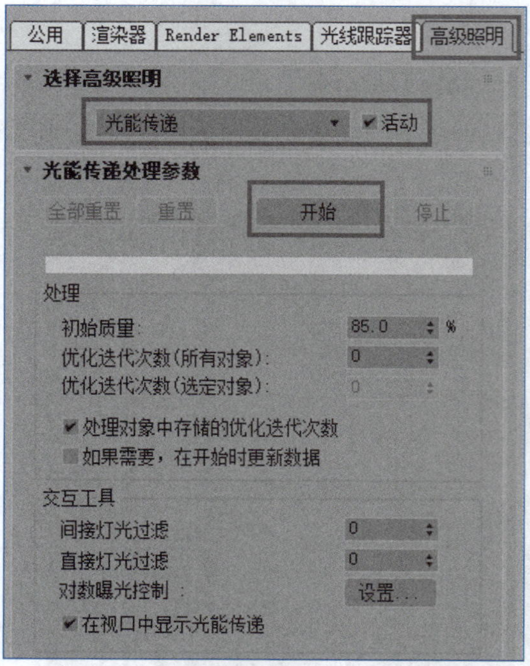

图 11-25　选择高级照明

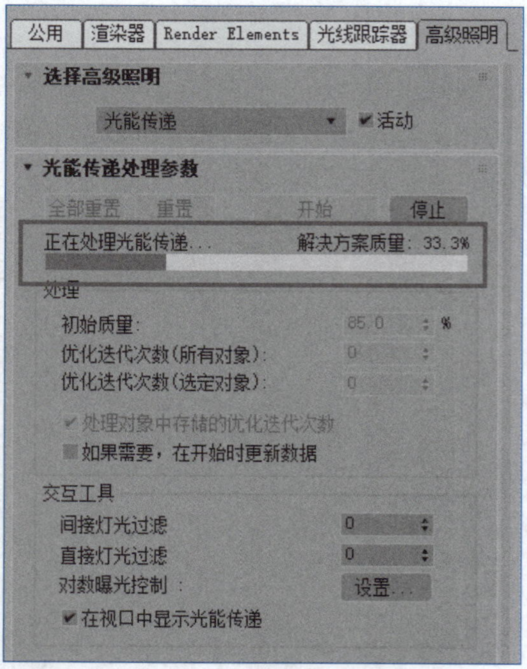

图 11-26　处理光能传递

（4）光能传递完成后，此时的透视图效果如图 11-27 所示。可以观察到场景中的对象被网格细分了，并且在实体显示模式下有了一定的光影效果。

（5）单击工具栏中的（渲染产品）按钮，可以得到如图 11-28 所示的渲染效果。可以观察到墙面的光感过于平淡缺乏光影细节，并且“台灯”和“茶杯”等细节上存在着大量的黑斑。

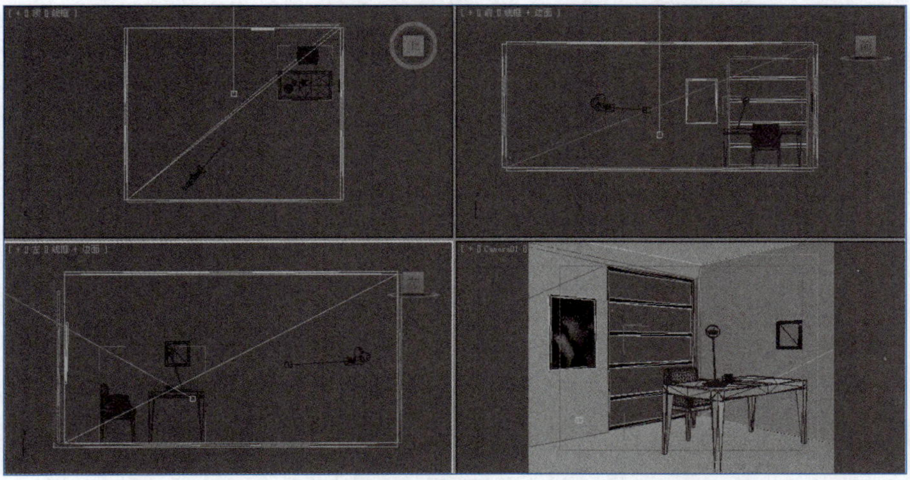

图 11-27　透视图效果

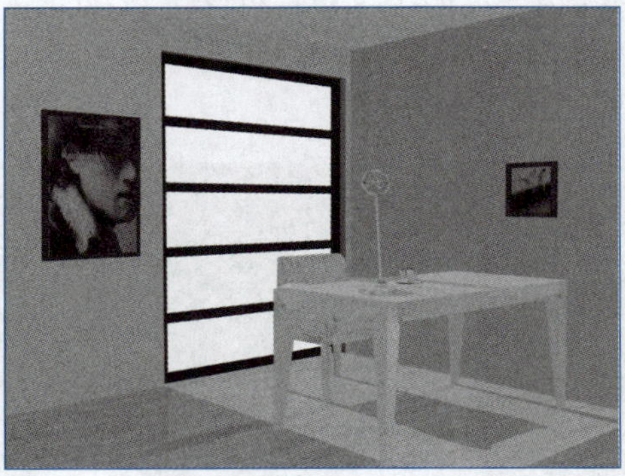

图 11-28　渲染效果（二）

（6）展开“光能传递网格参数”选项，在“全局细分设置”中打开“启用”选项，为场景设置全局细分，此时的设置如图 11-29 所示。展开“光能传递处理参数”选择“全部重置”选项，如图 11-30 所示。

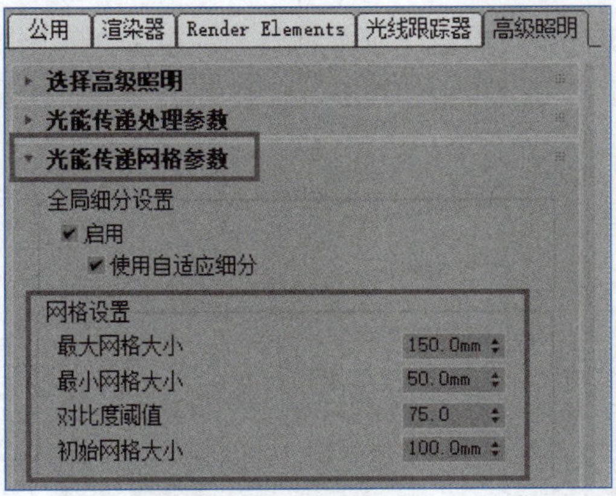

图 11-29　设置场景全局细分

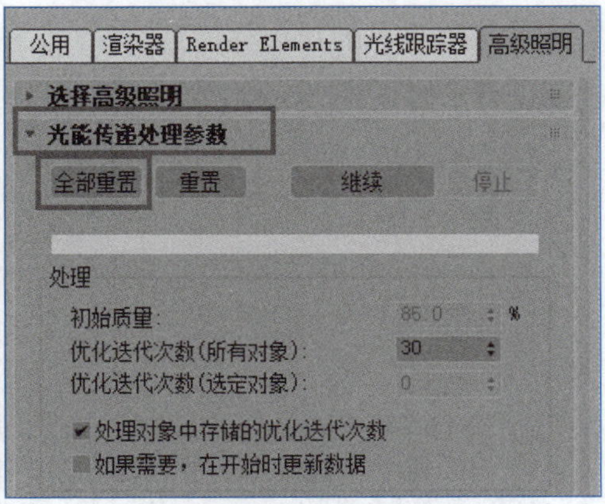

图 11-30　全部重置

（7）单击“光能传递处理参数”选择“继续”重新进行求解计算，可以观察到启用了“全局细分设置”后，场景对象的细分程度变得更大，如图 11-31 所示。

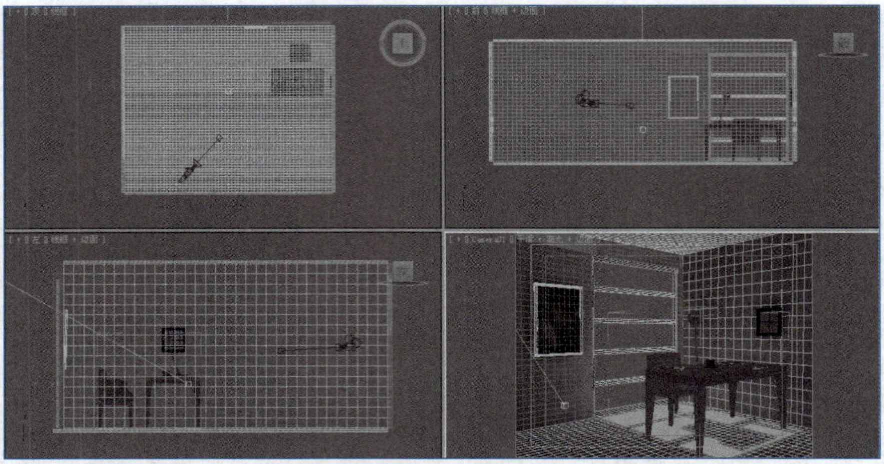

图 11-31　重新求解计算后的效果

（8）单击工具栏中的（渲染产品）按钮，可以得到如图 11-32 所示的渲染结果。可以观察到由于细分网格增加的原因墙面已经有了较好的光影细节，但细节上还是存在着大量的黑斑，并且墙面出现了错误的现象。

图 11-32　渲染效果（三）

（9）展开“光能传递处理参数”，设置“优化迭代次数（所有对象）”，单击“开始”按钮重新进行求解计算，渲染效果如图 11-33 所示。可以观察到细节上已经有了一定的改善。

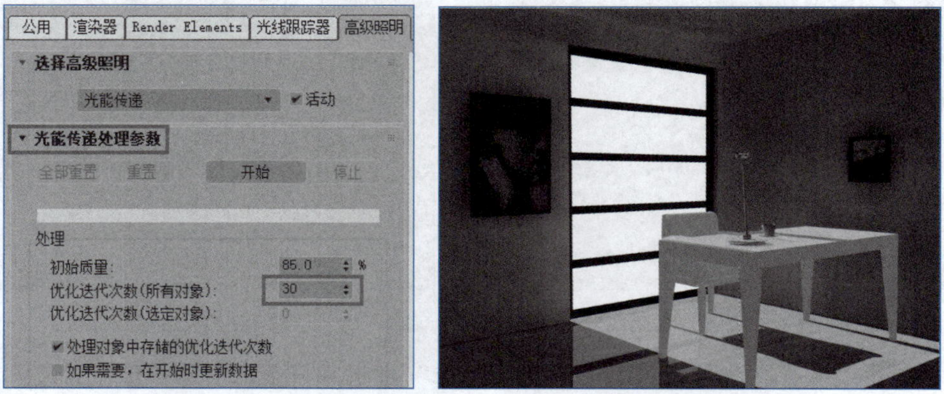

图 11-33　设置优化迭代次数后的渲染效果

（10）展开“渲染参数”，启用“重聚集间接照明”并设置“过滤器半径（像素）”为 10，渲染效果如图 11-34 所示。可以观察到黑斑效果已经得高了改善。

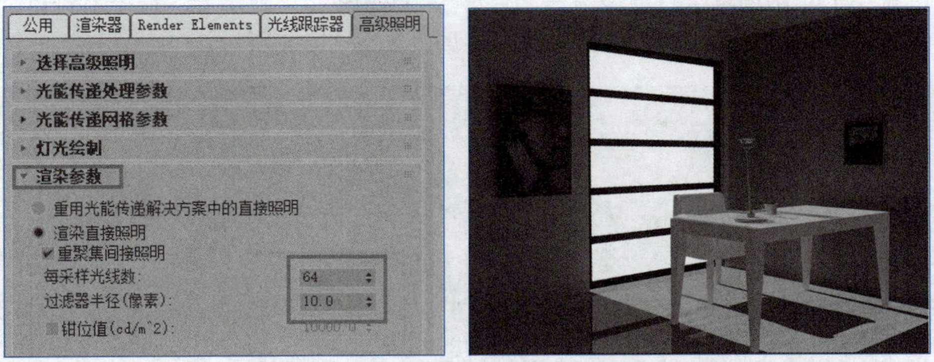

图 11-34　设置渲染参数后的渲染效果

（11）调整图像亮度，展开“光能传递处理参数”，单击“设置”按钮，如图 11-35 所示。将会弹出“环境和效果”面板展开“对数曝光控制参数”设置，如图 11-36 所示。

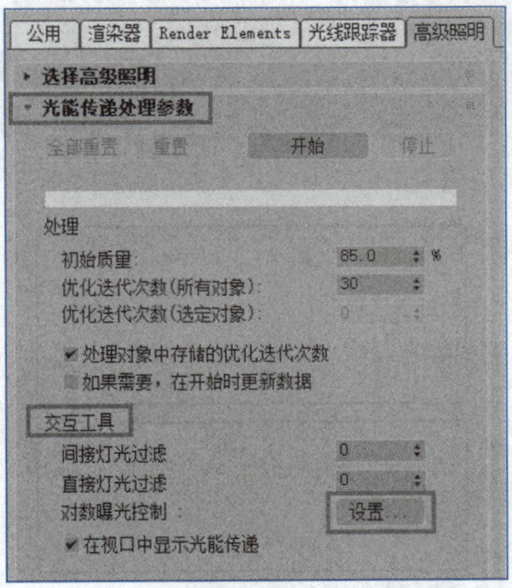

图 11-35　设置光能传递处理参数

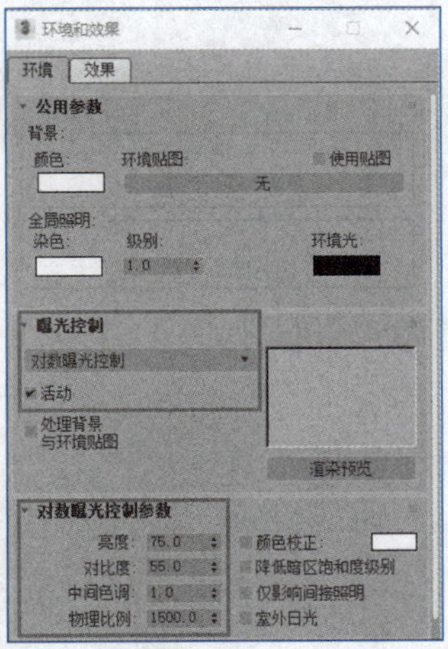

图 11-36　设置对数曝光控制参数

（12）此时的渲染效果如图 11-37 所示。现在本练习就全部完成了，“书房完成 .max”文件为本练习完成后的文件。

图 11-37　最终渲染效果

四、使用 Arnold（阿诺德）渲染器

这里对一个实例场景进行渲染——“茶具”，对 Arnold（阿诺德）渲染器进行训练。

（1）打开场景文件“茶具.max”，此时的场景如图 11-38 所示。

图 11-38　茶具场景

（2）单击工具栏中的（渲染设置）按钮或按 F10 键，打开“渲染设置”窗口，将渲染器设置为 Arnold, 如图 11-39 所示。

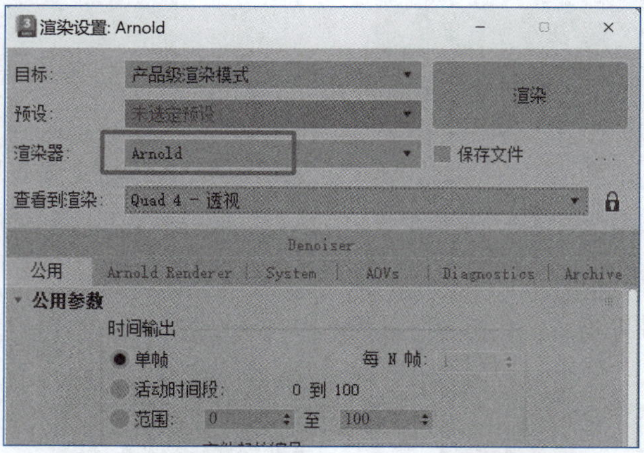

图 11-39　选择 Arnold 渲染器

（3）单击工具栏中的（材质编辑器）按钮或按 M 键，打开“材质编辑器”窗口，将材质类型选择为“物理材质”，如图 11-40 所示。

（4）在“预设”下拉列表中选择合适的材质模板，如“上光陶瓷”，然后适当调整基础颜色参数等，得到一个光亮的陶瓷材质效果，将其指定给场景中的模型，如图 11-41 所示。

（5）继续在“预设”下拉列表中选择其他合适的材质模板，如玻璃、金属等，然后适当调整基础颜色参数等，将其指定给场景中其他的模型，如图 11-42 所示。

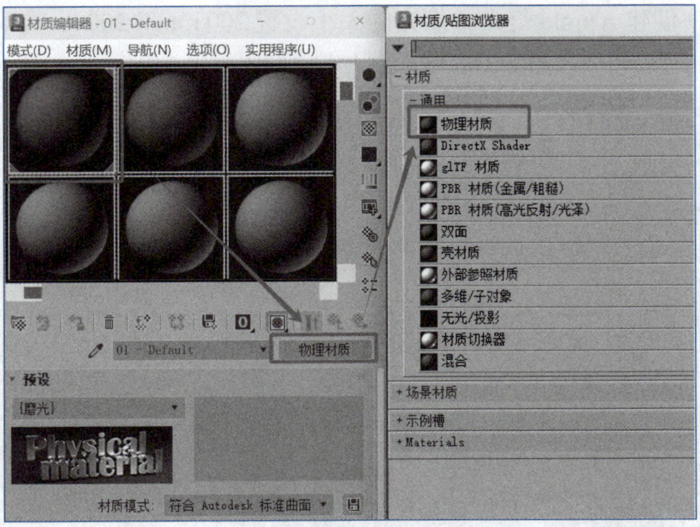

图 11-40　使用物理材质

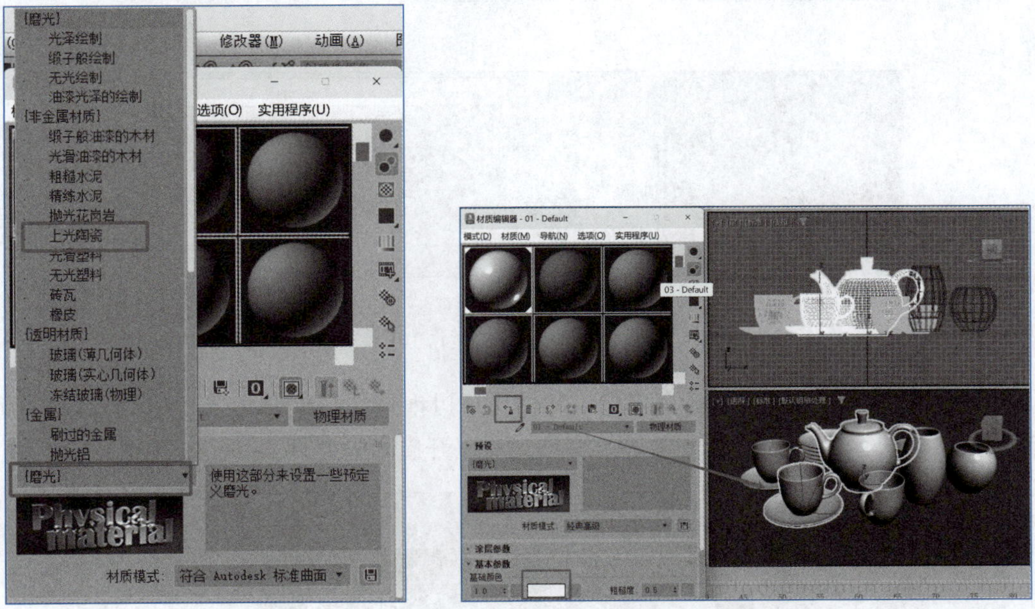

图 11-41　使用物理材质预设

图 11-42　使用物理材质预设制作其他材质

（6）在场景中创建 Arnold 灯光，灯光的大小设置 200 mm × 200 mm，灯光强度 Intensity 设置为 2.8，曝光 Exposure 设置为 3.8，如图 11-43 所示。

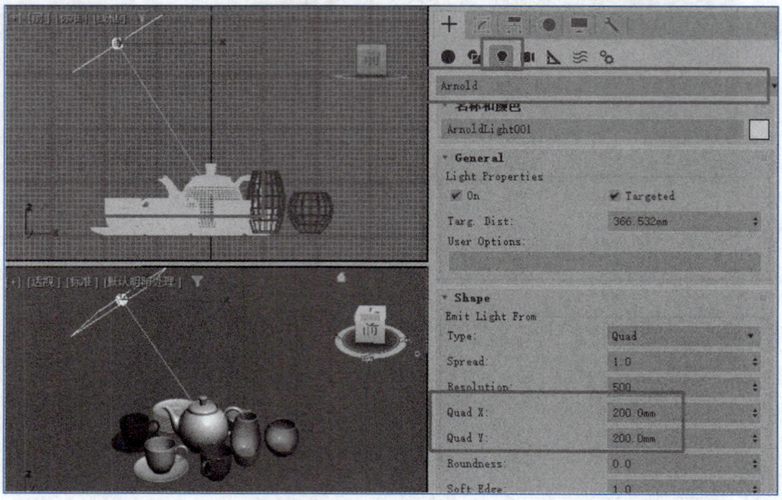

（a）

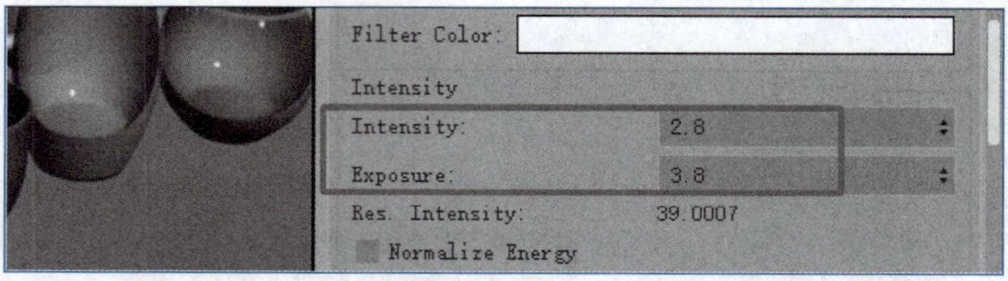

（b）

图 11-43　创建 Arnold 灯光

（7）单击工具栏中的（渲染产品）按钮，可以得到如图 11-44 所示的渲染结果。可以看到 Arnold 渲染的材质的质感非常好（渲染时可以开启降噪处理 Denoiser Noice）。

图 11-44　使用 Arnold 渲染场景

项目总结

三维渲染技术是三维动画项目形成最终视觉效果的核心，三维渲染的控制可以实现超高真实感将想象的世界变为现实。视觉效果设计师使用渲染技术来模拟自然现象、物理现象，并将计算机生成的特效加入实景镜头中，但在复杂的场景渲染中时间会很长。随着计算机硬件和三维软件技术的发展，实时渲染将会被大量运用，以 UE5、Unity3d 为代表的实时渲染引擎可以大幅提高三维动画制作效率。

项目练习

1. 进一步应用扫描线渲染器进行渲染练习。
2. 进一步应用渲染器，进行室内外效果图的渲染，如图 11-45、图 11-46 所示。

图 11-45　室内效果

图 11-46　室外效果

3. 进一步应用高级照明技术进行渲染训练。

项目十二

综合项目训练

项目描述

本项目将综合运用前面所学的3ds Max软件应用知识，进行综合项目训练，一方面是对前面所学知识的巩固，另一方面也是为今后其他专业课的学习打好基础。3ds Max软件在行业中的应用范围很广，其中广告片头的制作最常用。这里将设计制作一个实用性较高的广告片头制作项目，整个项目同样遵循三维动画的制作流程。

学习目标

视频

综合项目训练1

【知识目标】

◎ 掌握综合项目设计。

◎ 掌握广告片头设计和栏目包装类项目特点。

◎ 进一步掌握三维动画工作流程。

【能力目标】

◎ 训练综合项目设计能力。

◎ 掌握广告片头设计特点。

◎ 掌握片头类三维动画制作一般工作流程。

【素质目标】

◎ 培养综合项目设计创意和策划能力。

◎ 培养在团队中有效协作、适应多元化的社会环境的能力。

◎ 具备理论与实践相结合、在实际项目中快速成长的能力。

◎ 具备创新能力，勇于尝试新的设计理念，以推动行业的发展的能力。

相关知识

一、广告片头类综合项目

广告片头类三维动画中的主要元素包括片头LOGO、片头标题、背景等。片头类三维动画的一般工作流程如下：

（1）片头整体场景设计，包括设计片头LOGO标识和标志、设计片头标题文字组合样式、片头其他装饰元素的样式等。

（2）收集相关素材。

（3）制作场景模型，包括三维建模、制作材质、设置灯光等。

（4）设计分镜头，利用镜头表现主题，设置三维动画。

（5）渲染分镜头动画。

（6）利用后期合成软件对分镜头动画拼接并进行处理，添加特效，渲染成品动画。

二、综合项目创作

在前面的课程中学习了利用 3ds Max 软件进行三维制作的知识，为了进一步巩固知识，训练三维制作能力，要求用户进行独立创作，同时也是对前面学习三维动画制作掌握情况的检验。

（一）设计要求

1. 片头广告类

（1）要求制作某电视栏目片头广告，动画长度在 10s 以上，如“电影频道”等。

（2）标题文字或 Logo 模型设计合理；辅助元素模型制作精致，如制作“电影频道”，辅助元素是电影胶片等模型。

（3）材质质感设计合理，与主题风格相协调，如制作“电影频道”文字使用金属材质、其他元素使用的透明材质质感等。

（4）合理布光，光影效果协调。

（5）动画设计合理，运动流畅，要求使用粒子系统制作动画。

（6）渲染要求：渲染输出大小 PAL D-1 720×576 像素、AVI 格式。

参考项目画面如图 12-1 所示。

图 12-1　电影频道画面

2. 产品广告类

（1）要求制作某产品宣传广告，动画长度在 10s 以上，如“手机广告”等。

（2）标题文字模型设计合理；产品模型制作精致，如制作“某品牌手机”，要求手机模型制作真实、细节丰富。

（3）产品材质质感设计逼真，主题风格色调协调。

（4）合理布光，光影效果协调，有利于体现产品特点。

（5）动画设计合理，要有较强的动感，要求使用粒子系统制作动画。

（6）渲染要求：渲染输出大小 PAL D-1 720 × 576 像素、AVI 格式。

参考项目画面如图 12-2 所示。

图 12-2 手机广告

（二）考核标准

（1）建模方法运用合理正确，模型准确细致。（20%）

（2）辅助元素及其他布景应用适当。（10%）

（3）材质贴图制作真实合理，灯光运用正确合理。（20%）

（4）动画流畅，动作协调，富于动感。（20%）

（5）适当运用粒子系统、特殊效果进行动画及布景处理。（10%）

（6）创意新颖，风格统一，色彩运用合理，光影质感效果自然真实。（10%）

（7）独立创作能力突出，作品实用性强。（10%）

项目实施

一、片头整体场景设计

在本项目中要制作某电视台栏目广告片头“新闻焦点 2035”。目前已设计出了该片头的标题文字组合方式，见素材“标题 2035.ai”文件，如图 12-3 所示。

图 12-3 片头动画标题

提示：在本实例中读者可以根据自己的理解重新设计片头标题，设计软件可以使用 CorelDRAW 或 Photoshop 选择合适的字体，进行调整并组合，得到满意的效果。

本例中动画元素主要包括“片头标题”“球形图案动画元素”“粒子特效元素”“动态背景元素”等，动画长度为 12 s（PAL 制 300 帧）。各元素在场景动画中的效果如图 12-4 所示。

图 12-4　动画元素在场景动画中的效果

视　频

综合项目训练2

二、片头场景制作

下面按照三维动画的制作流程来搭建片头动画的场景。

（一）建模阶段

1. 设置单位

启动 3ds Max 软件，新建场景。选择菜单栏中的“自定义”→“单位设置”命令，在打开的“单位设置”对话框中将显示单位设置为“通用单位”，系统单位设置为“英寸”（即 3ds Max 默认单位设置）。然后保存场景，命名为“新闻焦点 2035.max”，如图 12-5 所示。

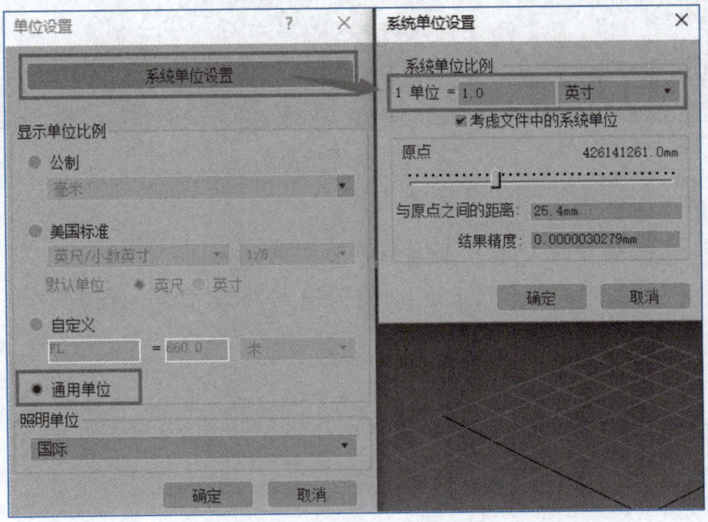

图 12-5　设置单位

2. 制作标题立体文字

（1）选择“文件”→“导入”命令，导入“标题.ai”文件，在打开的对话框中分别确认为“合并对象到当前场景”“单个对象”选项，单击“确定”按钮。打开角度捕捉，在顶视中将导入的线条对象沿 X 轴旋转 90°，位置方向如图 12-6 所示。

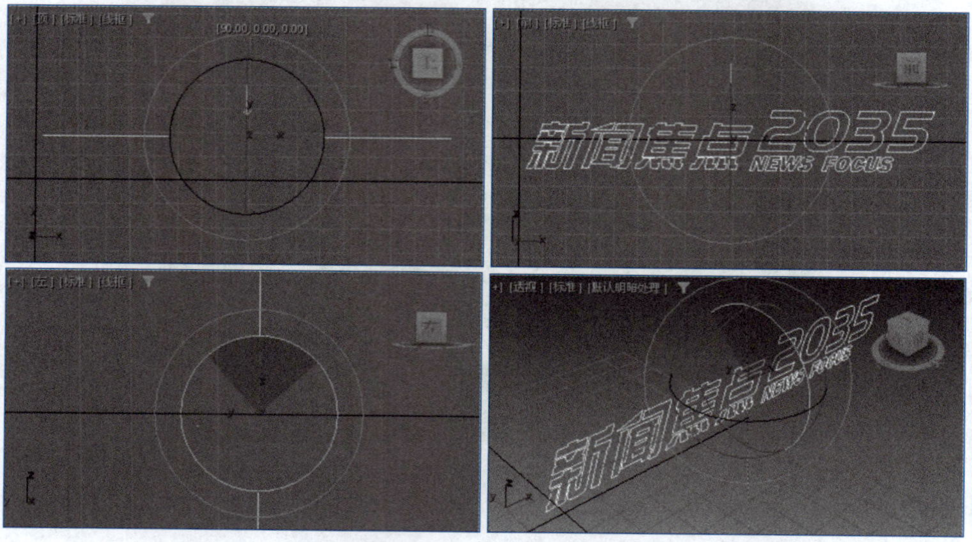

图 12-6　导入 ai 文件并调整角度

（2）对线条进行编辑。选择标题线条对象，单击（修改）按钮，进入修改状态，选择“顶点”次物体级别，在场景中选择所有顶点，用“几何体”卷展栏中的“焊接”命令对点进行焊接（因为本实例中标题建模时要求线条必须是闭合的曲线，但平面软件输出的线条不一定是闭合的），如图 12-7 所示。

将线条复制一个 Shape02 并隐藏，以备后用。

图 12-7　焊接顶点

（3）制作倒角立体文字。

片头标题是一组倒角立体文字，用倒角修改器来制作。

选择标题线条对象，单击（修改）按钮，进入修改状态，在修改器列表中为其添加“倒角”修改器。倒角值参数设置为：

- 起始轮廓：-0.15。
- 级别 1：高度 0.3，轮廓 0.4。
- 级别 2：高度 4.5，轮廓 0。
- 级别 3：高度 0.3，轮廓 -0.4。

添加“倒角”修改器后的效果如图 12-8 所示。

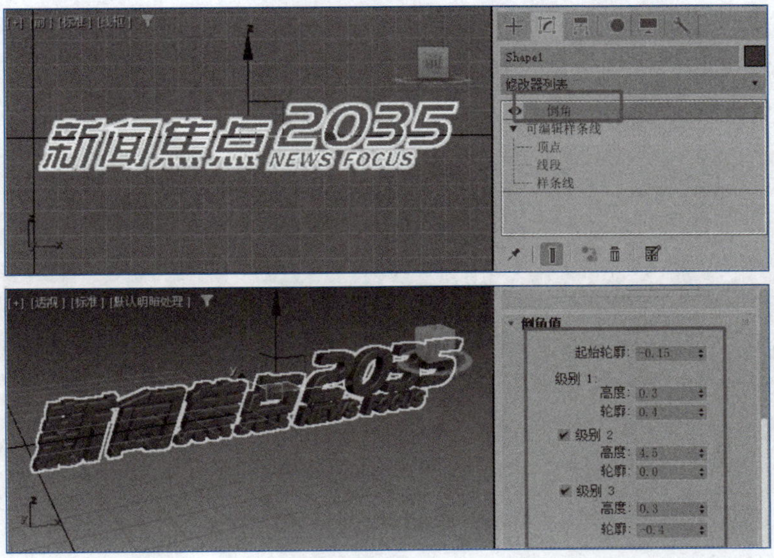

图 12-8　制作倒角文字

3. 制作背景球形图案造型

（1）选择“文件”→“导入”命令，导入“图案 .ai”文件，在打开的对话框中分别确认为“合并对象到当前场景”“单个对象”选项，单击“确定”按钮，这时可能会出现导入重名现象，如图 12-9 所示，单击“确定”按钮，自动将导入线条重命名。打开角度捕捉，在顶视中将导入的线条对象沿 X 轴旋转 90°，位置方向如图 12-10 所示。

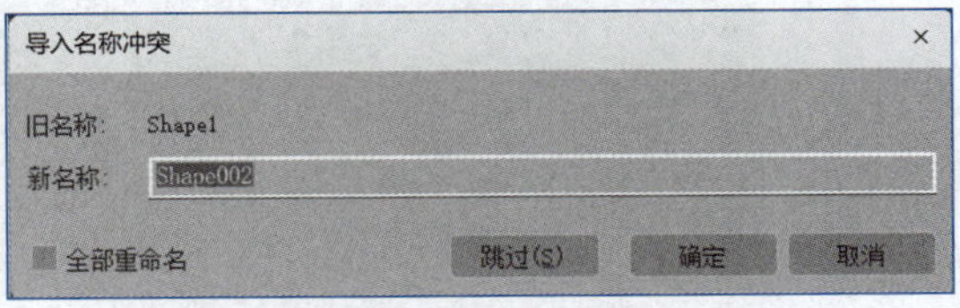

图 12-9　导入线条重命名

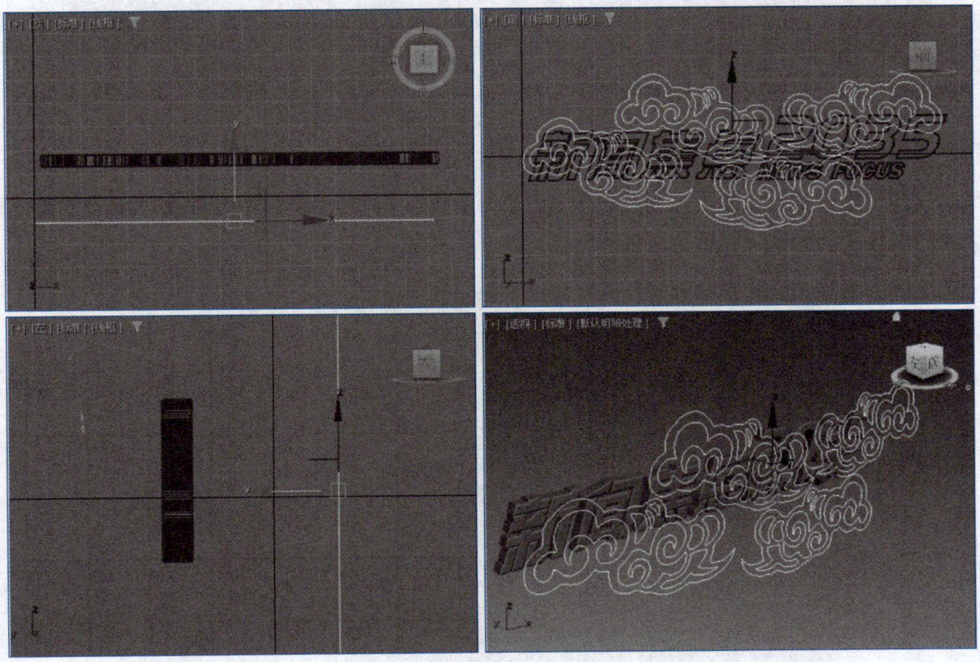

图 12-10　导入图案线条

（2）对线条进行编辑。选择图案线条对象，单击（修改）按钮，进入修改状态，选择“顶点”次物体级别，在场景中选择所有顶点，用“几何体”卷展栏中的“焊接”命令对点进行焊接，方法与制作标题线条相同，如图 12-11 所示。

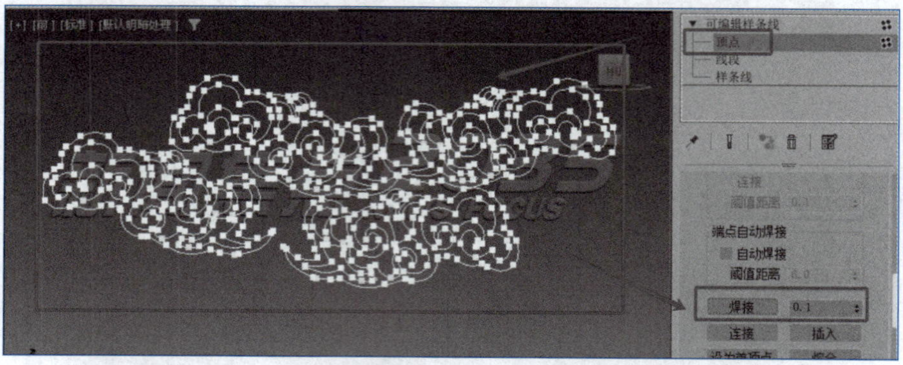

图 12-11　焊接顶点

（3）制作图案立体形状。选择图案线条对象，单击（修改）按钮，进入修改状态，在修改器列表中为其添加“细分”修改器，大小为 1.5，如图 12-12 所示。

图 12-12　细分模型

（4）制作球形图案模型。这个图案的形状将来要进行变形，制作成球状，现在的模型结构分段太简单，要进行复杂的变形就会产生错误效果，所以下面要分两步进行处理。

- 选择图案对象，单击（修改）按钮，进入修改状态，在修改器列表中为其添加“弯曲”修改器，弯曲角度为 360°，弯曲轴 X 轴，如图 12-13 所示。

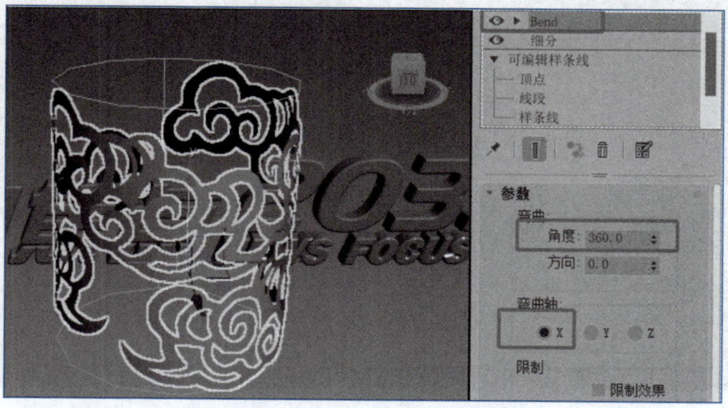

图 12-13　添加“弯曲”修改器

- 在修改器列表中为其添加“球形化”修改器，参数中“百分比”为 100，如图 12-14 所示。

图 12-14　添加“球形化”修改器

现在图案对象还没有厚度，单击（修改）按钮，在修改器列表中继续为其添加“壳”修改器，参数中“外部量”为 1.5 左右，如图 12-15 所示。

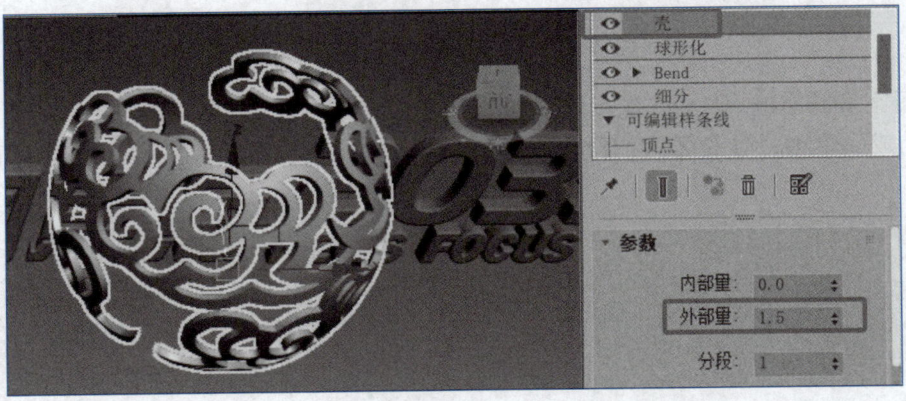

图 12-15　添加“壳”修改器

（5）制作经纬线框模型。单击（创建）→（几何体）按钮，在下拉列表中选择“标准基本体”，单击“球体”按钮在顶视图创建一个球体，半径为 31 左右，分段为 24，将其与球形图案模型中心对齐，如图 12-16 所示。

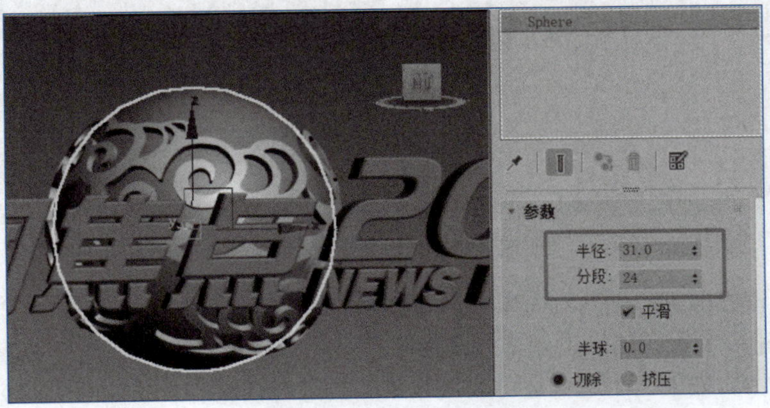

图 12-16　创建球形

选择球体，单击（修改）按钮，进入修改状态，在修改器列表中为其添加“晶格”修改器，选中“仅来自边的支柱”单选按钮；设置半径为 0.5，边数为 8；“平滑”；其他默认。效果如图 12-17 所示。

图 12-17　创建球形框架

将图案和球体框架中心对齐后，同时选择两个对象，选择“组”→“成组”命令，将两者结成一个组，并命名为“背景球”，将其放大一些，放在标题文字后面，如图 12-18 所示。

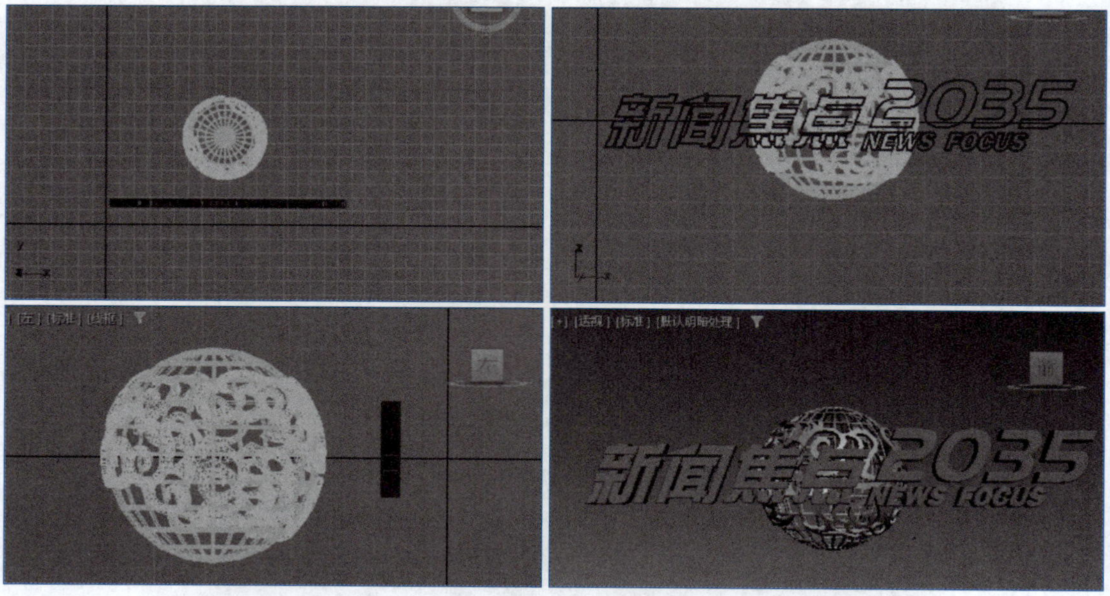

图 12-18　成组为“球体”

（6）制作背景球光环模型。单击（创建）→（几何体）按钮，单击“管状体”按钮在前视图创建一个管状体。设置半径 1 为 55，半径 2 为 59，高度为 1，高度分段 1，边数为 40，其他默认。如果大小不合适可以用缩放工具进行调整。效果如图 12-19 所示。

图 12-19　制作光环

将管状体与“背景球”中心对齐放置，克隆命令（Ctrl+V）复制一个，用缩放工具放大一些。效果如图 12-20 所示。

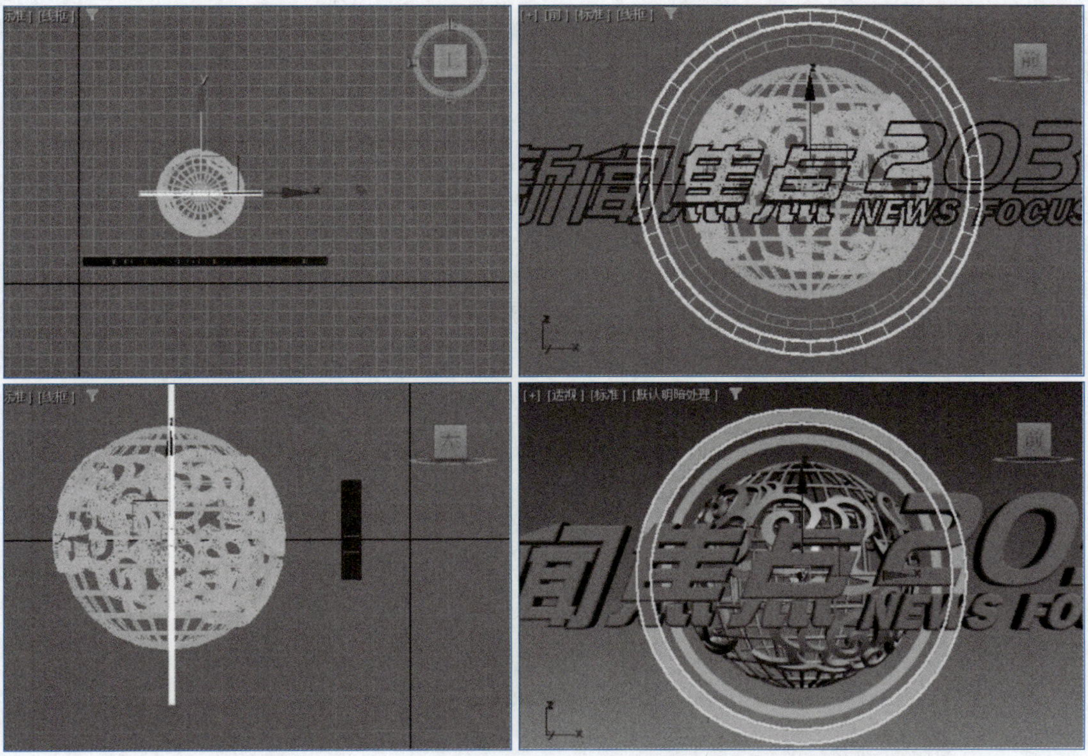

图 12-20　光环位置

（二）材质阶段

前面完成了片头标题文字和球体模型元素以后，下面以制作材质。

1. 制作文字标题金属材质

单击工具栏中的（渲染设置）按钮或按键盘上的 F10 键，打开“渲染设置”窗口，将渲染器设置为“扫描线渲染器”，如图 12-21 所示。

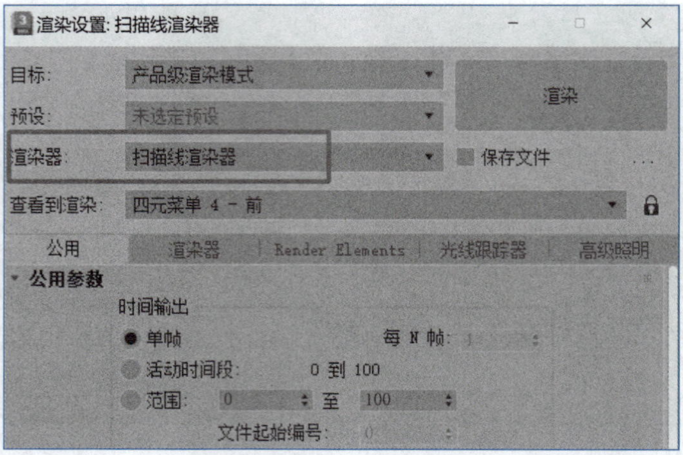

图 12-21　切换扫描线渲染器

（1）单击“材质编辑器”按钮，打开“材质编辑器”窗口。单击第一个示例窗，将其命名为“金属”。材质类型选择“扫描线”-“标准（旧版）”；明暗器设置为“金属”；漫反射颜色设置为灰色（R102，G102，B102）；调整高光级别和光泽度；在反射贴图通道上添加“光线跟踪”贴图，如图 12-22 所示。

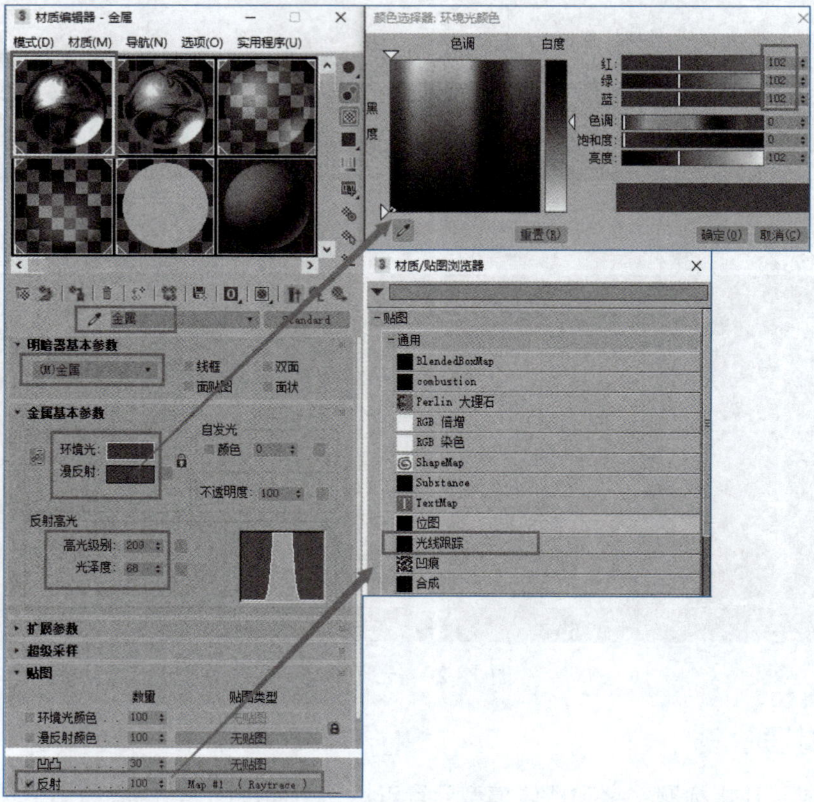

图 12-22　制作“金属”材质

（2）在“光线跟踪”贴图参数面板中设置参数：在背景参数中，添加位图，选择素材中的 CHROMIC.JPG 文件，如图 12-23 所示。

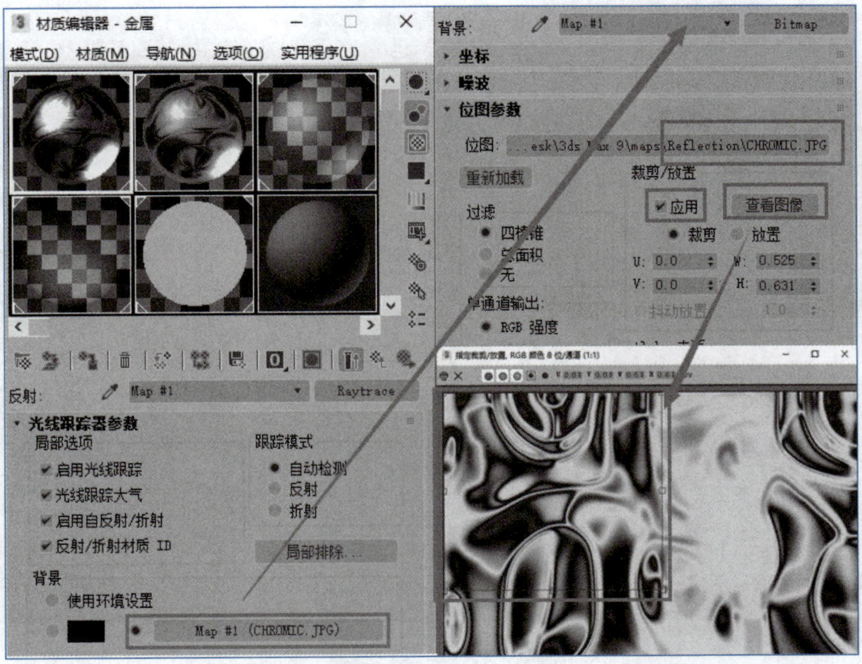

图 12-23　制作反射贴图

（3）在场景中选择片头文字标题对象，单击“将材质指定给选定对象”按钮，将“金属”材质分配给它。单击“渲染产品”按钮，渲染效果如图 12-24 所示。

图 12-24　渲染“金属”标题

（4）为了使片头文字标题富于变化，将“闻”字的点笔画制作成红色金属材质。单击“材质编辑器”按钮，打开“材质编辑器”窗口，将刚制作好的“金属”材质拖到第二个示例窗上，产生一个复制材质，将其命名为“红色金属”（重新命名很重要，否则如果修改这个材质，场景中与其重名的材质也将一同产生变化）。选择“红色金属”示例窗，将下面金属基本参数中的漫反射颜色改成橙红色（R253，G68，B18），如图 12-25 所示。

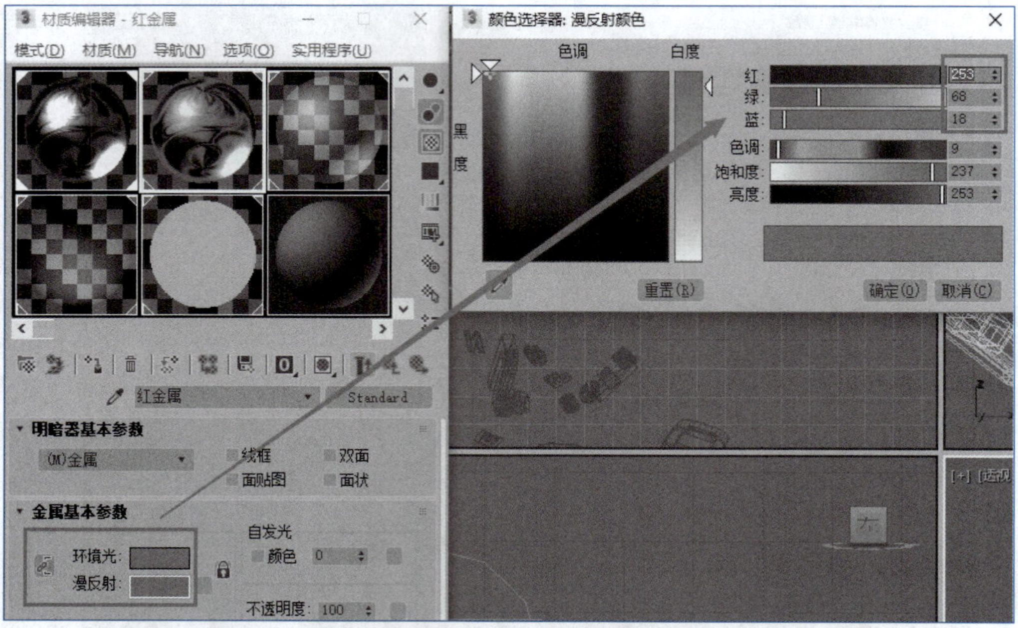

图 12-25　制作“红色金属”材质

（5）在分配材质之前需要将“闻”字的点笔画分离出来。选择场景中文字标题，为其添加“编辑多边形”修改器，单击修改器面板，进入“元素”子对象状态，在场景中选择“闻”字的点笔画，在下面参数中找到“分离”命令，并命名为“闻字点”，单击“确定”按钮，如图 12-26 所示。

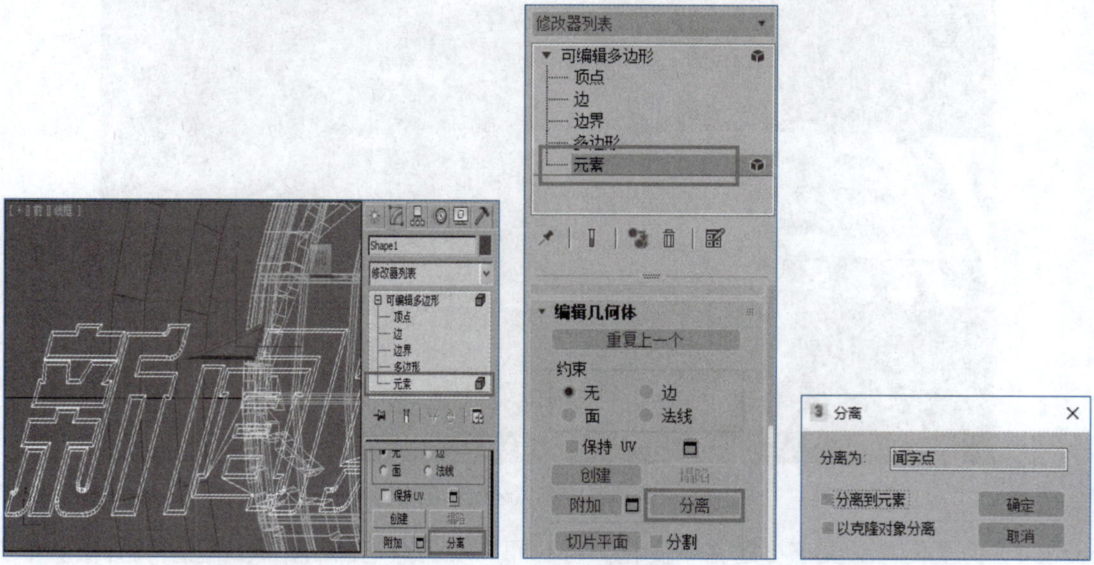

图 12-26　分离闻字点笔画

（6）关闭子对象编辑状态，在场景中选择“闻字点”，打开材质编辑器，选择“红色金属”示例窗，单击“将材质指定给选定对象”按钮，将“红色金属”材质分配给它。单击“渲染产品”按钮，渲染效果如图 12-27 所示。

图 12-27　渲染“金属”标题

2. 制作球形图案模型材质

场景中的球形图案及光环的材质是一种透明的白色材质。单击“材质编辑器”按钮，打开“材质编辑器”窗口，选择一个空白示例窗，将其命名为“白色”。明暗器设置为 Blinn；漫反射颜色设置为白色（R255，G255，B255）；高光级别设置为 40；光泽度设置为 10；自发光设置为 40；不透明度设置为 40。单击“将材质指定给选定对象”按钮，将“白色”材质分配给背景球及光环。单击“渲染产品”按钮，渲染效果如图 12-28 所示。

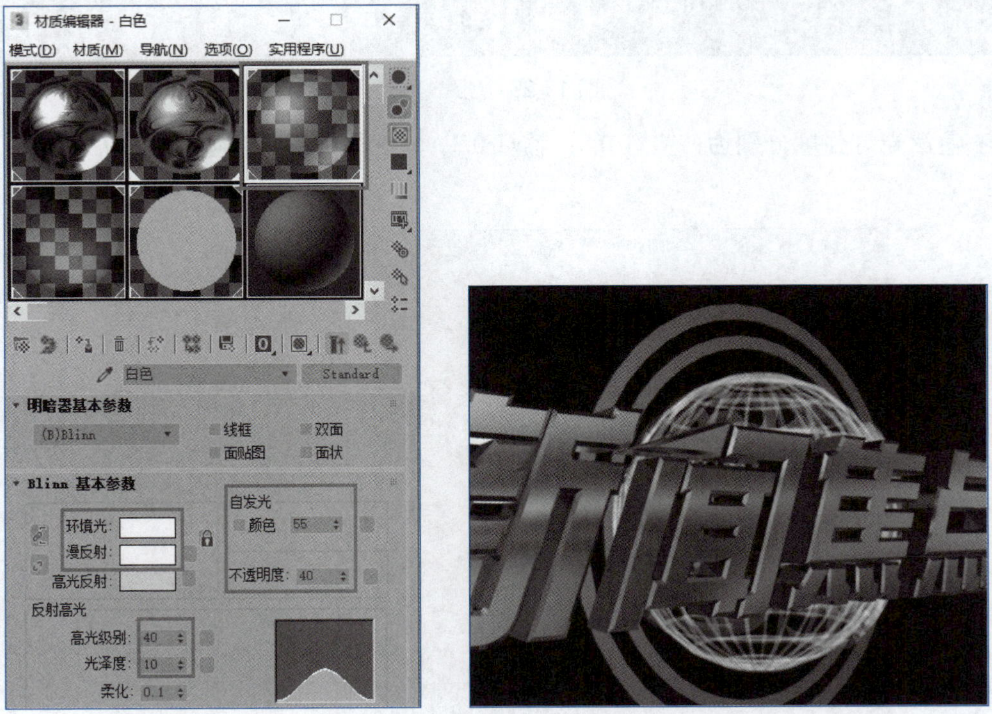

图 12-28　制作球形图案半透明材质

（三）灯光阶段

本例中的灯光设置采用三点照明，即一盏主灯、一盏辅灯、一盏背光灯。在片头动画中灯光设置一般较为简单，主要从视觉上调整灯光效果。

单击（创建）→（灯光）按钮，选择标准灯光，单击泛光按钮，创建三盏泛光灯，位置分别为：主光灯位于左前上方；辅光灯位于右前方；背光灯位于标题后方。如图 12-29 所示。

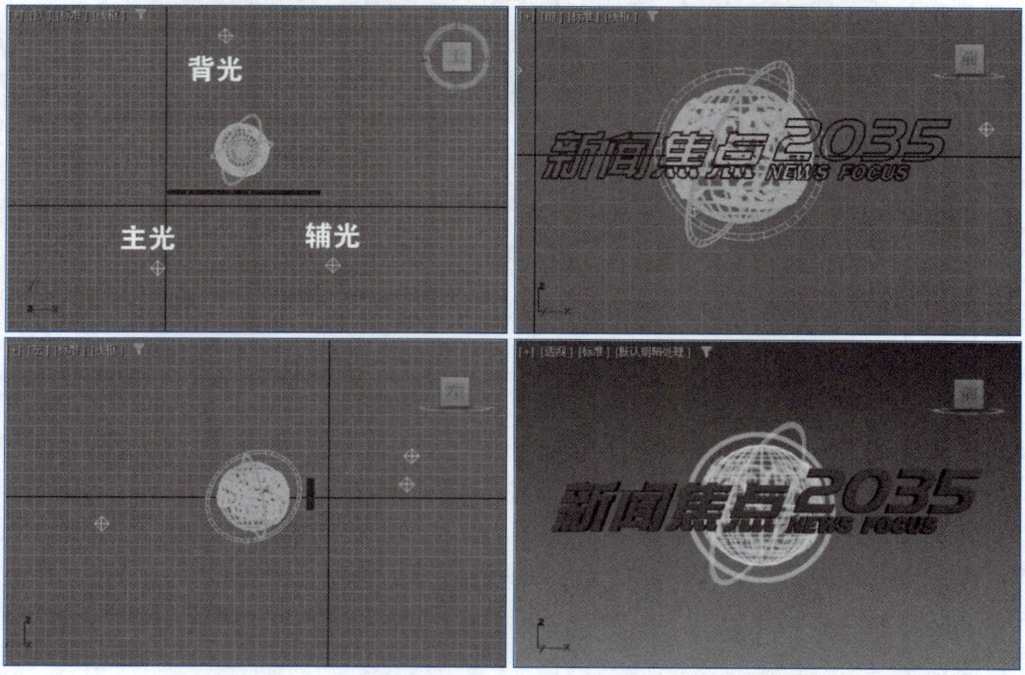

图 12-29　创建灯光

三盏泛光灯强度分别为：主灯 0.8，辅灯 0.3，背光灯 0.2，其他参数默认，如图 12-30 所示。

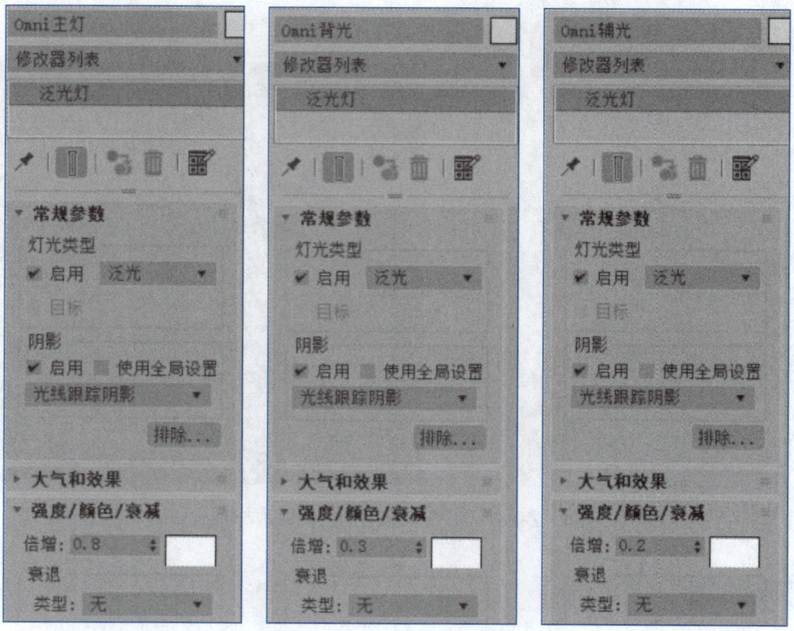

图 12-30　灯光参数

加入灯光后渲染场景，如图 12-31 所示。

图 12-31　加入灯光后渲染

（四）动画阶段

在动画阶段，设置动画长度为 12 s（PAL 制 300 帧），将动画分为四部分：中文主标题从左侧进入画面（0-80 帧）；字母副标题飞入画面（70 ～ 120 帧）；标题发出耀眼的光束（121 ～ 180 帧）；两条拖尾粒子划过画面（120 ～ 300 帧）。在动画过程中作为背景的球形图案及光环同时在慢慢地转动，如图 12-32 所示。

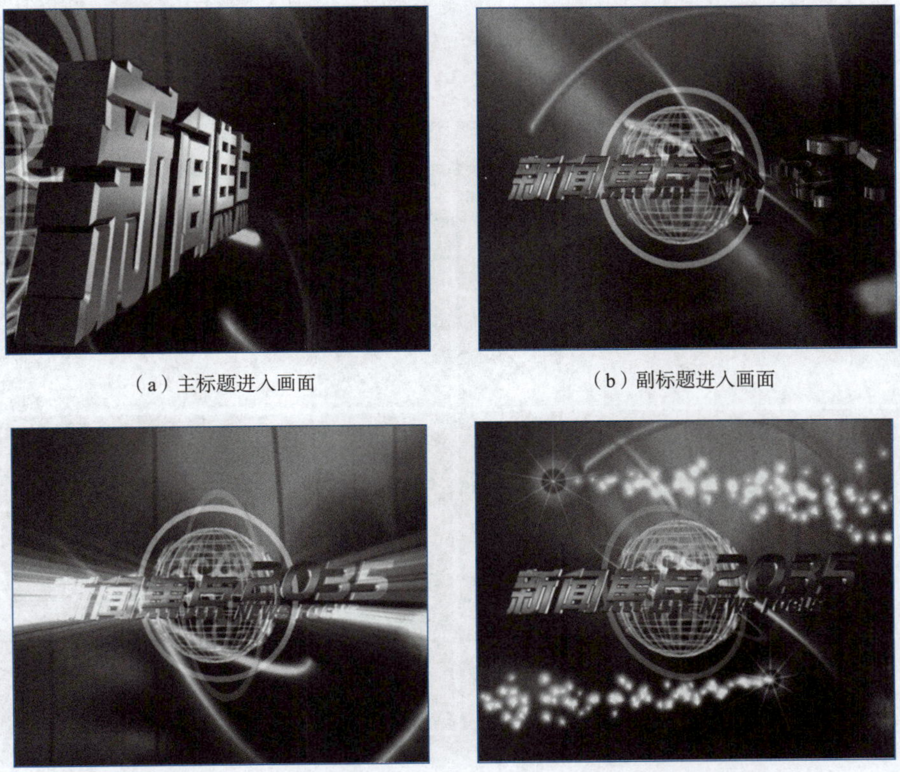

（a）主标题进入画面　（b）副标题进入画面

（c）标题出光束　（d）粒子特效划过画面

图 12-32　动画阶段

1. 中文主标题动画

（1）动画设置。单击右下角的“时间配置”按钮，打开“时间配置”对话框，设置帧速率为 PAL 制；结束时间为 300 帧，如图 12-33 所示。

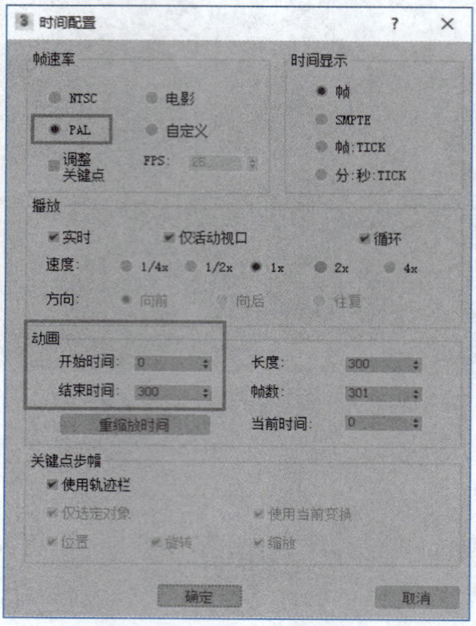

图 12-33　动画设置

（2）创建摄像机。单击 +（创建）→（摄像机）按钮，再单击 目标 按钮，在顶视图创建一架摄像机，调整位置如图 12-34 所示（位置在“点”字右边缘处）。将透视图切换为摄像机视图，并打开安全框，画面如图 12-34 所示。

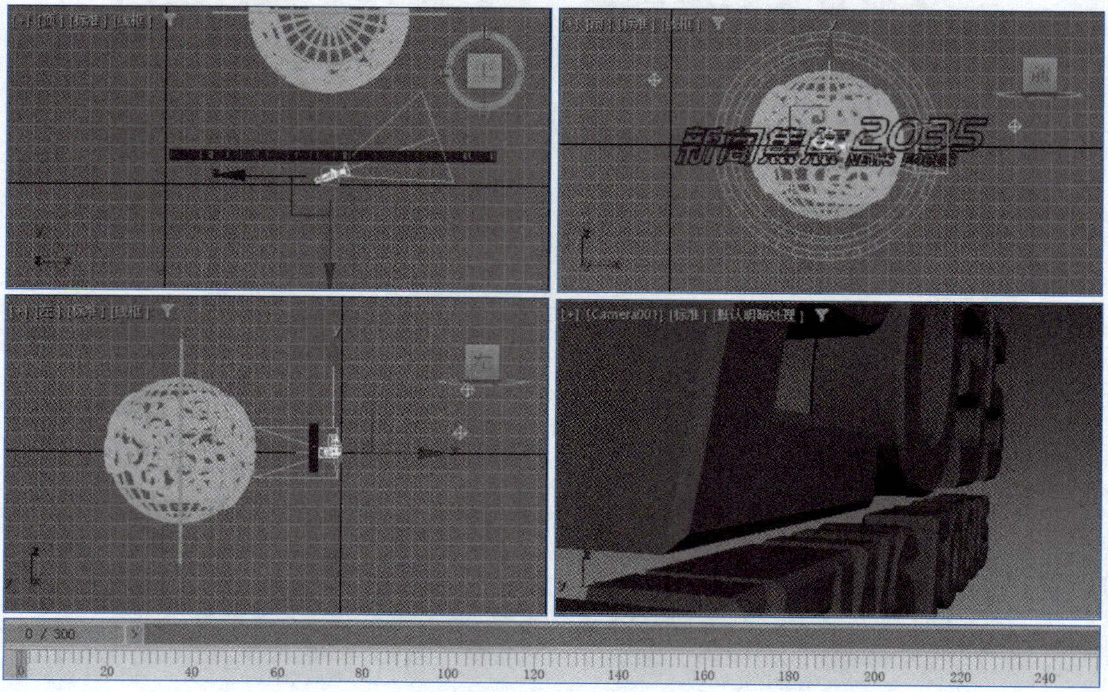

图 12-34　创建摄像机

（3）创建动画。下面制作摄影机从文字标题前滑过的动画（其实看起来就是文字标题进入画面）。单击自动关键点按钮，进入自动关键帧模式，将时间滑块移到第 50 帧，在视图中将摄像机位置调整至图 12-35 所示位置（“新”字左前方），调整时即要移动摄像机本身，也要移动摄像机目标点。画面效果如图 12-35 所示。

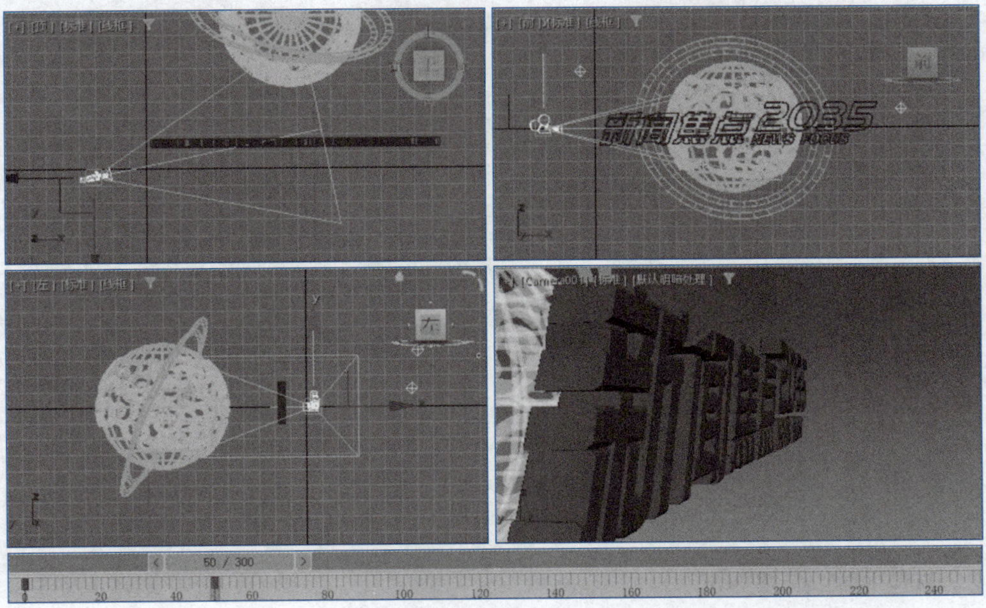

图 12-35　创建摄像机动画

（4）继续创建动画。下面制作摄像机从文字标题转向前面的动画。将时间滑块移到第 80 帧，在视图中将摄像机位置继续向前方移动，调整至图 12-36 所示位置。调整时移动摄像机本身同时，摄像机目标点也要稍向左侧移动一些。画面效果如图 12-36 所示。

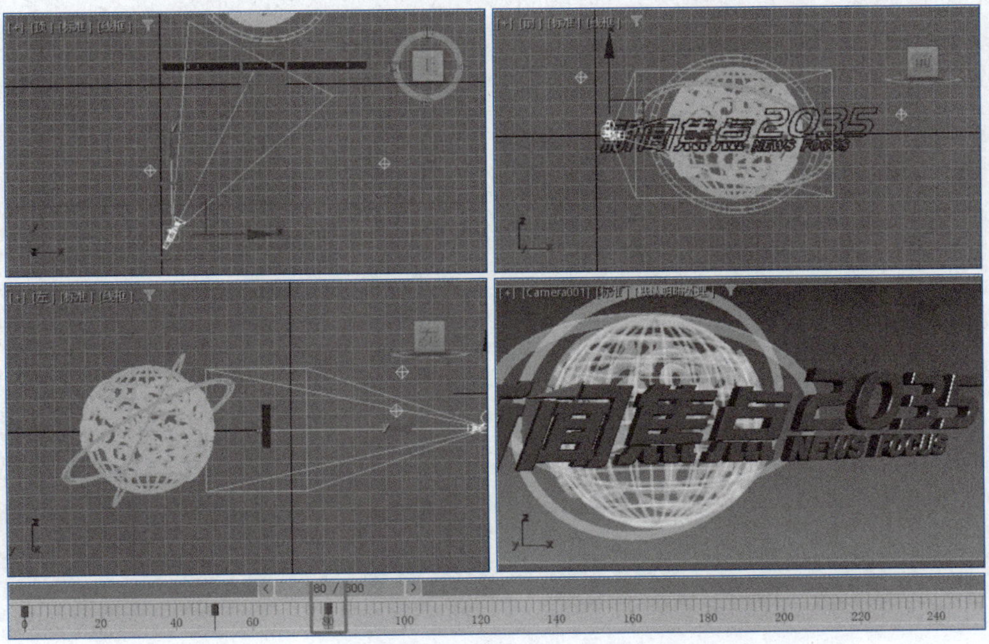

图 12-36　继续创建摄影机动画

（5）继续创建动画，完成定版。将时间滑块移到第 100 帧，在视图中调整摄像机及目标点，位置继续向前方移动，接近标题文字的正前方，如图 12-35 所示位置。整个标题位于画面中间，完成定版。画面效果如图 12-37 所示。

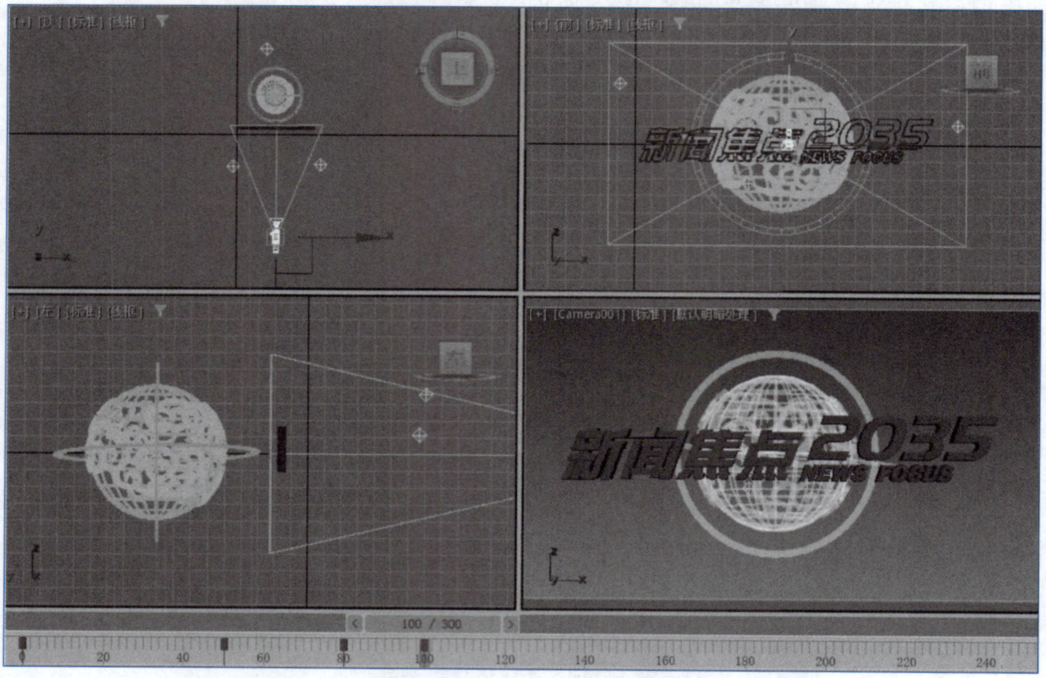

图 12-37　完成定版动画

2. 制作字母副标题动画

（1）“2035NEWS FOCUS”这部分标题的动画要制作成从远处飞入画面的效果。首先要将它们从标题文字中分离出来。选择标题文字对象，进入修改面板，进入“元素”子对象状态，在场景中分别选择“2035NEWS FOCUS”中的各个字符，将每个字符都用“分离”命令分离成单独的模型对象，并进行相应命名，如图 12-38 所示。

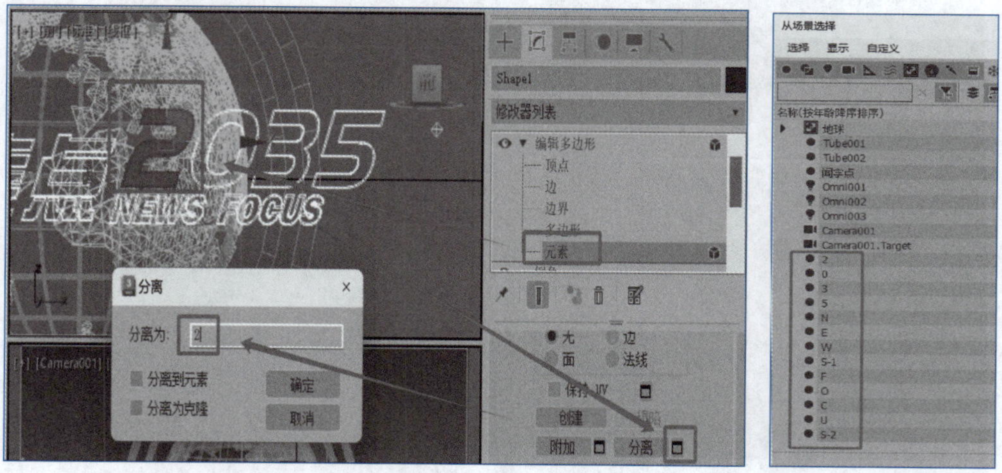

图 12-38　分离字符

为了后面制作动画方便，字符从模型分离出来后，要将其变换轴心调整至对象中心。所有的字符分离出来后，全部选中，单击层次面板按钮，然后单击仅影响轴按钮，再单击居中到对象按钮，如图 12-39 所示。

图 12-39　调整轴心

（2）创建动画。下面要制作字符从画面外飞入并定位在定版画面位置的动画，为了定位准确，可以先在字符定版位置为它们打上关键帧，然后再调整飞入画面前的动画。

将时间滑块移到第 120 帧（字符进入定版位置时间），在视图中选择“2035NEWS FOCUS”13 个字符，单击“设置关键点”按钮，打上定位关键帧，如图 12-40 所示。

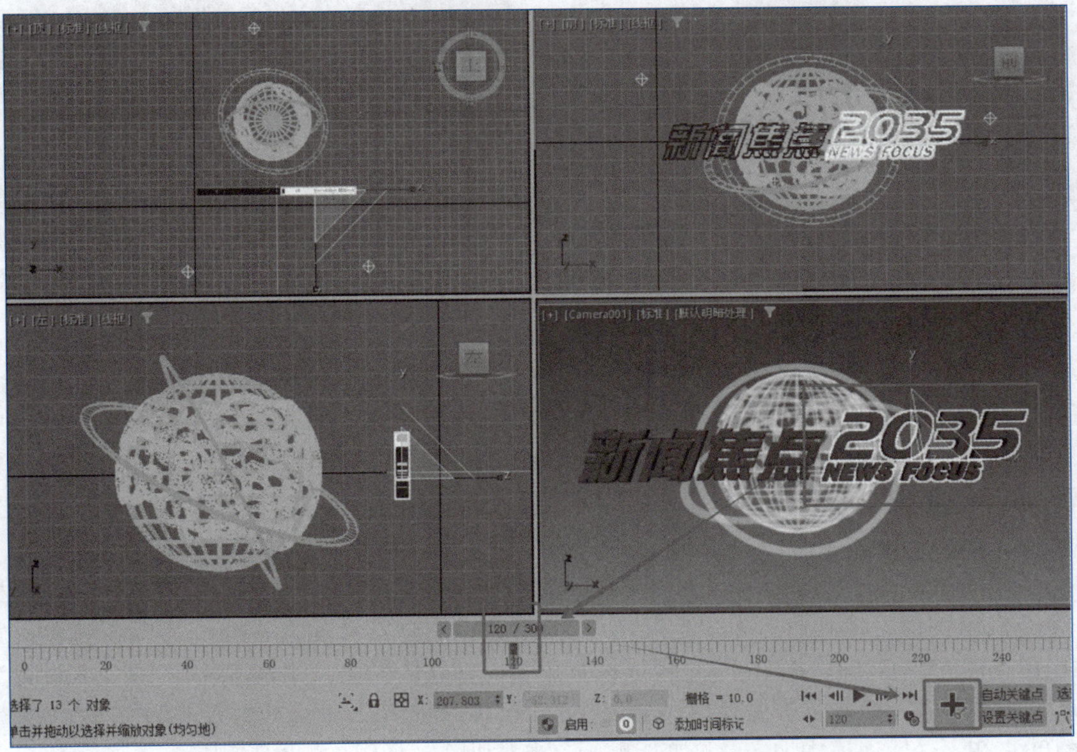

图 12-40　定位字符

单击按钮，进入自动关键帧模式，将时间滑块移到第 70 帧（字符开始向画面内运动的时间），分别将“2035NEWS FOCUS”13 个字符向前移出画面外，并用旋转工具进行适当的旋转，记录动画，如图 12-41 所示。播放动画，可以看到字符从 70 帧开始旋转着飞入画面，并在 120 帧定位到准确标题位置，如图 12-42 所示。

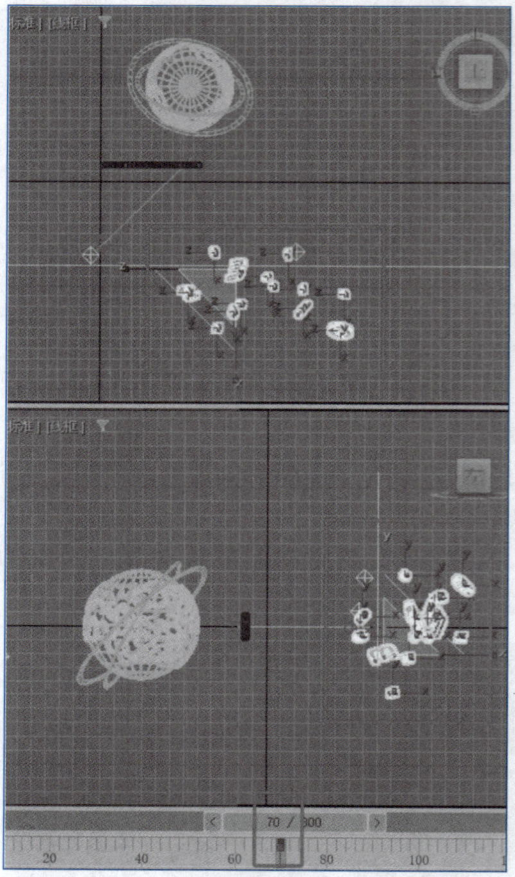

图 12-41　制作进入画面动画

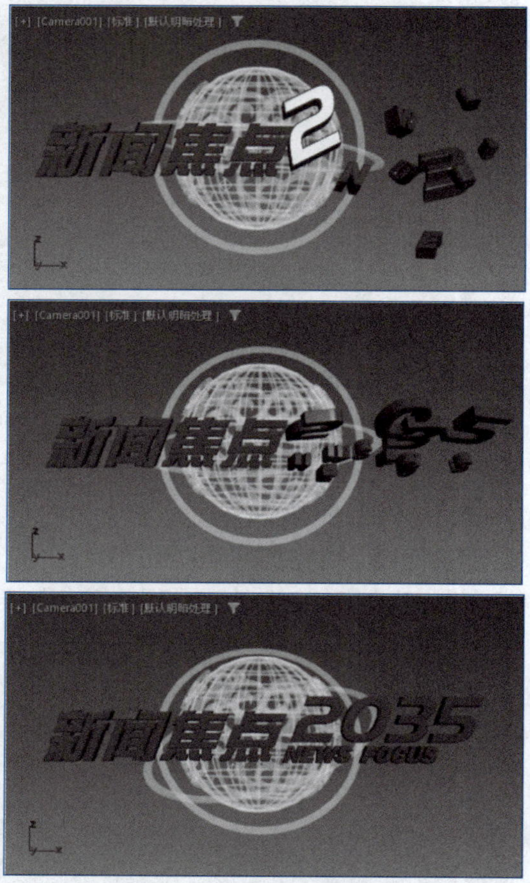

图 12-42　第 95、110、120 帧的画面

3. 制作标题光束效果动画

（1）制作光束模型。在视图中右击，在弹出的快捷菜单中选择“全部取消隐藏”命令，将前面复制并隐藏的标题线条显示出来（如果前面没有复制，可以重新导入该线条）。

选择这个标题线条副本，单击（修改）按钮，进入修改状态，将其重新命名为“光束”，在修改器列表中为其添加“挤出”修改器，挤出数量为 200，将“封口始端”和“封口末端”选项去掉，如图 12-43 所示。

（2）为光束制作材质。单击“材质编辑器”按钮，打开“材质编辑器”窗口。选择一个空白示例窗，将其命名为“光束”。材质参数：明暗器设置为 Blinn；漫反射颜色设置为白色（R255，G255，B255）（也可以设置为自己喜欢的颜色，如金黄色）；自发光设置为 100；其他默认。展开“扩展参数”卷展栏，将“高级透明”中衰减方式改为“外”，数量为 100。在不透明通道中加入“渐变”贴图，参数默认，如图 12-44 所示。

（3）单击“将材质指定给选定对象”按钮，将“光束”材质分配给光束对象。单击“渲染产品”按钮，渲染效果如图 12-45 所示。

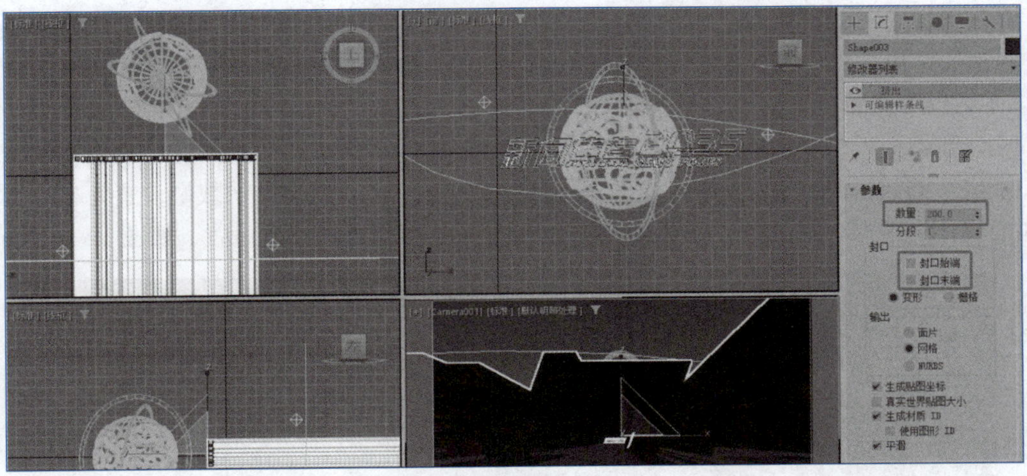

图 12-43　制作光束模型

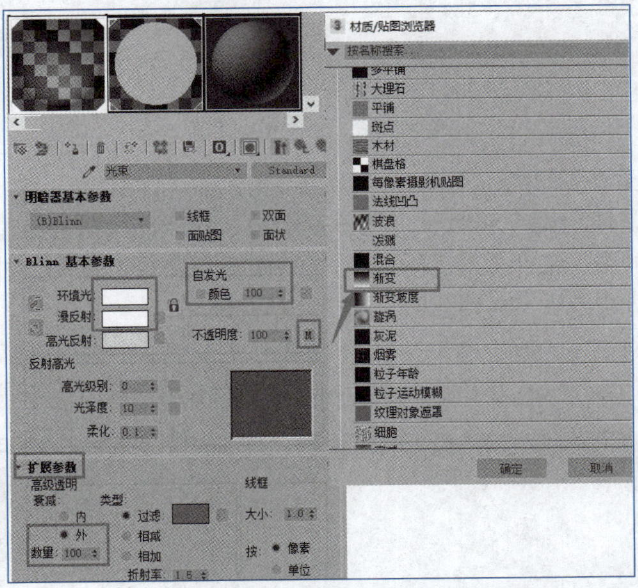

图 12-44　制作光束材质

图 12-45　渲染光束材质

（4）制作光束动画。光束动画是从 120 帧（文字标题定位后）开始，160 帧达到最强，180 帧消失结束。

在场景中选择光束对象，单击自动关键点按钮，进入自动关键帧模式，将时间滑块移到第 0 帧，在修改器面板中将“挤出”的数量设置为 0；将时间滑块移到第 120 帧，在修改器面板中将“挤出”的数量设置为 0；将时间滑块移到第 160 帧，将“挤出”的数量设置为 200；再将时间滑块移到第 180 帧，将“挤出”的数量设置为 0，完成光束动画设置，如图 12-46 所示。

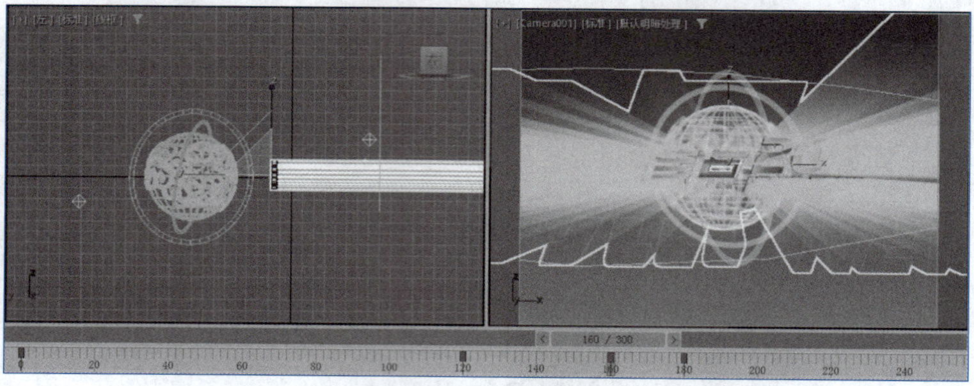

图 12-46　制作光束动画

4. 制作粒子拖尾效果动画

粒子拖尾动画是使用两个超级发射器分别沿两条线条路径进行运动，并加入发光效果制作的，粒子前部的星光效果是使用两盏泛光灯同时在路径上运动，并加入光线和星光效果制作的。这部分动画是从 120 帧开始，到 300 帧结束。

（1）单击+（创建）→（图形）→线按钮，在前视图中绘制两条线，文字标题下方一条，方向由左向右；上方一条，方向相反。放置位置如图 12-47 所示。

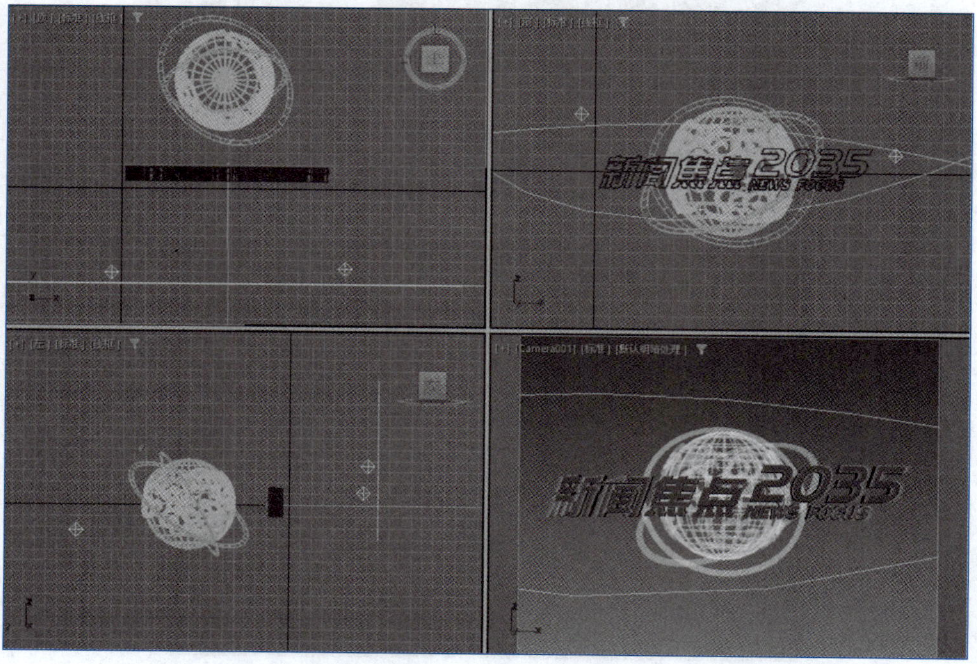

图 12-47　绘制路径

（2）单击（创建）→（几何体）按钮，在下拉列表中选择“粒子系统”，单击超级喷射按钮，在前视图创建一个超级发射器 SuperSpray01，参数如图 12-48 所示。

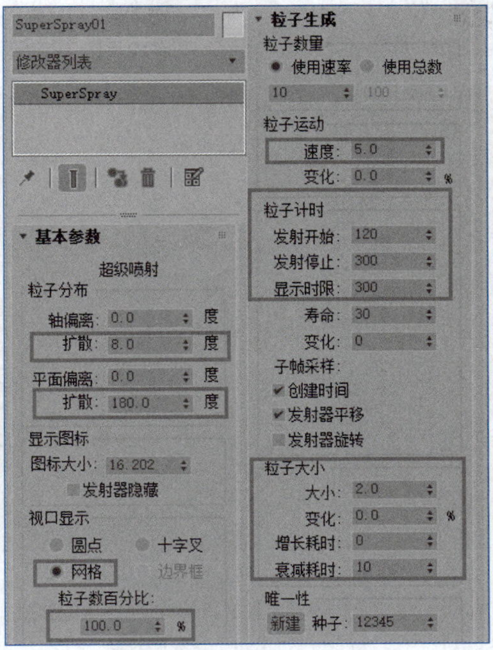

图 12-48　粒子参数

（3）参数调整后，将超级发射器复制一个 SuperSpray02。

（4）选择第一个超级发射器 SuperSpray01，单击（运动）面板按钮，在“指定控制器”参数中将“位置”的“位置 XYZ”控制器改为“路径约束”，然后在“路径约束”参数中拾取场景中文字标题下方的线条作为路径。其他参数如图 12-49 所示。

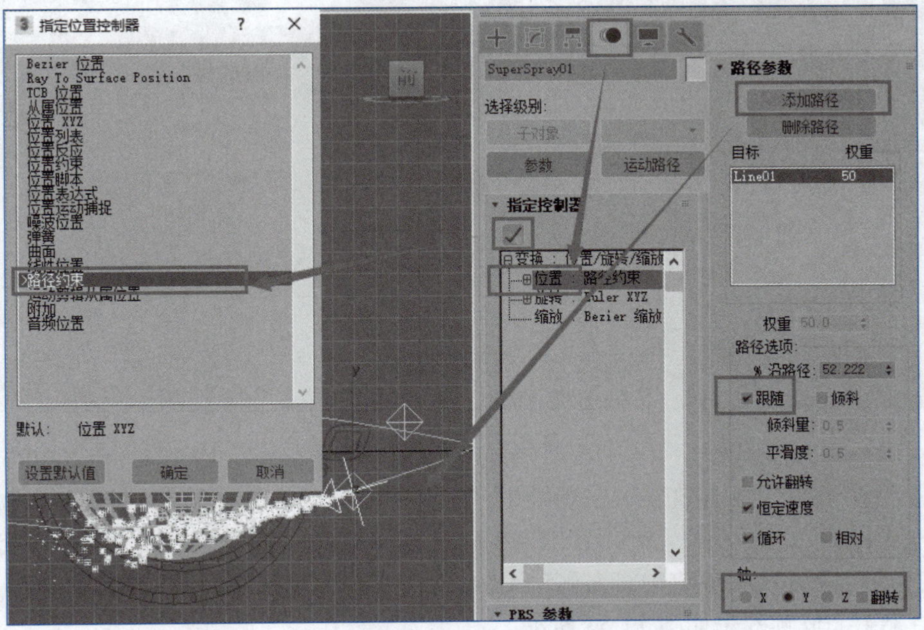

图 12-49　添加路径约束

（5）这时路径动画自动生成，是从 0 帧开始的，需要调整一下，将第 0 帧的关键帧拖到第 120 帧，使粒子从 120 帧开始运动。

（6）选择复制的 SuperSpray02，用同样的步骤将它约束到另一条路径上（文字上方的那条），也将路径动画调整为从 120 帧开始。播放动画，第 200 帧效果如图 12-50 所示。

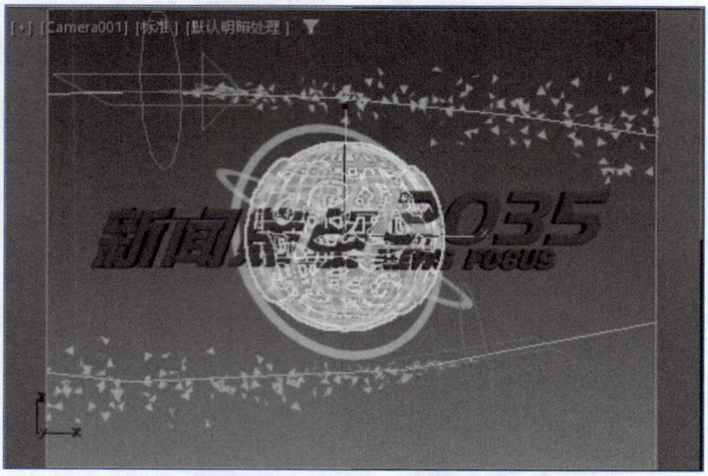

图 12-50　粒子动画效果

（7）为粒子制作材质。单击“材质编辑器”按钮，打开“材质编辑器”窗口。选择一个空白示例窗，将其命名为“粒子”。材质参数：漫反射颜色设置为白色（R252，G190，B92）；自发光设置为 100；其他默认，如图 12-51 所示。

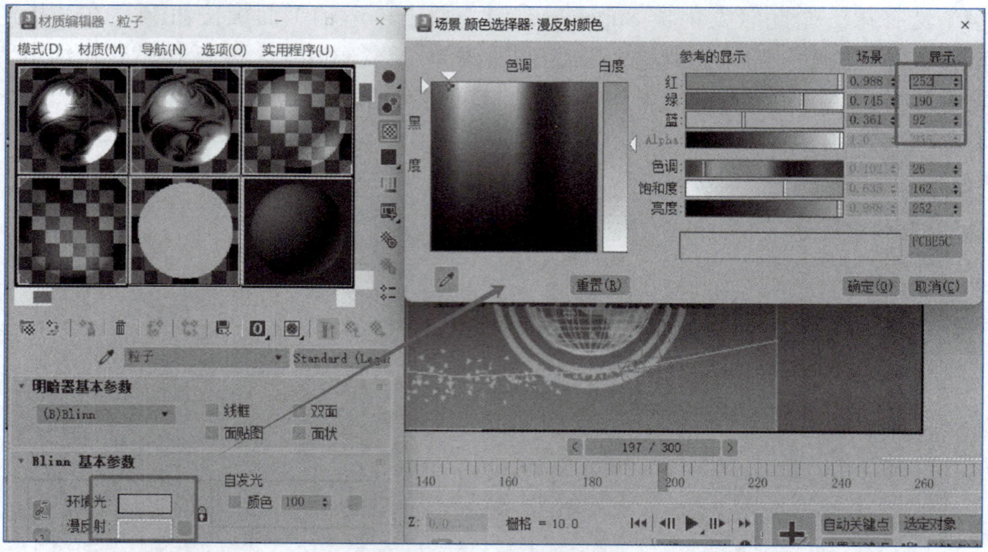

图 12-51　粒子材质

（8）为粒子制作发光效果。在场景中选择两个粒子，右击，选择“对象属性”命令，在对话框中设置“对象 ID”为 1，如图 12-52 所示。选择“渲染”→“效果”命令，添加“镜头效果”，镜头效果参数中将左侧的 Glow 光晕效果加到右侧。Glow 的参数如图 12-52 所示。渲染第 200 帧效果如图 12-53 所示。

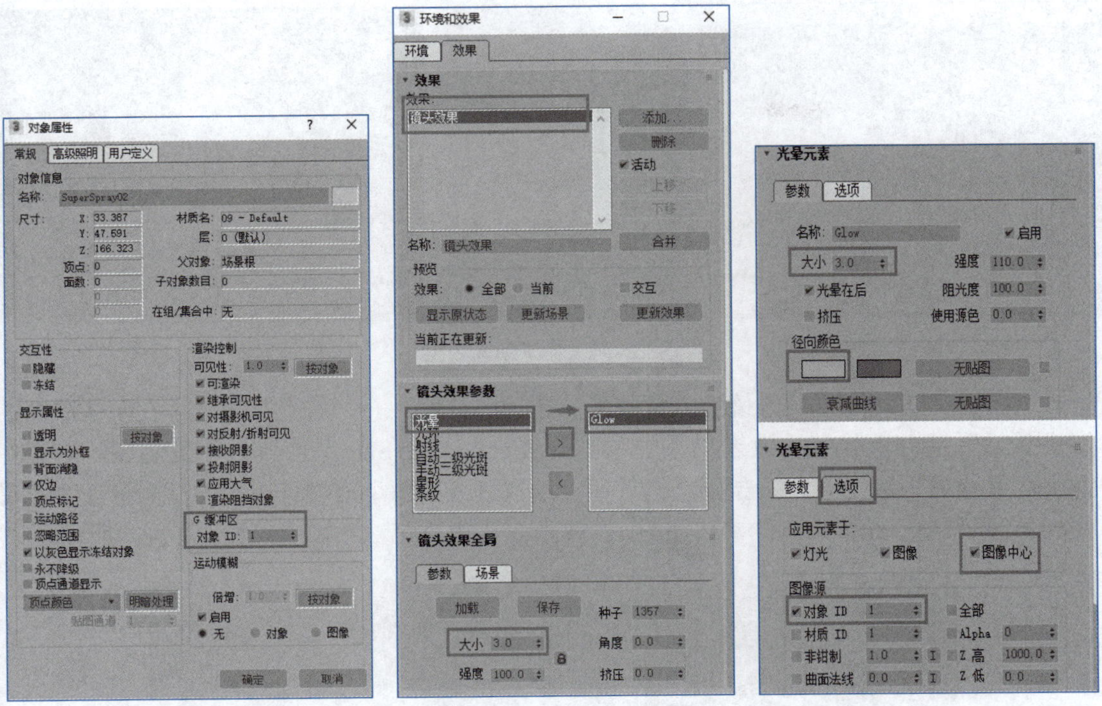

图 12-52　光晕效果

图 12-53　粒子效果

（9）创建两盏泛光灯，用来制作镜头光斑效果。泛光灯参数中，单击排除...按钮，右侧面板中设置为“包含”方式，下面列表为空，即不照亮场景任何对象，以免破坏原来的布光效果。为它们分别添加“路径约束”运动控制器，并约束到文字上、下方的两条线上，同样调整运动时间从 120 ~ 300 帧，如图 12-54 所示。

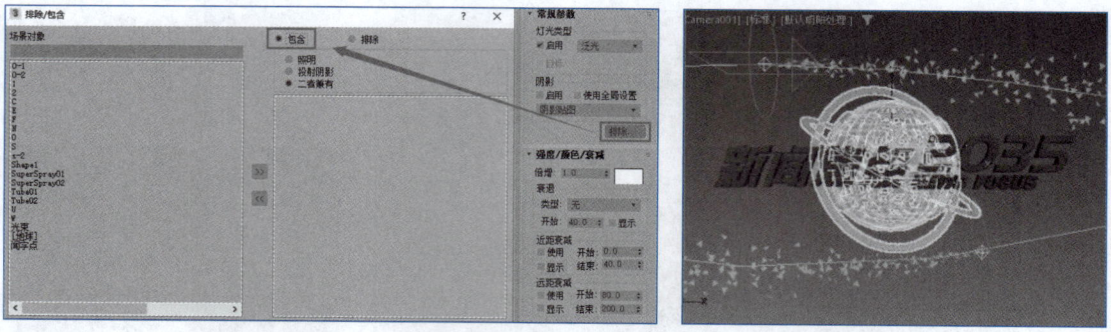

图 12-54　粒子动画效果

（10）为两盏泛光灯制作镜头光斑效果。选择“渲染”→“效果”命令，在刚才添加的“镜头效果”基础上将镜头效果参数中左侧的 Ring 光环、Star 星形效果加到右侧。首先在“镜头效果全局”参数中，单击拾取灯光按钮，拾取场景中两个沿线条运动的泛光灯作为效果对象。光环和星形元素效果的参数如图 12-55 所示。渲染第 200 帧效果如图 12-56 所示。

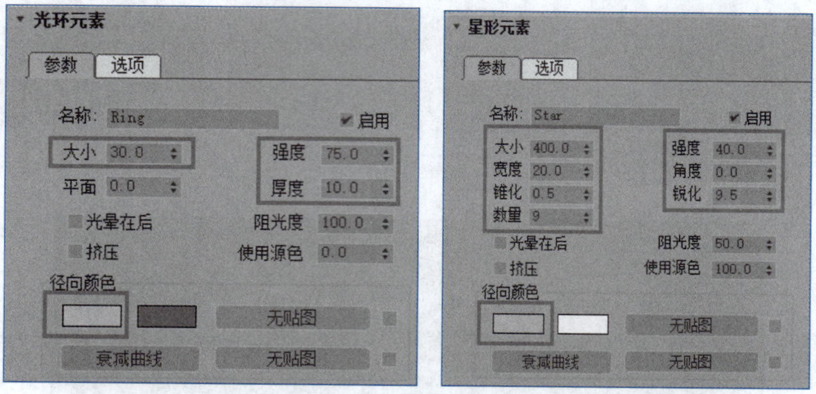

图 12-55　光环和星形元素参数

图 12-56　渲染光环和星形效果

5. 制作背景动画

单击自动关键点按钮，将时间滑块移到第 300 帧，将“背景球”及光环对象进行适当的旋转，制作慢慢转动动画。选择“渲染”→“环境”命令，在“背景”参数中，单击环境贴图按钮，选择一个合适的动态视频文件作为背景。如果背景渲染不正确，可将环境贴图拖到材质样本窗中，将坐标改为“屏幕”方式，渲染第 200 帧效果，如图 12-57 所示。

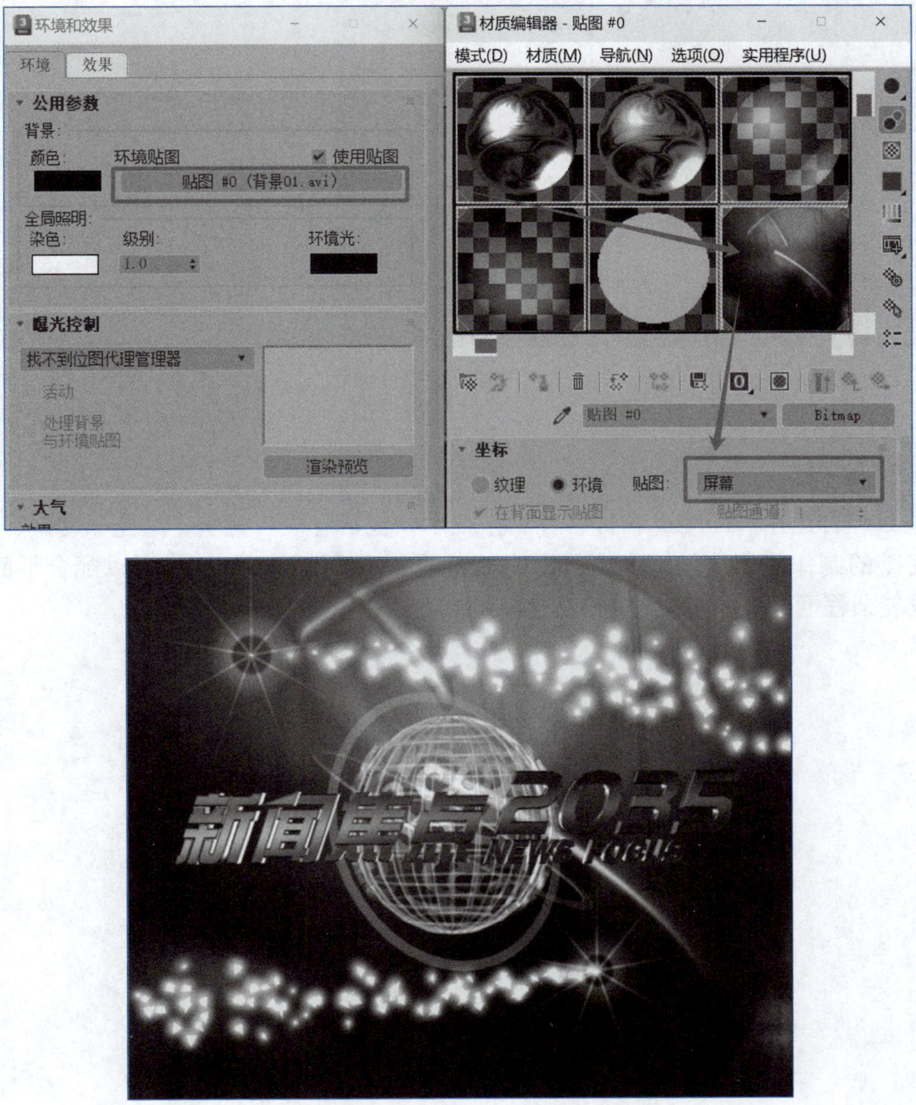

图 12-57　渲染背景效果

（五）渲染阶段

动画已制作完成，现在需要将其渲染输出，这里将直接输出成视频格式（AVI 文件，考虑可能学生还没有学习后期合成软件）。单击“渲染设置”按钮，打开“渲染设置”对话框，渲染设置参数如图 12-58 所示。

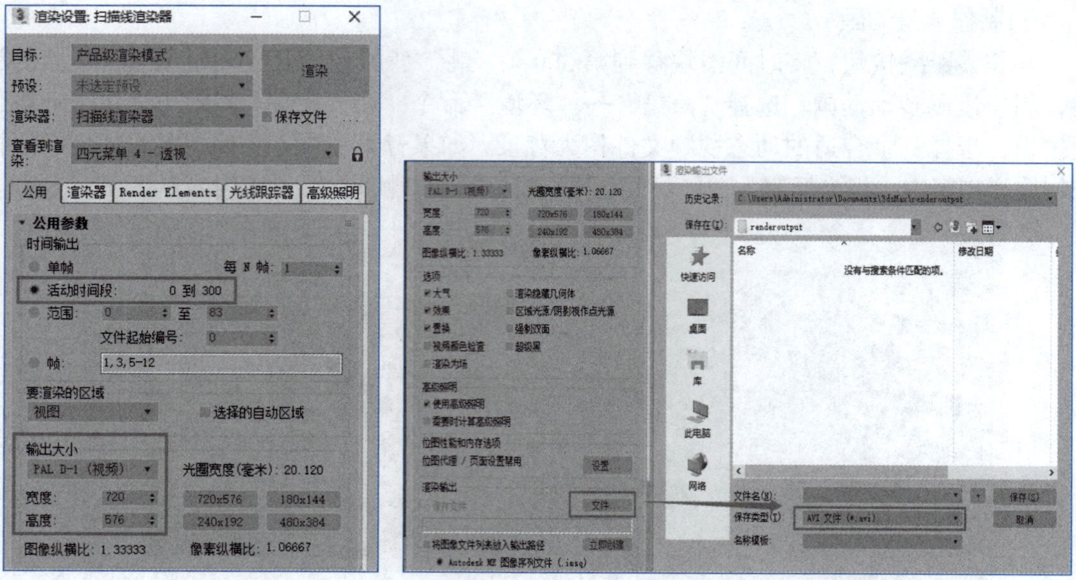

图 12-58　渲染设置

项目总结

本项目综合运用 3ds Max 软件各种制作技术，包括建模、材质、灯光、动画、渲染等，是一个完整的制作流程，是综合项目训练；通过本项目的学习，用户可以配合平面软件一起，完成复杂程度较高的实战项目，是对前面所学知识的一次全方位检验。